U0314157

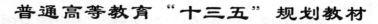

普通高等教育"十三五"规划教材

冶金与材料近代物理化学研究方法

（上册）

李钒　李文超　编著

北　京

冶金工业出版社

2018

内 容 提 要

本书依据科学研究的全过程，简要介绍文献检索和科技论文撰写要点，在概述基础研究手段的基础上，提出实验设计的思路与方法，并介绍了计算机在数据处理和工艺参数优化方面的应用，较全面地介绍了常用于冶金和新材料的组成、性能、结构表征和观测的化学和物理方法的原理和适用条件，并通过实例说明方法的具体应用，突出诠释如何运用物理化学原理结合近代测试技术，对研究对象进行较深入分析的方法，使理论分析与实际观测相结合，互为佐证，以期进一步了解冶金与材料物理化学研究方法在科学研究实践中如何运用。

全书分为上、下两册共6章。上册内容包括：文献信息检索与科技论文写作，实验设计与应用实例，实验研究的基本手段，近代化学分析方法及其应用；下册内容包括：物理分析方法，计算机数据处理及参数优化等。

本书为材料、冶金及化工相关专业高年级本科生和研究生教材，也可供相关专业科技工作者参考。

图书在版编目(CIP)数据

冶金与材料近代物理化学研究方法. 上册/李钒，李文超编著. —北京：冶金工业出版社，2018.9

普通高等教育"十三五"规划教材

ISBN 978-7-5024-7849-0

Ⅰ.①冶… Ⅱ.①李… ②李… Ⅲ.①冶金—物理化学—高等学校—教材 Ⅳ.①TF01

中国版本图书馆 CIP 数据核字（2018）第 200159 号

出 版 人 谭学余
地　　址　北京市东城区嵩祝院北巷 39 号　邮编　100009　电话　(010)64027926
网　　址　www.cnmip.com.cn　电子信箱　yjcbs@cnmip.com.cn
责任编辑　高　娜　宋　良　美术编辑　吕欣童　版式设计　禹　蕊
责任校对　李　娜　责任印制　李玉山
ISBN 978-7-5024-7849-0
冶金工业出版社出版发行；各地新华书店经销；三河市双峰印刷装订有限公司印刷
2018 年 9 月第 1 版，2018 年 9 月第 1 次印刷
787mm×1092mm　1/16；20.25 印张；488 千字；313 页
56.00 元

冶金工业出版社　投稿电话　(010)64027932　投稿信箱　tougao@cnmip.com.cn
冶金工业出版社营销中心　电话　(010)64044283　传真　(010)64027893
冶金书店　地址　北京市东四西大街 46 号(100010)　电话　(010)65289081(兼传真)
冶金工业出版社天猫旗舰店　yjgycbs.tmall.com
（本书如有印装质量问题，本社营销中心负责退换）

前　言

冶金与材料物理化学研究方法是从宏观和微观（分子、原子等）尺度上，研究提取金属和化合物及制备材料过程中的物理现象和化学变化规律的方法。随着高新科技、军工国防、航空航天工业的发展和清洁能源材料及资源再利用需求的增长，对冶金产品和材料的性能提出了更新、更高的要求，对冶金新工艺、新技术、新方法的需求更加迫切，对新材料的成分分析、性能测试和结构观察的精度和灵敏度的要求也更加苛刻，从而促进了冶金与材料近代物理化学研究方法的快速发展。

随着冶金新技术的发展，出现了洁净钢、超洁净钢以及超级钢，也出现了电磁冶金、生物冶金、纳米冶金、纤维冶金以及激光冶金等新技术、新方法在冶炼和材料制备方面的运用。这就要求运用一些近代的物理化学测试技术和方法，来满足这些新技术、新方法的研究与开发的需要。

材料科学与工程的快速发展出现了许多的高新材料，诸如新型陶瓷材料、各种功能材料、生物材料、新能源材料等。新材料的研发过程则需要与之匹配的近代物理化学研究方法进行观测与分析，反馈成分、结构、性能等信息。

尽管近年来材料设计和计算机模拟得到了很大的发展，但实验仍是发展冶金新工艺、新技术、新方法和研究开发新材料的实践手段，而且实验又是验证模拟结果可靠性的基石。其中，仍不可忽视冶金与材料物理化学原理是冶金和材料学科发展的理论基础。

然而，人们在科学研究实践中，常常遇到一些实验设计、分析测试方法的选择，以及对获得的结果如何进行理论分析，探求其所以然等问题，有时还不能给出合理的判断。面对这些情况，作者借鉴在科研和教学实践中的一些体会，编写了本书，供读者参考。

本书以实验方法为主，依据科学研究的全过程，简要介绍文献检索和科技论文撰写要点，在概述基础研究手段的基础上，提出实验设计的思路与方法，并介绍了计算机在数据处理和工艺参数优化方面的应用，力求简洁明了地介绍常用于冶金和新材料的组成、性能、结构表征和观测的化学和物理方法的原理、设备构成和工作条件的选择、影响因素及适用范围，并通过实例说明方法的具体应用，帮助读者认识每种测试方法可以获得的信息，突出诠释如何运用物理化学原理，结合近代测试技术，对研究对象进行较深入分析的方法，使理论分析与实际观测相结合，互为佐证，以进一步了解冶金与材料物理化学研究方法在科研实践中如何运用。期望读者通过阅读和学习，达到对如何进行冶金和材料方面的科学研究有一个基本的认识，能初步掌握进行科学研究、总结研究成果必备的基本技能，达到培养分析问题和解决问题能力的目的。

本书中分析测试方法的应用实例来自作者的科研实践。在此，作者衷心感谢国家自然科学基金（No. 51472009，No. 51172007，No. 50974006）、教育部留学回国人员科研启动基金（第 39 批）、北京市自然科学基金（No. 2102004，No. 2120001）、北京市高水平创新团队项目（No. IDHT20170502）的资助。作者也衷心感谢北京工业大学大型仪器开放共享平台给予的支持。感谢孙贵如同志对本书的大力支持，她审阅了相关的内容，提出了诸多宝贵意见。

由于作者水平所限，书中或有叙述不当和疏漏之处，诚请读者批评指正。

作　者

2018 年 4 月

目　　录

1 文献信息检索与科技论文写作

文献信息检索是指将文献信息按一定的方式组织和存储，并能根据用户的需要取出所需特定信息的整个过程。它的全称是信息存储与检索。通常所说的信息查询或检索，只是"狭义"的信息检索，即指它的后半部分工作。

记录科学和技术知识的物质载体，称为科技文献。科技文献是科学知识的表现形式，也是科学知识传播和延续的手段之一。根据科技文献出版物的数量和质量，可以判断一个国家的科技发展水平。

塞缪尔·约翰逊（Samuel Johnson）说：知识分成两类，一类是要掌握的学科知识，另一类是要获取有关知识的信息。科技文献检索为科技工作者提供了一个获取知识的方法。通过对科技文献的查阅，可以了解有关问题发展历史、现状和发展趋势，从前人的工作经验和教训中得到启迪，确定研究方向，形成和完善研究技术路线和研究方案。

随着科学技术的不断发展和学科间的渗透和交叉，科技文献越来越表现出其广泛性和浩繁性。某一专业的科技文献除出现在这一专业的专门图书和期刊外，还散发在其他一些刊物上，所以在查阅之前，必须尽可能缩小所需参考查阅的范围，针对目的和要求查阅。

查阅文献资料的步骤一般从三次文献着手，先缩小检索的范围，再在普查二次文献基础上，或通过二次文献的检索，进一步找到所需参考的原始文献。对于不熟悉的问题，可先从专业百科全书着手，可按问题的专业关键词在书中查找，然后根据百科全书提供的专著，进一步深入了解。有时也可从专著所附的参考文献查阅有关文摘刊物或期刊和其他原始资料。图1-1概括说明了查阅文献的步骤。

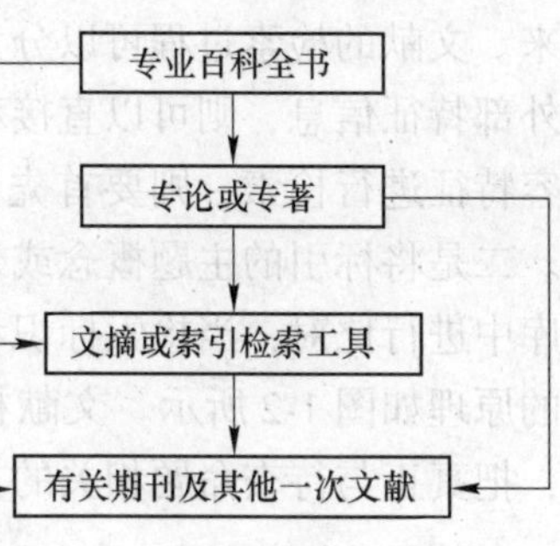

图 1-1 查阅文献资料的步骤

科技文献的检索是在大量的科技文献资料中，选择合适的方法，把所研究的科研课题的主要参考文献检索出来。借助于相关的科技文献，了解国内外发展动态，确定研究方向和目标，由此进行科学研究，体现出科学的继承性和国际性。科技文献检索是以文献（包括全文、文摘和题录等）为检索对象的一种情报检索方式。

任何科学和技术研究都要经历文献检索和综述、理论分析、实验验证，上升为新的理论，经过总结，撰写科技论文，发展和传播科技知识，这样一个过程。

科技文献检索与科技论文写作是集理论、方法、实践于一体的。在收集获得一定的文献信息基础上，经整理、加工与合理利用，达到提高研究和创新能力，以及学术论文写作水平的目的。因此，对科技工作者来说，学习并掌握科学的、有效的文献检索方法十分重要。

当今世界处于新的科技成果不断产生、高新科学技术迅速发展、知识不断更新的时代，因此，只有了解并掌握了本学科各种文献类型的检索工具和方法，才能满足科研工作的需要。

本章简要地介绍有关科技文献检索的一些相关知识和科技文献检索的一些基本概念，以及科技文献检索的一些基本方法，以期有利于大学生和科技工作者学会查找资料，在需要的时候能结合自己的课题和研究方向，尽快地开展一些相关科技文献的检索，掌握某种知识，提高综合应用知识和科学研究的能力。

1.1　科技文献信息检索

1.1.1　科技文献检索原理

文献的检索和文献的存储是两个不可分割的过程。文献的存储是文献检索的前提，文献的检索是文献存储的逆过程，文献只有按照一定的特征和规律进行存储之后，才能按照相应的特征检索出来。

文献存储的过程是按照文献的内容特征和外部特征进行浓缩，并按照上述特征进行分类编排，用特定的标准化检索语言形成文献标引的过程。文献的内容特征是指文献所阐述的主题内容，文献的外部特征是指文献的作者、题目、期刊、发表日期、页码、专利号等文献外表识别特征。

文献的检索过程则是根据文献的外部特征和内容特征，将相应的文献从文献库中搜索出来。文献的检索过程可以分为两步：一是对要检索的内容进行分析，如果有待检索文献的外部特征信息，则可以直接利用文献外部特征运用检索工具进行检索。如果是通过文献内容特征进行检索，则要首先形成检索的主题概念，并按照文献标准化检索语言进行标引。二是将标引的主题概念或外部特征形成检索标识，再通过具体的检索工具，在文献数据库中进行比对，当检索标识和文献特征标识相一致时，该文献即被检出。文献存储和检索的原理如图 1-2 所示。文献检索的最终结果还要进一步进行核实，过滤掉不相关的文献，把真正与待查命题相关的文献检出。

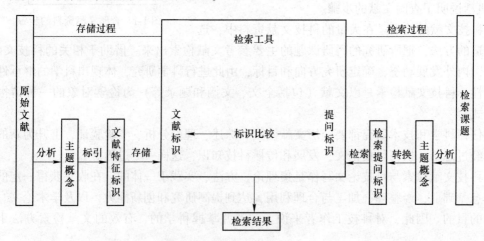

图 1-2　文献存储和检索原理图

除了以科技文献为检索对象的检索外，在科研工作中还可能遇到另外两种检索类型，即数据检索和事实检索。科技文献检索的对象是科技文献，查找与某个课题有关的文献。而数据检索则是以文献中具体的数据为对象的检索，如公式、化学分子式以及各种数据等。事实检索是以文献中事实为对象，检索某一事物发生的时间、地点或过程。

1.1.2 科技文献的级别与分类

科技文献可依照载体形式、加工程度和出版类型进行分类。

1.1.2.1 科技文献的载体类型

科技文献的载体类型有：印刷型、缩微型、声像型、机读型。

1.1.2.2 科技文献的级别

根据科技文献的内容性质和加工程度的不同，可以将科技文献划分为四个级别，即零次文献、一次文献、二次文献与三次文献。

A 零次文献

零次文献是指未经正式出版发行的文献，包括手稿、个人通信、原始的实验记录等。零次文献属于难得文献，通过正常的文献检索途径很难检索到。

B 一次文献

一次文献是指初次公开发表的文献，即以作者本人的研究成果为基本素材而创作并首次在各种刊物上出版的没有经过加工提炼、综合整理的文献，也称原始文献，如期刊论文、科技报告、会议论文、专利说明书、学位论文等。一次文献是文献检索利用的主要对象。

C 二次文献

二次文献是指图书情报工作者为便于读者或文献检索者在短时间内能够找到所需的资料，对一次文献进行加工、提炼和综合整理后所形成的报道，以及帮助查找一次文献的检索书刊和工具。各种目录、题录、文摘和简介等都属二次文献，它是一次文献集约化、有序化的再次出版，是贮藏、利用一次文献的主要工具。

D 三次文献

三次文献是利用二次文献提供的线索，选用大量一次文献的内容，经综合、分析和评述再度出版的文献。出现三次文献的目的，在于帮助文献检索者在开始时就能从大量的文献资料中，在分类上确定所需检索的范围和对象，或者从内容上获得一个总的概念介绍。常见的三次文献有各种图书目录、各种索引刊物、学位论文目录、各种述评、专题进展报告、动态综述、各种指南、数据手册、科学年鉴和百科全书等。

总之，一次文献是基础，是检索利用的对象；二次文献是检索一次文献的工具；三次文献是一次、二次文献内容的高度浓缩，是重要情报源和检索工具。科技文献的检索可以作为了解学科进展特别是新技术、新进展和新方向的重要途径。

1.1.2.3 文献的出版类型

按编辑和出版形式特点分类，科技文献的出版类型可分为：科技图书、科技期刊、会议文献、科技报告、专利文献、标准文献、学位论文、产品技术资料、科技档案、政府出版物和电子文献等。

A　科技图书

科技图书是科研成果和生产技术的概括总结，是由大量资料经系统整理、归纳总结、编辑的产物，它包括阅读性图书（如专论、专著、教科书和论文集）和参考工具书（如手册、图集、辞（字）典、百科全书和年鉴等）。

专论是一种专题著作，专论题目的范围很窄。专论的著作者都是专家、学者，著作内容的水平较高，对非此专业又需参考的课题，阅读有关专论可获得较全面的知识。

另一种专题著作是专著。专著的特点是系统性和全面性强。专著与专论的区别在于专著的论题范围更广，版本较大，但对问题的论述不如专论深。专著大多包括许多系统性很强的科技资料（相当于一系列有关专题的专论），专著附有大量参考文献（多是专著出版前三年的期刊资料）和有关索引，是一种重要的参考书。

教科书大多是为满足某一方面专业教学而编写的。它的特点是系统性比较强，内容虽不够新颖但理论观点较成熟。遇到不熟悉的问题阅读有关教科书，可以从中获得初步了解，方便入门。

论文集是一种由学术会议（研讨会）发表的论文汇编而成的图书。书中论文大多能反映当时这一专业领域的发展情况和关注的主要问题，因此具有新颖性和方向性，是主要的第一手文献资料。经常可以从有关期刊看到有关学术会议的召开和论文集出版的消息，也可从文摘刊物（如英文的《化学文摘》）了解到在会议上宣读的论文内容。

每一种图书在时间和内容深度、广度上都有一定的局限性，编（著）者在书的序言中都会说明此书的目的及涉及的范围，在查阅前，首先应浏览前言和标题目录，了解是否有所需的资料和信息。

查阅图书时还应注意版次和出版年月，一般应查阅最新版本（出版）的图书。

B　科技期刊

科技期刊是定期出版的科技刊物，大多是月刊，也有周刊、半月刊、双月刊和季刊的。期刊上刊登的文章大都是科学研究和生产实践成果的原始报道，出版快，传播广，是最有应用价值的文献资料。通常通过期刊检索，可以看出有关专业或技术的发展动态，因而期刊是进行文献工作的主要对象。

期刊可分为一次文献和二次文献两大类。文摘和索引属于二次文献。科技期刊也可从不同的角度划分不同类型。从报道内容的学科范围分为综合型期刊和专业型期刊；从期刊的内容性质分为学术型期刊、技术型期刊、快报型期刊和综述型期刊以及科普型期刊等。目前人们习惯按内容性质划分期刊类型。

学术型期刊和技术型期刊是科技期刊的核心部分，常见的英文期刊名称多冠以"Acta""Journal""Transaction"以及"Bulletin"字样。

快报型期刊专门刊登有关最新研究成果的短文，内容简洁，报道速度快。这类英文期刊的刊名常带有"Letters""Communication"等字样。

对初学专业人员可以列出适合本专业需要的基本的主要期刊，通过熟悉它们逐渐拓展阅读期刊面，再根据个人的钻研方向，自行选出所需期刊名单。

C　会议文献

会议文献是指在各种学术会议（研讨会）上发表的论文资料出版物，也称会议论文集，是了解国内外科学技术发展动向、水平和最新成果的主要渠道，英文出版物常冠以"Proceedings""Symposiums"字样。

图书馆一般将会议论文集列为图书收藏，查阅时应予以注意。学术会议论文集的出版消息一般会在有关期刊上发布，应注意收录，以备在必要时查阅。

D 科技报告与特刊

科技报告是指政府机构所属科研单位不定期出版的刊物，有出版号和序号，图书馆常按书籍收藏。它是有关科研工作的阶段总结和最终的研究成果报告，内容具有较高的成熟性、可靠性和新颖性，也有参考价值。

特刊是由政府资助的企业、公司、高等院校和社会团体对科学技术研究成果汇编成册出版的连续性刊物。刊物涉及面广泛，形式不同于一般图书，也不同于一般期刊的特殊出版物，书面形式有论文、研究报告、摘要、索引等多种。大多刊物内容涉及军事和尖端科学技术的不保密部分。部分常见国外的特刊名称和简称列于表1-1，人们常称PB、AD、AEC和NASA报告为美国的四大报告，中国科技情报研究所和中国科学院图书馆等单位收藏有这些特刊。

表 1-1 常见特刊名称及简称

序号	特刊名称	简称	原始文献来源或所属国家
1	美国政府研究报告	PB 报告	美国国家技术情报处，侧重民用工程技术
2	美国国防科技文献报告	AD 报告	美国国家文献中心，报告来源于三军科研单位、企业公司、大专院校，国外科研机构和国际组织及译自部分俄罗斯文献
3	美国原子能委员会报告	AEC 报告	美国原子能委员会技术情报中心
4	美国国家航空与航天局报告	NASA 报告	报告来源美国国家航空与航天局的各研究中心及实验室、承包合同的公司企业和资助的大专院校
5	美国矿业局研究报告	BMRI 报告	美国
6	英国原子能管理局研究报告	U. K. AEA 报告	英国
7	美国航空与航天飞行学会报告	AIAA 报告	美国
8	美国火箭学会报告（American Rocket Society）		美国
9	法国原子能委员会报告	CEA	法国
10	日本电技术、高速力学研究报告		日本

E 专利文献

专利是受专利法保护的发明创造。一项发明创造要获得专利，必须提交申请，经过严格审查得到专利机构的批准，方可受到专利法的保护。保护范围体现在发明内容和权限的专利文件（我国是专利说明书和权利要求书），以及专利法所授予的专利权。专利文献是指各国专利局公布的关于发明创造的专利申请文件、专利说明书和专利摘要及其他有关刊物。专利通常分为三种类型：发明专利、实用新型专利和外观设计专利。授予专利权的发明和实用新型专利应具有新颖性、创造性及实用性。发明专利的期限是自申请之日起十五年，实用新型和外观设计专利权的期限是五年，期满前可申请续展三年。

a　专利文献的特点

（1）内容新颖。专利文献反映了这个国家科学技术的最新成就。

（2）报道得快。国内外各种最新、最早新技术公开报道是专利文献，出于竞争保密，有些专利文献在一般刊物上不易看到。

（3）内容具体。公布的专利内容除新颖、独特外，说明书也比较详细、具体，具有一定的启发作用。

（4）不一定成熟。为了抢先取得垄断权，发明人的新构思及不成熟的研究结果都可以申请专利，因此利用专利资料时，要进行全面分析和判断。

（5）科学原理和过程机理不在专利范围内。

b　专利说明书

专利说明书是专利文献的核心部分，是申请专利时向专利局呈交的有关该专利的详细技术说明，包括该项专利的目的、用途、特点、效果及采用的原理与方法等。查阅专利资料可以了解有关技术动态，获得新的启示。

c　专利文献中常用名词

专利文献中常遇到一些名词，对查阅专利文献是常识，了解、熟悉这些常出现的名词含意有助阅读。下面简单解释几个常见的名词。

（1）发明人（inventor）和专利权所有人（patentee）。发明人是指发明该专利的人，若发明人已把发明卖给某一公司（企业），这一公司（企业）就成为专利权所有人，也叫做专利受让人（assignee）。在一些情况下，专利权所有人对查找专利也有用。

（2）专利申请号和专利号。专利申请号（application number 缩写 Appl. No.）是申请专利时专利局按申请先后顺序登记下的顺序号码，也称档案号（seriers number）。专利局批准某一项专利时另给的流水号码称作专利号（patent number 缩写 Pat. No.，日文写为番号）。注意，有些国家（如日本）先公布专利说明书，然后再审批专利，公布专利说明书时有公布号。查阅专利时，按专利号或公布号查找，可不管申请号。

（3）申请、批准、公告及优先权日期。申请（存档）日期（application（filed）data）是指申请专利的日期。批准日期（patent data）是指专利批准的日期。公告日期（published data）是指公布专利说明书的日期（只对先公布专利说明书再审批的国家）。

按"国际工业财产保护协定"，凡在某一国家申请专利后，在一年内到参加"协定"的其他国家再去申请时，可以不按此时实际申请日期，而按前一国，即所谓"优先申请国"的申请日期计算，称前一申请日期为优先权日期。这种日期对普通查阅专利文献的作用不大，但对企业之间竞争很重要。

（4）专利权限或专利权范围（或专利范围项数）。在专利说明书最后，发明人用严格的语言明确讲述其发明的内容、实质及特点，并提出专利权要求以达到垄断此项专利的目的，称此专利权为专利权限或专利权范围（或专利范围项数，日文写为请求范围）。各国专利局对申请案的审查和法院判决专利是否有效均依据此段文字，所以说此段文字是法律的依据，是对申请书前面阐述的概括。申请范围通常分项提出，第一项是概括全部内容，其余项是局部特点和各种变化范围。

d 专利分类法（表）和索引

为便于检索专利、专利摘要或专利说明书，各国专利局大都颁发专利分类法或专利分类表（classification of patents），并出版配合专利分类法（表）使用的各种专利索引。每一国家的专利都有自己的分类体系，凡参加"国际专利分类法"（International Patent Classification，简称"IPC"）协议签字国的专利说明书，除有本国的分类号外，都有国际分类号。现使用国际分类号的国家越来越多，方便了查阅。

国际专利分类法把专利划分为 A 到 H 八大部（section A to H），每个部有不同内容。例如，C 部是化学化工和冶金类，包括无机化学、有机化学、生物化学、有机大分子化合物、水处理、石油、玻璃、涂料、冶金等；G 部是物理类，包括测定、试验、光学、控制、计算、核物理等。每个部又分许多类（class）、小类（subclass）、主组（main group）和分组（sub group），具体可从我国已翻译出版的有关书籍（也有中英文对照的）查到。

另外，世界各国的每项专利都由专利所属国和专利号组成。主要专利所属国世界通用符号：CA——加拿大，CH——瑞士，CN——中国，FR——法国，GB——英国，JP——日本，US——美国。

F 标准文献

标准文献包括各种标准化刊物和由标准化组织机构发表的技术标准和手册、通报、汇编以及检索工具书（标准目录、手册和卡片）等，按使用范围分为国际标准、国家标准、专业标准和部颁标准。技术标准按内容分为基础标准、制品标准和方法标准三类。基础标准是指有关单位、符号、术语、词汇、缩写、量值等的标准，制品标准是指有关制品的形状、尺寸、材料、质量、性能、分类、公差等方面的标准，方法标准是指对有关产品试验、检验、分析、测量等方法和技术条件方面的标准。

G 学位论文

学位论文包括学士论文、硕士论文和博士论文，有新颖和创新性的内容主要反映在硕士和博士论文中，特别是博士论文。

H 产品技术资料

厂商出版的产品样本、目录和说明书等属产品技术资料，内容涉及产品性能、结构、原理、用途、用法和维护等技术问题，具有技术情报价值。

随着现代科学技术的迅猛发展，科技文献发展的特点和趋势表现在四个方面：一是文献数量的迅速增长；二是文献的存储密度和效率不断提高，从过去的印刷型为主到印刷型与电子文献并重再到现在的以电子文献为主，且手工检索已逐步被智能化计算机检索所取代；三是文献的分布成离散状态，而且重要的期刊所包含的科技文献的信息量远远高于那些相对不重要的期刊，因此文献资料检索的重点是要更多地关注和掌握本学科相关的重要核心期刊和核心文献；第四是学科交叉和渗透及文献的使用寿命缩短，科技工作者要随时掌握最新文献，才能不断地更新知识结构，满足科学研究或所从事工作的专业知识的需要。

总之，现代文献迅速发展和大量科技文献的积累，是科学技术发展的必然规律。对从事专业工作者来说，重要的是要充分利用这些科技文献，深入研究，不断有新的认识和发现，促进我国科学技术和生产的发展，创造出更多更新的科技成果。

1.1.3　文献检索系统结构、工具与途径

科技文献检索是在大量的科技文献中，按照一定方法和途径迅速准确地查找出所需的、有参考价值的科技文献过程。了解文献检索的方法，有利专业知识的学习和知识面的拓展与更新，并且通过检索文献资料可以培养综合运用知识的能力和信息意识。

1.1.3.1　文献检索系统结构

文献检索系统的结构可分为题录、文摘和索引两个部分。

A　题录与文摘

题录一般包括文献标题、作者、工作单位、发表时间、文献来源（期刊、会议和专利等）。它是所有检索系统必须具备的基本内容，依题录读者可以方便地查找到原文，而文摘（又称摘要）是文献内容的简略描述，便于读者了解和挑选原文文献。

B　索引

索引是按一定特征和顺序将文献排列起来的目录（通常按字（母）顺序排列），诸如：主题索引、分类索引、著者索引、机构团体索引、号码索引等。索引在检索工具中属辅助手段，但却起着重要的作用。任何一种检索工具中索引的种类越多，其检索途径就越多，检索效率也就越高。

1.1.3.2　检索工具

所有类型的检索工具都具有文献存储和文献检索两个基本特征。检索工具的选择直接影响检索的结果和检索效率，因此，要根据对待检索课题的分析和目的选择合适的检索工具，也就是根据检索的对象和所拥有的检索工具来选择。

检索工具的种类随着文献存储的特征和类型的不同而不同。

A　按检索手段划分

检索工具按检索手段划分可分为手工检索和计算机检索。手工检索是利用图书馆卡片目录和文本式文摘、索引等检索工具进行检索。计算机检索是借助计算机设备进行人机对话的方式检索，如光盘检索和网络检索（联机检索）。计算机检索的特点是：检索功能强，数据资源大、可靠、更新快，查准、查全准确率高，检索速度快，节省人力。运用计算机检索工具比用手工检索工具检索的效率要高很多。

B　按收录内容范围划分

检索工具按收录内容范围划分的种类繁多，一般采用综合性检索工具。

C　按收录文献的著录方式

检索工具按收录文献的著录方式划分有题录性检索工具和文摘性检索工具。相对于题录性检索工具而言，文摘性检索工具包含更多的文献信息。

1.1.3.3　检索途径

常用的检索途径主要依据文献的内容特征和外部特征分为主题途径、著者途径、分类途径、题名途径和序号途径等。

A　主题途径

主题途径是指通过文献资料内容的主题进行检索的途径。它依据各种主题索引或关键

词索引，检索者只要根据项目课题确定的检索词（若干个能够反映课题内容、能表达课题主题概念的名词术语的主题词或由专业词汇中选取的关键词），便可以实施检索。由于选择各学科通用的专业术语，表征概念较为准确、灵活，并能满足多个主题课题和交叉边缘学科检索的需求，因此应用最多。主题途径常在需全面了解某一主题的文献，或其他信息不多的情况下使用。

主题途径检索文献关键在于分析项目、提炼主题概念，选择能够真正反映课题内容的词语作为主题词（关键词）。另外，要了解所用检索工具中对选用关键词的一些具体规定并遵循规定，否则会查不到所需条目。例如，使用 CA（化学文摘）检索，CA 规定中有被其列为同义词的词不能作为关键词这一条，若要查有关固溶体（solid solutions）的文摘，只能选择"solid solution"作为关键词，而不能用"mixed crystal"（混合晶体）作关键词。

B 著者途径

著者途径系指以著者（包括个人著者和机关团体）名为检索点查找文献的途径。它依据文献著者索引查找文献，这在国外检索工具中是经常应用的检索途径，而在国内的检索工具中则作为辅助性的检索途径。从著者角度进行文献检索，对于了解国内外重要的专家及其所在研究机构的信息、学科研究方向和发展，有重要的价值。

C 分类途径

分类途径是以科学分类为基础，运用概念划分与归纳的方法，在相应的知识体系中搜寻所需文献的途径。它依据检索工具中的分类索引，按照文献资料所属学科类别进行检索。按分类途径检索可以获得学科体系较系统的文献资料。

分类途径检索的关键是正确选定应查的类目，并注意阅读该类目下的参见内容，这样才能保证查准、查全。

D 题名和序号途径

题名和序号途径是指利用检索工具中的各种专用索引来检索文献，如根据已知的书名、刊名、篇名按字（或字母）顺序排列规则查找所需文献，或根据文献的号码顺序查找文献的途径。常见的索引有各种号码索引（如专利号、入藏号、报告号等）、专用符号代码索引（如元素符号、分子式、结构式等）、专用名词术语索引（如地名、机构名、商品名等）。

检索文献时可以综合运用这些检索途径，如先通过主题途径了解待查课题的全貌，再根据检出的文献分析课题相关的主要专家或分类位置，然后通过著者或分类途径进一步检索，从而提高检索的效率。

1.1.4 科技文献检索方法

在对研究课题进行初步分析之后，确定要检索近几年来相关研究的情况，此时首先要制定检索策略，如以计算机检索为主，并与手工检索相结合。而后选择检索工具，通常选用综合性检索工具和数据库，诸如《全国报刊索引》、CNKI 期刊全文数据库、万方数据资源系统、中文科技期刊全文数据库、中国学术会议论文数据库、中国学位论文数据库、中国专利数据库等。另外，我国可以使用的国际大型联机系统有美国的 DIALOG 系统、ORBIT 系统，以及欧洲空间组织情报检索中心的 ESA-IRS 系统等。

在确定检索策略和检索工具之后，需要选择检索方法和途径来查找所需的文献资料。

1.1.4.1　检索方法选择

检索查找文献的方法有三种：直接法、追溯法和综合法。

A　直接法

直接法是直接利用检索工具检索文献信息，是检索查找文献常用的方法之一，它又分为顺查法、倒查法和抽查法。为获取近年来国内外的研究现况，可以选择顺查法和倒查法相结合的检索方法。

a　顺查法

顺查法是按照时间的顺序，由远及近地进行文献信息检索。它能收集到某一课题的系统文献资料，适用于研究范围较大课题的文献检索。只要已知课题的起始年代，就可以用顺查法，从最初的年代开始，逐渐向近期查找，直至了解到此课题研究发展的全过程。

b　倒查法

倒查法是逆着时间的顺序，由近及远进行文献检索，其重点着眼于近期文献上，以期获得此课题研究最新的文献资料。

c　抽查法

抽查法是选择有关研究课题文献信息出现最多的时间段进行重点检索，以获取此课题研究发展兴旺阶段的文献资料。

B　追溯法

追溯法是利用已经掌握的文献资料中所列的参考文献，逐一地查找"引文"，以期扩大信息的来源，也可以从新查到的"引文"中再追溯查找"引文"，依据文献间的引用关系，逐步获得较多的相关文献资料。

C　综合法

综合法又称"循环法"，是把上述两种方法综合运用，即先利用检索工具查找到一批文献，再以这些文献所给的参考文献为线索进行再查找，两种方法交替使用，直到获得满意的资料为止。

对于查新（查找命题课题的新颖性、创新性）工作中的文献检索，可以根据查新项目（命题课题）的性质和检索要求灵活运用上述检索方法，以获取查新检索的结果。

1.1.4.2　检索途径选择

检索途径的选择有两条依据：一是待查课题的检索要求和已知信息；二是使用的检索工具所具备的检索途径。检索工具有多种索引，提供多种检索途径。通常检索途径可以概括为主题、分类、著者和其他四种。

各种检索途径的特点及检索依据详见 1.1.3.3 节。应该提到的是，对于全文型数据库的检索结果可以直接获取原文。

1.1.4.3　计算机文献信息检索的基本方法

计算机文献信息检索是指以计算机技术为手段，通过光盘或联机等现代检索方式进行文献信息检索。检索过程是将用户的要求转换成计算机可阅读的逻辑检索表达式（也称检索表达式、检索式），输入计算机，由计算机自动与数据库中记录的文献特征进行类比、组配，把完全匹配的文献全部检出的过程。因此，计算机文献信息检索包括制定检索表达式、制定合理的检索策略和检索策略的调整三个过程。

A 检索的基本步骤

通常检索某一课题的文献有下面几个基本步骤：

（1）明确检索课题的主题和目的，因它是选择文献数据库、编制检索式和判断检索结果的依据。

（2）合理选择检索系统、数据库和检索工具，确定检索策略。

（3）确定检索词、检索标识、检索途径和方法。

（4）编制检索式、制定检索顺序和查找文献线索，根据文献线索索取文献信息或查阅原始文献。

B 检索式的基本结构

检索式（检索表达式）是一个既能反映检索课题内容又能被计算机识别的式子，是进行计算机检索的依据。检索式基本结构可有以下几种。

a 用逻辑算符表达检索词间逻辑关系

运用规定检索词之间相互关系的运算符号（逻辑算符），可以把一些具有简单概念的各自独立的检索词或代码组配成一个具有复杂概念的检索式（检索表达式），以表达用户检索的需求。例如，需检索"电解氧化铝制备"，检索词为"电解（electricity）""氧化铝（alumina）""制备（preparation）"，进行检索时要用逻辑算符表示它们的逻辑关系。用逻辑算符组配的检索表达式进行检索文献信息，是现代信息检索系统中最常用的方法。

在检索中，要达到真实、确切地反映检索要求，除了正确选定检索词外，恰当地表达检索词之间的逻辑关系也是重要的一环。常用逻辑算符有布尔逻辑算符和位置逻辑算符。

（1）布尔逻辑算符。表示检索词之间相互逻辑关系的三种运算符号，即逻辑"与"（and，＊）、逻辑"或"（or，＋）和逻辑"非"（not，－），称为布尔逻辑算符。

布尔逻辑算符中的逻辑"与"（and，＊）运算用于交叉和限定的组配，实现检索概念范围的交集，从而缩小检索范围，提高查准率。逻辑"与"的运算符为"and"和"＊"，表示查找同时含有这两个检索词的文献集合，如图1-3所示。图中，圆A表示含有检索词"ammonia"的所有命中文献，圆B表示含有检索词"synthesis"的所有命中文献，斜线部分是逻辑算符组配的检索表达式"ammonia and synthesis"的命中文献，也就是既出现"ammonia"也出现"synthesis"，与"氨的合成"有关的文献。注意，逻辑算符"and"主要用于外文检索，"＊"大多用于中文检索。

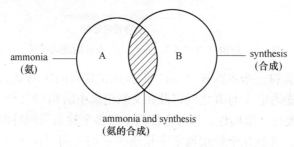

图1-3 逻辑算符"与"（and，＊）表示的逻辑关系

布尔逻辑算符中的逻辑"或"（or，＋）用于检索词并列关系组配，实现检索概念范

围的并集，扩大检索范围，从而提高查全率。逻辑"或"的运算符为"or"和"+"，表示查找含有所有检索词之一或同时含有所有检索词的文献集合，如图 1-4 所示。此图表示了检索词 A、B 间的逻辑关系是"或"（or），检索时，计算机将检索词 A 的所有命中文献与检索词 B 的所有命中文献进行"逻辑加"的运算，结果得到两个检索词的"逻辑和"，它是一组包含检索词 A 或检索词 B 或者同时含有检索词 A 与 B 的新的文献集合。图 1-4 中圈 A 表示含有检索词"thermodynamics"的所有命中文献，圈 B 表示含有检索词"data"的所有命中文献，斜线部分是逻辑算符组配的检索表达式"thermodynamics or data"的所有命中文献。同样要注意，逻辑算法"or"主要用于外文检索，"+"大多用于中文检索。

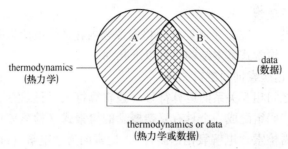

图 1-4 逻辑算符"或"（or，+）表示的逻辑关系

布尔逻辑算符中的逻辑"非"（not，-）用于从原来检索范围中排除不要的和影响检索结果的概念，是使检索结果更准确可靠的检索词或代码的逻辑组配。逻辑"非"的运算符为"not"和"-"，表示连接的两个检索词前者不包含后者，如图 1-5 所示。图中圈 A 表示含有检索词"catalysts"的所有命中文献，圈 B 表示含有"platinum"的所有命中文献，斜线部分是表明逻辑组配检索表达式"catalysts not platinum"的所有命中文献，即逻辑运算结果是含有检索词 A 中没有检索词 B 的所有文献。同样要注意，"not"主要用于外文检索，"-"大多用于中文检索。

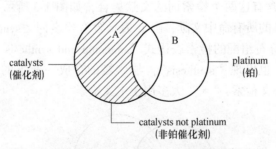

图 1-5 逻辑算符"非"（not，-）表示的逻辑关系

（2）位置逻辑运算符。布尔算符"and"的作用是检索词 A 与 B 必须同时出现在同一篇文献记录中。它不能确定 A 与 B 之间以及在文献记录中的相对位置。但在检索课题时，为提高命中文献的相关性、准确性，常常会使两个或多个检索词同时出现在同一篇文献记录（或某一字段）中，并且几个检索词紧紧相连或它们之间可插入几个词。在使用一些国际联机检索系统时，如美国的 DIALOG 系统，会遇到系统要求使用一些位置逻辑算符，表示检索词之间的更确切的逻辑关系。下面简单介绍美国 DIALOG 系统使用的几个位置逻

辑算符。

1)（W）算符。这里 W 是 with 的缩写。若两个检索词之间用（W）算符组配时，表示命中文献中，两个检索词必须按所列顺序排列，位置不能颠倒，它们中间不准插入任何词或词组，只允许是一个空格（或符号）。例如，检索 X 射线用 X（W）ray，检索出的形式是 X ray 或 X-ray；检索气相沉积用 vapor（W）deposition，检索出的形式是 vapor deposition。

2)（nW）算符。这里 W 是 world 的缩写，n 代表两个检索词之间最多可插入的词的个数。若两个检索词之间用（nW）算符组配，表示在命中文献中算符前后的词必须按所列顺序排列，它们中间最多允许插入 n 个或少于 n 个词（n 可以是 0）。例如，用 vacuum（0W）melting 检索出的形式是 vacuum melting（真空熔炼）；用 vacuum（1W）melting 检索出的形式会是 vacuum are melting（真空电弧熔炼）；用 vacuum（2W）melting 检索出的形式会是 vacuum electronic torch melting（真空电子束熔炼）。

3)（S）算符。这里 S 是 sentence 的缩写。若两个检索词之间用（S）算符组配，表示两个检索词必须同时出现在同一短语（或句子）中，两个检索词的排列顺序不限定，它们之间可插入的词的数量也不限制。例如，用 gas（S）chromatograph? 检索，检索出的有 gas chromatography、gas-chromatographic measurement，以及 orange oil chromatography gel gas 等形式出现在同一句子（短语）中。

4)（F）算符。这里 F 是 field 的缩写。若两个检索词之间用（F）算符组配，表示两个检索词必须同时出现在同一字段（系指文摘、篇名、主题词及其他字段）中，且对两词排列顺序和中间可插入的词的个数不作规定。例如，用 impact（F）environment? 检索，检索结果可以是 impact on environment 或 environmental impact（环境影响）。

应该提醒的是：文献检索是一项实践性很强的工作，它要求善于思考并通过经常性的实践，逐步掌握文献检索的规律，从而迅速、准确地获得所需的文献。因此，在检索实践中，除了要掌握检索课题的相关因素外，还应注意逻辑算符对检索结果的影响以及不同的运算次序会有不同的检索结果。

b　截词检索与截断符

截词检索是采用截断的词的一个局部进行的检索，凡满足该词局部中的所有字符的文献，都为命中的文献。截词检索按截断词的位置可分为后截断（前方一致）、前截断（后方一致）和中截断（中间一致）三种，按截断符可分为有限截断（一个截断符只代表一个字符）和无限制截断（一个截断符可代表多个字符）。

不同联机系统所用的截断符不同，美国 DIALOG 系统用问号"?"作为截断符。例如，用 photo?? 检索，检索词后第一个截断符"?"表示在此检索词后最多允许出现一个字符，第二个截断符"?"表示此种截断为有限截断。检索的结果只能是 photo、photos。截断符可以嵌入在检索词中间，此时每一个截断符代表一个字符。例如，检索 synthes?s，结果是 synthesis 或 syntheses；检索 fib??board，结果是 fiberboard 或 fibreboard。

无限制截断是把截断符放在检索项（词）的后面，不限制词干后可能出现的字符数，例如，用 sulphur? 检索的结果可能是 sulphuric、sulphuret、sulphurize sulphuration 等。

截词检索是常用的检索技术，可以节省检索时间，也是防漏检的有效工具，尤其在外文检索中，应用较多。在外文数据库中截的是西文词的前后缀，使用时应参看具体联机系统的使用手册，并注意选择恰当的截断位置。

c　原文检索

原文检索是指数据库中的原始记录的检索，即以原始记录中的检索词与检索词间特定位置关系（只对检索词进行逻辑组配，未限定检索词之间的位置及其在记录中位置关系；有时不限定检索词之间的位置关系会影响查准率）为对象的运算。原文检索可以说是一种不依赖叙词表而直接使用自由词的检索方法。不同的检索系统对原文检索的运算方式，有不同的规定。原文检索的运算符通称为位置运算符，规定的运算符不同，运算符的职能和使用范围也不同。

原文检索可以弥补布尔逻辑检索、截词检索的不足。运用原文检索方法，可以增强选词的灵活性，从而提高文献检索的水平和筛选能力。但是，原文检索的能力是有限的，从逻辑形式上看，它是更高级的布尔系统。

d　加权检索和聚类检索

（1）加权检索。加权检索是某些检索系统中提供的一种定量检索技术，也是文献检索的一个基本检索手段，加权检索的侧重点在于判定检索词或字符串在满足检索逻辑后对文献命中与否的影响程度。加权检索的基本方法是：在每个提问词后面给定一个数值表示其重要程度，这个数值称为权，在检索时，先查找这些检索词在数据库记录中是否存在，然后计算存在的检索词的权值总和。权值之和达到或超过预先给定的阈值时，该记录即为命中记录。

运用加权检索可以命中核心概念文献，因此它是一种缩小检索范围，提高查准率的有效方法。应该提醒的是：能提供加权检索的系统，对权的定义、加权方式、权值计算和检索结果的判定等方面，又有各自不同的技术规范，运用时要注意遵从使用系统的技术规范。

（2）聚类检索。聚类检索是在对文献进行自动标引的基础上，构造文献形式化表示的文献向量，然后通过一定的聚类方法，计算出文献与文献之间的相似度，并把相似度较高的文献集中在一起，形成一个个的文献类的检索技术。根据不同的聚类水平的要求，可以形成不同聚类层次的类目体系。在这样的类目体系中，主题相近、内容相关的文献便聚在一起，而相异的则被区分开来。文献自动聚类检索系统能够兼有主题检索系统和分类检索系统的优点，同时具备族性检索和特性检索的功能，它是一种很有前景的信息检索方式。

e　扩检与缩检

扩检与缩检是检索过程中经常面临的问题。在联机检索时，采用扩检或缩检的策略，既能控制机时，又能获得满意的检索结果。

（1）扩检。扩检是指初始设定的检索范围太小，命中文献不多，需要用扩大检索范围的方法来扩大查全率。调整检索策略的方法有：降低检索词的专指度；增加同义词，并用逻辑"或"将它们联系起来；在词干相同的词后面使用截词符；去除已有字段的限制符和位置符，或改用限制程度较低的位置运算符。

（2）缩检。缩检是指开始的检索范围太大，命中文献太多，或查准率太低，需要增加查准率的一个方法。缩检包括概念的缩小、范围的限定或年代的减少等，主要措施有：减少同义词和同族相关词，提高检索词专指度；增加限制概念，用逻辑"与"将它们联系起来；使用字段限制，或限制检索词在制定的基本字段中出现，限制检索结果的类型、语言和出版国家等；使用适当位置的运算符，并用逻辑"非"算符排除无关的概念。

1.1.4.4 计算机文献信息检索的特点

计算机文献信息检索具有即时性、对话性和灵活性三大特点。

A 即时性

即时性是指用户可以随时进行检索。只要具有检索终端，用户便可随时远程浏览和检索文献、数据，检索效果也较好。

B 对话性

对话性是指用户可与检索系统对话，从而达到更完善、更正确的检索结果。

C 灵活性

灵活性是指用户可以选择不同的输出方法和格式，可以显示阅读、脱机打印，输出完整的记录（如文摘），也可输出部分记录（如题目和作者等）。

1.2 重要科技文献检索工具简介

现有的国内外检索系统和数据库较多，下面简单介绍几种经常使用的重要科技文献检索工具的系统特点。

1.2.1 科学引文索引（SCI）

《科学引文索引》（Science Citation Index，简称 SCI），由美国科学情报研究所（the Institute for Scientific Information，简称 ISI）1961 年在费城创办，是世界科技论文权威性的关于引证统计的综合性多学科检索系统和季刊出版物。《科学引文索引》（SCI）是根据论文引用频率的统计方法，从核心期刊（文献核心信息源）逐篇摘录论文的题目、著者及其工作单位、文章类型、年份、语种、出处和论文引用的文献以及被其他出版物引用的信息等，可以说《科学引文索引》（SCI）收录的文献信息全面覆盖了世界最重要和最有影响力的研究成果。

《科学引文索引》（SCI）通过先期文献被当前文献引用的方式（引文索引，Citation Index）来表明文献之间的相互性及先前文献对当前文献的影响，即根据文献之间引证与被引证关系，以作者姓名为索引标题编排、组织索引的。SCI 的索引直接提供引证文献的有关资料（如文献题目、作者和出处等），没有文摘。目前《科学引文索引》（SCI）有印刷版、光盘版、网络版和联机版。SCI 网络版收录了 6000 余种国际知名科学期刊，Wef of Science 是美国科学情报研究所 ISI 向用户提供自然科学引文数据库服务的网络平台。

《科学引文索引》（SCI）常用的检索途径有快速检索、一般检索、引文检索、化学结构检索、高级检索和打开检索历史等。检索方法是根据查询的主题、著者姓名、来源期刊或著者地址检索文献，系统默认多个检索途径之间的逻辑"与"关系，开展检索，获得需要了解的科学信息。

以《科学引文索引》（SCI）网络版为例，检索质子膜燃料电池催化剂载体 Ti_4O_7 材料，其检索途径、数据库选择和一般检索结果界面如图 1-6 所示。

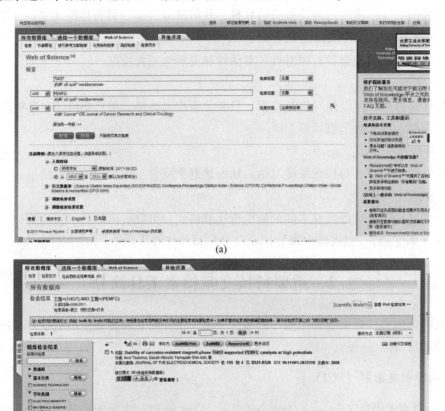

(a)

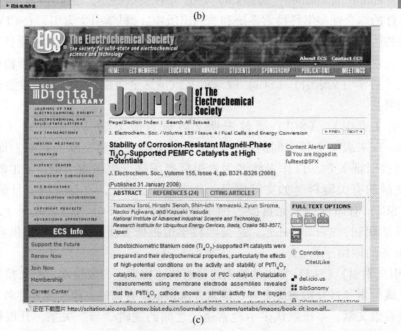

(b)

(c)

图 1-6   《科学引文索引》网络版检索实例

（a）检索途径；（b）数据库选择；（c）一般检索结果界面

1.2.2 工程索引（EI）

《工程索引》（Engineering Index，简称 EI）由美国工程信息公司出版，报道有关工程技术领域的文献资料，它包含了世界几千种期刊、会议文献、技术图书、科技报告、学位论文和政府出版物等信息，是著名的工程技术方面综合性大型检索工具。它有四种出版形式：印刷版、光盘版、联机版和网络版，提供三种检索方式，即简单检索（easy search）、快速检索（quick search）和专家检索（expect search），系统默认快速检索。美国工程信息公司 1998 年在中国开展了因特网（intenet）服务（Engineering Information Village，简称 EI Village），现已有第 2 版 EV2 出现，提供更多的工程数据库，更方便信息的检索。

《工程索引》（EI）具有全球最全面、最具权威性和信息可靠的工程检索二次文献数据库（Compendex），以及相关的专利数据库（USPTO Patens，美国专利和商标局的全文专利数据库）。这两个数据库的数据每周更换一次，可以确保用户跟踪所关注领域的最新进展。关于在欧洲专利局（EPO）和欧洲各国专利局、世界知识产权组织（WIPO）及日本登记注册的专利可以通过 esp@cenet 查找到。

《工程索引》（EI）系统的 Scinrus 采用最新的搜索引擎技术，是因特网上最全面的科技专用的搜索引擎，便于用户方便快捷、准确地查找到所需的文献信息。

《工程索引》（EI）检索过程包括检索字段选择和逻辑运算符，其快速检索的界面如图 1-7 所示。

图 1-7 《工程索引》快速检索界面

1.2.3 中国知识资源总库

中国知识资源总库（CNKI）1994 年开始建立，其中含有至今已是世界上最大的连续动态更新的中国期刊全文数据库，它还含有中国学术期刊网络出版总库、中国博士学位论文全文数据库（1999 年至今）和中国优秀硕士学位论文全文数据库（1999 年至今）。图1-8 是中国知识资源总库检索主页。

中国期刊全文数据库分数理 A（数理科学）、数理 B（化学化工能源与材料）、数理 C（工业技术）、农业、医药卫生、文史哲、政治经济与法律、教育与社会学和电子技术与信息科学等九大专辑和 126 个专题存储文献数据。数据库有三种服务模式，即网上包库、镜像站点和全文光盘模式。检索方式分为初级检索和高级检索，检索方法相对比较简便。数据库提供多种检索入口，最直接的方法是登录成功后直接点击"检索"，即可显示数据库收录的所有文献相关信息；若想查找、浏览某一类或几类的所有文献时，采用分类检索；还可根据用户检索目的，进行专项检索；也可以选择起始和终止年度，进行时间选择，列出该时段的相关文献。

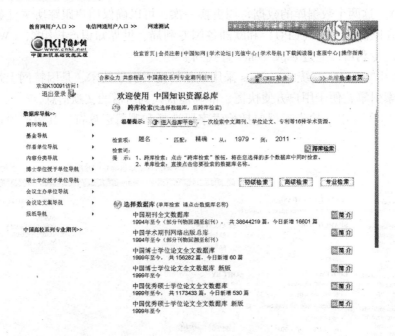

mhtml:file://J:\检索实例\欢迎使用 中国知识资源总库CNKI.mht   2011/8/23

图 1-8　中国知识资源总库检索主页

1.2.4　其他常用的科技文献检索工具

1.2.4.1　万方数据资源系统

万方数据资源系统是大型中文网络信息资源系统，由面向科技信息子系统和面向经济、商业界服务的商务信息子系统组成。科技信息子系统收集中文科技期刊全文、中国科技论文与索引、会议论文、学位论文以及中国科技名人和中国科学研究机构等多种类型信息，有数据库、科技期刊、科技文献、科技论文、科技要闻和科技名人等六个一级栏目。

万方数据资源系统主要以"万方数据服务中心"（包括科技期刊和数据库）的方式提供服务。

1.2.4.2　Elsevier Science 电子期刊全文数据库

Elsevier Science 电子期刊全文数据库（Science Direct Onsine，简称 SDOS）由世界著名学术出版集团 Elsevier Science 提供网络服务。该数据库为中国用户提供涵盖数学、物理、化学、医学、计算机、生命科学、环境科学和材料科学等方面的 1600 多种学术期刊的电子版全文。

通过"online"和"website"两种方式可以访问 Elsevier Science 数据库，经浏览或检索途径获取需要的论文。

1.2.5　专利检索工具

查找专利文献前需了解各国专利的发表方式和专利局出版的有关刊物，以及与本专业有关的各种专利文摘和索引刊物。在只需了解某项专利的大体内容情况下，查阅刊有摘要的专利公报或刊物就可满足需求。若需进一步了解详细情况，则必须阅读专利说明书。遇到这种情况，一般先从不同线索查找所需专利的专利号，然后根据专利号查阅专利说明书。只要知道了专利号，就容易找到原始的专利资料。

1.2.5.1　查找专利号的线索

查找专利号的线索大致有如下四种：

（1）根据专利分类法或分类表。专利分类法或分类表是查找专利号的最重要线索。利用专利分类索引，确定所需资料属于哪一类，知道所需专利的分类号和时间段，就可直接从出版的这个时间段的专利公报和摘要中，按分类号去查找所需专利，因为公报和摘要都是按分类号顺序配合专利号顺序发表的（发表的公报与摘要中分类号不完全连号的原因，是那时没有那一类专利）。

（2）根据专利标题。有一些国家的专利公报中列有按照专利标题的字母顺序排列的索引表，这种情况下，可以根据专利标题查找专利号和专利资料。

（3）根据发明人或专利权人姓名或名称。可以利用情报服务公司出版的专利摘要和索引中的 Inventor Index（发明人索引），Assignee Index（公司索引）查找专利号和专利资料。

（4）利用报道专利摘要的刊物。有些刊物（如美国的《化学文摘》）经常报道与刊物内容有关的一些国家（不同语种）近期的专利摘要，这也是检索专利文献的重要途径，并对只懂一种外语但想查阅几个国家的专利文献提供了方便。

1.2.5.2　中国专利检索系统

我国于 1985 年开始建立中国专利数据库，包括专利申请号、公开号、申请日、公开日、说明书、发明名称、申请人、发明人、分类号和文摘等。中国专利检索系统有基本检索和分类检索两种检索途径。选用基本检索时，首先选定检索入口，再输入检索词，即可显示检索结果。分类检索是查找某一类专利，进入国际专利分类表，点击所需部分，即可获得该类的所有专利。

1.2.5.3　世界专利索引工具

专利索引的作用有两点：一是在已知专利号的情况下，通过专利索引查阅此份专利的文摘，从文摘了解专利的基本内容，决定是否要详细阅读专利说明书。如果专利内容切题，可通过文摘的著录内容（主要是此专利的分类号），利用专利检索刊物上的"专利分类索引"查阅与本课题有关的其他专利，扩大检索范围。二是从主题等方面出发查到专利，即对不熟悉文种的专利可通过专利索引查到同族专利，选择适合文种的相同专利索取专利说明书。

专利索引条目的编写顺序是：首先，按各专利出版国家的代码字母顺序排列，澳大利亚（AT）居首，南非（ZA）结尾；其次，按每一国家内的专利号由小到大排列顺序。

世界专利常用的检索工具主要是英国德温特出版公司（Derwent Publications Ltd.）1974 年在原有业务基础上进一步扩大，创办和编辑出版的世界规模最大、专利文献范围最广、检索系统方便的专利检索工具——World Patents Index（世界专利索引），简称 WPI。它包括专利号、标题、专利权属机构、摘要、图、专利出版日期、德温特存取号、德温特人工号和国际专利分类号等信息。它还有基于网络化的专利信息数据库（Derwent Innovation Index，简称 DII），每周更新数据，提供全球专利信息服务，资料可回溯到 1963 年，并提供获取专利申请书的全文电子版本的连接。DII 提供格式检索、快速检索、专家检索和引用专利检索四种检索方式，检索过程是进入格式主页，输入专利主题单词或短语（可使用算符连接单词或短语）等字段来检索，也可以只在专利篇名中检索，即可输出检索结果。

德温特出版公司还提供了一套完整的手工（利用印刷型）检索世界专利文献的工具，它们是题录形式出版的《世界专利检索公报》（World Patent Index Gazette），文摘形式出版的《世界专利文摘杂志》（World Patent Abstracts Journal，简称 PAJ），按专业（行业）分类出版的专业文摘《中心专利索引》（Central Patent Index，简称 CPI），以及综合性索引和多年累积索引构成的德温特专利文献报道系统。

另外，国外专利也可通过 1.2.2 节介绍的 EI 中 USPTO patents 数据库查找美国专利，以及通过 esp@cenet 查找欧洲各国和日本注册的专利。

1.2.6 学位论文检索工具

1.2.6.1 PQDD 博硕士论文库

PQDD（ProQuest Digital Dissertatians）是由美国 UMI 公司出版的博硕士论文数据库。此数据库收录了欧美地区上千所大学 160 多万篇学位论文，是世界上收录学位论文年代最早（1861 年开始）、更新最快（每周更新）、使用最广泛的学位论文数据库。

DAO（Dissertation Abstract Ondisc）是 PQDD 的网络版，虽然大多是文摘索引信息，但还是可以看到 1997 年以后部分学位论文的前 24 页。ProQuest 全文数据库是 PQDD 数据库中记录全文数据的子库。

PQDD 有基本检索和高级检索两种检索方法。进入 PQDD 网站点击［Enter］图标，即可进入基本检索界面，进行一般检索。若需更详细的检索，可以点击［Advanced］图标，进行高级检索。

1.2.6.2 中国高等学校学位论文检索信息系统

中国高等学校学位论文检索信息系统只收录题录和文摘，没有全文，面向全国 CERNET 网上用户，网址：http://www.lib.tsinghua.edu.cn。

1.3　文献利用与科技论文撰写

文献检索的目的在于应用，通过检索的文献了解某学科领域某研究课题国内外进展的现况，经过总结归纳提出新的研究目标或新的实验方法和技术路线，以及提出新见解或建立新理论，从而进行具有创新性的实验或理论研究。科技论文是根据科学实验记录，进行系统总结和全面理论分析，并用文字表述的书面材料。科技论文（除学士论文外）在内容或方法上要有所创新，要有新论点、新模型和新成果，能为实际应用提供理论依据。

1.3.1　检索文献的加工、处理和使用

在各种论文的引言（文献综述）中要合理使用检索到的文献，进行综合评述（包括研究内容分析、实验方法可靠性和今后的研究方向）；在行文过程中要注意与检索到的文献（前人的研究工作）进行对比和合理分析（包括研究结果的对比，理论分析依据的合理性）；在论文和综述的最后都要依次列出相关引用过的文献。因此，对检索获得的文献必须进行加工、整理和记录，以利于更好的利用。

1.3.1.1　检索文献的加工、处理

对检索获得的文献应根据课题要求进行鉴别、筛选和分类等整理工作，剔除无关文献，区分关键文献和相关文献，并进行单元记录，建立自己的文献目录体系（包括分类、主题和著作者等信息）。这个文献目录体系应尽可能地详尽，便于之后的查找、索取原文和使用。根据制作的文献目录体系，有计划地索取文献原文，并在阅读后找出要点或写成评述记录在卡片上（或其他便于记忆和查找的地方），便于之后综合、分析、对比及引用。

1.3.1.2　文献单元记录

对检索到的文献首先阅读关键文献，然后是相关文献，并对阅读的文献进行记录，帮助记忆及利用。

A　单元记录内容

对阅读的每一篇文献应记录的内容包括文献题目、著作者、文献出处、内容摘要（含主题、原理方法、结论、重要数据等）。

B　单元记录形式

单元记录形式有卡片式、书本式和活页式。

卡片式和活页式为一篇文献一张卡片（一张活页纸），便于整理和查找，但携带略有不便。书本式为将阅读单元记录在笔记本中，优点是便于携带保管，但整理查找不够方便。

1.3.1.3　文献目录体系的组建

为便于查找，多数情况下组建分类目录，如主题目录、著作者目录等。主题目录是基础目录，著作者目录是选择性目录。无论组建哪种目录，为便于查找，按字母顺序编制为好。

另外，对于一个小专题也可以在个人电脑建立机读文献库。

1.3.1.4　文献检索的成果

文献检索获得的文献经阅读、加工处理最终的成果体现在：一是建立起专题文献目录

（应含索引，便于利用）；二是写成文献综述（不加著作者的评述，涉及面较宽广些）；三是写出文献述评——决策（开题、选题）报告（不加著作者的评述，针对性更强，有自己的观点）。

1.3.2　学术论文和学位论文的撰写

学术论文和学位论文都是对科学技术研究成果进行总结和理论分析的文字表述，统称科技论文。两者的区别在于：（1）写作目的不同。学位论文是作者为申请学位而作，是评审者考察申请人学术水平的依据；而学术论文是作者为总结和传播课题的某方面科研成果而作。（2）写作要求不同。学位论文要反映作者对某一学科领域知识掌握的深度和广度，要有一定的理论性和综合性，带有供人考察性质，一般不公开发表，篇幅限制不严；而学术论文是作者在某方面学术研究成果的总结、新观点的阐述，一般在学术期刊或会议上发表，行文简洁，篇幅有限制。

1.3.2.1　学术论文

学术论文是作者为传播和总结科研成果而作，它必须是研究成果的总结或新观点的阐述。对学术论文的要求有：论点鲜明，论证科学及论据充分；内容具有创新性、科学性和理论性，即科学地表述实验中的新现象或获得的新结果，经过分析、总结形成新的理论概念或获得新的成果；论文撰写要规范，符合出版要求。

学术论文可分为两类：一类是以理论为依据的论文，撰写此类论文需要扎实的数理基础；另一类是以实验为基础的论文，此类论文发表的相对较多。第一类学术论文应包括理论的来源、新公式的推导或建立新理论的基础，以及新理论具体应用的范围，论文中可以以文献中发表的实验结果作为正面或反面的例子进行分析。第二类学术论文是在总结、提炼检索文献的基础上提出新研究方案和方法，经过大量的实验研究得到新的、可再现的实验结果，并进行深入全面的理论分析，或（并）与文献中的论点进行对比，得到一些新的有益的结论和成果。

学术论文撰写的风格因作者不同而异，但基本格式中的项目是必不可少的。论文的前置部分为题目、作者、作者单位、中英文摘要，关键词。论文的主体部分为：（1）前言，包括研究意义，国内外研究概况，概述本研究目的及做法，也可指出研究的理论或应用价值；（2）实验（以实验为基础的学术论文），在这里必须清楚、详细地描述实验方法和过程（包括采用的材料、仪器设备、实验步骤、测试方法和手段）以及获得的实验和测试结果；（3）结果和讨论；（4）结论，即条理清晰、简明扼要地列出研究结果和体会（也可点明待解决的问题或今后研究方向）。论文的后置部分为致谢（单独一段，对此项研究工作给予支持和帮助的单位或人表示感谢）及参考文献（依据在论文中出现的次序排序列出，文献书写格式按出版要求）。

1.3.2.2　学位论文

学位论文是作者用文字表述所从事某项研究取得的成果，并作为申请相应学位的学术资料，以证明申请者已具有相应的科研能力及相关学位要求的学识水平而撰写的论文。由于教学大纲对不同学位学生论文的培养有不同要求，因此体现在学士、硕士和博士学位论文要求差别较大。下面分别给予简单介绍。

A 学士论文

对学士的要求是：初步学会检索文献和文献综述，根据指导教师提出的研究方法和实验方案进行一定的实验，在实验的基础上学会撰写学位论文。

学士论文的内容包括中英文摘要、扼要的文献综述、研究课题的意义、实验研究方法、实验结果与讨论、结论和参考文献。

B 硕士论文

对硕士的要求是：一般应具备扎实的基础理论知识和专业理论知识，通过硕士期间的培养，初步掌握独立从事科学研究工作的能力。硕士学位论文应包括：较详细的中英文摘要、通过联机检索掌握所研究课题的相关文献，并整理、总结完成文献综述，指出自己从事研究的意义和主要内容、主要实验研究方法，进行较全面的实验训练，总结和分析实验结果，经过讨论提出自己的论点和相应的结论（由于实验研究时间相对较长，实验数据也较多，故可分章撰写），最后是参考文献、附录和发表的学术论文及申报的国家发明专利等。

C 博士论文

对博士的要求是：要具有系统、深入的专业基础知识和宽而广的专业理论知识，能够独立从事科学研究工作。对撰写博士学位论文的总体过程和要求：第一个关键步骤是（指导老师的）选题，力求在学科的前沿或学科的交叉点选题，课题要具有创新性；经过全面系统的文献检索，不同方法的调查研究，明确研究目标；利用学科交叉、移植、综合等手段，力争提出新的研究方法，进行实验方案设计，完成预实验，得到预实验的初步结果，完成开题报告（可撰写一篇文献综述，在相关的刊物上发表）。第二个关键环节是中期报告，经过一定量的实验、整理、总结和理论分析，结合文献检索所获得的知识，归纳总结出具有新内容、新方法的结果，发表有一定深度的学术论文，并完成撰写中期检查报告。最后是论文完成阶段，在深入开展课题研究，取得相当数量实验研究结果的基础上，再进一步收集整理近期发表的学术资料，利用理论知识分析实验结果，经提炼、归纳、总结提出新论点，撰写学术论文和博士学位论文。

博士学位论文同样可分为两类：一类是理论计算为主，而实验作为验证的手段。在文献调研的基础上，利用已掌握的理论知识，选定计算方法，编写或修改计算程序，进行计算，预报未知结果，再进行实验验证。另一类是以实验研究为主，把实验研究获得的数据经过理论分析、系统总结，提炼出新思想、新见解或新论点。

博士论文的内容包括：详细的中英文摘要；经联机检索和调研，整理总结完成系统的文献综述，提出自己课题研究的主要内容；主要的研究手段和方法（可以独立为一章，也可以分别写在相关的章节中，突出创新的方法及用其所得到的结果并与文献对比）；依据研究的顺序，分章撰写研究成果及小结；最后是全文的总结论、参考文献、附录和博士期间发表的学术论文及申请的专利等。

参 考 文 献

[1] 陈建设. 冶金试验研究方法 [M]. 北京：冶金工业出版社，2010：23~53，242~259.
[2] 肖珑，张春红，苏玉华，等. 数字信息资源的检索与利用 [M]. 北京：北京大学出版社，2003.
[3] 符绍宏，雷菊霞，邓瑞丰，等. 因特网信息资源检索与利用 [M]. 北京：清华大学出版社，2005.
[4] 穆安民. 科技文献检索实用教程 [M]. 2版. 重庆：重庆大学出版社，2003.

2 实验设计与应用实例

任何科学研究工作都希望通过必要的少量实验，能够获得尽可能多的、可靠的、有说服力的实验结果。科学合理的实验设计可以使实验达到事半功倍的效果，因此对以实验方法为主的各学科专业的高校学生来说，掌握实验设计和数据处理的知识和方法十分必要。为此，需要利用有关的数学知识合理地安排实验，以期科学地完成实验，获得预期的结果。在实验研究中，通常采用的是单一因素的研究方法，即固定其他影响因素的条件，仅考虑一个因素的变化，观察其对实验结果的影响。这种方法具有实验思路和物理意义清晰的优点，但是若影响因素众多则实验量巨大，因此在科学实验和生产研制中首先要进行实验设计。实验设计的方法很多，诸如正交实验设计、逐步回归实验设计、正交回归设计，以及旋转回归设计等。而正交实验设计是目前应用较多的方法之一，实验工作量相对较少，能科学地完成实验，取得可靠的实验数据。在此基础上，可以利用统计模式识别、神经元网络、遗传算法等计算机技术，对这些数据进行处理，优化工艺，获得最佳工艺参数。

常用的正交实验设计总体来说包括两部分：一是实验设计，二是数据处理。

2.1 正交实验设计

正交实验设计（也有称正交试验设计，orthogonal experimental design）是一种将正交设计应用于研究多因素多水平体系的实验设计方法。它是根据正交性从全面实验中挑选出部分有代表性的点进行实验，这些有代表性的点具有"均匀分散，齐整可比"的特点，是一种相对高效、快速的实验设计方法，在诸多领域的研究中得到广泛的应用。它可以判断影响因素的主次，确定较好的组合方案和进一步实验的方向。

在正交实验设计中，把对实验结果可能产生影响的原因称为因素（或因子），实验中因素所选取的具体状态或条件称为水平。

2.1.1 正交实验设计表

在多因素实验中，把正交实验选择的水平组合列成表格，称为正交表，用 $L_n(m^s)$ 表示，其中 L 为代表正交表的符号；n 为实验次数；m 为水平数；s 为列数，也就是可能安排最多的因素个数。如要进行一个 3 因素 3 水平的实验研究，按全面实验要求，须进行 27 种组合的实验，且需考虑每一组合的重复数。若按 $L_9(3^4)$ 正交表安排实验，只需作 9 次，显然大大减少了工作量。

2.1.1.1 常用正交实验设计表

正交实验设计表包括因素水平表和正交实验设计方案。首先根据实验的目的确定影响实验的因素，选取各因素的水平，列出因素水平表，再选择正交表，最后将水平因素表中因素置入相应列中，每列中的水平数码填入相应的数值，这就构成了正交实验设计方案。

供选择的正交表为一整套规则的设计表格，常用的正交表有 $L_4(2^3)$、$L_8(2^7)$、$L_9(3^4)$、$L_{16}(4^5)$、$L_8(4 \times 2^4)$、$L_{12}(2^{11})$ 等。其中，$L_8(4 \times 2^4)$ 为混合正交表，最多可安排 1 因素 4 水平和 4 因素 2 水平共做 8 次实验。表 2-1 给出的 $L_9(3^4)$ 正交表为 3(4) 因素 3 水平，需要做 9 次实验，其排列规则为：各列中的 1、2、3 都各自出现 3 次；任何两列，例如第 3、4 列，所构成的有序数对从上向下共有 9 种，既不应有重复也不应有遗漏；其他任何两列所构成的有序数对也是这 9 种各出现一次。这种排列规则，反映出实验点分布的均匀性。实验研究中常用的 9 个正交表列于附录 2。

表 2-1　L_9 (3^4) 正交表

实验号	列　　　号			
	1	2	3	4
1	1	1	1	1
2	1	2	2	2
3	1	3	3	3
4	2	1	2	3
5	2	2	3	1
6	2	3	1	2
7	3	1	3	2
8	3	2	1	3
9	3	3	2	1

2.1.1.2　常用正交实验设计表的性质

常用正交实验设计表的性质有：

（1）每一列中，不同的数字出现的次数相等。例如，在三水平正交表中，任何一列都有"1""2""3"，且在任一列的出现数均相等。

（2）任意两列中数字的排列方式齐全而且均衡。例如，在三水平情况下，任何两列（同一横行内）有序对子共有 9 种，即（1，1）、（1，2）、（1，3）、（2，1）、（2，2）、（2，3）、（3，1）、（3，2）、（3，3），且每对出现次数也均相等。

正交表的优越性就在于"均匀分散，齐整可比"。每个因素的每个水平与另一个因素的各水平均相碰一次，体现了正交性。图 2-1 为正交实验设计示意图，此图形象地表明利用正交表安排实验的情况。对 3 因素 3 水平

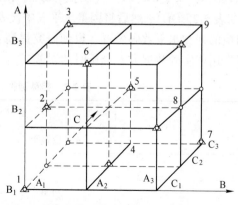

图 2-1　正交实验设计示意图

的实验来说，需要作 9 次实验，这里用"△"表示，标在图 2-1 中。如果每个平面都表示一个水平，共有 9 个平面，可以看到每个平面上都有 3 个"△"，立方体的每条直线上都有一个"△"，并且这些"△"分布是均衡的，因此这 9 次实验的代表性很强，能较全面地反映出全面实验的结果。正是利用正交实验设计所特有的均衡性和分散性合理地设计和安排实验，才能通过尽可能少的实验次数，找出最佳水平的组合。

若将 3 因素 3 水平安排全面实验，从 27 次实验中选取一部分实验，先将 A 和 B 分别固定在 A_1 和 B_1 水平上，与 C 的 3 个水平进行搭配，$A_1B_1C_1$、$A_1B_1C_2$、$A_1B_1C_3$。做完这 3 次实验后，若 $A_1B_1C_3$ 最优，则选定 C_3 这个水平，再固定 A_1 和 C_3，分别与 B 因素的 3 个水平搭配，即 $A_1B_1C_3$、$A_1B_2C_3$、$A_1B_3C_3$。这 3 次实验做完以后，若 $A_1B_2C_3$ 最优，则取 B_2、C_3 这两个水平，再做 $A_2B_2C_3$、$A_3B_2C_3$ 两次实验，然后进行比较，若 $A_3B_2C_3$ 最优，则可断言 $A_3B_2C_3$ 是选取的最佳水平组合。这样，仅做了 8 次实验就选出了最佳水平组合。但由图 2-1 可以看出，上述实验结果都分布在立方体的一角，显然代表性较差，因此按上述方法选出的实验水平组合并不是真正的最佳组合。

选择正交表的基本原则是：

（1）看水平数。若各因素的水平数相同，如为 3，则选 $L(3^*)$ 类型的正交表。若各因素的水平数不相同，则选适用的混合水平表。

（2）看列数。一个因素（包括相互作用列）占一列，选择足够大的正交表，使之能容下所有要考察的因素和相互作用，以及留有至少一列空白列以供实验结果分析时作为"误差列"。

（3）根据实验精度和人力物力及时间要求。实验要求精度高的，选择实验次数多的正交表；人力物力或时间紧张的，不宜选择实验次数多的正交表。

若要对一研究课题进行正交实验设计，首先需要根据研究目的确定影响实验结果指标值的因素，选取各因素的水平，在选定正交表的基础上，列出因素水平表，再根据因素水平表确定的正交设计实验方案，进行实验研究。例如，在湿法冶金中为提高金属浸出率进行碱性浸取实验，以寻求提高浸出率的工艺参数（因素水平最佳组合方案）。依据专业知识，选择直接影响浸出率的反应温度、反应时间和加入碱量作为因素（A、B、C），这 3 个因素的水平分别为温度 90 ℃、100 ℃、110 ℃，反应时间 90 min、120 min、150 min，加入碱量 5%、6%、7%（质量分数）。由选择的条件（3 因素 3 水平）列出因素水平表（如表 2-2 所示），然后将因素水平表中代表因素和水平的相应数值代入 $L_9(3^4)$ 正交表中对应的列和水平数码位置，得到研究提高金属浸出率的实验方案（如表 2-3 所示），空列可以用作实验数据方差分析时的误差列。

表 2-2 提高碱性浸出率实验的因素水平表

水 平	因 素		
	A 反应温度/℃	B 反应时间/min	C 加入碱量 w/%
1	90	90	5
2	100	120	6
3	110	150	7

表 2-3　提高碱性浸出率的实验方案

实验序号	因　素			空列
	A 反应温度/℃	B 反应时间/min	C 加入碱量 w/%	
1	90	90	5	1
2	90	120	6	2
3	90	150	7	3
4	100	90	6	3
5	100	120	7	1
6	100	150	5	2
7	110	90	7	2
8	110	120	5	3
9	110	150	6	1

2.1.2　有交互作用的正交实验设计安排

正交设计的实验安排通常在不考虑各因素交互作用的情况下，只认为因素的水平对研究结果数值有影响，可以任意将各个因素安排在正交表的各列中，但不能在同一列安排两个因素。在考虑因素间交互作用时，就不能任意安排了，否则会出现交互效应与其他效应混杂的情况，导致得不到明确、可靠的结果。

应该提醒的是：因素所在列虽是随意的，但是一旦安排完成，实验方案即确定了，之后的实验以及后续的分析工作都将根据这个安排进行，不能再改变。对于部分表，如混合正交表 $L_{18}(2×3^7)$ 是没有交互作用列的。

在一些情况下，不同因素各水平的相互搭配对所研究目的指标会产生影响，这种因素间相互联合搭配作用称为交互作用，例如因素 A 和 B 的交互作用写为 A×B。如果考虑交互作用，需要选择可以分析各因素的交互作用对研究指标值影响的有关交互作用表及表头设计，如表 2-4 和表 2-5 分别所示 A、B、C、D 4 因素 2 水平有 A×B 和 A×C 两交互作用的正交实验设计的 $L_8(2^7)$ 二列间交互作用和 $L_8(2^7)$ 有交互作用的表头设计。

表 2-4　$L_8(2^7)$ 二列间交互作用

列号	1	2	3	4	5	6	7
	(1)	3	2	5	4	7	6
		(2)	1	6	7	4	5
			(3)	7	6	5	4
				(4)	1	2	3
					(5)	3	2
						(6)	1
							(7)

表 2-5 $L_8(2^7)$ 有交互作用的表头设计

实验序号	列 号						
	1	2	3	4	5	6	7
	因 素						
	A	B	A×B	C	A×C	D	
1	1	1	1	1	1	1	1
2	1	1	1	2	2	2	2
3	1	2	2	1	1	2	2
4	1	2	2	2	2	1	1
5	2	1	2	1	2	1	2
6	2	1	2	2	1	2	1
7	2	2	1	1	2	2	1
8	2	2	1	2	1	1	2

这两表中的数字为列号，由表 2-4 进行表头设计。因素 A 排入第 1 列，因素 B 排入第 2 列，交互作用 A×B 排入的列号，由表 2-4 中第 1 列的（1）横向右行到（2），再向上与第 2 列号相交于 3，表明第 1 列因素 A 与第 2 列因素 B 交互作用 A×B 排入第 3 列，因素 C 只能排入第 4 列。同样由表 2-4 知 A×C 排入第 5 列，因素 D 排入第 6 列，这样就完成了 A、B、C、D 4 因素 2 水平有 A×B 和 A×C 两交互作用的表头设计。按此表头设计再将各因素和各水平数值填入相应的列号和水平数码的位置中，这样有交互作用的正交实验方案安排完毕，下一步是按照这个方案进行实验。

按照实验方案进行实验获得实验数据之后，要对实验结果进行极差分析和方差分析，得到极差分析表（或实验结果与因素关系图）和方差分析表等。

进行极差分析的目的是，它可以用来判断影响因素的主次，预测更好水平的组合，作为进一步实验的依据。进行方差分析目的是，它可以用来把因素水平变化引起的实验数据间的差异与由误差引起的实验数据差异区分开来，并获得因素影响的显著性情况以及最佳实验方案等信息。

总之，正交设计实验的基本步骤简单归纳为：

（1）明确实验研究目的，确定评价研究结果的指标（表示实验结果特征的值，可以衡量和考核实验的效果）。

（2）选择因素确定水平，根据实验目的选出主要因素，确定各因素的水平时尽可能使各因素的水平数相等，或通过预实验初步了解因素的水平变动范围。

（3）列出因素水平表，根据因素和水平个数选择合适的正交表。

（4）将各因素和水平代表的数值，代入正交表中相应的数码中，构成正交实验方案。

（5）严格按照实验方案进行实验，获得实验数据。

（6）对实验数据进行统计分析，得到影响实验结果指标值的因素主次顺序、因素显著性及最佳实验方案等信息。

（7）进行验证实验，作进一步分析。通过统计分析得到的最佳实验方案，还需进行实验验证，确保最佳方案与实际一致。

2.2 正交实验的数据处理

按照正交实验方案进行实验获得实验数据之后，需对实验数据进行必要的数据处理和统计分析工作，目的是从获得的数据中得到一些规律，诸如因素显著性、各因素影响实验结果指标值的主次顺序，以及最佳实验方案等有用信息，有利于指导下步实验工作。

2.2.1 数据处理常用统计量

下面简单介绍对实验结果数据分析处理时，常用到的统计量的概念和计算方法。

2.2.1.1 总和与平均值

若实验获得一组数据值为 x_1，x_2，x_3，$\cdots$，x_n，这组数据的总和 T 和平均值 $\bar{x}$ 的计算公式为

$$T = x_1 + x_2 + x_3 + \cdots + x_n = \sum_{i=1}^{n} x_i \quad (i = 1, 2, 3, \cdots, n) \tag{2-1}$$

$$\bar{x} = \frac{T}{n} = \frac{1}{n} \sum_{i=1}^{n} x_i \quad (i = 1, 2, 3, \cdots, n) \tag{2-2}$$

2.2.1.2 极差

一组数据中最大值与最小值之间的差值称为此组数据的极差，用 R 表示，计算公式为

$$R = x_{\max} - x_{\min} \tag{2-3}$$

2.2.1.3 偏差

偏差又称离差。在实验设计的数据分析中，把与平均值之间的差值称为与平均值的偏差，简称偏差。偏差的计算表达式为

$$(x_1 - \bar{x}) + (x_2 - \bar{x}) + \cdots + (x_n - \bar{x}) = \sum_{i}^{n} (x_i - \bar{x}) \quad (i = 1, 2, 3, \cdots, n) \tag{2-4}$$

2.2.1.4 偏差平方和

一组数据中每个数据与它们的平均值的偏差，有正有负也有零的情况，这样它们的偏差总和就有可能是零，因此就不能用偏差来表征这组数据的任何特征。为消除存在各个偏差有正有负的影响，采用偏差平方和 S 作为这组数据的统计量，来表征这组数据的分散程度。对一个有 x_1，x_2，x_3，$\cdots$，x_n n 个数据的数据组，平均值为 $\bar{x}$，计算偏差平方和 S 的公式为

$$S = (x_1 - \bar{x})^2 + (x_2 - \bar{x})^2 + \cdots + (x_n - \bar{x})^2 = \sum_{i=1}^{n} (x_i - \bar{x})^2 \quad (i = 1, 2, 3, \cdots, n)$$

$$\tag{2-5}$$

2.2.1.5 自由度

在一组 n 个数据中独立数据的个数，称为这个数据组的自由度，用 f 表示。例如在一个有 $x_1, x_2, x_3, \cdots, x_n$ n 个数据的数据组中，平均值 $\bar{x}$ 的自由度是数据的个数减 1，即 $f = n-1$。而在一组偏差平方和数据中，其自由度是独立平方数据的个数。

2.2.1.6 方差与均方差

由于实验数据的个数对偏差平方和 S 的大小有明显影响，尽管有时数据间的差异不大，但在数据量较大时，偏差平方和 S 的值仍会很大。为了克服这个缺点，采用方差 V（也称均方或平均偏差平方和）来表征这组数据的分散度。具体表示方法为偏差平方和 S 与自由度 f 的比，即

$$V = \frac{S}{f} \qquad\qquad (2-6)$$

均方差也称标准偏差，用 s 表示。它是采用方差的平方根 $\sqrt{V}$ 作为一组数据离散程度的特征参数，计算公式为

$$s = \sqrt{V} = \sqrt{\frac{S}{f}} = \sqrt{\frac{1}{n-1}\sum_{i=1}^{n}(x_i - \bar{x})^2} \quad (i = 1, 2, 3, \cdots, n) \qquad (2-7)$$

2.2.1.7 方差比（F 值）

因素方差与误差方差比为 F 值，用于数据分析时的 F 检验，确定因素对实验结果指标值的影响程度。F 值计算公式为

$$F = \frac{V}{V_e} \qquad\qquad (2-8)$$

式中，V 为因素或交互作用的方差，如 V_A，V_B，$V_{A\times B}$，$\cdots$。

2.2.2 正交实验的极差分析

在采用正交实验设计方案进行实验后，分析因素对研究结果目标值影响的主次，可用极差的大小来描述，并预测更好的水平组合。为说明正交实验后的数据处理的极差分析如何进行，现假设利用 $L_9(3^4)$ 正交表安排 A、B、C 3 因素（1、2、3）3 水平的实验，实验安排和虚拟的实验结果如表 2-6 所示。

在极差分析计算中，K_i 表示任意一列（因素）取水平号 i 时，对应的实验结果值之和，k_i 表示它的算术平均值，$k_i = K_i/s$，s 为在任意一列（因素）中各水平出现的次数；极差 $R = \max\{K_1, K_2, \cdots, K_m\} - \min\{K_1, K_2, \cdots, K_m\}$，或者 $R = \max\{k_1, k_2, \cdots, k_m\} - \min\{k_1, k_2, \cdots, k_m\}$。

表 2-6 L_9（3^4）实验安排和实验结果及极差分析

实验号	因素				
	A	B	空列	C	实验结果
1	A_1	B_1	1	C_1	24.7
2	A_1	B_2	2	C_2	21.3
3	A_1	B_3	3	C_3	14.6
4	A_2	B_1	2	C_3	21.9
5	A_2	B_2	3	C_1	25.1
6	A_2	B_3	1	C_2	15.4

实验号		因 素				实验结果
		A	B	空列	C	
7		A_3	B_1	3	C_2	22.1
8		A_3	B_2	1	C_3	23.5
9		A_3	B_3	2	C_1	20.4
实验结果值之和	K_1	60.3	68.7		70.2	
	K_2	62.4	69.9		55.8	
	K_3	66.0	50.5		60.0	
实验结果算术平均值	k_1	20.2	22.9		23.4	
	k_2	20.8	23.3		19.6	
	k_3	22.0	16.8		20.0	
极差 R		1.8	6.5		3.8	
因素主次				B>C>A		
优化方案				$A_3 B_2 C_1$		

根据表中实验结果进行的计算和极差分析也一并列入表 2-6 中。具体计算各因素同一水平 i 的实验结果值的总和 K_i 和它的平均值 k_i 如下：

因素 A，$K_1 = \sum A_1 = 24.7+21.3+14.6 = 60.3$；$k_1 = \sum A_1/3 = 20.2$

$K_2 = \sum A_2 = 21.9+25.1+15.4 = 62.4$；$k_2 = \sum A_2/3 = 20.8$

$K_3 = \sum A_3 = 22.1+23.5+20.4 = 66.0$；$k_3 = \sum A_3/3 = 22.0$

因素 B，$K_1 = \sum B_1 = 24.7+21.9+22.1 = 68.7$；$k_1 = \sum B_1/3 = 22.9$

$K_2 = \sum B_2 = 21.3+25.1+23.5 = 69.9$；$k_2 = \sum B_2/3 = 23.3$

$K_3 = \sum B_3 = 14.6+15.4+20.4 = 50.5$；$k_3 = \sum B_3/3 = 16.8$

因素 C，$K_1 = \sum C_1 = 24.7+25.1+20.4 = 70.2$；$k_1 = \sum C_1/3 = 23.4$

$K_2 = \sum C_2 = 21.3+15.4+22.1 = 55.8$；$k_2 = \sum C_2/3 = 19.6$

$K_3 = \sum C_3 = 14.6+21.9+23.5 = 60.0$；$k_3 = \sum C_3/3 = 20.0$

计算因素的极差时，可以将一个因素不同水平的实验结果值的总和 K_1、K_2、K_3 组成一个数据组进行比较，也可将一个因素不同水平的实验结果平均值 k_1、k_2、k_3 组成一个数据组进行比较。这里取一个因素不同水平的实验结果平均值 k_1、k_2、k_3 组成一个数据组，由常用统计量极差的定义知，因素 A 的极差 $R_A = 22.0-20.2 = 1.8$，因素 B 的极差 $R_B = 23.3-16.8 = 6.5$，因素 C 的极差 $R_C = 23.4-19.6 = 3.8$，由此得到 $R_B > R_C > R_A$。极差值越大表明该列因素的数值在实验范围内变化会导致实验结果数值在更大范围内变化，因此，A、B、C 这 3 个因素对研究结果（目标值）的影响为 B>C>A。

分析因素水平对研究结果（目标值）的影响时，（1）看因素水平变化规律对实验结果的影响（这也可用实验结果-因素图表示），这里从 A 的水平变化规律看，进一步进行增加 A 水平的实验可能会有更好的实验结果，指明了下一步实验方向；（2）比较因素中各个水平对实验结果的影响，这里 $A_1 < A_2 < A_3$，$B_3 < B_1 < B_2$，$C_2 < C_3 < C_1$。取各因素中对研究结果（目标值）影响最大的水平，组配成新的水平组合 $A_3 B_2 C_1$，这就是预测的最佳水平组合（最佳实验条件）。

2.2.3 正交实验的方差分析

前面所作的极差分析虽然比较简便，但它既没有考虑误差，也没有一个标准能定量地判断各因素对研究结果数据影响作用的大小。正交设计实验的方差分析可以把因素水平的变化对研究结果的影响与误差所引起实验结果数据的差异两者区分开来，并能了解每个因素对实验结果影响的程度，从而为优选实验条件或有针对性地控制实验条件提供依据。

2.2.3.1 假设检验

为了有个标准可以定量地确定对研究结果数值有显著影响因素的个数，可以根据数理统计学的假设检验方法来进行判断。在数理统计中假设检验方法是：提出一个假设，把它与数据进行对照，判断是否舍弃它。具体判断步骤如下：

（1）设假设 H_0 正确，可导出一个理论结论，设此结论为 R_0。

（2）再根据实验得出一个与理论结论相对应的实验结论，设为 R_1。

（3）比较 R_0 与 R_1，若 R_0 与 R_1 没有大的差异，则没有理由怀疑 H_0，从而判定为"不舍弃 H_0"；若 R_0 与 R_1 有较大差异，则可以怀疑 H_0，此时判定为"舍弃 H_0"。但是，R_0 与 R_1 的差异有多大才能舍弃 H_0 呢？为确定这个量的界限，需要利用数理统计中关于 F 分布的理论及计算。

2.2.3.2 方差分析

相对于实验结果数值的总平均值来说，每一个因素的水平都会引起实验结果数值的波动。

A 因素偏差（变动）平方和（S_{fact}）

因为因素各水平的实验结果数据的平均值大体都是围绕实验结果的总平均值波动，所以可用各水平实验结果的平均值与总平均值之差的平方和，来估计由于水平数值的变化而引起实验结果数值的波动。这个差值的平方和就是因素偏差（变动）平方和 S_{fact}，并可用数学式表示。

设 m 为因素水平数，k 为各因素水平重复的实验次数，T 为实验数据总和，于是有

$$S_{fact} = k \times \sum_{i=1}^{m} (\overline{y_i} - \overline{y})^2 \tag{2-9}$$

式中，$\overline{y_i}$ 为 i 因素各水平的实验数据平均值；$\overline{y}$ 为实验数据总平均值。

因为用上式计算积累误差大，经过推导得到使用较为方便的计算式，即

$$S_{fact} = \frac{1}{k} \times \sum_{i=1}^{m} (\sum_{j=1}^{k} y_{ij})^2 - \frac{T^2}{km} \tag{2-10}$$

式中，y_{ij} 为 i 因素 j 水平实验数据。

B 误差偏差（变动）平方和（S_{err}）

实验无论如何精确，实验结果与真值之间总存在一定的差异，称之为误差。一般用各实验数据与平均值的偏差来近似估计误差，然而偏差值有正也有负，为避免实际计算时正负偏差相抵，不能真实反映总误差，采用将偏差平方相加之和即误差偏差（变动）平方和 S_{err} 来反映总误差。

C 总偏差（变动）平方和（S_{tot}）

总偏差（变动）平方和（S_{tot}）表示全部实验数据与总平均值之间的差异。总偏差（变动）平方和可分解成因素偏差平方和和误差偏差平方和两部分，前者反映因素对实验结果的影响，后者反映实验误差对实验结果的影响。因此，

$$S_{tot} = S_{fact} + S_{err} \tag{2-11}$$

计算 S_{tot} 的公式为

$$S_{tot} = \sum_{i=1}^{m} \sum_{j=1}^{k} (y_{ij} - \bar{y})^2 \tag{2-12}$$

或

$$S_{tot} = \sum_{i=1}^{m} \sum_{j=1}^{k} y_{ij}^2 - \frac{T^2}{km} \tag{2-13}$$

D 自由度

S_{fact} 和 S_{err} 不仅与数据本身的波动有关，还与实验数据的个数有关，为消除数据个数的影响，引入自由度（f）的概念，即独立的数据个数才是自由度。在数学上，对平均值是独立的数据个数为总的数据个数减一。在正交设计实验中，总自由度 f_{tot} 为

$$f_{tot} = n_{tot} - 1 \tag{2-14}$$

式中，n_{tot} 为总实验次数（总数据个数）。

i 因素偏差（变动）平方和的自由度 $f_{fact,i}$ 为

$$f_{fact,i} = m_i - 1 \tag{2-15}$$

式中，m_i 为 i 因素的水平数。

因素总偏差平方和的自由度 f_{fact} 为

$$f_{fact} = \sum f_{fact,i} \tag{2-16}$$

A 和 B 因素有交互作用的自由度 $f_{A \times B}$ 为

$$f_{A \times B} = f_A \times f_B \tag{2-17}$$

因为 $\qquad\qquad f_{tot} = f_{fact} + f_{err}$

所以误差偏差（变动）平方和的自由度 f_{err} 为

$$f_{err} = f_{tot} - \sum f_{fact,i} \tag{2-18}$$

若有 A、B、C、D 4 个因素，则 $f_{err} = f_{tot} - f_A - f_B - f_C - f_D$。

如果将 S_{fact} 和 S_{err} 分别除以相应的自由度后，它们的数值便与数据的个数无关了。因此，$V_{fact} = \dfrac{S_{fact}}{f_{fact}}$ 称为因素方差，或因素均方，或平均因素偏差（变动）平方和；$V_{err} = \dfrac{S_{err}}{f_{err}}$ 称为误差方差，或误差均方，或平均误差偏差平方和。

E 显著性检验

根据数理统计原理将因素方差 V_{fact} 与误差方差 V_{err} 进行比较，就可以分析得出因素对实验结果的影响性质和程度，这是因为因素方差与误差方差之比 F 是一个统计量，它服从自由度（f_{fact}、f_{err}）的 F 分布。

比较 V_{fact} 与 V_{err}，即比较 $\dfrac{S_{fact}}{f_{fact}}$ 与 $\dfrac{S_{err}}{f_{err}}$，则有：

（1）在 $V_{fact} \approx V_{err}$，即 $\dfrac{S_{fact}}{f_{fact}} \approx \dfrac{S_{err}}{f_{err}}$ 时，因素水平的改变对实验结果数值的影响与误差对实验结果数值的影响相近，即因素对实验结果影响不显著。

（2）在 $V_{fact} > V_{err}$，即 $\dfrac{S_{fact}}{f_{fact}} > \dfrac{S_{err}}{f_{err}}$ 时，因素水平的改变对实验结果数值的影响大于实验误差的影响。

为了定量地确定显著影响因素的个数，采用常用统计量分布的 F 分布和显著性检验进行统计推断。设

$$F = \frac{V_{fact}}{V_{err}} = \frac{\dfrac{S_{fact}}{f_{fact}}}{\dfrac{S_{err}}{f_{err}}} \tag{2-19}$$

只有当 F 值大于临界值（F_α 值，F 分布的上分位点）时，该因素对实验结果数值的影响才是显著的。F_α 值可依据一定条件从 F 分布表查到。

F 分布表是根据数理统计学原理编制的，分布模数是两个自由度，即 f_1 分子自由度和 f_2 分母自由度。F 分布表中的 α 称为置信度，表示判断错误出现的概率，根据不同 α 值有不同的 F 分布表。通常可选择 $\alpha = 0.01$、0.05、0.10 等几种情况（见附录3）。

用 F 检验因素影响显著性的步骤为：由实验数据计算出 i 因素的偏差平方和 $S_{fact,i}$ 和 i 因素自由度 $f_{fact,i}$（f_1）和误差自由度 f_{err}（f_2），对于给定的 α 值，可从 F 分布表中查得 F 的临界值（F_α（$f_{fact,i}$，f_{err}）的值），只有当 $F_i > F_\alpha$（$f_{fact,i}$，f_{err}）时，i 因素对研究结果数值的影响才是显著的。

对于 A、B 因素有交互作用和不同的 α 值的情况，因素影响显著性检验的步骤为：由实验数据分别计算出 A、B 因素和它们交互作用的方差和相应的自由度（f_1），即 f_A、f_B、$f_{A \times B}$，以及误差的方差和自由度 f_{err}（f_2），再计算 F_A、F_B、$F_{A \times B}$，然后根据不同的 α 值进行比较，得到如下因素影响的显著性程度。

（1）若 $F_A > F_{0.01}$（f_A，f_{err}），表明 A 因素水平的改变对研究结果的影响特别显著，称 A 因素是高显著性因素；若 $F_{A \times B} > F_{0.01}$（$f_{A \times B}$，$f_{err}$），说明因素 A 与因素 B 的交互作用对研究结果的影响特别显著。在方差分析表显著一栏中，可标记 "＊＊"。

（2）若 $F_{0.01}(f_A, f_{err}) > F_A > F_{0.05}(f_A, f_{err})$，表明 A 因素水平的改变对研究结果的影响显著，称 A 因素是显著性因素；若 $F_{0.01}(f_B, f_{err}) > F_B > F_{0.05}(f_B, f_{err})$，表明 B 因素水平的改变对研究结果的影响显著，称 B 因素是显著性因素。在方差分析表显著一栏中，可标记 "＊"。

（3）若 $F_{0.05}(f_A, f_{err}) > F_A > F_{0.10}(f_A, f_{err})$，表明 A 因素水平的改变对研究结果有一定的影响；若 $F_{0.05}(f_B, f_{err}) > F_B > F_{0.10}(f_B, f_{err})$ 表明 B 因素水平的改变对研究结果有一定的影响。在方差分析表显著一栏中，可标记 "⊙"。

（4）若 $F_{0.10}(f_A, f_{err}) > F_A$，表明 A 因素水平的改变对研究结果的影响不大，则称 A 因素为非显著性因素。在方差分析表显著一栏中，不做标记。

具体对一个有 A 和 B 因素各有 k 和 m 个水平的正交实验结果数据，用上面方差分析计算式，具体计算过程为

$$T_i = \sum_{j=1}^{k} y_{ij} \quad (i = 1, 2, 3, \cdots, m)$$

$$T_j = \sum_{i=1}^{m} y_{ij} \quad (j = 1, 2, 3, \cdots, k)$$

$$T = \sum_{i=1}^{m} \sum_{j=1}^{k} y_{ij}; \quad S_{tot} = \sum_{i=1}^{m} \sum_{j=1}^{k} y_{ij}^2 - \frac{T^2}{mk}$$

$$S_A = \frac{1}{k} \sum_{i=1}^{m} T_i^2 - \frac{T^2}{mk}; \quad S_B = \frac{1}{m} \sum_{j=1}^{k} T_j^2 - \frac{T^2}{mk}$$

$$S_{err} = S_{tot} - S_A - S_B$$

$$f_A = m - 1; \quad f_B = k - 1; \quad f_{tot} = mk - 1; \quad f_{err} = f_{tot} - f_A - f_B = (m - 1)(k - 1)$$

最后将计算结果列入方差分析表中，表 2-7 为上面 A 和 B 因素各有 k 和 m 个水平的正交实验结果数据的方差分析表（假设因素 A 为高度显著因素）。

表 2-7　A、B 两因素正交实验结果方差分析

方差来源	偏差平方和 S	自由度 f	方差 V	F	显著性
因素 A	S_A	$f_A = m - 1$	$V_A = \dfrac{S_A}{f_A} = \dfrac{S_A}{m-1}$	$F_A = \dfrac{V_A}{V_{err}}$	＊＊
因素 B	S_B	$f_B = k - 1$	$V_B = \dfrac{S_B}{f_B} = \dfrac{S_B}{k-1}$	$F_B = \dfrac{V_B}{V_{err}}$	
误差	S_{err}	$f_{err} = (m-1)(k-1)$	$V_{err} = \dfrac{S_{err}}{(m-1)(k-1)}$		
总和 T	S_{tot}	$f_{tot} = mk - 1$			

2.3　正交实验设计实例

正交实验设计法实际上是用已经造好的正交表来安排实验，并进行数据分析的一种简单易行的方法。现通过实例说明正交实验设计的基本方法和运用。

2.3.1　利用高炉渣制备 Ca-α-Sialon 陶瓷复合材料的正交实验设计

目前高炉渣一般利用率达到 30%，但大多用作制备水泥、玻璃棉等建筑材料或保温材料。为了高效利用高炉渣获得高附加值材料，有研究者提出利用高炉渣制备高硬度、高强度的 Ca-α-Sialon-SiC 复合陶瓷材料。为得到高含量的 Ca-α-Sialon，且烧结致密的复合材料，首先要考虑影响研究目标值的因素，根据专业知识确定选取烧结温度（A）、保温还原时间（B）、还原剂量（C）及原料组成（D）4 个因素，并对各因素选择了相应的 3 个水平，具体为

烧结温度：$A_1 = 1250\ ℃$，$A_2 = 1320\ ℃$，$A_3 = 1400\ ℃$

保温还原时间：$B_1 = 2.5\ h$，$B_2 = 3.5\ h$，$B_3 = 4.5\ h$

还原剂的化学计量数（加入碳粉）：$C_1 = 1.0$，$C_2 = 1.1$，

$$C_3 = C+Si（外加的硅粉约为碳粉的 1/30）$$

原料组成：D_1 = 石英+蓝晶石，D_2 = Al_2O_3+SiO_2，D_3 = SiO_2+蓝晶石

如果只考虑烧结温度（A）、保温还原时间（B）、还原剂的量（C）这 3 个因素 3 个水平进行正交实验设计，建立表 2-8 所示的因素水平表，选用 $L_9(3^4)$ 正交表安排实验方案，结果见表 2-9。

表 2-8　3 因素 3 水平常压烧结制备 Ca-α-Sialon 复合材料实验的因素水平表

水　平	因　素		
	A 烧结温度/℃	B 保温还原时间/h	C 还原剂的化学计量数
1	1250	2.5	1.0
2	1320	3.5	1.1
3	1400	4.5	C+Si

表 2-9　$L_9(3^4)$ 正交表和 3 因素 3 水平常压烧结制备 Ca-α-Sialon 复合材料的实验方案

实验号	列　号				实验号	水平组合	实验条件		
	1A	2B	3C	4			温度/℃	时间/h	还原剂的化学计量数
1	1	1	1	1	1	$A_1B_1C_1$	1250	2.5	1.0
2	1	2	2	2	2	$A_1B_2C_2$	1250	3.5	1.1
3	1	3	3	3	3	$A_1B_3C_3$	1250	4.5	C+Si
4	2	1	2	3	4	$A_2B_1C_2$	1320	2.5	1.1
5	2	2	3	1	5	$A_2B_2C_3$	1320	3.5	C+Si
6	2	3	1	2	6	$A_2B_3C_1$	1320	4.5	1.0
7	3	1	3	2	7	$A_3B_1C_3$	1400	2.5	C+Si
8	3	2	1	3	8	$A_3B_2C_1$	1400	3.5	1.0
9	3	3	2	1	9	$A_3B_3C_2$	1400	4.5	1.1

如果在常压烧结制备 Ca-α-Sialon 复合材料的实验中考虑 4 个因素，即烧结温度（A）、保温时间（B）、还原剂的量（C）、原料组成（D）对 Ca-α-Sialon 含量 x 的影响，用 4 个因素 3 个水平来安排实验，此时的因素水平表如表 2-10 所示，并选用 $L_9(3^4)$ 正交表安排实验，具体实验方案见表 2-11。

表 2-10　4 因素 3 水平常压烧结制备 Ca-α-Sialon 复合材料实验的因素水平表

水　平	因　素			
	A 温度/℃	B 时间/h	C 还原剂的化学计量数	D 原料组成
1	1250	2.5	1.0	石英+蓝晶石
2	1320	3.5	1.1	Al_2O_3+SiO_2
3	1400	4.5	C+Si	SiO_2+蓝晶石

表 2-11　4 因素 3 水平常压烧结制备 Ca-α-Sialon 复合材料的实验方案

实验序号	水平组合	实验条件			
		A 温度/℃	B 时间/h	C 还原剂的化学计量数	D 原料组成
1	$A_1B_1C_1D_1$	1250	2.5	1.0	石英+蓝晶石
2	$A_1B_2C_2D_2$	1250	3.5	1.1	$Al_2O_3+SiO_2$
3	$A_1B_3C_3D_3$	1250	4.5	C+Si	SiO_2+蓝晶石
4	$A_2B_1C_2D_3$	1320	2.5	1.1	SiO_2+蓝晶石
5	$A_2B_2C_2D_1$	1320	3.5	C+Si	石英+蓝晶石
6	$A_2B_3C_1D_2$	1320	4.5	1.0	$Al_2O_3+SiO_2$
7	$A_3B_1C_3D_2$	1400	2.5	C+Si	$Al_2O_3+SiO_2$
8	$A_3B_2C_1D_3$	1400	3.5	1.0	SiO_2+蓝晶石
9	$A_3B_3C_2D_1$	1400	4.5	1.1	石英+蓝晶石

　　实验结果表明：在 1250 ℃和 1320 ℃时，产物的主要物相为碳和玻璃相，当温度升高到 1400 ℃时，才出现 SiC。显然，在该温度范围内合成 Ca-α-Sialon-SiC 复合材料的可能性不大。于是在表 2-11 的基础上，提高烧结温度的水平分别为 1550 ℃、1600 ℃和 1650 ℃，其他因素和水平不变，再进行 9 次实验，结果表明均可生成 Ca-α-Sialon-SiC 复合材料，具体见表 2-12。

表 2-12　实验条件与结果

序　号	温度/℃	主相（Ca-α-Sialon/SiC 比值）
1	1550	0.30
2	1550	0.48
3	1550	0.90
4	1600	0.86
5	1600	0.79
6	1600	1.15
7	1650	2.38
8	1650	4.63
9	1650	1.72

　　由此可见，在采用正交设计实验的基础上，其他因素和水平不变，只提高温度在 1500 ℃以上能合成复合材料 Ca-α-Sialon-SiC。

2.3.2　制备 AlON-VN 陶瓷复合材料的 $L_9(3^4)$ 正交实验设计

　　AlON-VN 陶瓷复合材料是高温结构陶瓷材料，经过纳米化处理和快速等离子烧结后具有透光性，可用作窗口材料等。AlON-VN 陶瓷复合材料可以用 Al_2O_3、AlN、V_2O_5 或 Al_2O_3、AlN、VN 为原料，采用热压或常压或等离子烧结等工艺制备。

2.3.2.1　合成 AlON-VN 复合材料的原料配比

　　用正交设计实验合成 AlON-VN 复合材料的两类原料配比见表 2-13。

表 2-13　合成 AlON-VN 复合材料的原料配比

序　号	名　称			
	$w(Al_2O_3)/\%$	AlN		$w(V_2O_5(VN))$
		$x/\%$	$w/\%$	$/\%$
1	79.07	25	15.42	5.51 (4)
2	70.22	25	18.92	10.86 (8)
3	61.67	25	22.30	16.03 (12)
4	77.72	27.5	16.77	5.51 (4)
5	68.93	27.5	20.21	10.86 (8)
6	60.43	27.5	23.54	16.03 (12)
7	76.33	30	18.17	5.50 (4)
8	67.61	30	21.54	10.85 (8)
9	59.17	30	24.81	16.02 (12)

2.3.2.2　正交实验与极差分析

现以常压烧结制备 AlON-VN 复合陶瓷材料为例，说明采用正交实验设计的目的步骤和实验数据的极差分析。

A　正交实验设计

为了获得性能优异的 AlON-VN 复合陶瓷材料进行正交实验设计，确定适宜的烧结工艺条件，根据专业知识，对以 Al_2O_3、AlN、$VN(V_2O_5)$ 为原料合成 AlON-VN 复合陶瓷材料，选择烧结温度、AlN 摩尔分数和 $VN(V_2O_5)$ 的量 3 个因素和 3 个水平进行正交实验设计，实验的因素水平见表 2-14。将用 Al_2O_3、AlN、V_2O_5 为原料合成 AlON-VN 复合材料的正交实验和实验结果的极差分析一并列于表 2-15 中。

表 2-14　常压烧结制备 AlON-VN 陶瓷复合材料实验因素水平表

水　平	因　素		
	A 温度/℃	B $x(AlN)/\%$	C $w(VN(V_2O_5))/\%$
1	1750	25	4 (5.51)
2	1800	27.5	8 (10.86)
3	1850	30	12 (16.03)

表 2-15　以 V_2O_5 等为原料常压烧结制备 AlON-VN 陶瓷复合材料的正交实验和结果的极差分析

序号	水平组合	因　素			抗折强度/MPa
		A 温度/℃	B $x(AlN)/\%$	C $w(V_2O_5)/\%$	
1	$A_1B_1C_1$	1750	25	5.51	47.20
2	$A_1B_2C_2$	1750	27.5	10.86	43.36
3	$A_1B_3C_3$	1750	30	16.03	41.26
4	$A_2B_1C_2$	1800	25	10.86	62.52
5	$A_2B_2C_3$	1800	27.5	16.03	54.22

序号	水平组合	因素			抗折强度/MPa
		A 温度/℃	B x(AlN)/%	C w(V_2O_5)/%	
6	$A_2B_3C_1$	1800	30	5.51	63.26
7	$A_3B_1C_3$	1850	25	16.03	71.85
8	$A_3B_2C_1$	1850	27.5	5.51	72.93
9	$A_3B_3C_2$	1850	30	10.86	72.36
实验结果值之和	K_1	131.82	181.57	183.39	
	K_2	180.00	170.51	178.24	
	K_3	217.24	176.88	167.33	
实验结果算术平均值	k_1	43.94	60.52	61.13	
	k_2	60.00	56.84	59.41	
	k_3	72.38	58.96	55.78	
极差 R		28.44	3.68	5.35	
因素主次		A > C > B			
优化方案		$A_3B_1C_1$			

用有 V_2O_5 的原料配比常压烧结制备 AlON-VN 陶瓷复合材料的正交表极差分析的目的在于判断影响因素的主次，预测较好的水平组合，为下一步实验提供依据。

B 实验数据计算

单独考虑温度对抗折强度的影响，不同温度的数据是不能比较的，因为造成数据差异的原因除温度外还有其他因素。从整体上看，1750℃时与3个反应时间以及3个 V_2O_5 量都有组合，1800℃时、1850℃时也都是如此。因此，对于每个温度下的3个数据之和的数据来说，AlN 与 V_2O_5 量处于完全平等状态，此时温度就具有可比性。由表 2-15 实验结果算得3个温度下3次实验的抗折强度之和分别为 K_1（反映了 A_1 3 次水平的影响和 B、C 因素 1、2、3 水平各一次的影响）、K_2（反映了 A_2 3 次水平的影响和 B、C 因素 1、2、3 水平各一次的影响）、K_3（反映了 A_3 3 次水平的影响和 B、C 因素 1、2、3 水平各一次的影响），而每个温度的3次实验结果的平均值 k_1、k_2、k_3 也一并计算出。具体计算为

1750℃：$K_1 = \Sigma A_1 = 47.20 + 43.36 + 41.26 = 131.82$；$k_1 = \Sigma A_1/3 = 43.94$

1800℃：$K_2 = \Sigma A_2 = 62.52 + 54.22 + 63.26 = 180.00$；$k_2 = \Sigma A_2/3 = 60.00$

1850℃：$K_3 = \Sigma A_3 = 71.85 + 72.93 + 72.36 = 217.14$；$k_3 = \Sigma A_3/3 = 72.38$

将计算结果分别填在 A 列下的 K_1、K_2、K_3 和 k_1、k_2、k_3 各行中。K_1、K_2、K_3 和 k_1、k_2、k_3 之间数值的差异都可视为由于温度（A）3 个不同水平引起的。同理，可以计算 AlN（B）、V_2O_5（C）因素各水平的实验结果指标值之和 K_i 和各因素水平实验结果指标值的平均值 k_i，分别填在表 2-15 中相应的位置。计算它们的差异，反映出各列因素不同水平对实验结果指标值（抗折强度）的影响。根据统计量极差定义，一组数据中最大值与最小值之差为极差 R。因此，这里选用同一因素不同水平实验结果的平均值 k_i 组成的数据组进行比较计算极差，分析因素和水平对实验结果的影响。由表 2-15 计算因素 A（温度）的极差 $R_A = 72.38 - 43.94 = 28.44$，同理可以计算因素 B（AlN 摩尔分数）的极差 $R_B =$

60. 52−56. 84 = 3. 68 和因素 C （V_2O_5 的质量分数）的极差 R_C = 61. 13−55. 78 = 5. 35，计算结果也一并记入表 2-15 中。

C 正交实验结果分析

a 因素对实验结果值影响的次序

比较表 2-15 中各因素的极差大小得到 $R_A > R_C > R_B$，由此可以判断因素对实验结果指标影响的主次，即依各因素极差大小顺序为温度 （A）、V_2O_5 用量 （C）、AlN 用量 （B），由此得到因素对实验结果值影响大小为 A>C>B，也就是烧结温度的水平改变对实验结果的影响最大，其次是 V_2O_5 的含量，AlN 摩尔分数的影响最小。

b 各因素水平的选取

因素水平的选取与实验结果指标值直接相关。根据本实验的要求，指标值（抗折强度）越大越好。由表 2-15 所示实验结果的计算分析知，各因素之和平均值最大值所对应的水平分别为：温度越高抗折强度越高，以 1850 ℃ 为最好，AlN 摩尔分数为 25.0% 时抗折强度最高，V_2O_5 质量分数为 5.51% 时抗折强度最高。所以，应选取使实验结果指标值增大的水平，最佳的因素水平组合为 $A_3B_1C_1$。

c 今后实验方向的确定

从实验结果数据分析还可以确定进一步实验的方向。如果因素的水平数少，可以直接看出各因素水平变化对实验结果指标值的影响；如果因素的水平数多，可用 K_i 分别对不同因素 A、B、C 作图，由图看出各因素水平变化对实验结果指标值的影响。这里的实验各因素水平数都是 3，直接比较数据就可看出，温度 （A）升高，实验结果指标值增加；而 B （AlN 含量）和 C （V_2O_5 含量）的水平对实验结果指标值的影响都是减少的。由此可见，今后的实验在有可能的条件下进一步升高温度，探索实验结果值可以达到的上限。

从上述讨论可以看出：利用正交表的计算分析，可以分辨出主次因素，预测更好的水平组合，为进一步的试验提供有分量的依据。目前得到的最好的工艺条件为：烧结温度为 1850℃、AlN 摩尔分数为 25%、V_2O_5 的质量分数为 5.51%。

D 以 Al_2O_3、AlN、VN 为原料合成 AlON-VN 陶瓷复合材料正交实验分析

以 Al_2O_3、AlN、VN 为原料合成 AlON-VN 陶瓷复合材料正交实验和结果极差分析具体见表 2-16。

表 2-16 Al_2O_3、AlN、VN 为原料常压烧结制备 AlON-VN 复合材料的正交实验和极差分析

序 号	水平组合	因 素			抗压强度/MPa
		A 温度/℃	B x(AlN)/%	C w(VN)/%	
1	$A_1B_1C_1$	1750	25	4	61. 36
2	$A_1B_2C_2$	1750	27. 5	8	68. 74
3	$A_1B_3C_3$	1750	30	12	106. 20
4	$A_2B_1C_2$	1800	25	8	72. 60
5	$A_2B_2C_3$	1800	27. 5	12	144. 72
6	$A_2B_3C_1$	1800	30	4	56. 82
7	$A_3B_1C_3$	1850	25	12	170. 38

续表 2-16

序　　号		水平组合	因　　素			抗压强度/MPa
			A 温度/℃	B x(AlN)/%	C w(VN)/%	
8		$A_3B_2C_1$	1850	27.5	4	94.32
9		$A_3B_3C_2$	1850	30	8	125.36
实验结果值之和	K_1		236.31	304.34	212.50	
	K_2		274.14	307.78	266.70	
	K_3		390.06	288.38	421.30	
实验结果算术平均值	k_1		78.77	101.45	70.83	
	k_2		91.38	102.59	88.90	
	k_3		130.02	96.13	140.43	
极　差 R			51.25	6.46	69.6	
因素主次			C>A>B			
优化组合			$A_3B_2C_3$			

由表 2-16 可知，各因素极差大小顺序为 C>A>B，即 VN 含量的水平改变对实验结果的影响最大，其次是烧结温度，AlN 摩尔分数的水平改变影响最小，而且最好的条件组合为 $A_3B_2C_3$，即烧结温度为 1850 ℃、AlN 摩尔分数为 27.5%。VN 的质量分数为 12%。

按正交实验所得到的优化工艺条件：VN 质量分数为 12%，烧结温度为 1850 ℃，AlN 摩尔分数为 27.5%，在该条件下合成出了 AlON-VN 复相材料，并且对其进行了力学性能和 XRD 物相分析。结果表明，试样的抗折强度为 173 MPa，材料的主晶相为 AlON，次晶相为 VN，杂质相很少。

综上所述，在完成正交实验获得数据后，进行的极差分析可以得到实验结果指标值受各因素影响的情况，如可以得到各因素水平变化对实验结果指标值影响的规律，从而提出进一步实验研究的方向，以及获得实验结果指标值最好的因素水平组合（优化工艺条件）。

2.3.2.3　正交实验的方差分析

前面对用烧结法制备 VN-AlON 陶瓷复合材料的正交实验结果所作的极差分析，虽然比较简便，但它既没有考虑误差，也没有一个标准能定量地判断各因素的影响作用的大小，正如 2.2 节中介绍的正交表的方差分析可以把因素水平变化与实验误差两者引起实验结果数据的差异区分开来，并定量地描述单个因素影响作用的大小。

针对表 2-16 所示的 VN-AlON 陶瓷复合材料的正交实验，对获得实验数据进行方差分析。下面是对实验数据的具体计算分析。

（1）计算实验结果数据总和 T 及各水平数据之和（K_{1j}、K_{2j}、K_{3j}）。

实验结果数据总和 $T = \Sigma y_i = 900.5$；$T^2 = 810900.25$

各水平数据之和　$K_{11} = 61.36 + 68.74 + 106.20 = 236.31$

$K_{12} = 72.60 + 144.72 + 56.82 = 274.14$

$K_{13} = 170.38 + 94.32 + 125.36 = 390.06$

$$K_{21} = 61.36 + 72.60 + 170.38 = 304.34$$
$$K_{22} = 68.74 + 144.72 + 94.32 = 307.78$$
$$K_{23} = 106.20 + 56.82 + 125.36 = 288.38$$
$$K_{31} = 61.36 + 56.82 + 94.32 = 212.50$$
$$K_{32} = 68.74 + 72.60 + 125.36 = 266.70$$
$$K_{33} = 106.20 + 144.72 + 170.38 = 421.30$$

（2）计算总偏差平方和 S_{tot} 和各列因素偏差平方和（因素变动平方和）S_j 及其自由度。具体计算过程为

$$T = \sum_{i=1}^{n} y_i \quad (i = 1, 2, 3, \cdots, 9)$$

$$T = 900.5, \quad T^2 = 810900.25$$

$$Q_{tot} = \sum_{i=1}^{9} y_i^2 = 102852.56$$

总偏差平方和 $S_{tot} = \sum_{i=1}^{n} (y_i - \bar{y})^2 = \sum_{i=1}^{n} y_i^2 - \dfrac{T^2}{n} = Q_{tot} - \dfrac{T^2}{9} = 12752.53$

也可由 $S_{tot} = \sum_{j=1}^{k} S_j = \sum_{j=1}^{3} S_j$（此为 3 因素）计算求得。

计算各列因素 S_j，由

$$S_j = \frac{1}{n} (K_{1j}^2 + K_{2j}^2 + K_{3j}^2)^2 - \frac{1}{n} T^2$$

$$= \frac{1}{n} [(K_{1j} - K_{2j})^2 + (K_{2j} - K_{3j})^2 + (K_{3j} - K_{1j})^2]$$

得 $S_A = \dfrac{1}{n} [(K_{11} - K_{21})^2 + (K_{21} - K_{31})^2 + (K_{31} - K_{11})^2] = 4279.05$

$$S_B = \frac{1}{n} [(K_{12} - K_{22})^2 + (K_{22} - K_{32})^2 + (K_{32} - K_{12})^2] = 71.44$$

$$S_C = \frac{1}{n} [(K_{13} - K_{23})^2 + (K_{23} - K_{33})^2 + (K_{33} - K_{13})^2] = 7826.25$$

误差 $S_{err} = S_{tot} - S_A - S_B - S_C = 575.80$

将以上计算结果列入表 2-17。

自由度计算如下：

总自由度 $f_{tot} = n - 1 = 9 - 1 = 8$

各因素自由度 $f_A = 3 - 1 = 2$；　$f_B = 3 - 1 = 2$；　$f_C = 3 - 1 = 2$

误差自由度 $f_{err} = f_{tot} - \Sigma f_{fact,i} = f_{tot} - f_A - f_B - f_C = 2$

（3）计算均方（平均偏差平方和或方差）。

$$V_A = \frac{S_A}{f_A} = \frac{4279.05}{2} = 2139.53; \qquad V_B = \frac{S_B}{f_B} = \frac{71.44}{2} = 35.72;$$

$$V_C = \frac{S_C}{f_C} = \frac{7826.25}{2} = 3913.13; \qquad V_{err} = \frac{S_{err}}{f_{err}} = \frac{575.80}{2} = 287.90$$

表 2-17 Al$_2$O$_3$、AlN、VN 为原料常压烧结制备 AlON-VN 复合材料的正交实验数据分析

序号	因　素			y_i 实验结果	y_i^2
	A（1）温度/℃	B（2）x(AlN)/%	C（3）w(VN)/%		
1	1750	25	4	61.36	3765.05
2	1750	27.5	8	68.74	4725.19
3	1750	30	12	106.20	11278.44
4	1800	25	8	72.60	5270.76
5	1800	27.5	12	144.72	20943.88
6	1800	30	4	56.82	3228.51
7	1850	25	12	170.38	29029.34
8	1850	27.5	4	94.32	8896.26
9	1850	30	8	125.36	15715.13

各水平数据之和	K_{1j}	236.30	304.34	212.50	
	K_{2j}	274.14	307.78	266.70	
	K_{3j}	390.06	288.38	421.30	
各水平数据和的平方	K_{1j}^2				
	K_{2j}^2				
	K_{3j}^2				
各列因素偏差平方和	S_j	$S_A = 4279.05$	$S_B = 71.44$	$S_C = 7826.25$	

$T = \Sigma y_i = 900.5,$

$T^2 = 810900.25,$

$Q_T = \Sigma y_i^2 = 102852.56$

$S_{tot} = Q_T - (1/n)T^2 = 12752.53$

（4）计算 F 值。

因素 A（温度）　$F_A = \dfrac{V_A}{V_{err}} = \dfrac{2139.53}{287.90} = 7.43$

因素 B（AlN）　$F_B = \dfrac{V_B}{V_{err}} = \dfrac{35.72}{287.90} = 0.12$

因素 C（VN）　$F_C = \dfrac{V_C}{V_{err}} = \dfrac{3913.13}{287.90} = 13.59$

（5）显著性检验（F 检验）。根据因素自由度 $f_1 = 2$ 和误差自由度 $f_2 = 2$，从表 2-18 F 分布表得到对应不同 α 值的 F 临界值：$F_{0.01}(2,2) = 99.0$，$F_{0.05}(2,2) = 19.0$，$F_{0.1}(2,2) = 9.00$。将各因素 F 值与 F 临界值进行比较，得到

$$F_A = 7.43 < F_{0.1}(2,2); \quad F_B = 0.12 < F_{0.1}(2,2)$$

$$F_{0.1}(2,2) < F_C = 13.58 < F_{0.05}(2,2)$$

表 2-18　F 分布表

f_2	当 $\alpha = 0.01$ 时，$P\{F(f_1, f_2) > F_\alpha(f_1, f_2)\} = \alpha$ 的 F_α 值				
	f_1				
	1	2	3	4	5
1	4050	5000	5400	5620	5760

f_2	当 $\alpha = 0.05$ 时，$P\{F(f_1, f_2) > F_\alpha(f_1, f_2)\} = \alpha$ 的 F_α 值				
	f_1				
	1	2	3	4	5
2	98.5	99.0	99.2	99.2	99.3
3	34.1	30.8	29.5	28.7	28.2
1	161	200	216	225	230
2	18.5	19.0	19.2	19.2	19.3
3	10.13	9.55	9.28	9.12	9.01

f_2	当 $\alpha = 0.10$ 时，$P\{F(f_1, f_2) > F_\alpha(f_1, f_2)\} = \alpha$ 的 F_α 值				
	f_1				
	1	2	3	4	5
1	39.86	49.50	53.59	55.83	57.24
2	8.53	9.00	9.16	9.24	9.29
3	5.54	5.46	5.39	5.34	5.31

将均方和 F 值计算及显著性检验结果一并列入方差分析表中，见表 2-19。由 F 检验结果知，因素 C(VN 含量) 对实验结果指标值有一定影响，因素 A(烧结温度) 和 B(AlN 的摩尔分数) 对实验结果指标值无显著影响。由方差分析可以看出各因素影响程度不同，可以排列主次顺序：对实验结果指标值影响因素排序为 C>A>B，依据各因素的水平总和值确定择优实验方案 $A_3B_2C_3$，这与极差分析的结果一致。

表 2-19   用 VN 烧结制备 VN-AlON 陶瓷复合材料正交实验的方差分析表

方差来源	偏差平方和 S	自由度 f	均方 V	F 值	临界值	显著性
温度（A）	4279.05	2	2139.53	7.43	$F_{0.01}(2,2) = 99.01$	
AlN（B）	71.44	2	35.72	0.12	$F_{0.05}(2,2) = 19.00$	
VN（C）	7826.25	2	3913.13	13.59	$F_{0.1}(2,2) = 9.00$	⊙ 有影响
误差	575.80	2	287.90			

下面对以 Al_2O_3、AlN、V_2O_5 为原料烧结制备 VN-AlON 陶瓷复合材料实验结果进行方差分析，分析时采用将 $L_9(3^4)$ 正交实验表中第 4 列作为误差列，进行方差分析计算。表 2-20 为以 Al_2O_3、AlN、V_2O_5 为原料常压烧结制备 AlON-VN 复合材料的正交实验和结果。

表 2-20 Al_2O_3、AlN、V_2O_5 为原料常压烧结制备 AlON-VN 复合材料的正交实验结果分析

序号	水平组合	因素			误差	实验结果	y_i^2
		A	B	C	4	y_i	
		1	2	3			
1	$A_1B_1C_1$	1750	25	5.51	1	47.20	2227.84
2	$A_1B_2C_2$	1750	27.5	10.86	2	43.36	1880.09

续表 2-20

序号	水平组合	因素			误差	实验结果	y_i^2
		A	B	C	4	y_i	
		1	2	3			
3	$A_1B_3C_3$	1750	30	16.03	3	41.26	1702.39
4	$A_2B_1C_2$	1800	25	10.86	3	62.52	3908.75
5	$A_2B_2C_3$	1800	27.5	16.03	1	54.22	2939.81
6	$A_2B_3C_1$	1800	30	5.51	2	63.26	4001.83
7	$A_3B_1C_3$	1850	25	16.03	2	71.85	5162.42
8	$A_3B_2C_1$	1850	27.5	5.51	3	72.93	5318.78
9	$A_3B_3C_2$	1850	30	10.86	1	72.36	5235.97
各水平数据之和	K_{1j}	131.82	181.57	183.39	173.78	$T=528.96$ $T^2=279798.68$ $Q=\Sigma y_i^2$ $=32377.88$	
	K_{2j}	180.00	170.51	178.24	178.47		
	K_{3j}	217.14	176.88	167.33	176.71		
各水平数据和的平方	K_{1j}^2	17376.51	32967.66	33631.89	30199.49		
	K_{2j}^2	32400	29073.66	31769.50	31851.54		
	K_{3j}^2	47149.78	31286.53	27999.33	31226.42		
各列因素偏差平方和	S_j	1220.02	20.54	44.83	$S_e=3.74$		

计算各列因素 S_j 和 S_{err}：

由 $S_j = \dfrac{1}{r}(K_{1j}^2 + K_{2j}^2 + K_{3j}^2)^2 - \dfrac{1}{n}T^2$，得

$S_A = 1/3 \times (17376.51 + 32400 + 47149.78) - 1/9 \times 279798.68 = 1220.02$

$S_B = 1/3 \times (32967.66 + 29073.66 + 31286.53) - 1/9 \times 279798.68 = 20.54$

$S_C = 1/3 \times (33631.89 + 31769.50 + 27999.33) - 1/9 \times 279798.68 = 44.83$

把误差的偏差平方和按第 4 列的因素求偏差平方和，

$S_{err} = 1/3 \times (30199.49 + 31851.54 + 31226.42) - 1/9 \times 279798.68 = 3.74$

依 $\quad S_{err} = S_{tot} - \Sigma S_j = (Q - T^2/n) - \Sigma S_j = 1289.13 - 1285.39 = 3.74$

比较两种计算 S_{err} 方法结果是一样，因此，选用任何一种方法计算 S_{err} 都可以。

计算自由度：

$f_{tot} = n - 1 = 9 - 1 = 8$，$f_A = f_B = f_C = m - 1 = 3 - 1 = 2$，

$f_{err} = f_4 = 2$，也可用 $f_{err} = f_{tot} - (f_A + f_B + f_C)$

均方（平均偏差平方和或方差）计算：

$$V_A = \frac{S_A}{f_A} = \frac{1220.02}{2} = 610.01 ; \qquad V_B = \frac{S_B}{f_B} = \frac{20.54}{2} = 10.27$$

$$V_C = \frac{S_C}{f_C} = \frac{44.83}{2} = 22.42 ; \qquad V_{err} = \frac{S_{err}}{f_{err}} = \frac{3.74}{2} = 1.87$$

计算 F 值：

因素 A（温度）　$F_A = \dfrac{V_A}{V_{err}} = \dfrac{610.01}{1.87} = 326.21$

因素 B（AlN）　$F_B = \dfrac{V_B}{V_{err}} = \dfrac{10.27}{1.87} = 5.49$

因素 C（VN）　$F_C = \dfrac{V_A}{V_{err}} = \dfrac{22.42}{1.87} = 11.99$

显著性检验，根据因素自由度（f_1）= 2 和误差自由度（f_2）= 2 从表 2-18 的 F 分布表得到对应不同 α 值的 F 临界值（更多的 F 分布表数据可参见附录 3）。

$F_{0.01}(2,2) = 99.0$，$F_{0.05}(2,2) = 19.0$，$F_{0.1}(2,2) = 9.00$。将各因素 F 值与 F 临界值进行比较，得到 $F_A = 326.21 > F_{0.01}(2,2)$，表明因素 A 是高度显著因素，它的水平变化对实验结果指标值影响特别显著。$F_B = 5.49 < F_{0.1}(2,2)$，表明因素 B 水平变化对实验结果指标值无显著影响。$F_{0.1}(2,2) < F_C = 11.99 < F_{0.05}(2,2)$，表明因素 B 水平变化对实验结果指标值有一定影响。由此得到因素对实验结果指标值影响排序为 A>C>B，依据各因素的水平总和值确定择优实验方案 $A_3B_1C_1$，这个结论与极差分析得到的一致。

从两组烧结制备 VN-AlON 陶瓷复合材料正交实验的方差分析结果（见表 2-21）可以看出，在其他实验条件相同仅用 V_2O_5 代替 VN 的情况下，影响实验结果指标值的因素迥异，用 V_2O_5 代替 VN 时，温度是影响实验结果指标值的关键。

表 2-21　用 V_2O_5 烧结制备 VN-AlON 陶瓷复合材料正交实验的方差分析结果

方差来源	偏差平方和 S	自由度 f	均方 V	F 值	临界值	显著性
温度（A）	1220.02	2	610.01	326.21	$F_{0.01}(2,2) = 99.01$	＊＊
AlN（B）	20.54	2	10.27	5.49	$F_{0.05}(2,2) = 19.00$	
VN（C）	44.83	2	22.42	11.99	$F_{0.1}(2,2) = 9.00$	⊙
误差	3.74	2	1.87			

参 考 文 献

[1] 陈建设. 冶金试验研究方法 [M]. 北京：冶金工业出版社，2010：54~80.

[2] 邱轶兵. 试验设计与数据处理 [M]. 北京：中国科技大学出版社，2008.

[3] 李钒，王习东，夏定国. 化学镀的物理化学基础与实验设计 [M]. 北京：冶金工业出版社，2011.

[4] 赛因巴特尔. AlON 复合材料的研究与 VAlON 材料合成的探索 [D]. 北京：北京科技大学，2005.

[5] 刘克明. 高炉渣碳热还原氮化合成 Ca-α-Sialon-SiC 复合材料的研究 [D]. 北京：北京科技大学，2001.

[6] 盛骤，谢式千，潘承毅. 概率论与数理统计 [M]. 4 版. 北京：高等教育出版社，2008.

3 实验研究的基本手段

众所周知，任何复杂的测试系统和实验设备（诸如化学平衡测试系统、各种物理化学性质测试系统，以及 X-射线衍射仪 XRD、扫描电子显微镜 SEM、透射电子显微镜 TEM 等实验设备）都是由若干基本系统或测试部件所组成。以测量高温熔体黏度的实验设备为例（见图 3-1），它是由反应气体（或保护气体），气体净化、气体循环和流量系统，高温获得、温度控制和测量系统，黏度计、真空和真空测量系统，以及数据记录和处理的计算机系统等所组成。

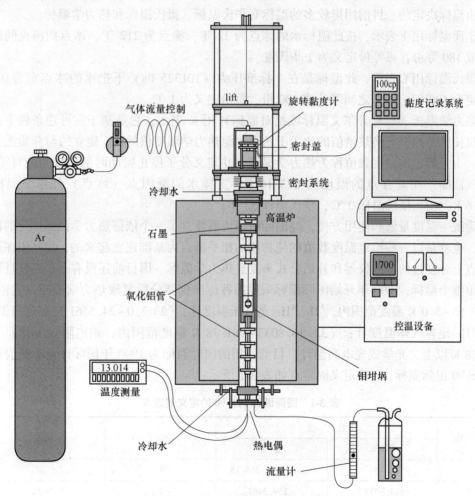

图 3-1 熔体黏度实验测量设备

研究目的和测量体系所研究的对象、测试范围、测量精度的差异，对各子系统的设计要求有所不同，为此，本章重点介绍实验研究的一些基本手段。

3.1　温标与温度测量

温度是基本物理量，是在科研和生产中常遇到的重要参数之一。在物理化学研究中经常需要对各种物理化学参数进行测量，诸如热力学性质（相平衡、化学平衡、活度、标准吉布斯自由能、反应焓）、电化学反应（电势、电导、阻抗谱）、反应动力学和反应工程学参数（表面和界面张力、黏度、扩散系数、密度等），这些参数的测量都与温度有关。因此，在实际测量过程中，精准地测量温度尤为重要，温度直接影响到物理化学参数测量数据的可靠性。

3.1.1　国际温标

用来度量物体温度数值的标尺叫温标，它是温度数值的表示方法，各种温度计的数字都是由温标决定的。目前用得较多的温标有华氏温标、摄氏温标和热力学温标。

华氏温标用 $^\circ F$ 表示，按此温标水的冰点为 32 $^\circ F$，沸点为 212 $^\circ F$，冰点到沸点间的温度分成 180 等份，每等份定义为 1 华氏度。

摄氏温标用 $^\circ C$ 表示，此温标是在 1 标准压力（101325 Pa）下把水的冰点定为 0 $^\circ C$，沸点定为 100 $^\circ C$，两点之间等分成 100 份，每份定义为 1 $^\circ C$。

热力学温标（也称开尔文温标或绝对温标）用 K 表示，它是基于在可逆条件下，用卡诺机使两个热源交换热量值的比等于两个热源热力学温度值的比，建立的与介质无关的温标。由它确定的温度数值称为热力学温度，并定义分子停止振动时的温度为绝对零度，水的气液固三相共存点的温度为 273.16 K。这样水的凝固点（冰点）开尔文温标为 273.16 K，相当摄氏温标 0 $^\circ C$，华氏温标 32 $^\circ F$。

为统一温度量值和使用方便，经国际组织协商建立了一个依据热力学温标制定的国际温标，也就是以一些给定温度数值的纯物质的相平衡点为基础建立起来的，并且用在这些固定点上分度过的标准仪器和补插公式来复显热力学温标。因目前还没有一种温度计可以复显出整个温标，1990 年开始国际温标采用四种标准仪器分段复现热力学温标，它们是：（1）0.65~5.0 K 温度范围内，^3He、^4He 蒸气压温度计；（2）3.0~24.5561 K 温度范围内，^3He、^4He 定容气体温度计；（3）13.8033~961.78 K 温度范围内，铂电阻温度计；（4）961.78 K 以上，光学或光电高温计。目前使用的国际温标为 1990 年国际计量委员会通过的 ITS-90 国际温标，它的定义固定点如表 3-1 所示。

表 3-1　国际温标 ITS-90 的定义固定点

序　号	温　　度		物质[①]	状态[②]
	T_{90}/K	$T_{90}/^\circ C$		
1	3~5	−270.15~−268.15	He	V
2	13.8033	−259.3467	e-H_2	T
3	17	−256.15	e-H_2（或 He）	V（或 G）
4	20.3	−252.85	e-H_2（或 He）	V（或 G）
5	24.5561	−248.5939	Ne	T

续表 3-1

序　号	温　度		物质①	状态②
	T_{90}/K	$T_{90}/℃$		
6	54.3584	−218.7916	O_2	T
7	83.8058	−189.3442	Ar	T
8	234.3156	−38.8344	Hg	T
9	273.16	0.01	H_2O	T
10	302.9146	29.7646	Ga	M
11	429.7485	156.5985	In	F
12	505.078	231.928	Sn	F
13	692.677	419.527	Zn	F
14	933.473	660.323	Al	F
15	1234.93	961.78	Ag	F
16	1337.33	1064.18	Au	F
17	1357.77	1084.62	Cu	F

①e-H_2—正-仲分子平衡态氢。
②V—蒸气压力点；T—三相点；G—气体温度计测定点；M—熔点；F—凝固点。

3.1.2　温度测量

测量温度的仪器设备（测温计）由测温元件、温度显示部件组成。测量温度时，一般需根据测温范围和要求精度以及环境、气氛选择恰当的测温计。根据测温元件工作原理，常用温度计的分类、测温范围和特性如表 3-2 所示，而按温度测量方法分类有接触式测温和非接触式测温两种。

表 3-2　常用温度计分类、测温范围和特性

原理	种类		测温温度范围②/℃	精确度/℃	响应	控制与记录	经济性
膨胀	水银温度计		−50～+650	0.1～2	一般	不适合	便宜
	有机液体温度计		−200～+200	1～4	一般	不适合	便宜
	双金属温度计		−50～+500	0.5～5	慢	适合	便宜
压力	液体压力温度计		−30～+600	0.5～5	一般	适合	便宜
	蒸汽压力温度计		−20～+350	0.5～5	一般	适合	便宜
电阻	铂电阻温度计		−260～+1000	0.01～5	一般	适合	贵
	热敏电阻温度计		−50～+350	0.3～5	快	适合	一般
热电动势	R，S①	热电测温	0～1600	0.5～5	快	适合	贵
	K		−200～+1200	2～10	快		一般
	E		−200～+800	3～5	快		一般
	J		−200～+800	3～10	快		一般
	T		−200～+350	2～5	快		一般
	N		−200～+1300	2～10	快		一般

原理	种类	测温温度范围[2] /℃	精确度 /℃	响应	控制与 记录	经济性
热 辐 射	光学高温计	700~3000	3~10	一般	不适合	一般
	红外温度计	200~3000	1~10	快	适合	贵
	辐射温度计	约100~约3000	5~20	一般	适合	贵
	比色温度计	180~3500	5~20	快	适合	贵

①热电偶分度号。

②使用范围比测温范围要小。

3.1.2.1　接触式测温

接触式测温是指测温元件与被测温物体要有良好的热接触，使两者温度完全相同，由测温元件感知被测物体温度的方法。这种测温方法的优点是测量 1000 ℃以下温度容易，可测量任何部位的温度，便于多点集中测量和自动控制；缺点是测量移动物体和热容量小的物体的温度有困难，有的测温响应较慢。

接触式温度计有玻璃温度计、双金属温度计、电阻温度计、压力温度计和热电温度计。玻璃温度计中，水银温度计测量范围为 −55~650 ℃，有机液体温度计测量范围为 −200~200 ℃；双金属温度计测量范围为 −50~500 ℃；压力温度计，包括液体压力温度计，其测量范围为 −30~600 ℃，蒸汽压力温度计的测量范围为 −20~350 ℃。电阻温度计有铂电阻温度计、镍电阻温度计、铜电阻温度计和热敏电阻温度计等，其测量范围各不相同，最低可测 −260 ℃，而最高可测到 1000 ℃。热电温度计中，铂铑-铂（双铂铑）热电偶测量范围为 0~1800 ℃，镍铬-镍硅（镍铝）为 −200~1200 ℃，铁-康铜为 −40~750 ℃，铜-康铜为 −40~350 ℃等。

3.1.2.2　非接触式测温

非接触式测温是利用物体的热辐射或电磁性质间接测定物体的温度，特点是测温响应速度快，可测运动物体的温度及物体的表面温度，适用于高温测量。非接触式温度计有光学高温计（测量范围为 700~2000 ℃）和辐射温度计（测量范围为 50~2000 ℃）等。

3.1.2.3　测量精度

测温元件等级按测量精度分为基准、一级标准（测温误差 ±0.2~1 ℃）、二级标准（测温误差 ±2~3 ℃）和工业标准（又称三级标准，测温误差通常在 ±8~10 ℃）。为保证测量温度值的准确可靠性，除了正确选择和使用测温计外，各类温度计必须定期进行校正。各种温度计及热电偶测温的最高精度示于表 3-3。我国各类标准测温计在国家计量科学研究院。

应该指出，温度计校正是采用上一级标准的温度计作为标准进行校正的。例如，要使用测量精度达到二级标准的热电偶，必须采用测量精度为一级标准的热电偶作为标准来校正待用的热电偶。另外，测温过程中要特别注意热电偶冷端温度的控制（一般控制在 0 ℃），在其他条件下均需对冷端温度进行校正；使用玻璃温度计时，要注意温度计的液柱上平面要与被测液体的水平面在一个水平线上，否则要根据当时环境中空气的温度对暴露在空气中的液柱高度进行校正。

表 3-3　各种温度计和热电偶测温最高精度

温度计种类	测温范围/℃	最高测量精度/℃	
玻璃温度计	−50~600	−51~0（最小分度 0.1）	±0.05
		0~100（最小分度 0.1）	±0.03
		100~300（最小分度 0.1）	±0.05
		300~360（最小分度 0.1）	±0.1
		360~450（最小分度 1）	±1
		450~600（最小分度 1）	±2
铂电阻温度计	−260~630	−50~300	±0.03
		300~600	±0.1
		−260~600	±0.02
		在定义固定点温度	±0.002~0.01
铂铑$_{10}$-铂热电偶	0~1500	0~1100	±1
		1100~1500	±3
		在定义固定点温度	±0.2
PtRh$_{30}$-PtRh$_6$	0~1900	0~1600	±0.8~±2
镍铬-镍硅	−40~1300	−40~1300	±0.5~±1.5
铜-康铜	−40~350	−40~350	±0.2~±0.5
非标准热电偶： 铱铑类热电偶（在真空、N_2 或 He 气氛使用）	0~2100	0~2100	±10
钨铼类热电偶（在真空、惰性或干 H_2 气氛使用）	0~2800	0~2800	±10
光学高温计用标准温度灯	900~2000	900~1500（大型真空管）	±5
		1500~2000（大型充气管）	±3
		900~2000（小型管）	±10

3.1.3　热电测温——热电偶温度计

以热电偶为测温元件辅有显示仪表及补偿导线构成的热电偶温度计，具有测量范围广、精确度高、容易操作、便于远距离测量和自动控制以及价格便宜等优点，广泛应用在科学研究和生产测温系统中。

3.1.3.1　热电偶温度计测温原理

由于不同金属的电子逸出功和自由电子浓度不相同，当两种不同金属接触时，由于自由电子的扩散作用，在接触面上会形成珀耳帖（Peltier）电动势，其大小与接触的金属材料和接触点的温度有关。而当同一种金属的两端处于不同温度时，自由电子因温度差而产生扩散作用，在金属内形成汤姆逊（Thomson）电动势，电动势的大小与金属材料和材料两端的温度有关。物理学中把由两种不同金属焊接并将接触点放在不同温度下的回路，称为温差电偶。因此把 A 和 B 两种金属端点焊接在一起形成闭合回路，并将焊接点放在不同温度处，这时在称为温差电偶的回路中会产生温差电动势（又称赛贝克（Seeback）电动势，或热电动势）。产生的温差电动势是汤姆逊电动势和珀耳帖电动势共同形成的，它的数值大小与材料有关，并与两触点的温差呈函数关系。另外，有实验证明，只要连接电位计的两根导线材质相同，且电位计中各接触点的温度相同，回路中的温差电动势与接入电位计无关。因此，借助温差电偶和测量温差电动势的电位计及补偿导线 C 可以组成测量温度的热电偶温度计。热电偶温度计连接示意图如图 3-2 所示。习惯上将用于测量温度、端点焊接在一起的两种不同金属丝（或导电陶瓷片）A、B 称为一副热电偶。

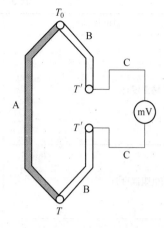

图 3-2　热电偶温度计的连接示意图

3.1.3.2　常用热电偶

常用热电偶可分为标准化热电偶和非标准化热电偶。

A　标准化热电偶

标准化热电偶是指生产工艺成熟，批量生产，性能优良、稳定，已列入国家标准的热电偶。这类热电偶应用广泛，有统一的分度表，可以互换，并有与之配套的显示仪表可供使用。国际电工委员会（IEC）推荐了 8 种标准化热电偶，这 8 种标准化热电偶的名称、分度号、热电极材料、最高使用温度及使用注意事项列于表 3-4 中。通常由热电偶名称可知热电偶的正负极的材料组成，名称中排在前面的是正极材料，排在后面的是负极材料。

表 3-4　标准化热电偶

序号	热电偶名称	分度号（新/旧）	热电极			最高使用温度		使用注意事项
			极性	识别	材料	长期/℃	短时/℃	
1	铂铑 10-铂 PtRh10-Pt	S/LB-3	正(+)	亮白较硬	$w(Rh) = 10\%$ 的铂铑合金	1300	1600	在氧化性或惰性气氛中使用；需配高灵敏度显示仪表；价格贵
			负(−)	亮白柔软	纯铂			
2	铂铑 13-铂 PtRh13-Pt	R	正(+)	亮白较硬	$w(Rh) = 13\%$ 的铂铑合金	1300	1600	不宜在还原气氛或含金属蒸气的环境使用；避免接触有机物、硅、铁及 CO 和 H_2 气体
			负(−)	亮白柔软	纯铂			
3	铂铑 13-铂铑 6 PtRh13-PtRh6	B/LL-2	正(+)	亮白较硬	$w(Rh) = 13\%$ 的铂铑合金	1600	1800	室温热电动势很小，可不用补偿线；不宜在还原气氛下使用
			(−)	亮白较软	$w(Rh) = 6\%$ 的铂铑合金			
4	镍铬-镍硅（铝）NiCr-NiSi（Al）	K/EU-2	正(+)	暗绿不亲磁	$w(Cr) = 10\%$ 的镍铬合金	1000	1200	宜在氧化性或惰性气氛中使用；不宜在真空、含硫气氛及氧化还原交替气氛裸丝使用
			负(−)	深灰亲磁	$w(Si \ 或 \ Al) = 2.5\%$ 的镍硅（铝）合金			

序号	热电偶名称	分度号（新/旧）	热电极			最高使用温度		使用注意事项
			极性	识别	材料	长期/℃	短时/℃	
5	镍铬-康铜 NiCr-CuNi	E	正（+）	暗绿	$w(Cr)=10\%$ 的镍铬合金			−250~800 ℃ 在氧化性或惰性气氛中使用，特别适用于 0 ℃ 以下
			负（−）	亮黄	$w(Ni)=45\%$ 的铜镍合金			
6	铜-康铜 Cu-CuNi	T / CK	正（+）	褐红	纯铜	<300		−200~350 ℃ 在氧化性气氛中使用
			负（−）	亮黄	$w(Ni)=45\%$ 的铜镍合金			
7	铁-康铜 Fe-CuNi	J	正（+）	蓝黑 强磁	工业纯铁			氧化气氛 750 ℃，还原气氛<950 ℃，耐 CO，H_2 腐蚀
			负（−）	亮黄	$w(Ni)=45\%$ 的铜镍合金			
8	镍铬硅-镍硅镁 NiCrSi-NiSiMg	N	正（+）	暗绿	84.4Ni,14.2Cr,1.4Si 的镍铬硅合金			耐核辐射；< 1300 ℃ 时高温抗氧化能力强；−200 ~1300 ℃
			负（−）	深灰亲磁	95.5Ni,4.4Si,0.1Mg 的镍硅镁合金			

B 非标准热化电偶

非标准热化电偶通常没有国家标准，也没有统一的分度表及其配套的显示仪表，但具有标准化热电偶难以胜任的特殊性能，使之应用在一些特殊场合，例如高于 1800 ℃ 的超高温测量。表 3-5 列出一些常用于超高温测量的非标准热化电偶及它们的各自特点。

表 3-5 一些常用于超高温测量的非标准化热电偶

名称	材料		测量温度上限/℃		特 点
	正极（+）	负极（−）	长期	短时	
钨铼系	钨铼 3	钨铼 25	2000	2800	热电动势比铂铑、铱铑材料的大，热电动势与温度线性关系好且稳定，适用于干燥氢气、真空、惰性气氛，价格低，可不用焊接
	钨铼 5	钨铼 26	2000	2800	
铱铑系	铱铑 40	铱	1900	2000	热电动势与温度线性关系好，适用于真空、惰性气氛，抗氧化性能好
	铱铑 60	铱	2000	2100	

3.1.3.3 热电偶的处理

热电偶在使用过程中由于受环境有害气体、低熔点金属等杂质的影响，致使其中毒，会发生或使用端断裂或指示数据失真，因此需要进行必要的处理，如焊接、退火、清洗和校正等。

A 热电偶的焊接

热电偶使用端的焊接要求无污染、牢固、焊点呈小圆球形，焊接质量直接影响热电偶测温的可靠性。通常使用直流电氩弧焊或在饱和氯化钠盐水中置入一根电极，而热电偶的端部为电源的另一极，进行焊接。

B 热电偶退火

为了消除热电偶表面的杂质和热电偶丝内部的热应力，需要进行退火和清洗处理。退火的方法是：将焊接好的热电偶的两个自由端，分别固定在支架上并与自耦变压器输出端连接形成回路，通过调节电流使温度缓慢升至1100 ℃左右，开始用硼酸钠自上而下反复擦拭热电偶丝，以溶解和去除热电偶表面的金属氧化物杂质，直至发亮为止，然后缓慢降温冷却至室温。

C 热电偶清洗

清洗热电偶的步骤是：先将热电偶丝在由分析纯硝酸配制的30%溶液中煮30 min，除去表面的有机杂质，之后再在去离子水中煮1 h并多次冲洗，以清除硝酸根离子等。

3.1.3.4 热电偶校正

热电偶校正有定点校正和对比校正两种方法，可根据具体情况选用。

A 定点校正

定点校正用于一级热电偶，要求配套的测试设备也属一级的，校正和使用过程中测量线路的电阻尽可能保持一致。校正过程是：把待校正的热电偶先后置入沸腾的纯水中进行一般检测，而后分别置入几个已知熔点的纯金属熔体中测定相应的步冷曲线，出现平台的温度即为选用金属的熔点；再根据三个熔点对应的热电势值（mV）进行回归，即得到校准曲线。通常选用纯金属熔体有锌、铜、银、金等，对易氧化的金属或在惰性气氛中进行测量，或在其液面上要加防氧化的保护层，如在铜熔体液面上放一些高纯石墨防止铜的氧化。

B 对比校正

对比校正是将待校正热电偶与标准热电偶进行比较。如果待校正热电偶与一级热电偶进行比较，校正后的热电偶为二级热电偶；如果待测热电偶与二级热电偶进行比较，则校正后的热电偶为三级热电偶。

进行对比校正时，将待校正热电偶（一个或几个）与标准热电偶的工作端固定在炉内同一温度区中的铂均热器内，冷端同时插入0℃的恒温器中，根据使用温度范围选择若干个校准点，开始升温，每到一个校准点（即一定温度）时恒温10 min，使其达到热平衡，比较待校正热电偶与标准热电偶的热电势值，其误差应在允许范围内方可使用此数据；再根据对比校正各点对应的待校正热电偶的热电势值（mV）数据，进行回归处理，即得到待校正热电偶的校准曲线。

3.2 高温获得及其合理应用

有些化学反应和物理过程需在高温条件下进行，因此需要能达到所需高温温度的设备。实验室常见的高温设备有：电阻丝炉、坩埚炉、氧化锆棒炉、硅钼棒炉、铬酸锶镧棒炉、碳管炉、高温等静压炉、感应炉、磁悬浮感应炉、等离子炉、电子束炉、微波炉、热辐射炉、电子轰击炉，以及多功能加热炉等。其中，以电阻炉在实验室应用最多；而以固、液、气为燃料的高温炉，虽成本低，获得高温较快，但温度难以控制，且伴有不同种类的气体或有害气体产生，因而在实验室研究中使用不多，多用于半工业和工业生产。

3.2.1 电阻炉

电阻炉设备相对简单，温度易于控制，因而在实验室研究中应用最广最多。一般电阻炉是由金属炉壳、发热体、反应室、电源线，以及耐火材料（包括保温材料）等组成。其工作原理是：在稳定的电流通过发热体时，由于导体自身的电阻而产生热（电能转换成热能）作为热源加热物体。由于导体的电阻值一定，在稳定的电源和散热条件下，相对其他加热条件而言，温度易于精确控制。实验室用的立式或卧式管式炉、箱式马弗炉、立式坩埚炉等均属电阻炉。

3.2.1.1 电阻炉用的发热体

电阻炉使用的发热体有金属发热体和无机非金属材料发热体。当电流通过这些金属或无机非金属材料导体时，电能转换成热能产生热量，成为加热物体的热源。因此，实验室使用的电阻炉又常常以发热体所用材料来命名，诸如铂金丝炉、铁铬铝丝炉、钼丝炉、钨丝炉、钽片炉、硅钼棒炉、氧化锆棒炉、碳管炉、碳化硅棒炉等。

A 金属发热体

金属发热体有金属或合金电阻片和电阻丝。金属发热体的材料组成和形状不同，使用温度和环境也不同。例如，通常镍铬丝使用温度为 1200 ℃，铁铬铝丝最高使用温度为 1350 ℃，钽片、铌片、钨片、钨丝在真空或保护气氛下使用温度可达 1800 ℃，铂铑丝的使用温度可至 1700 ℃，钼丝在 600 ℃ 以上使用需要 $H_2 + N_2$ 保护气氛（可由 650~700 ℃ 铁屑催化分解已除氧的氨制备），这时其使用温度可达 1600 ℃ 等。

B 无机非金属材料发热体

无机非金属材料发热体使用无机非金属导体材料，包括石墨碳质材料、碳化硅棒、二硅化钼棒、铬酸锶镧棒、氧化锆棒等都可用作电阻炉的发热体。其中，碳化硅棒的使用温度为 1450 ℃，硅化钼棒的使用温度为 1700 ℃，铬酸镧发热体的使用温度为 1750 ℃，钇稳定的氧化锆棒的使用温度为 2300 ℃，石墨碳质发热体通常使用的温度约为 2200 ℃，而在真空或还原及惰性气氛下使用温度为 2500 ℃，最高可达 3600 ℃。

3.2.1.2 电阻炉的保温措施

经验表明，一个炉子的炉温高于 1000 ℃ 时，炉子的辐射热损失占主导地位；而炉子在低温时，以传导热损失为主。因此，根据实验要求的温度范围采取不同的保温措施，才能获得希望的高温和理想的温度分布。电阻炉的保温措施一般是通过使用耐火保温材料来实现。

电阻炉常用的耐火保温材料依据它们在炉体的部位和作用不同，选择不同的材料起到保温作用。例如，炉体中依部位和作用分为隔热层、保温层和耐火层，因使用温度不同，所选用的材料也各不相同。具体到一个炉体中，由紧靠炉壳的隔热层到紧邻发热体的耐火层可选用的保温材料如下所述。

（1）紧靠炉壳的隔热层（同时又是绝缘层），根据使用温度可选择石棉（600 ℃）、蛭石（950 ℃）、矿渣棉（750 ℃）、玻璃纤维（750 ℃）等。

（2）隔热层后为保温层，依据发热体的使用温度进行选择，如轻质耐火砖（1300 ℃）、氧化铝或氧化锆空心球（约 1800 ℃）等就是常用的耐火保温材料。

（3）靠近电热体的耐火层多用高温耐火材料。根据使用温度可选择石英玻璃（1100 ℃）、莫来石（1750 ℃）、氧化镁（1900 ℃）、刚玉管（1900 ℃）、碳管（2300 ℃）、氧化锆管（2200 ℃）等。

（4）对特殊炉体结构，在发热体与耐火材料之间会增加反射壳层。例如，对钼发热体就外加了表面抛光的不锈钢壳层作为反射层，以保证炉壳的温度低于 100 ℃。

电阻炉的反应室，包括反应管、坩埚、试样、保护或反应气体、测温热电偶等。一般电阻炉的构造，以高温钼丝炉为例，见图 3-3。

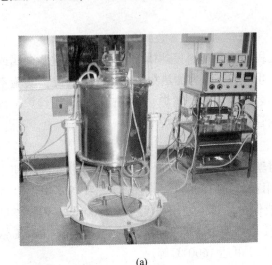

(a)

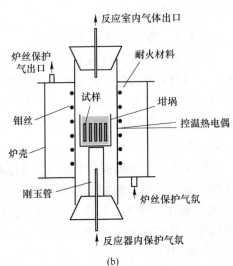

(b)

图 3-3　钼丝炉的外形与构造

（a）钼丝炉外形；（b）钼丝炉结构

3.2.2　电阻炉的设计与制作

电阻丝炉的设计首先要确定炉体加热的表面积（炉膛内表面积）、要求达到的温度、散热条件以及所需的功率等。由于实际炉体的散热条件很复杂，理论计算电阻丝炉的功率消耗很困难，因此一般用经验或半经验的方法，辅以能量平衡的概念来确定。

3.2.2.1　电阻炉功率的确定

对小型具有中等保温条件（不采取绝热或强制冷却）的管式电阻炉，每 100 cm^2 加热的内表面所需的功率，可参见表 3-6 所列的经验数据计算。因此，已知加热的内表面积和需要加热的温度，便可以粗略地估算电阻炉所需的功率。

表 3-6　不同加热温度下加热每 100 cm^2 炉管的内表面所需的功率

加热温度 t / ℃	400	600	800	1000	1200	1400	1600	1800	2000
需要的功率 P_S / W	40	80	130	190	260	350	450	570	700

例如，有一管式炉的内径 d = 3 cm，长 L = 40 cm，其加热的内表面积 S 为 $S = \pi d L = 3.14 \times 3 \times 40 = 376.8$ cm^2，欲加热至 1000 ℃，则所需的功率为：$P_{total} = P_S \dfrac{S}{100} = 190 \times$

$\dfrac{376.8}{100} = 715.9$ W。

3.2.2.2 发热体的选择、计算与制作

A 发热体的选择

选择发热体时需考虑三个条件，即

（1）电阻炉的使用温度。通常发热体的最高温度比炉温高约 100 ℃。

（2）对电阻炉内温度分布特性的要求。因电阻丝炉在缠绕时可通过控制螺距的分布，获得较长的恒温带，因此温度场分布相对均匀；而各类发热棒状的导体由于内部电阻的差异，以及棒之间的电阻匹配问题，其温度场往往不均匀。

（3）电阻炉的工作气氛。长时间使用情况下，一般在还原气氛中只能用碳质材料和硅碳棒发热体；在弱还原气氛下可以使用镍铬（或铁铬铝）电阻丝炉；在氧化气氛下可使用铂金丝炉；其他一些发热体均需要在保护气氛或在惰性气氛下使用。

B 电阻炉发热体的计算

铁铬铝丝和镍铬丝是实验室最常用的电阻炉的发热体元件，现以铁铬铝丝为发热体在 1400 ℃下使用的管式炉为例进行计算，从中得知设计实验室用电阻丝炉的步骤和所需考虑的问题。在计算过程中，需要知道所选发热体的最高使用温度和表面负荷，一般可从手册查到。不同温度、不同型号 Fe-Cr-Al 与 Ni-Cr 发热体的表面负荷值如表 3-7 所示。

表 3-7 Fe-Cr-Al 与 Ni-Cr 发热体的表面负荷值

温度 t /℃	表面负荷/W·cm^{-2}		
	Fe-Cr-Al 发热体		Ni-Cr 发热体
	Cr27Al6	Cr25Al5	Cr20Ni80
500	5.10~8.40	2.6~4.2	2.40~3.40
600	4.44~7.50	2.2~3.8	2.05~2.95
700	3.75~6.60	1.85~3.5	1.70~2.55
800	3.15~5.70	1.6~3.05	1.35~2.10
900	2.50~4.80	1.35~2.4	1.05~1.65
1000	1.95~3.90	1.15~1.5	0.75~1.25
1100	1.55~3.00	1.0	
1200	1.25~2.00		
1300	1.0~1.6		
1400	1.0~1.6		

具体计算按如下步骤：

（1）根据发热体的种类和使用温度得到表面负荷。若管式电阻丝炉用添加稀土元素的高温铁铬铝 Cr27Al6 作为发热体，当其使用温度为 1400 ℃时，由表 3-7 查得其表面负荷为 1.0~1.6 W/cm^2。

（2）计算工作温度下的比电阻。由相关的数据手册可以查到选用的电热丝的室温比电阻 ρ_0 和电阻温度系数 α，然后计算电热丝在工作温度 t 下的比电阻 ρ_t。例如，已知添加

稀土元素的高温铁铬铝 Cr27Al6 的室温比电阻 $\rho_0 = 1.53\ \Omega \cdot mm^2/m$ 和电阻温度系数 $\alpha = (3 \sim 4) \times 10^{-5}\ ℃^{-1}$，用公式 $\rho_t = \rho_0(1 + \alpha t)$ 计算出高温铁铬铝 Cr27Al6 在工作温度 1400 ℃时比电阻 $\rho_t = 1.616\ \Omega \cdot mm^2/m$。

（3）计算总功率。采用由表 3-6 经验数据和炉管加热面积，简单估算中等保温条件下实验室用电阻丝炉的总功率方法。由已知炉管（发热体的高温耐火材料）的尺寸为 $\phi50 \times 60 \times 800$ mm 和加热带长度 (L) 为 500 mm，计算得到加热面积为 $S = 785\ cm^2$，根据管式炉的工作温度（1400 ℃）由表 3-6 经验数据知，此时每 100 cm^2 炉管面积所需功率为 $P_S = 350$ W，于是得到添加稀土元素的高温铁铬铝 Cr27Al6 电阻丝炉的总功率约为 $P_{total} = 2.75$ kW。

（4）计算发热体电阻丝所需尺寸。已知对不同形状电阻发热体的计算公式分别如下：

1）圆形电阻丝发热体。

丝的直径
$$d = \left(\frac{4 \times 10^5 \rho_t P^2}{\pi^2 V^2 W} \right)^{\frac{1}{3}}$$

丝的总长度
$$L = \frac{Rf}{\rho_t}$$

$$\rho_t = \rho_0(1 + \alpha t)$$

$$R = \frac{V^2}{10^3 P}$$

$$f = 0.785 d^2$$

式中，d 为电阻丝的直径，mm；P 为炉子功率，kW；ρ_t 为工作温度 t 时的比电阻，$\Omega \cdot mm^2/m$；ρ_0 为室温时的比电阻，$\Omega \cdot mm^2/m$；α 为电阻温度系数，$℃^{-1}$；V 为电压，V；W 为发热体表面负荷，W/cm^2；R 为发热体总电阻，Ω；f 为电阻丝的截面积，mm^2；L 为发热体总长度，m。

2）扁带形电阻发热体。它的宽为 b(mm)，厚为 a(mm)。

$$a = \left[\frac{10^5 \rho_t P^2}{2m(m + 1)V^2 W} \right]^{\frac{1}{3}}$$

$$m = \frac{b}{a} \approx 10$$

$$f = ab$$

（5）计算发热体的表面负荷。已知不同形状电阻发热体表面负荷的计算公式分别为：

圆形电阻丝的表面负荷
$$W = \frac{P \times 10^3}{\pi d L}$$

扁带形电阻发热体表面负荷
$$W = \frac{P \times 10^3}{2(a + b)L}$$

（6）根据设计参数由上述相关的公式计算得到发热体的尺寸。以前述添加稀土的铁铬铝 Cr27Al6 圆形电阻丝为例，计算制作 1400 ℃炉子所需电阻丝直径和长度。提请注意：计算时从安全考虑发热体表面负荷值不宜选上限；工作电压选用 200 V（实验室多用单相 220 V），以便工作时电压有调节余地。具体计算为：

电阻丝直径 d 为　　$d = \left(\dfrac{4 \times 10^5 \times 1.616 \times 2.75^2}{3.14^2 \times 200^2 \times 1.25} \right)^{\frac{1}{3}} \approx 2.15 \text{ mm}$

电阻丝长度 L 为　　$L = \dfrac{Rf}{\rho_t} = \dfrac{14.55 \times 3.62}{1.616} \approx 33 \text{ m} \left(R = \dfrac{V^2}{10^3 P} = \dfrac{200^2}{10^3 \times 2.75} = 14.55 \ \Omega \right)$

为检验计算得到发热体尺寸的安全性, 计算设计电发热体的表面负荷 $W = \dfrac{P \times 10^3}{\pi dL} =$

$\dfrac{2.75 \times 10^3}{3.14 \times 0.215 \times 3300} = 1.23 \text{ W/cm}^2$。此值在设计时选用材料 1400 ℃ 的表面负荷值范围内, 表明用设计的电阻发热体制作炉子是安全可用的。

由上述数据和期望的加热带长 $H = 500$ mm 及炉管外径 60 mm, 通过计算可以得到: 绕炉管电阻丝的匝数 $n = \dfrac{L}{l} \approx 175$（$l$ 为炉管的外周长）; 匝距 $h = \dfrac{H}{n} \approx 2.9$ mm。参照这些数据就可以自己动手制作实验用 1400 ℃ 电阻炉。

C　电阻丝炉的制作

a　电阻丝退火

购买到的电阻丝是生产厂家加工的直接产品, 带有很多的加工应力, 电阻丝很硬。因此缠绕炉管前, 要根据电阻丝的种类在适当的温度和适宜的气氛下进行退火处理, 消除应力, 从而有利于缠绕炉管。

b　缠绕

因炉管两端散热较大, 通常为保证一定长度的恒温区, 故缠绕炉管时, 缠绕的匝距大小不是均一的。两端缠绕的匝距相对较小而密, 而中间的匝距相对较大而疏。一般把加热带四等分, 中间占两份, 即按为 1:2:1 的原则分配, 参见图 3-4, 这样的缠绕可以获得相对较长的恒温带。缠绕电阻丝时应注意, 电阻丝要紧贴炉管, 同时避免电阻丝的弯折和打结, 防止加热后炉丝松脱短路以及弯折处产生应力改变电阻, 缩短炉丝使用寿命。

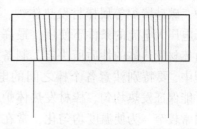

图 3-4　电阻丝在炉管上的分配示意图

c　装配

装配电阻炉的基本工作是, 将缠绕好的炉管放置到炉壳中, 并添加保温材料及连接电源线。炉壳多采用金属（铁、铝、不锈钢）薄板制作, 可根据具体情况选用。为保证在高温下使用炉壳温度低于 100 ℃, 需根据管式炉的使用温度选择保温层和耐火层的材料。通常是金属炉壳内衬 2~4 mm 厚的石棉板, 随后是 100~150 mm 的保温层, 紧靠电阻丝是 50~80 mm 的耐火层（管式炉为炉管）。对超过 1500 ℃ 使用的管式炉, 两端还需要增加循环水冷系统和考虑到炉管热胀冷缩外加波纹片, 以及保护气体循环的密封系统等。

装配电阻炉应注意以下几点:（1）保温材料要在石棉板内衬充分干燥后再装;（2）炉丝及电源线（电源接线柱）与炉壳要绝对绝缘;（3）装配好的电阻炉使用前要通电低温（小于 300 ℃）烘烤 8 h 左右, 使炉体彻底干燥。

d 恒温带的测定

恒温带是指具有一定恒定温度精度的加热带长度。制作好的电阻炉在使用前除通电烘烤干燥外，还需了解炉膛内温度分布的规律，即恒温带的位置和长短，以便确定实验时放置样品的位置。

测定一个炉子恒温带的做法是，将控温热电偶和测温热电偶同时插入炉膛中央，当温度达到使用温度并恒温后，开始在炉管内按一定间隔距离移动测温热电偶，并使其每移到某一点时恒温一定时间，测量其温度值，这样测量一系列的数据，计算平均偏差，或画出炉膛温度分布曲线，一般认为温度平均偏差波动在 1~2 ℃ 范围内的区域为恒温区。为减少测量误差，最好测量多次，最后确定恒温带长度和位置，做好记录和标记，方便实验使用和核查。

3.2.3 其他高温炉简介

3.2.3.1 碳管炉

碳管炉的使用温度可达 2200 ℃ 以上，其特点是升温速度相对较快，通常为弱还原气氛，碳管管壁越薄其使用温度就越高，在特殊条件下可在碳管上刻槽以提高其使用温度。

如果碳管炉加上真空系统，就成为真空碳管炉，炉内气氛可控。在碳管炉的基础上，发展了热压烧结炉、等静压烧结炉、多功能烧结炉等可用于材料的制备与合成的高温炉。

3.2.3.2 棒材发热体炉

硅钼棒炉、氧化锆棒炉、铬酸锶镧棒炉、碳硅棒炉等属棒材发热体炉，它们均在低电压大电流的条件下使用，最高使用温度由棒材发热体的性质所决定。制备它们的过程中，要特别注意各个棒之间的电阻匹配，才能保证发热均匀。棒材发热体炉的恒温区通常较窄。为使温度均匀化，常在炉膛内外附加导热性能良好的金属坩埚，使其具有足够的恒温区。图 3-5 所示的铬酸锶镧炉是棒材发热体炉的一种。

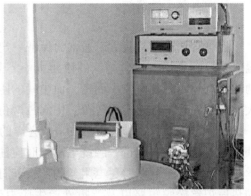

图 3-5   铬酸锶镧炉

3.2.3.3 感应炉

感应炉是利用高（射）频电流通过中空铜管圈，使放置于铜管圈内需要加热的导电物体产生感应电流，由自身电阻产生热量来加热，而对非导电材料必须放置在导电良好的坩埚（如石墨坩埚）或石墨加热体内才能被加热，感应炉具有升温速度快，在磁场的作用下具有较好的搅拌作用的特点，但也存在温度场分布不均，以及由于高频感应不能使用热电偶只能用光学高温计测温，因而有测量误差较大的不足。

如果感应炉增加了真空系统，就成为真空感应炉，此时炉内的气氛可调。

3.2.3.4 磁悬浮炉

磁悬浮炉也是利用高频感应原理，导体材料在高频电磁场作用下，加热、熔化，并借助磁浮力而悬浮起来。磁悬浮炉大多用于无坩埚熔炼，可获得高纯材料。在此基础上发展出现了磁控溅射炉，用于薄膜材料试样的制备。

3.2.3.5　微波炉

微波炉是近年来发展起来的高温实验室研究用的设备，利用频率从 300 MHz 至 300 GHz 的电磁波在物体内部的能量损耗来直接加热物体，因此只有吸收微波的物体才能被加热。对于微波加热机制有不同的观点，诸如材料在微波场中偶极子极化、分子间的摩擦、导电离子的碰撞使动能转变为热能等等。微波炉的优点是可以选择性加热物体，升温速度极快，加热效率高，有利于节能、降耗、环境友好；缺点是精确测温难、控温更难。

3.2.3.6　电子束炉

电子束炉通常在真空条件下使用，多用于局部加热，其原理是在强电场作用下，利用直流高压（电子加速电压）发射出带有巨大能量的电子束射向阳极，产生很高的温度加热物体使之熔化。通过改变灯丝电流可以调控输出功率，因此温度相对容易控制。

3.2.3.7　等离子炉

等离子炉是利用气体分子在高于 5000 K 的高温作用下，离解成阳离子和自由电子产生等离子体，从而得到可达 10000 K 左右极高温度的等离子弧或等离子束热源进行加热。在普通等离子炉之后，出现了激光等离子炉和用于纳米材料烧结的快速等离子烧结炉，以及应用于材料表面加工和半导体及信息材料处理的等离子束喷涂炉和等离子鞘离子注入及等离子增强化学沉积设备等，它们都是在等离子炉基础之上，依高科技材料所需发展起来的。

由此可见，不同发热体与加热形式的组合，可以制造出不同用途的高温炉，如感应加热与石墨发热体的组合已用于直拉（CZ）法半导体单晶炉的制造。

3.3　真空获得及应用

在指定系统空间内低于 1 标准大气压（0.1 MPa）的气体状态称为真空。衡量气体稀薄程度的量称之为真空度，用绝对压强的大小表示，单位为 Pa。系统真空度高，表示系统空间气体压力低。

真空技术在科研和生产中得到广泛的应用。在科研与教学中，诸如在冶金和材料物理化学研究中熔体性质的测定、平衡常数的测定、一些金属和合金材料试样的制备，以及扫描电镜、透射电镜、离子探针、电子探针、X-射线衍射等近代物理和化学分析测试设备都离不开真空技术与设备的应用。在工业生产中，为防止金属和合金的氧化及减少气体残留，提高产品质量和开发新工艺，需采用真空冶金技术，而一些半导体材料和电子信息材料制备和表面物理化学研究，以及一些军工和高技术材料的制备均需要在高真空（甚至超高真空）条件下来完成。

3.3.1　获得真空的方法

获得真空的过程通常称之为抽真空。用来获得和维持真空的设备称为真空泵（或真空机组）。

可在一个大气压下开始抽气的泵称之为前级泵，只能在低于一个大气压才开始抽气的泵称之为次级泵。达到次级泵运转前需要的气压称为预备真空或前级真空，经充分抽气后所能达到的最低气压称之为极限真空度。

获得真空的途径主要有：一是用真空泵（也称前级泵）抽出系统的气体，获得预备真空（前级真空）；二是为了获得更高真空度，要在真空泵抽气系统获得预备真空的基础上，再利用特殊吸附剂组成的吸附系统吸收微量气体；三是利用含有制冷剂的冷阱将系统中的气体冷凝为液态来提高系统真空度。后两种抽气系统只能在使用"前级泵"获得预备真空后才能工作，故称之为"次级泵"。

真空泵的种类很多，有机械泵、扩散泵和离子泵以及真空机组（由机械泵和扩散泵组合而成）等，按抽真空的次序又分为前级泵和次级泵。机械泵有旋叶式机械泵、往复式真空泵、滑阀式真空泵、涡轮式分子泵、水蒸气喷射真空泵、机械增压泵、油真空增压泵等，而扩散泵（油扩散泵）又有一级、二级、三级和四级等扩散泵之分。此外，还有各种类型的离子真空泵等。不同的真空泵工作原理不同，可达到的真空极限也不同，因此各有不同的应用范围。详细资料可查阅相关的图书或文献，这里不再赘述。下面仅简单介绍一般实验室最常用的旋叶式机械泵、扩散泵（油扩散泵）和真空机组。

3.3.1.1　旋叶式机械泵的结构与工作原理

旋叶式机械泵是实验室用得最多的机械真空泵。它可在 1 大气压下开始工作，工作压力范围为 0.1 MPa ~ 0.1 Pa，可以获得 0.1 Pa 左右的真空度。旋叶式机械泵为前级泵，往往与次级泵串联获得高真空。若采用机械泵和扩散泵串联的真空机组，可获得 10^{-5} Pa 左右的高真空度。

A　旋叶式机械泵的结构

机械真空泵是获得前级真空采用的设备。旋叶式机械泵通常由排气管、进气管、外壳、定子、转子、翼片和排气阀等组成，转子与定子圆柱形空腔不同轴，整个泵体浸入在机械真空泵油中，参见图 3-6。

B　旋叶式机械泵的工作原理

在旋叶式机械泵的泵腔内，真空机械泵油为工作介质，由泵油来保持泵体运动部件的密封，靠泵腔内容积的周期变化来达到抽气目的。具体工作过程如下：由于弹簧的作用，转子上的翼片紧贴定子圆柱形空腔上部内壁，当接通电源转子顺时针转动时，与进气管相通的空腔逐渐增大，吸进容器中的空气进入泵体空间，并随转子的转动而移动，而与排气管相通的空腔

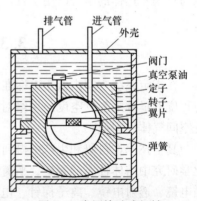

图 3-6　常用旋叶式机械真空泵构造示意图

逐渐缩小将气体压缩，直到压缩气体冲开阀门通过油层和排气管进入大气。此过程往复进行，从而达到抽气的目的。泵的运转使容器内气压从一个大气压（0.1 MPa）开始降低，直至其极限真空度 0.1 Pa。抽气的活动部件决定了真空泵的极限真空度，为了达到极限真空度，必须保持机械泵的油密封，使被压缩空间的气体不致漏入抽气空间。

C　使用机械泵时的注意事项

使用机械泵时应注意：(1) 机械泵切不可反向转动，因反向转动会将真空泵油压入

系统，造成真空系统的污染，因此连接泵电源线时要特别注意，防止泵反向转动；（2）停机时，先将连接真空系统的阀门关闭，停机后再向泵中充入干燥空气（采用三通真空活塞连接真空系统和机械泵便于操作），以防止真空泵油倒灌；（3）定期清洗泵体并更换新的真空机械泵油；（4）防止金属屑等固体物抽入泵中，损害泵体和转子；（5）不能将机械泵直接接入含有挥发性气体和水汽的系统进行抽气，否则会降低泵的极限真空度，甚至会造成泵体和转子的腐蚀。

3.3.1.2 扩散泵的结构与工作原理

扩散泵（油扩散泵）是次级泵，工作前必须先启动前级泵，将扩散泵和系统内的空气抽成预备真空后，才能开启扩散泵的加热电源。普通扩散泵的极限真空度可达 10^{-5} Pa，而超级扩散泵的极限真空度可达 10^{-8} Pa。

A 扩散泵的结构

扩散泵可分为一级、二级、三级、四级，以及四级以上的扩散泵。扩散泵的级数由泵的喷嘴个数决定，三个喷嘴就称三级扩散泵。制作扩散泵的材质有玻璃，也有金属，但不管是何种材质的扩散泵，其主要结构部件有加热部件电加热器，冷却部件冷阱、水冷套，以及喷射部件喷嘴、油蒸气导管，此外还有凝油导管、进气口、排气口和扩散泵油等，参见图 3-7。

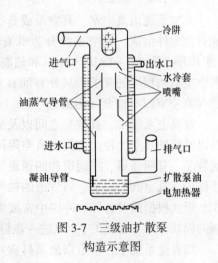

图 3-7 三级油扩散泵
构造示意图

B 扩散泵工作原理

扩散泵的工作原理是利用加热扩散泵油使其蒸发，油蒸气沿导管迅速上升，由喷嘴喷出，喷出的高速油蒸气遇到由水冷却的泵壁冷凝成液体下流回泵底，再经加热蒸发，如此往复循环。与此同时，由进气口吸入的气体分子不断地被高速运动的油气分子裹挟压缩到泵的下部，再经扩散泵的排气孔被前级泵抽走，从而获得高真空。普通油扩散泵极限真空度一般约为 10^{-5} Pa。如果强化真空系统的密封和连接技术，使用高级扩散泵油（如硅油等），其真空度甚至可达 10^{-10} Pa。

应该提醒的是，真空系统的连接密封和扩散泵油的质量是提高真空度的关键。

C 使用扩散泵的注意事项

为保证系统达到预期真空度要求及扩散泵的安全运行，使用有扩散泵的真空系统时应注意下面的几点。

（1）组装扩散泵之前，需先对泵的各部件进行仔细清洗和完全烘干，组装后加入适量扩散泵油并将冷却水套中充满水。

（2）使用扩散泵前，必须先开启前级泵以使扩散泵和系统达到预备真空。达到预备真空后，先开启冷却水，再接通加热电源加热扩散泵油。

（3）关闭扩散泵时，先关扩散泵加热电源，待扩散泵油完全冷却后才可关闭冷却水。

3.3.1.3　真空机组

真空机组是由机械真空泵和金属扩散泵为主体组成的成套真空设备，也是目前在科研和生产中应用最多、最为广泛的可以获得 $10^{-2} \sim 10^{-5}$ Pa 的高真空系统。真空机组有结构紧凑、操作方便等优点。在生产中应用的真空自耗炉、真空感应炉、真空提纯金属设备，以及一些薄膜材料和半导体材料制备及加工设备等均采用真空机组获得真空。在科研和教学中应用的大型仪器设备，如透射电子显微镜、扫描电镜、光电子能谱仪、X 射线衍射仪，以及金属体系的平衡研究系统等均配有真空机组。

真空机组结构的特点在于：（1）在机械真空泵与金属扩散泵之间装有储气罐，当机械泵暂时停止工作时，在 1 h 之内它可以代替机械泵，保证扩散泵的正常运转；（2）在金属扩散泵内部上方装有冷却挡板或冷阱，减少油蒸气返流到真空室内；（3）机组本身配有测量高、低真空的真空规管接头，方便测量真空度。

3.3.1.4　真空系统

真空系统由真空室、真空泵或真空机组、连接导管、真空附件和真空测量装置以及其他真空元件组成。真空系统分为低真空系统（工作压力为 1330 ~ 0.1 Pa）、高真空系统（工作压力为 0.1 ~ 1×10^{-5} Pa）和超高真空系统（工作压力低于 1×10^{-5} Pa）。另外，按对真空室清洁程度的要求，又分有油真空系统（真空室会存在油蒸气污染）和无油真空系统（真空室没有油蒸气污染）。

在真空系统中，真空泵之间以及泵体与真空室之间除用管道连接外，还要有必要的附件以及辅助真空元件。常用的真空附件有真空活塞、真空阀门和冷阱等。真空活塞多为玻璃制品，有两通道、三通道和四通道等之分，它们在真空系统中起开关和气路切换以及连接作用。真空阀门用于金属管道的抽气系统，作用与真空活塞相同。冷阱用金属或玻璃制作，形状根据需要各异。冷阱中常放置液氮（-196 ℃）或者适量无水乙醇（或丙酮）调制的糊状干冰（-78 ℃），以进一步提高真空度或防止油蒸气返流回真空系统。

高真空系统中，管道以金属材质并焊接为最佳，因为真空橡皮管和有机塑料管的管道在高真空时都会发生渗气现象。

应用真空系统时，应注意机械泵与扩散泵之间的匹配、管道的流阻，以及系统的检漏等问题。

3.3.2　真空度的测量

测量真空度的仪器称真空计或真空规。真空计的种类和规格很多，根据其工作原理大体可分为直接测量和间接测量两类。

直接测量真空计是基于波义耳定律（即在一定温度下，一定量的气体体积与压强的乘积为一常数）实现直接测量的真空计，测量获得的是绝对真空度。例如麦克里德真空计（Mcleod gauge 简称麦氏真空计，曾被译为麦克劳真空计）可直接测量稀薄气体的压力，常用来校正其他真空计。但由于这种真空计内装有水银，操作复杂，且不能实现连续测量，因此实际应用不多。

间接测量真空计是利用压强与有关物理量变化之间的关系来实现间接测量的真空计。这类仪器不存在麦克里德真空计的缺点，可以用来快速连续测量，但由于物理性质受外界因素影响或干扰，因此测量准确度相对较低。这类真空计种类较多，测量范围也不相同，常用的间接测量真空计有热电阻真空计、热偶真空计和热阴极电离真空计等。

3.3.2.1 热电阻真空计

热电阻真空计是利用在低压下气体导热量与压强关系的特性，借助热丝电阻的变化来间接测量压力的真空计（又称皮拉尼真空计），属热传导真空计，一般型的测量范围为 $10^2 \sim 10^{-1}$ Pa，对流型的测量范围为 $10^4 \sim 10^{-1}$ Pa。

热电阻真空计的测量原理是基于当容器中的气体压力降低到中等程度时，气体的热传导系数与气体的压力有关，通过测量与温度有关的电阻变化来间接测量真空度。

热电阻真空计由热丝和电桥及毫伏表组成。热丝是装在与真空系统相连接的玻璃管（真空管）内，通过一定电流进行加热的、具有高温度系数的钨或镍以至铂的金属细丝。电桥由热丝电阻与温度系数小的康铜、锰镍铜合金等材料制作的可变电阻，以及由温度系数小的材料制作的两个固定电阻连接成。

在常压和一定温度下，当电流的供热量与气体分子碰撞热丝带走的热量达到平衡时，通过调节热丝电阻和可变电阻，使电桥平衡，即毫伏表的指针为零。随着真空度的升高，真空管内气体分子浓度降低，气体分子带走的热量也随之减少，故热丝的温度升高，破坏了电桥的平衡，毫伏表指示的电压（毫伏）数值也就随之变化。因热电阻真空计的刻度是根据其与绝对真空计对一个真空系统进行平行对比测量，由绝对真空计测得的压力值与电阻真空计测得的电压数值作曲线进行刻度的，这样使用时便可依刻度直接读出系统真空度的数值。

由于不同气体的导热性质不同，故适用不同气体的热电阻真空计的刻度曲线也不同。一般来讲，热电阻真空计的刻度是对空气而作的，对空气以外的气体系统的真空测量，要采用有针对该系统气体刻度的热电阻真空计。

3.3.2.2 热偶真空计

热偶真空计（热电偶真空计）通常用钨丝作为热丝，以铂铑-铂或铜-康铜作为热电偶材料，采用直流电加热，其工作原理与热电阻真空计基本相同，只是应用的物理参数不同。热偶真空计是通过热丝温度的变化来反映真空度的高低。随着真空度的升高，热丝的温度也随之升高，热电势就增大。根据热电势的数值和绝对真空计测得的压力值进行对比和刻度，测量时便可由刻度直接读出系统真空度的数值。热偶真空计的测量范围为 $10^2 \sim 10^{-1}$ Pa。

综上所述，热电阻真空计和热偶真空计的优点是：结构简单，使用方便，可连续以及远距离测量；真空系统一旦发生故障漏气时，这两种真空计也不会损坏。它们的不足之处是：（1）刻度读数与气体种类有关，对每一种气体的真空度测量必须用相对应的刻度；（2）由于热惯性会造成温度的变化滞后于压力的变化；（3）外界温度对测量结果有一定影响；（4）热丝表面结构性质影响气体的热传导和热辐射，使零点不稳定，影响测量的准确度，为此测量时要注意零点的校对。

3.3.2.3 热阴极电离真空计

热阴极电离真空计是利用带电质点使气体电离后离子流与电子流的电流比与压力的关系测量真空度的真空计，测量范围为 $10^{-1} \sim 10^{-6}$ Pa。

热阴极电离真空计的电离真空规管的结构类似于三极管。电离真空规管通电时加热阴极，发射热电子；在带正电势的栅极作用下，电子加速，其中一部分被栅极捕获，另一部分穿过栅极奔向板极；板极带有负电，排斥电子，捕获正离子形成中性分子，结果使电子在栅极周围震荡，直至被栅极捕获，被栅极捕获的电子产生电子电流。当电子通过真空系统与系统中的气体分子发生碰撞时，若电子的能量大于气体分子的电离能，则使气体电离（不同气体的电离电势不同），产生正离子和次级电子，正离子在板极负电势作用下飞向板极，因而在线路中产生了离子电流。在一定温度下，系统的压力（真空度）低于 10^{-1} Pa 时，离子电流与电子电流之比正比于系统中气体的压力。因此，电离真空计只能用于真空度优于 10^{-1} Pa 的系统测量。

电离真空计的刻度是利用电离真空计与绝对真空计进行对比，绘制曲线进行刻度的，因此依据刻度值即可测量读出系统的真空度。由于不同种类气体的电离能不同，因此刻度也不相同，市场出售的电离真空计的刻度多数是以氮气进行刻度的。使用电离真空计时，应注意抽取真空系统的气体种类，选择相应的刻度来读取系统的真空度。

电离真空计的优点是：体积小、惯性小、不受机械振动的影响、灵敏度较高、可以连续测量，以及可以远距离测量和测量不同部位的真空度。其缺点是：（1）当真空度较低（或系统漏气）时，若压力高于 10^{-1} Pa，此时电离真空规管的灯丝易损坏；（2）刻度读数与气体种类有关；（3）在高真空时，电离真空规管的玻璃和电极的放气等都会影响测量的准确度。

3.3.3 真空系统检漏

真空系统在很多情况下，如管路有缺陷、熔接不好、管道连接密封不严、真空活塞气密性差，以及系统不够清洁、管壁上有吸附的杂质（如水汽）等，会出现真空度上不去或不稳定的现象。此时需要对真空系统进行检漏，查出漏气原因和漏点，以便采取措施消除漏气现象，保证获得预期的真空度。

3.3.3.1 系统的判断

使用真空系统前要对系统进行测量，判断系统的状况，只有在系统状况良好的情况下方可使用。判断系统过程中，可能会遇到下面的四种状况。

（1）真空系统良好。好的真空系统是指系统可以达到泵的极限真空度，即在静态条件下（系统抽到足够长时间后关闭真空活塞或阀门）测量压力随时间的变化，若压力不随时间发生变化，表明系统密封良好不漏气，也没有放气源，可以达到预期的真空度。

（2）泵或真空机组自身的原因造成系统真空不理想。如果系统达不到泵的极限真空度，但在静态条件下压力不随时间变化，表明是真空泵自身的原因，则需要更换真空泵油，或者更换真空泵或真空机组。

（3）存在放气源造成系统真空不理想。如果系统达不到泵的极限真空度，在静态条件下系统的压力逐渐增大，而后趋于稳定，这表明系统不漏气但存在放气源，即系统内有吸附气体或易于挥发的物质，发生脱气或挥发，当抽气速率与物质的挥发速率达到平衡时，系统的压力不变。遇到这种情况需彻底清洗系统，清除放气源。

（4）系统存在漏气源使系统真空不理想。如果系统不仅达不到泵的极限真空度，而且在静态条件下系统的压力直线增长，显然是系统存在严重漏气的现象，必须查找漏气源，采取必要措施。

3.3.3.2 真空系统检漏的方法与工具

真空系统检漏的方法很多，依检测环境和要求而定。通常实验室里安装在真空系统上的真空计本身就可以作为检漏工具。对于真空度要求不是太高的一般玻璃真空系统，常采用高频火花检漏器（又称真空枪或高频火花探测器）检漏，而对于高真空度的系统必须采用其他检测技术（可参看有关高真空的书籍）检漏。

高频火花检漏器（真空枪）是利用仪器内高频发生器发射高频电压，在仪器的尖端（放电簧）与气体放电产生火花，从而激发真空系统内稀薄的气体电离发光，根据光的颜色可以粗略估计系统的真空度。例如，对空气，紫红色为 10 Pa 左右，浅玫瑰色为 1 Pa 左右，浅蓝白色为 10^{-1} Pa 左右，接近无色光则优于 10^{-1} Pa。检测时将检漏器放电端在玻璃系统外壁慢慢移动，若放电火花呈无序分散状，表明没有漏气点；如果放电火花集中呈束状停留在系统的某一亮点，表明此亮点处为漏气点。高频火花检漏器还可以用来促进吸附于管壁上的杂质的解吸和挥发，加速抽真空的过程。

3.3.3.3 真空密封材料

真空油脂、真空封蜡、真空封泥、真空漆和环氧树脂是实验室常用的真空密封材料，用于管道连接及真空活塞的密封和堵漏。

A 真空油脂

真空油脂具有适当的黏度、低的蒸气压和小吸气量的膏状物，常用于玻璃活塞和磨口等处的密封，使用时应将一薄层油脂均匀涂在密封面上，使之没有气线、呈透明状，否则容易漏气。通常可采用热风吹涂抹的油脂，使之均匀铺展消除气线。注意：不同标号真空油脂的黏度不同，标号高的黏度大，适用于工作温度高或不动的地方；标号低的黏度小，适用于工作温度低或常转动的地方。应根据使用场合和工作温度综合考虑选用合适标号的真空油脂，既能保证密封件不漏气，又能保证密封件的转动。

B 真空封蜡

真空封蜡有较高的软化温度，使用时需要用热风或微火使之溶化涂覆在漏气处，为达到好的密封效果，被密封部位也应预热以利于封蜡的铺展，真空封蜡常用于没有震动的管道连接处的密封和堵漏。

C 真空封泥

真空封泥在室温下有一定的塑性，适用于温度不高、真空度低且需经常拆装或略有震动的管道连接处的密封和堵漏。

D 真空漆和环氧树脂

真空漆可用于器具表面焊缝或铸件微孔的细小漏气的封堵。由于环氧树脂具有一定的耐热性，是蒸气压低、密封性好、机械强度高的黏合剂，可用于填补有一定热度的玻璃零件上的小漏气孔和黏合没有震动波及的小零件。

3.4 气体净化与气氛控制

3.4.1 实验室用气

3.4.1.1 实验室用气特点

实验室研究使用各种反应气体、载气，以及保护气体的机会很多，依实验研究对象和目的不同，使用的气体也不同。通常作为保护气体或载气的有 Ar、He、NH_3、N_2 等，而作为反应气体的有：气体氧化剂 O_2、SO_2、CO_2、H_2O，气体还原剂 H_2、CO，其他反应剂 Cl_2（氯化）、I_2（碘化）、N_2（材料的氮化反应）、H_2S、S_2（硫化）等。

实验室多采用高压贮气瓶气体，使用时必须减压，同时要注意防毒、防火和防爆，安全使用气体。在上述实验室研究使用气体中，H_2、CO 属可燃性气体，而 CO、Cl_2、H_2S、NH_3、SO_2 属有毒气体，它们在大气中的含量不能超过环保允许的上限标准。为了安全使用和便于区分，高压贮气瓶都涂有不同颜色，如氧气瓶为天蓝色、氮气瓶和二氧化碳气瓶为黑色、氢气瓶为深绿色、氩气瓶为灰色、氯气瓶为草绿色、氨气瓶为黄色等。放置气瓶和安装减压表时要特别注意：氧气助燃，氧气瓶绝不可与可燃性气体的气瓶混放在一起；牢记氢气减压表的瓶口螺纹与氧气减压表的瓶口螺纹是相反的，绝不能试图交换使用。

3.4.1.2 实验室气体流量的测量

实验室所用气体流量的测量和控制多采用气体流量计。常用的气体流量计有转子流量计和毛细管流量计。

转子流量计的刻度通常用标准状态的空气或水进行标定，使用时由转子位置对应的刻度读出相应的流量数值。使用转子流量计时应注意：（1）流量计接入气体管道时，必须保持流量计玻璃管垂直；（2）测量气体种类不同时，需先校正后使用；（3）转子流量计测量精度不高。

毛细管流量计是用示差压力计上测到的液面差的大小来表示流量的，其校正方法可以用一定时间排水量测定气体流量或根据肥皂泡上升的速度计算气体流量。毛细管流量计的量程与毛细管的内径和长度有关，测量小流量气体应选用内径较细的毛细管。

3.4.2   气体净化的主要方法

瓶装气体的纯度有不同规格，其含有的杂质也就不同，即便是高纯气体也含有一定的杂质，因此需要根据研究实验的要求进行净化。气体净化的方法有吸收、吸附、催化、过滤和冷凝等。

实验室用气体净化系统通常由干燥塔或干燥管、洗涤瓶以及催化剂等构成。干燥塔或干燥管内的固体物质用于吸收或吸附气体中的水分，洗涤瓶内装的物质则用于吸收或去除杂质和有机物，而放置于管式炉加热的催化剂是用于深度提纯气体。

3.4.2.1 吸收净化

气体吸收净化过程是气体以气泡形式通过吸收剂方式进行。因气体通过吸收剂时，杂质气体与吸收剂发生化学（或水合）反应而被吸收，从而净化了气体。吸收剂有液体吸收剂和固体吸收剂之分。

A   液体吸收剂

液体吸收剂装于洗涤瓶内，不同的液体吸收剂用于吸收不同的杂质气体。例如，KOH 或 NaOH 溶液或石灰水（$Ca(OH)_2$）它们可以吸收 CO_2，而 H_2S、SO_2、Cl_2 等杂质气体可用 KOH 或 KI 溶液吸收，氯化亚铜的氨溶液则可吸收 CO，碱性焦性没食子酸溶液用于吸收杂质氧，气体中水分用浓硫酸吸收。

B   固体吸收剂

固体吸收剂放置于干燥塔或干燥管内，一般常温下使用的固体吸收剂有：硅胶、氧化钙（吸收水分），固体碱石灰或碱石棉（吸收 CO_2），以及分子筛和玻璃棉等。对于在一些情况选用的吸收剂，需要在管式炉内加热使用。例如，氮气的深度除氧所用的铜丝（铜屑或钙屑）需加热到 600 ℃，而除去 Ar 或 He 中的氮气所用的镁屑（或钙屑）需加热到 600 ℃。对于需要进一步深度除氧的一些气体，可依据需要除氧的深度选用相应的固体吸收剂，如加热到 700~850 ℃ 的海绵钛或锆钇合金吸气剂等。因此设计实验气体净化体系时，可参见表 3-8 所示的常用净化气体的吸收剂及其吸收反应，依据不同要求选用不同的液体吸收剂或固体吸收剂。

使用固体吸收剂时要注意吸收反应产物对吸收效率的影响，如使用海绵钛深度除氧，要及时去除包裹在海绵钛外面的钛氧化物。

表 3-8　常用净化气体的吸收剂及其吸收反应

吸收气体	吸收剂	吸收反应
CO_2	KOH 或 NaOH 的水溶液； 碱石灰或碱石棉[①]	$CO_2 + 2KOH = K_2CO_3 + H_2O$ $CO_2 + 2NaOH = Na_2CO_3 + H_2O$ $CO_2 + CaO = CaCO_3$
CO	氯化亚铜的氨溶液	$2CO + Cu_2Cl_2 = Cu_2Cl_2 \cdot 2CO$ $Cu_2Cl_2 \cdot 2CO + 4NH_3 + 2H_2O = Cu_2(COONH_4)_2 + 2NH_4Cl$
SO_2	KOH 水溶液； 含 KI 的碘溶液	$SO_2 + 2KOH = K_2SO_3 + H_2O$ $SO_2 + I_2 + 2H_2O = H_2SO_4 + 2HI$
O_2	碱性焦性没食子酸溶液（>15℃） $C_6H_3(OH)_3 + 3KOH = C_6H_3(OK)_3 + 3H_2O$	$O_2 + 4C_6H_3(OK)_3 =$ $2(KO)_3H_2C_6 + 2C_6H_2(OK)_3 + 2H_2O$
H_2S	KOH 水溶液； 含 KI 的碘溶液	$H_2S + 2KOH = K_2S + 2H_2O$ $H_2S + I_2 = 2HI + S$
Cl_2	KOH 水溶液； KI 溶液	$Cl_2 + 2KOH = KClO + KCl + H_2O$ $Cl_2 + 2KI = I_2 + 2KCl$
N_2	Ca 或 Mg（~600℃）	$N_2 + 3Ca = Ca_3N_2$ $N_2 + 3Mg = Mg_3N_2$
O_2	Cu 或 Ca（600℃）或 Ti（700~850℃）	$O_2 + 2Cu = 2CuO$ $O_2 + Ca = CaO_2$ $O_2 + Ti = TiO_2$

①碱石灰也称钠石灰，为一份氢氧化钠与两份氧化钙的固态混合物，因略微添加了酚酞而呈粉红色；碱石棉为 50%氢氧化钠溶液与石棉混合搅拌成糊，150~160 ℃ 烘干，冷却后研碎成的小块。

C　干燥剂（吸水剂）

实验室使用的瓶装气体中多少都含有水蒸气，特别是通过水溶液（吸收剂、密封液）净化气体之后，因此常采取使气体流经干燥剂（吸水剂）的措施，使之脱去所含的水蒸气。通常使用的干燥剂有硅胶、五氧化二磷（P_2O_5）、无水过氯酸镁（$Mg(ClO_4)_2$）、活性氧化铝、浓硫酸、无水硫酸钙、氯化钙和氧化钙等。各种干燥剂的脱水能力及再生温度见表 3-9。除此以外，一些型号的分子筛也有吸附水分的功能。

表 3-9　25 ℃各种干燥剂的脱水能力及再生温度

干燥剂	脱水后气体中残留水含量/g·m⁻³	脱水作用	再生温度/℃
P_2O_5	$2×10^{-5}$	生成 H_3PO_4、H_3PO_3 等	不能再生
无水 $Mg(ClO_4)_2$	$5×10^{-4} \sim 2×10^{-3}$	潮解	250，抽真空
活性氧化铝	$0.002 \sim 0.005$	吸附	175，24h
浓硫酸	$0.003 \sim 0.008$	生成水合物	不能再生
硅胶	$0.002 \sim 0.07$	吸附	120
无水硫酸钙	$0.005 \sim 0.07$	潮解	225
氯化钙	$0.1 \sim 0.2$	潮解	
氧化钙	0.2	生成 $Ca(OH)_2$	
A 型分子筛	$\sim 5×10^{-4}$	吸附	$250 \sim 350$

应该提请注意的是：（1）使用多种干燥剂脱水时，应让气体按干燥剂脱水能力由弱到强顺序流经通过干燥剂，顺序不能颠倒，因为气体中的最终含水量，由最后流经脱水剂的脱水能力决定；（2）使用的干燥剂不能与待净化的气体发生化学反应，如使用的 $Mg(ClO_4)_2$ 绝对不能与无机酸（包括水解后能成为无机酸的盐类）和可燃物接触，以防产生爆炸；（3）P_2O_5 虽是最强的干燥剂，但吸水后的产物呈黏稠状，覆盖在 P_2O_5 表面，阻碍继续吸水，严重时会发生气路堵塞，因此 P_2O_5 宜作为后级干燥剂，且与玻璃纤维混合后使用为佳；（4）使用硅胶脱水，应观察硅胶颜色的变化，随着吸收量的增加硅胶由深蓝色变成粉色、浅粉色，吸水能力急剧下降，此时应将变色的硅胶放置在 120 ℃烘箱中进行再生处理，直至变成深蓝色，方可取出再使用；（5）干燥后的气体在经过流量计时，流量计的封闭液不宜用水溶液，应采用邻苯二甲酸乙丁酯等有机溶液为佳。

3.4.2.2　吸附净化

吸附净化是常用的净化气体的方法之一，多用于处理杂质含量较低的待净化气体。它是利用比表面积大的多孔固体吸附剂来处理待净化的气体，使其中一种或多种杂质气体吸附在固体表面，从而达到分离净化气体的目的。目前市场出售的医用分子筛型制氧机就是利用分子筛吸附净化处理空气，使氧含量高达 90%以上。

吸附剂的吸附量与其比表面呈正比关系，比表面越大吸附量越大。吸附过程伴有热量放出，随温度的升高，吸附量会下降，因此可以利用这个现象，加热吸附饱和的吸附剂脱附，使之再生。实验室常用吸附剂有活性炭、分子筛和硅胶等。

A　活性炭

活性炭主要用于吸附有毒气体 SO_2、Cl_2 和砷化物等，而对水蒸气的吸附能力较差。因此，在使用催化剂的气体净化系统中，通常将其置于催化剂前级吸附有毒气体，以避免催化剂中毒。

B　分子筛

分子筛是一种使用广泛的多选择性的高效吸附剂，它是人工合成具有立方晶型微孔硅铝酸盐。当结晶水从硅铝网状结构的空隙中移出后，留下大小一定且分布均匀的孔道。这些孔道可容纳被吸附的物质，起吸附作用，孔道的孔径大小取决于硅铝酸盐的金属离子的半径及其在网状结构的位置。常用分子筛依化学组成和晶体结构分为 A 型和 X 型，依金属阳离子的不同而分为钾型、钠型和钙型。常用分子筛的类型、化学式及孔径参见表 3-10。

表 3-10　常用分子筛类型及其孔径

	A 型			X 型	
化学通式	$Me_{12/n}[(AlO_2)_{12}(SiO_2)_{12}]\cdot 27H_2O$			$Me_{86/n}[(AlO_2)_{86}(SiO_2)_{106}]\cdot 276H_2O$	
类型	3A 型	4A 型	5A 型	10 X 型	13 X 型
金属离子型	钾型	钠型	钙型	钙型	钠型
脱水后化学式[①]	$K_{12}A$	$Na_{12}A$	Ca_6A	$Ca_{43}X$	$Na_{86}X$
孔径/nm	~0.3	~0.4	~0.5	<1	<1.3

①这里 $A = (AlO_2)_{12}(SiO_2)_{12}$；$X = (AlO_2)_{86}(SiO_2)_{106}$。

分子筛的筛选和选择吸附作用在于，只有临界尺寸小于分子筛孔径直径的气体分子才能进入空隙而被吸附，常见气体分子的临界尺寸列于表 3-11。分子筛对进入空隙的气体分子的吸附是有选择性的，选择性与气体分子的极性、沸点的高低有关。大小相近的气体分子，极性越大越容易被吸附，沸点越低越不易被吸附。水是极性分子，临界尺寸也较小，因此分子筛对水蒸气有较强的吸附能力，可以作为脱水能力强的干燥剂使用。另外，分子筛的吸附性能还受气体压力和温度等因素的影响。利用分子筛在压力低温度高时吸附能力下降来再生分子筛。

表 3-11　常见气体分子的临界尺寸

气体分子	H_2	O_2	CO_2	N_2	H_2O	Ar	H_2S	NH_3	CH_4	C_2H_6	C_3H_8	C_6H_6
临界尺寸/nm	0.24	0.28	0.28	0.30	0.32	0.38	0.38	0.38	0.42	0.44	0.51	0.65

任何吸附剂使用一段时间后，吸附达到饱和，都必须更换或再生。再生是通过加热、减压或吹洗，促进被吸附气体解吸，使吸附剂再生。不同种类的吸附剂的再生方法和条件各有不同，如硅胶的再生需 120 ℃烘烤几小时，而 A 类分子筛的再生需 250~350 ℃加热减压几个小时。

3.4.2.3　催化净化

催化净化也是净化气体的一种方法。这种方法是借助催化剂使吸附在催化剂表面的杂质气体与气体中的某种组分发生化学反应，转化为易去除的物质，从而达到净化气体的目的。例如，人们常用负载有催化剂的铂石棉（或钯石棉）在 400 ℃催化氢气中的微量氧转化为水蒸气，达到去除氢气中微量杂质氧的目的。

通常，催化剂是催化用的金属负载在具有巨大表面积的载体上，如铂石棉（或钯石棉）就是贵金属铂（或钯）负载在有巨大表面积的惰性载体石棉上的催化剂，而 105 催化剂就是含有钯的分子筛型催化剂。

应该提醒，催化剂在使用过程中可能会因物理作用（机械摩擦、过热、烧结）或与某些杂质发生化学反应生成稳定的化合物，使催化剂损坏、失活或中毒而失去催化能力，遇到这种情况必须更换或再生催化剂。注意：（1）硫化物和砷化物可使钯石棉中毒，一氧化碳可使铂石棉中毒；（2）有的催化剂要求在一定的温度下使用，例如脱氢气中氧，使用铂石棉或钯石棉需在 400 ℃进行，而使用 105 催化剂在室温下即可进行。

3.4.2.4　冷凝净化

冷凝净化是通过冷却剂（低温介质）产生的低温使气体中的某些杂质气体凝结而去除，冷凝的温度越低气体中的杂质去除得越干净。例如，利用干冰作冷却剂去除 H_2、Ar、He、N_2 中的微量水蒸气。常用冷却剂有冰盐的混合物，即在冰中分别加入一定量的 KCl、或 NH_4Cl 或 NaCl 或 KNO_3 或 $CaCl_2 \cdot 6H_2O$ 等盐类，其最低温度可达-49 ℃；而使用适量无水乙醇（或丙酮）调制的糊状干冰，则可达到-78 ℃；若需更强冷却剂，虽然液态氧可达-183 ℃，但因其助燃安全性差，建议用液氮（-196 ℃）或液态空气（-192 ℃）作冷却剂。使用强冷却剂操作时，应注意安全，缓慢加注和采用必要的防护措施，防止喷溅和冻伤，。

3.4.2.5　过滤净化

金属钯具有吸氢和透氢的特性，在常温下吸氢的体积大于其自身体积的 900~2800 倍。因此，氢气的过滤净化就是利用金属钯对氢有选择透过性，让氢气透过钯膜（或钯管）去除氢气中的杂质气体，即通过氢气在钯膜的一边溶解而在钯膜的另一边析出，达到净化氢气的目的。在钯膜（管）净化氢气装置中，缠绕在钯膜（管）的外壁周围的钨丝发热体，加热钯膜（管）到 600 ℃，使流经钯膜（管）外壁的氢气溶解于钯中，而其他氧、氮和水蒸气等杂质气体不溶解于钯，于是在钯膜（管）的内壁不断析出的是纯氢，从而达到净化氢气的目的。经钯膜（管）净化的氢气纯度可达 99.9999999% 甚至更高，可以满足对超纯氢气的需求。

3.4.3　控制系统气氛的方法

在材料制备和实验研究过程中，根据实验目的和所制备材料的性质往往需要对系统的气氛进行控制。气氛可分为氧化、强氧化、弱氧化、中性（惰性）、还原、强还原、弱还原气氛等。

为实现气氛的控制，首先要对系统抽真空或用惰性气体反复清（冲）洗，而后通入所需要气氛的气体。通入空气则为氧化气氛，如果通入的空气加入了适量的惰性气体，则成为弱氧化气氛；如果通入的气体增加氧气含量直至通入纯氧，则形成强氧化气氛；如果通入惰性气体（如氩或氦，当系统不与氮气发生反应时，也可通入氮气），则为中性气氛；如果通入的是还原气体（诸如氢或一氧化碳气体等），则为强还原气氛；如果改变还原气体的组成，如调节 H_2/H_2O 或 CO/CO_2 的比值，即随着含氧气体（H_2O 或 CO_2）的增加，气氛的还原性逐渐减弱，则形成弱还原气氛。

系统的气氛控制通常是通过控制通入系统的气体性质、组成来达到的。实验室控制通入系统的气体性质和组成一般是采用调解通入系统气体管路的阀门和流量计来实现的。

此外，在应用过程中还可根据需要，因地制宜选用一些方法来控制气氛。具体方法举例如下：钼丝炉加热过程中为防止钼丝的氧化，可采用氨气经过 973K 有铜削（或铁削）的裂解炉，裂解成氢和氮的混合气体进行保护；在碳管炉、硅碳棒炉中若存在空气自然对流，则系统中的气氛即为弱还原气氛（注意，此种情况下发热体的寿命会缩短）；采用让

CO_2 气体通过加热至 1173 K 的碳粒，过程由波-波反应控制，产生纯 CO 气体通入系统，此时即为强还原气氛。

此外，还有一些气体（N_2、F_2、Cl_2、Br_2、I_2）可作为反应物而参与到反应过程中，故称为反应气体。诸如采用氮化法用氮气制备氮化物材料，采用碘携带法制备高纯金属材料，采用氯化法从矿石中提取金属，以及利用氟参与反应制备氟化物材料等，都是有气体作为反应物而参与反应过程。

3.5　基本实验手段的综合应用

各种复杂的研究设备和技术都是由几个基本实验手段所组成，因此利用上述基本实验手段的组合可以设计各种高温测量和研究系统。各种大型的物理测试设备也都是由若干个基本实验手段，如真空系统、加热系统、气体循环系统、测试系统和计算机信息处理系统等组成。高温电阻炉与惰性气体净化系统组合，再补充测试系统和计算机处理系统，可用于高温熔体物性（表面张力、密度、黏度等）的测试。真空系统、高温电阻丝炉和相关手段（如示踪原子）结合，可以用于测量材料的扩散系数。

现以设计高温化学平衡测量系统为例进行分析，设计一套研究 1500 ℃ 以上一个液态合金与它的某一组元的化学平衡设备将会运用哪些基本实验手段。显然按要求研究系统中要有：（1）高温加热装置，即加热炉，如采用钼丝炉；（2）温度测量系统，如采用 PtRh13-PtRh6 热电偶及其辅助测量设备；（3）真空系统，如采用真空机组将实验前系统中空气等残留气体排除，而后通入保护气体；（4）气体循环系统，如采用保护性气体——高纯氩气；（5）其他辅助设备，诸如水冷系统、真空测量系统、取样系统等。图 3-8 为设计的一台高温化学平衡测量设备示意图。

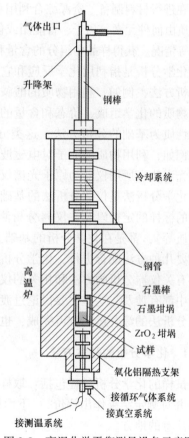

气体出口

升降架

钢棒

冷却系统

钢管

石墨棒

石墨坩埚

ZrO_2 坩埚

试样

氧化铝隔热支架

接循环气体系统

接真空系统

高温炉

接测温系统

图 3-8　高温化学平衡测量设备示意图

参 考 文 献

［1］ YoungJo Kang, Fan Li, Kazuki Morita and Du Sichen. Mechanism Study on the Formation of Liquid Calcium Aluminate Inclusion from MgO-Al_2O_3 Spinel ［J］. Steel Research Inti. , 2006, 77 (11)：785~792.

［2］ Kingery W D. Property Measurements at High Temperatures ［M］. New York：John Wiley & Sons, Inc. , 1959：1~32, 59~82.

［3］ 王常珍. 冶金物理化学研究方法 ［M］. 4 版. 北京：冶金工业出版社, 2013：1~105.

［4］ 陈建设. 冶金试验研究方法 ［M］. 北京：冶金工业出版社, 2010：126~194.

近代化学分析方法及其应用

4.1 化学分析及应用

在进行材料制备、资源综合利用和冶金物理化学研究时，离不开物质组成的信息。在了解物质由何种元素、离子、官能团或化合物组成的同时，还需进一步掌握有关组分的含量和价态等情况。获得样品中组分的含量和价态等方面信息，可以借助化学分析和仪器分析。

化学分析是指利用化学反应和它的计量关系来测定被测物质的化学组成、价态和含量的分析方法，例如，利用物质的酸碱中和反应、络合反应、氧化还原反应、沉淀反应来测定被物质的化学组成、价态和含量的滴定分析法。仪器分析是指以物质的物理性质或物理化学性质为基础的分析方法，这类分析方法需用专门的、较特殊的仪器，故称仪器分析法。例如，利用物质的原子对电磁波的吸收和发射现象的方法，有原子发射光谱法、原子吸收光谱法，所用仪器为原子光谱仪。

化学分析法是仪器分析法的基础，因为许多仪器分析需要标准物质（标样）作校准，合成的标样的定标以及在仪器分析测定前对一些样品的化学处理（如溶解试样，分离干扰物质等），都是在化学分析的基础上进行的。而在分析实践中，对一个复杂物质的分析常需要几种方法配合进行，化学分析法和仪器分析法又是互相配合、互相补充的。

有关仪器分析的方法和相关的仪器将在后面几节里介绍。化学分析的一般知识在分析化学中都有涉及，这里主要讨论过渡元素的赋存形式及价态分析方法，它需化学分析法和仪器分析法的综合运用方可完成，也是高科技用材料和资源综合利用常遇到的问题。

4.1.1 化学分析的基本方法

试样的化学分析过程包括：取样，将待测物质转变为适合测定的形式，测定和计算结果（并对测定结果作出评价）。下面简单回顾化学分析的几种基本测定方法的特点及运用中应注意的地方。

4.1.1.1 重量法

重量法是一种经典的化学分析方法，根据反应生成物的质量计算样品中待测组分的含量。该方法中，首先要将待测组分与其他共存组分分离。它要求分离足够完善，即待测组分中夹带的共存组分以及遗留在共存成分中的待测组分都是极低的，最后形成的可称量的物质必须是稳定的，且具有确定的化学组成。常用的分离方法有沉淀法和挥发法。

A　挥发法

挥发法是采用加热等手段使试样中待测组分挥发逸出，或依据试样质量的减少计算待测物质的含量；或者将挥发物用吸收剂吸收，然后依据吸收剂质量的增加计算待测物质的含量。例如，测定物质的结晶水时，将一定量的试样置于一定温度下加热烘干至恒重，试样减少的质量就是物质所含结晶水的质量。又如，测定试样中所含 C 的量，可在氧气流中高温灼烧样品，使 C 转变成 CO_2 气体，然后用一定量的 KOH 溶液吸收生成的 CO_2，根据 KOH 吸收溶液的增重计算样品中的 C 含量。这里吸收 CO_2 的 KOH 溶液称之为吸收剂。

B 沉淀法

沉淀法是通过加入适当过量沉淀剂使待测组分形成难溶化合物沉淀出来，经过滤、洗涤去除过量的沉淀剂，并使沉淀物与其他共存组分分离，再经烘干或灼烧、称量，计算待测组分的含量。例如，测定 Ba^{2+} 含量，用 H_2SO_4 作沉淀剂形成 $BaSO_4$ 沉淀，沉淀物经过滤、洗涤、烘干和称量，按下式计算 Ba^{2+} 含量。

$$w(Ba^{2+}) = \frac{m(BaSO_4) \times \dfrac{M_r(Ba)}{M_r(BaSO_4)}}{m_{sample}} \times 100\%$$

式中，$m(BaSO_4)$ 为 $BaSO_4$ 沉淀物的质量；m_{sample} 为分析试样的质量；$M_r(Ba)$ 和 $M_r(BaSO_4)$ 分别为 Ba 的相对原子质量和 $BaSO_4$ 的相对分子质量。

此方法要求：沉淀反应要进行的完全，沉淀物的溶解度很低；沉淀反应的选择性高，且易于过滤和洗涤。采用此方法时应该注意：一是避免其他杂质的污染；二是灼烧温度是否会使沉淀物发生化学反应，若发生反应会使称重形式与沉淀物形式不一致。

4.1.1.2 滴定法

滴定法是将已知准确浓度的滴定剂（或称标准溶液），从滴定管中仔细滴入待测物质的溶液中，直到滴入的滴定剂与待测物质按化学计量定量反应恰好完成为止，称此时为滴定终点（通常借助指示剂进行判断）；而后根据滴定剂（标准溶液）的浓度和消耗的体积，计算溶液中待测物质的含量。

通常对滴定法分析的化学反应要求是：（1）按一定的化学反应式进行，不能有副反应发生；（2）定量地进行完全（定量计算的基础）；（3）反应速度快，能瞬间完成（对较慢反应可采取加热或加入催化剂等适当措施）；（4）有简便、可靠地确定滴定终点的指示剂。采用滴定法分析时应注意标准溶液的浓度是否准确，它是影响分析结果准确度的主要因素。

滴定法可分为酸碱滴定法、络合滴定法、氧化还原滴定法及沉淀滴定法，它们分别对应下面 4 种反应类型。

（1）酸碱反应（质子传递反应），例如，

$$H^+ + OH^- \longrightarrow H_2O$$
$$HA(一元弱酸) + OH^- \longrightarrow A^- + H_2O$$
$$B(弱碱) + H^+ \longrightarrow HB^+$$

（2）络合物形成的反应，例如，

$$Ag^+ + 2CN^- \longrightarrow [Ag(CN)_2]^-$$

（3）氧化还原反应（电子得失反应），例如，

$$Ce^{4+} + Fe^{2+} \longrightarrow Ce^{3+} + Fe^{3+}$$
$$MnO_4^- + 5Fe^{2+} + 8H^+ \longrightarrow Mn^{2+} + 5Fe^{3+} + 4H_2O$$
$$Cr_2O_7^{2-} + 6Fe^{2+} + 14H^+ \longrightarrow 2Cr^{3+} + 6Fe^{3+} + 7H_2O$$

（4）形成沉淀的反应，例如

$$Ag^+ + X^- \longrightarrow AgX\downarrow$$

A 酸碱滴定法

酸碱滴定法是以质子转移为基础的滴定法。一般的酸碱以及能与酸碱发生直接或间接质子转移反应的物质，大体都可以用酸碱滴定法直接或间接测定。

酸碱指示剂是结构比较复杂的有机弱酸或弱碱，其共轭酸碱对不同的结构能呈现不同的颜色。但溶液的 pH 值改变时，指示剂会失去或得到质子，使其结构发生变化，引起溶液颜色的变化。在以 pH 值为纵坐标，中和百分数（或加入标准溶液体积）为横坐标绘制的滴定曲线中，溶液 pH 值急剧变化部分，形成滴定曲线的"滴定突跃"。而"滴定突跃"的大小与酸（碱）溶液的浓度有关。酸（碱）溶液的浓度增加 10 倍，"滴定突跃"就会增加 2 个 pH 值。"滴定突跃"是选择酸碱滴定指示剂的主要依据。

酸碱滴定中，应注意 CO_2 的影响。CO_2 的来源和影响是多方面的，有时是不能忽略的。研究表明，滴定终点的 pH 值决定影响的大小，终点 pH 值小，CO_2 的影响小。例如，在强酸滴定强碱或强酸滴定弱碱时，终点在 pH=5 的 CO_2 影响大于终点在 pH=4 的。在强碱滴定弱酸时，由于终点是在 pH>7 的范围，CO_2 影响总是比较大，需采取措施抵消部分 CO_2 的影响。

B 络合滴定法

络合滴定法是依据待测金属离子与络合剂形成配合物来进行测定的方法。EDTA 能与大部分金属离子络合，是最常用的络合滴定剂。络合滴定中采用的指示剂是对金属离子浓度改变十分敏感的物质，称金属指示剂，它通常是一种有机染料。

在络合滴定中，滴定突跃与络合物的稳定常数及金属离子浓度有关。络合物稳定常数值越大，滴定突跃越大；金属离子浓度越大，滴定突跃越大。此外，还应注意溶液的 pH 值对络合滴定的影响，选择滴定最合适的 pH 值范围，使之有明显的滴定突变。通常，由实验来确定合适的滴定条件。

C 氧化还原滴定法

氧化还原滴定法是利用氧化还原反应进行滴定分析的方法。氧化还原反应的实质是电子的得失过程。在氧化还原反应中，无论氧化剂还是还原剂都有两种形态——氧化态和还原态，如 Fe^{2+}（还原态）$\rightarrow Fe^{3+}$（氧化态）。

氧化剂和还原剂的强弱可根据其标准电极电势来衡量。标准电极电势越高其氧化态的氧化能力越强，标准电极电势越低其还原态的还原能力越强。

氧化还原滴定中除用氧化还原指示剂（氧化态与还原态有明显的颜色差别）确定终点外，还可用电势法（电势突变）确定终点，此法也称电势滴定法。

常用的氧化还原滴定法依滴定剂分为高锰酸钾法、重铬酸钾法、碘量法、硫酸铈法和溴酸钾法。

运用氧化还原滴定法时，应注意滴定液的新鲜和标定，严格控制滴定条件。

D 沉淀滴定法

沉淀滴定法是以沉淀反应为基础的滴定法。沉淀滴定法主要用于测定卤素元素、CN^- 和 SCN^- 等。目前应用最广的沉淀反应是生成难溶的银盐反应，利用此类反应滴定法称为银量法。根据确定终点指示剂的不同，银量法又分为摩尔法（用铬酸钾作示剂）、佛尔哈德法（用硫酸铁铵作指示剂）、法扬司法（用荧光黄、曙红或四溴荧光黄作吸附指示剂；吸附指示剂是指一种有机化合物，被吸附在胶体微粒表面后，结构发生变化，从而引起颜色的改变）。此外，用锆盐或钍盐测定氟离子也是比较重要的沉淀滴定方法。

4.1.2 过渡元素价态分析

在冶金和材料制备过程中，过渡金属有着重要的作用，诸如在玻璃工业中不同颜色的玻璃、变色玻璃、彩色微晶玻璃，陶瓷工业中的彩色釉，无机结构陶瓷材料制备过程中的助烧剂，无机功能材料的掺杂剂、稳定剂，金属材料中合金元素等均需要一些变价元素起显色、增加空位、补强增韧等重要作用。在冶金工业中合金钢的冶炼、精炼乃至浇注保护过程中，只要有金/渣两相并存情况，就有合金元素在熔融金属液与液态渣之间的分配问题。依据分配原理，添加的合金元素不可避免地会有一定量进入到渣（或玻璃相）中，一些变价元素铁、铬、钒、钛、锰、铌、钨、钼等自然也会进入渣相。冶金渣是个多元氧化物组成的体系，有时甚至还有氟化物等使体系变得更为复杂。然而，进到渣中的合金元素的赋存形式、物相组成、不同价态的含量等都会随冶炼及后续工艺条件（包括温度和冷却速度）的不同而不同。此外，冶金过程是非平衡过程，因此会有中间价态的产物形成。由于冶炼过程中气氛的变化，氧分压不同，变价金属的氧化产物也会不同。工业生产中气氛变化大，从而造成渣中元素赋存形式的不同，再加渣量大，与钢液接近区域的渣的还原性相对强些，而接近气相区域的渣的氧化性相对强些，同一炉的渣成分也不均匀，使渣的物相组成的分析更加复杂。一些合金元素在冶炼条件下可形成多种价态化合物赋存于渣中，这不仅造成有价金属的损失，还会污染环境。由此可见，了解冶金渣中元素的价态、赋存形式和含量，对提高冶金过程合金元素的回收率和冶金渣资源的综合利用，以及废渣的环保无公害处理是关键之一。现以过渡族金属铁、铬、钒、钛等为例，讲述过渡金属在冶金渣中赋存状态和价态分析的方法及途径。

4.1.2.1 仪器分析的局限性

鉴于前述中冶金渣的复杂性和不均匀性，使冶金渣的物相、金属元素的价态和赋存形式的分析变得非常复杂，使一些在材料科学领域备受青睐的高灵敏度和重复性好的仪器分析方法，在冶金渣的分析中受到诸多制约。目前广泛应用的物相分析方法为 X 射线衍射分析（XRD），对于晶态物质的结构可进行定性和定量测定。而对冶金渣，由于是在空气中急冷，故存在大量的非晶态（玻璃相）物质，这给 XRD 的定性和定量分析造成很大困难。关于元素价态的分析，X 射线光电子能谱（XPS）法是一种较常用的半定量分析法。由于试样中元素的光电子能谱峰会随原子周围的化学环境变化发生化学位移，尽管不同化学位移峰位的傅里叶变换积分面积可以作为定量的依据，但需要高纯度的标准样品。采用 X 射线荧光光谱法（XRF）对过渡金属 Mn、Cr、Fe、V 等元素的价态定量分析，同样存在渣中一些低价不稳定的氧化物如 CrO 没有标准样品问题，对其含量缺乏校正标准。此外，XPS 获得的是样品表面分析结果，而渣样的表面容易被氧化或污染，影响测试结果的可靠性。虽然 X 射线吸收谱的近边吸收的精细结构谱（XANES）也可以进行不同价态的定量分析拟合计算，如通过 Cr 的 K 边的精细吸收结构的化学位移不同，可以区分 CrO 和 Cr_2O_3 不同的贡献，经数学计算拟合可以得到定量结果，且样品无需化学前期处理。但是该方法对 X 光源要求较高，最好是同步辐射光源或高能 X 射线光源，而且对复杂体系渣的分析结果的修正计算和拟合尚有待研究。采用高温质谱法定量分析，即在高温下（1850~2477 K）将渣样品与参比样品进行高温离子态挥发（蒸发）并进行质谱测量。例如，利用克努森池（Knuden cell）获得 CrO^+ 和 CrO_2^+ 离子流强度，由离子流强度计算确定 CrO 和 Cr_2O_3 含量。然而，此法除需专门的克努森池质谱仪之外，还必须在高真空低氧分压条件下进行蒸发和测试过程，这些过程是否会造成氧化物价态的变化不容忽视。另外，从理论上讲，高温激光拉曼光谱也可以用来分析渣中不同价态的金属氧化物，但冶金渣相中存在的金属颗粒会干扰拉曼光谱的分析结果。鉴于目前大型仪器分析存在不适合一般研究室和现场分析，以及缺少某些标准样品定量校正等不足和局限，利用化学物相分离技术结合化学分析方法，研究冶金渣中变价元素的价态、赋存形式及含量，仍可为冶金过程中有价元素的回收和资源综合利用提供重要的依据。

4.1.2.2 过渡金属元素化学物相分析的原理

由于过渡金属元素 Me 可以有多个价态形式，且可以以混合价态的形式存在，因此，分离分析过渡金属各个价态的离子含量是研究其形成和利用这些元素的基础，尤其对相关元素的分离具有重要的理论和实际意义。

图 4-1 归纳汇总了目前国内外一些研究分析过渡元素 Me 价态的方法和路径。图中归纳分析过程包括以下几个步骤：首先，分析某一过渡金属 Me 在研究体系中的总含量，此步骤大多有标准的分析方法。其次，对体系中 Me 元素赋存的可能价态进行定性和半定量分析。通常根据体系的热力学判断，可推测可能的赋存形式。若依据体系达到温度、压力等外界条件确定处于平衡状态，根据 Gibbs 相律只能有两个价态的 Me 共存在一相中。但是在实际的分析体系中，经常是非平衡条件的反应产物，且存在混相的情况。因此，须具体问题具体分析，热力学判断作为参考，以定性和半定量分析结果作为后续分析的依据。之后，按照各个价态分别浸出分析。首选是单一价态的浸出，将其反应生成离子转移到溶液相中，然后进行化学分析；或者是将单一价态的化合物经过反应转移成为另一物相，然后将其浸出分离分析，此操作的前提是不能引起该离子其他价态的赋存，不会造成其他价态的分离分析困难。在没有合适的浸出或相转移浸出方式的前提下，才能采取协同浸出的方法，即两种或多种价态的赋存共同浸出转移到溶液相，通过后期的分析技术区分（逐一价态分析，或者分析其中一种价态和总浸出量，然后利用数学差减法得到结果）。在浸出和转化浸出残渣中，当只剩余一种价态的元素时，则进行浸出或者直接分析元素含量。对浸出液，相转化浸出分离后的溶液化学分析，首选分光光度法，因为此方法配合反应受到其他杂质离子干扰较少；其次选择电化学极谱分析方法，此方法可以根据极谱特点选择分析某一价态的离子含量，并受其他杂质离子和价态离子干扰少，但是选择支持电解质溶液体系需要一定的技巧；再就是利用氧化还原滴定分析，此方法须特别注意体系协同浸出的杂质离子也可能参与氧化还原过程，造成分析的错误；当没有适合针对某一价态离子的分析方法时，可以利用总量、混合价态物质的量和具体其他价态的物质的量用差减法获得。

考虑分析总体路径时，需要注意以下几点：（1）不同的体系中，元素的价态和含量差异很大，定性和半定量分析的结果是选择后续分析步骤的参考点；（2）单一价态浸出过程，须考虑体系中杂质离子是否协同浸出，在后续分析中需考虑如何避免杂质离子的干扰；（3）共同浸出两种或多种价态时，必须考虑是否可以保持其与原始价态的对应关系，

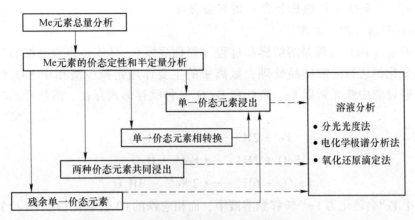

图 4-1 过渡金属元素 Me 价态分析的路径和方法

如有变化如何加以校正；（4）在必须采用氧化还原滴定分析时，要注意体系中溶出的其他离子是否也可能发生氧化还原，以及在样品处理过程中是否有杂质离子改变了其原有价态和组成。

应该强调的是，在考虑确定分析总体路径的基础上，必须经过反复试验验证才能确保分离分析的可靠性；必须根据具体体系，考虑具体调整分析方案。切记，上述分析路径和方法是不具有标准性的通用分析方法。

4.1.2.3 渣中铁元素的价态分析

在冶金过程中，由于存在以铁为主的熔体与渣相之间的相互作用（渣-金相互作用），铁在渣-金的分配符合分配定律。在实际冶炼过程中，随渣-金界面的变化，氧分压也会不断改变，因此在渣中会出现不同价态铁离子的垂直分布，且也会发生金属液滴卷入渣中的情况。因此，在渣中可能存在 0 价，+2 价，+3 价铁元素。分离与分析这三种价态的铁元素会采用不同试剂溶样，使不同价态铁化合物的选择性溶出形成相应价态的铁离子，测定不同价态铁离子的浓度就可得到对应价态化合物的含量。之后，利用差减法计算不同价态铁化合物的定量结果。

对一般含 Fe 渣系，不同价态铁元素的分析路径和方法如图 4-2 所示。另外，通常分析中将零价铁记为 Fe^0 或 $Fe(0)$，二价铁记为 Fe^{2+} 或 $Fe(II)$，三价铁 Fe^{3+} 或 $Fe(III)$。

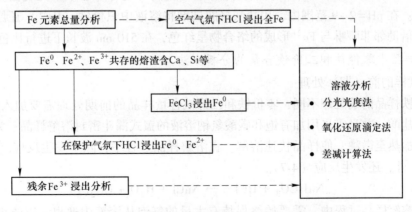

图 4-2 一般含 Fe 渣中不同价态铁元素的分析途径和方法

A 试样中全铁（铁的总含量）的定量分析

a 渣样的前（期）处理

渣样的前（期）处理是溶解样品过程（简称溶样）。具体是将研磨细的渣样用过量的盐酸与氟化钠进行溶解样品处理，氟离子的主要作用是减少渣相中 SiO_2 对溶解样品的阻碍。假设渣中铁元素以 Fe、FeO 和 Fe_2O_3 三种赋存形式存在，溶解样品时发生的反应为

$$Fe + 2H^+ \longrightarrow Fe^{2+} + H_2(g) \tag{4-1}$$

$$FeO + 2H^+ \longrightarrow Fe^{2+} + H_2O \tag{4-2}$$

$$Fe_2O_3 + 6H^+ \longrightarrow 2Fe^{3+} + 3H_2O \tag{4-3}$$

反应中 Fe^0 会转化为 Fe^{2+} 转移到溶液中，而相应铁的 +2 价氧化物和 +3 价氧化物也分别转化为 Fe^{2+} 和 Fe^{3+} 溶解到溶液中。此时，溶解过程中气泡的析出量是 Fe^0 含量多少的标志。需注意，在样品的前处理过程中，空气中的氧气会将部分 Fe^{2+} 氧化为 Fe^{3+}。当遇到样品的溶解性不好的情况，则可以加入一定量的氢氟酸和硫酸辅助处理。

b 溶解样品的全铁含量测定

根据渣中铁含量的多少和测试样品量的多少，可以采用滴定分析法和分光光度法两种测试方法。

当样品量相对较大时，则采用滴定法分析，其具体操作和原理如下。

首先在溶液中加入过量的 $SnCl_2$ 溶液，目的是将溶液中 Fe^{3+} 全部还原转化为 Fe^{2+}，具体反应式为

$$2Fe^{3+} + Sn^{2+} + 6Cl^- \longrightarrow 2Fe^{2+} + SnCl_6^{2-} \tag{4-4}$$

然后，用氯化高汞（氯化汞，$HgCl_2$）将溶液中过量的 Sn^{2+} 氧化，防止其对滴定过程有影响。具体反应为

$$Sn^{2+} + 4Cl^- + 2HgCl_2 \longrightarrow SnCl_6^{2-} + Hg_2Cl_2 \tag{4-5}$$

最后，以二苯胺磺酸钠为指示剂，用重铬酸钾溶液进行氧化还原滴定。滴定反应为

$$6Fe^{2+} + Cr_2O_7^{2-} + 14H^+ \longrightarrow 6Fe^{3+} + 2Cr^{3+} + 7H_2O \tag{4-6}$$

滴定过程中，当溶液由绿色变为蓝紫色瞬间，即达到滴定终点。根据化学计量可以计算溶液样品的全铁含量。

对含铁离子量较低的稀溶液，还可用分光光度法（也称邻菲啰啉光度法）分析。具体操作是：在 pH = 2~9 范围内，用盐酸羟胺试剂将溶液中三价铁（Fe^{3+}）还原为二价铁（Fe^{2+}），借助邻菲啰啉与 Fe^{2+} 形成的络合物呈红色，在 510 nm 波长下进行比色测量。

B 样品中零价铁和二价铁合量的分析方法

a 试样的前（期）处理

与全铁样品的前处理不同，零价铁和二价铁合量样品的前期处理需要加入碳酸氢钠、氟化钠和盐酸，并且需采用加有饱和碳酸氢钠溶液的盖式漏斗密封溶解样品。为了加快溶解还需要加热至微沸，使样品快速溶解。在溶解样品过程中，除了发生反应（4-1）~反应（4-3）外，还发生反应（4-7）。

$$NaHCO_3 + HCl \longrightarrow NaCl + H_2O + CO_2(g) \tag{4-7}$$

而且整个溶解样品过程中，需要始终保持有大量的气泡从溶液中逸出，以防止 Fe^{2+} 的氧

化。从溶解过程的反应可以看出，原来样品中的零价铁和二价铁的氧化物都以 Fe^{2+} 的形式转移进入溶液中，而原来的三价铁氧化物则以 Fe^{3+} 的形式转移进入溶液中。

b　溶解样品的零价铁和二价铁合量测定

测定出溶液中的 Fe^{2+} 的含量就可以确定原样品中零价铁和二价铁的合量。而测定 Fe^{2+} 的含量主要采用重铬酸钾氧化还原滴定法或者邻菲啰啉光度法进行。其中的氧化还原滴定法是向溶解后的样品直接加入二苯胺磺酸钠指示剂，用重铬酸钾溶液氧化还原滴定，根据反应式 (4-6) 确定溶液中 Fe^{2+} 含量，并根据溶解过程的化学计量转换关系，即可换算出原样品中零价铁和二价铁的合量。邻菲啰啉光度法适用于含量较低的样品，直接在溶液中加入邻菲啰啉显色，在 510 nm 波长下进行比色测量。然后，将测量结果换算为零价铁和二价铁合量。

c　二价铁含量的计算——重铬酸钾滴定及硫酸亚铁铵滴定测定亚铁

用盐酸和氟化钠并加热分解试样，而后用重铬酸钾滴定或硫酸亚铁铵滴定，最后由 Fe^0 和 $Fe(\mathrm{II})$ 含量总和减去 Fe^0 含量，就可得出 $Fe(\mathrm{II})$ 的含量。

C　样品中零价铁含量的分析方法

分析试样中零价铁 Fe^0 含量，需要利用三氯化铁加氟化钠溶液进行溶样。这个过程实际是利用反应式 (4-8) 进行物相的转换。

$$Fe^0 + 2\,Fe^{3+} \longrightarrow 3\,Fe^{2+} \tag{4-8}$$

一个分子的零价铁加上两个分子的三价铁转化为三个分子的 Fe^{2+}。按照前述的重铬酸钾氧化还原滴定法或者邻菲啰啉光度法可以确定出溶样后的溶液中 Fe^{2+} 含量，其 1/3 的物质的量就是原样品中零价铁的物质的量。

D　三价铁含量的计算

已知上述分析试样中零价铁、二价铁和全铁的含量结果，利用差减法即可计算出三价铁的含量。

E　误差分析

目前渣中铁元素的价态分析是相对较成熟的，甚至可以达到毫克级别样品的分析。

分析测试过程中误差的主要来源是样品的前处理，溶解过程不完全。通常对含有较高的二氧化硅的样品加入氟化钠，利用其破坏硅氧化物构成的硅氧四面体长链结构，使铁从试样中释放出来。但是对含有较高氧化钙的试样，由于形成氟化钙会使试样的溶解性能下降，沉淀表面吸附的离子会造成分析的数值偏低。对原渣系含有氟化钙的样品，尚无法使试样完全溶解，因此分析的数据不可信。另外，差减法的计算过程也会造成误差的积累和传递，误差比直接分析的要大。对复杂体系中铁的价态，还需具体问题具体分析。

4.1.2.4　渣中铬元素的价态分析

含铬渣严重污染环境，而铬是重要战略资源，因此含铬渣的再利用是冶金与材料制备和环境领域的重要课题之一。了解铬元素在含铬渣中的赋存状态是含铬渣综合利用的前提。从物相分析的角度，研究建立不同价态铬元素的相转移，进行铬的价态分离和分析新方法，并用于含不同价态铬（Cr^0、Cr^{2+}、Cr^{3+}、Cr^{6+}）渣的分离，这是高效回收铬资源和评估铬渣污染问题所需的依据和技术支撑。

分析中将零价铬记为 Cr^0 或 $Cr(0)$，二价铬记为 Cr^{2+} 或 $Cr(\mathrm{II})$，三价铬记为 Cr^{3+} 或 Cr

（Ⅲ），六价铬记为 Cr^{6+} 或 $Cr(Ⅵ)$。

A 全铬（铬的总含量）的分析方法

对全铬含量和 Cr^{6+} 的分析通常采用过氧化钠在 650 ℃ 高温熔融试样，冷却后的熔融试样用水溶解，使以氧化物形式存在的铬转变为水溶性的铬。由于二价的铬 Cr^{2+} 在空气和水溶液存在的条件下不稳定，会形成 Cr^{3+}。利用在硫酸溶液中硝酸银的催化作用，用过硫酸根将 Cr^{3+} 氧化为 Cr^{6+}，具体反应式见式（4-9）。此反应由同时滴入的硫酸锰溶液（样品中无锰元素时）中锰离子氧化成高锰酸根，出现特征的高锰酸紫来标志反应已进行完全。

$$2Cr^{3+} + 3S_2O_8^{2-} + 7H_2O \xrightarrow{AgNO_3} Cr_2O_7^{2-} + 6\,SO_4^{2-} + 14H^+ \qquad (4\text{-}9)$$

对含 Cr 量较高的试样，可以采用硫酸亚铁铵（Fe^{2+}），以苯代邻氨基苯酸钾为指示剂，进行氧化还原滴定法测定。滴定反应如式（4-10）所示。

$$Cr_2O_7^{2-} + 6\,Fe^{2+} + 14H^+ \longrightarrow 2\,Cr^{3+} + 6\,Fe^{3+} + 7H_2O \qquad (4\text{-}10)$$

滴定过程中，指示剂颜色由樱桃红变为翠绿色瞬间即为滴定反应的终点。

对含 Cr 量较低的试样，则采用二苯氨基脲分光光度法进行测定。其原理是在稀硫酸介质中，二苯氨基脲与 $Cr(Ⅵ)$ 化合物生成可溶性的红紫色氧化产物。

B 渣中 Cr^{2+} 和 Cr^{3+} 的分析方法

在冶炼含铬较高的合金钢时，因工艺不同加合金元素 Cr 的工艺也不同。例如，在电弧炉还原期或精炼过程（低氧分压）中加入铬，而在氧气顶吹转炉冶炼工艺中出钢时加入脱氧剂和铬。已知在冶炼的强还原过程中，热力学分析认为，渣中的铬元素多以 CrO 和 Cr_2O_3 形态存在。因此，测定 Cr^{2+} 和 Cr^{3+} 在渣中的分布情况，对了解工艺条件的控制及从冶金渣中回收合金元素铬是极其重要的。目前，已报道的针对不同冶金渣体系中二价铬 Cr^{2+} 和三价铬 Cr^{3+} 的分析方法依溶解样品处理的不同有 3 种方法：$HF\text{-}H_2SO_4$ 溶解渣的分析方法，$FeCl_3\text{-}HCl$ 浸出样品的分析方法，$FeCl_3\text{-}HCl\text{-}NH_4Cl$ 样品处理 $V^{2+}\text{-}HCl$ 物相转移法。应该提到的是，每种方法都有其适用的范围及应注意的地方。

a $HF\text{-}H_2SO_4$ 溶解渣的分析方法

此分析方法只适用于简单的熔渣体系，如 $CaO\text{-}SiO_2\text{-}CrO_x$ 体系和 $CaO\text{-}SiO_2\text{-}Al_2O_3\text{-}CrO_x$ 体系等。

在氮气保护气氛的聚四氟乙烯高压釜中，用 $HF\text{-}H_2SO_4$（1∶1）混合酸将渣中的铬全都溶解成 Cr^{2+} 和 Cr^{3+}。注意：此方法要求渣中的 CaO 含量不能太高，否则会析出固态的 CaF_2 和 $CaSO_4$，它们将会阻碍溶解过程；而且这些固体化合物的表面吸附并包裹溶出的 Cr^{2+} 和 Cr^{3+} 离子，会造成后续的分析误差。

取一定量溶解得到的溶液，用 Ce^{4+} 离子的氧化还原电势滴定法测定分析溶液中的 Cr^{2+} 含量。滴定反应如式（4-11）所示。

$$Cr^{2+} + Ce^{4+} \longrightarrow Cr^{3+} + Ce^{3+} \qquad (4\text{-}11)$$

当溶液中的 Cr^{2+} 消耗完，会出现电势阶跃，以此来确定滴定的终点。由滴定结果计算溶液中 Cr^{2+} 的含量。

再取一定量的溶解溶液，用过量 Fe^{3+} 将 Cr^{2+} 转变为 Cr^{3+}，反应过程如式（4-12）所示。

$$Cr^{2+} + Fe^{3+} \longrightarrow Cr^{3+} + Fe^{2+} \tag{4-12}$$

反应进行完全后，溶液中只有 Cr^{3+}。依据反应式（4-9）和式（4-10），采用前述 A 小节的全铬分析方法将 Cr^{3+} 氧化后，利用硫酸亚铁铵中的 Fe^{2+} 离子滴定确定 Cr^{2+} 和 Cr^{3+} 的合量。最后利用差减法扣除用 Ce^{4+} 离子的氧化还原电势滴定法测定分析溶液中的 Cr^{2+} 含量，确定 Cr^{3+} 的含量。

目前冶金渣中多数存在 CaF_2 的成分，它不溶于 $HF-H_2SO_4$（1∶1）混合酸。因 CaF_2 出现的包裹现象，对分析的结果有影响，因此限制了该方法的推广和应用。

b　$FeCl_3$-HCl 浸出样品的分析方法

$FeCl_3$-HCl 浸出样品的分析方法只适用于简单的熔渣体系，如 $CaO-SiO_2-CrO_x$ 熔渣体系。分析时，首先用熔融氯化物盐熔融渣样，使渣中的铬元素形成 $CrCl_2$ 和 $CrCl_3$。由于 $CrCl_2$ 具有良好水溶性，而 $CrCl_3$ 不溶于水，通过用水浸出可达到分离的目的。注意：溶出过程中形成的 $CrCl_3$ 易吸附和包裹在样品表面，从而会使分析误差增大。

浸出液经过滤后，滤液中 $CrCl_2$ 的分析可依据反应式（4-11）进行氧化还原电势滴定。而滤渣中 $CrCl_3$ 的分析，则参考固体试样中全铬的分析方法来确定含量。

此方法对含有 CaF_2 成分的渣分析，同样会因发生包裹现象而存在较大分析误差。

c　$FeCl_3$-HCl-NH_4Cl 样品处理 V^{2+}-HCl 物相转移法

此法是针对含 CaF_2 成分渣的分析。此法采用了含铬渣样与 $FeCl_3$-HCl-NH_4Cl 体系混合研磨的前处理方法，并加入 $AlCl_3$。因 CaF_2 可以充分地溶解在 $AlCl_3$ 溶液中，从而去除 CaF_2 对样品前处理的干扰。另外，$FeCl_3$ 将样品中 Cr^{2+} 的氧化物 CrO 转变为氯化物 $CrCl_3$ 沉淀。具体反应为

$$Fe^{3+} + 3Cl^- + CrO + 2H^+ \longrightarrow Fe^{2+} + CrCl_3\downarrow + H_2O \tag{4-13}$$

转变后的产物 $CrCl_3$ 用新生成的 V^{2+} 离子溶液进行氧化还原浸出，并使 Cr^{2+} 转移到溶液中，具体反应为

$$3CrCl_3 + V^{2+} + 4H_2O \longrightarrow V(OH)_4^+ + 3Cr^{2+} + 4H^+ + 9Cl^- \tag{4-14}$$

在保护性气氛中将 Cr^{2+} 分离进入溶液，并在通有 CO_2 保护气氛的锥形瓶内进行浸出，装置如图 4-3 所示。而浸出所需的 V^{2+} 离子则用金属锌和钒酸盐反应制备，其反应为

$$2VO_3^- + 3Zn + 12H^+ \longrightarrow 2V^{2+} + 3Zn^{2+} + 6H_2O \tag{4-15}$$

经反应（4-14）转移到溶液的 Cr^{2+} 离子的含量即为渣中 CrO 中铬的含量，所以可以直接依据测定 Cr^{2+} 的含量得出。而所有的 Cr_2O_3 则都在固体残渣中，可用前述的 Na_2O_2 熔融处理，经氧化成为 Cr^{6+} 进行测定，所得结果即为 Cr^{3+} 的含量。

d　Cr^{3+} 的处理与分析

对于三价铬的渣或仅有以 Cr^{3+} 存在的残渣，采用 Na_2O_2 在碱性条件下氧化，使 Cr^{3+} 转变成

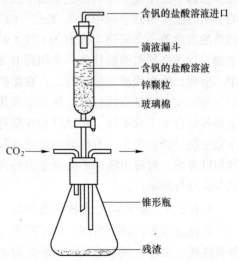

含钒的盐酸溶液进口

滴液漏斗

含钒的盐酸溶液

锌颗粒

玻璃棉

CO_2

锥形瓶

残渣

图 4-3　二氧化碳保护气氛中 Cr^{2+} 浸出装置

Cr^{6+}，即 $Cr_2O_7^{2-}$ 或 CrO_4^{2-} 离子，用二苯氨基脲进行分光光度法进行测定，所得结果即为 Cr^{3+} 的含量。

C   渣样中各种赋存状态铬的测定路径小结

对 0、+2、+3、+6 四种价态共存的理想样品，在完成全 Cr 分析和定性、半定量分析基础上，Cr 的各种价态的物相分离分析方法和路径如图 4-4 所示。

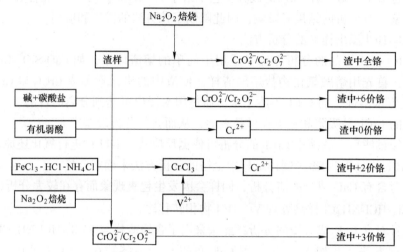

图 4-4   理想样品中各种赋存状态铬的测定路径框图

由上述几种铬价态的测定方法可以看出，目前还只集中在对两种邻近价态的物相分离与测定，而且存在铁和铬的价态测定可能出现互相干扰的问题。对于真实冶炼系统，由于处于非平衡条件，各处氧分压不同，可能出现多种价态共存的情况。对复杂的冶炼渣，这些方法还有进一步改进的地方。

D   化学相转移法测定金属中不同价态的铬

化学相转移法测定金属中不同价态的铬是采用铬元素逐一转移进入液相，从而排除其他价态铬对浸出液中待测价态铬的干扰。针对不同的浸出液，进行恰当的处理和选择合适的分析方法可得到金属中 Cr^0、Cr^{2+}、Cr^{3+}、Cr^{6+} 的含量。金属铬的选择性溶剂有稀 H_2SO_4 和草酸溶液等。金属铬与稀 $H_2SO_4(1:9)$ 室温下无反应，但随温度升高反应溶解率逐渐增加。分离金属铬的最佳条件是用稀 $H_2SO_4(1:9)$ 微沸浸取。而氧化物 Cr_2O_3 在稀 H_2SO_4 中不溶解，留在残渣中最后测定。在保护气氛中对金属态的铁和铬金属进行腐蚀浸出过程中，初期发生的是点蚀过程，从局部氧化物包覆层的薄弱环节开始，接触到金属后，由于金属各处合金组分不同，浸蚀过程在相对复杂的沟道进行，随后发生缝隙腐蚀，直到将合金完全腐蚀浸出为止。有机酸的选择和酸浓度是浸出分离的关键问题，需针对不同金属试样加以考虑。对浸出液中不同价态铬的含量，还可以考虑用原子吸收光谱、ICP-OES 或其他方法进行测定。

4.1.2.5   渣中钒元素的价态分析

钒钛磁铁矿经高炉冶炼，钒还原进入铁水，再经雾化提钒，而钒渣用于冶炼钒铁或制备高纯钒。冶炼一些军工用钢需要添加金属钒，以细化晶粒，提高韧性。在这些冶金和材料制备过程中产生的钒渣，需要回收再利用，以节约资源。另外，目前含钒高于3%的渣还无法循环再使用，而堆积的含钒渣又会因溶出钒污染环境，因此人们对含钒渣中钒的赋存形式及其转变过程非常关注。转炉渣中的钒元素以 V^{2+}、V^{3+}、V^{4+}、V^{5+} 不同价态的形式存在，如何分析确定钒元素在 $CaO\text{-}SiO_2\text{-}VO_x$ 体系中的价态，为资源综合利用提供有用信息。下面介绍一些近来化学分析者报道的分析方法，图 4-5 归纳总结了他们研究的渣中不同价态的钒分离分析方法的思路。

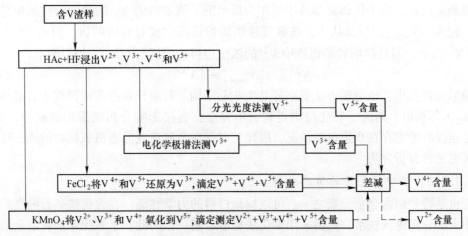

图 4-5　采用分离分析法分析渣中钒元素价态的路径和方法

A　样品前（期）处理

首先，将含钒冶金渣样置于铂坩埚中，用氢氟酸+乙酸混合溶液溶解去除 CaO 和 SiO_2。具体反应为

$$2CH_3COOH(aq.) + CaO(s) \longrightarrow Ca(CH_3COO)_2(aq.) + H_2O \tag{4-16}$$

$$SiO_2 + 4HF(aq.) \longrightarrow SiF_4(g) + 2H_2O \tag{4-17}$$

从而得到含+2、+3、+4 和 5 价钒的固态试样。然后，用热盐酸溶液将固态的钒化合物转变成含 V^{2+}、V^{3+}、V^{4+} 和 V^{5+} 离子的溶液，并保持它们原有的价态不变。

B　溶液中的 V^{5+} 离子的分析

从溶液中取一定量的分析试样，通过苯甲酰苯胺（钽试剂）作用，形成深紫色配合物，然后用三氯甲烷溶液萃取，经分光光度法测定溶液中的 V^{5+} 离子的含量。

C　溶液中 V^{3+} 离子的分析

溶液中 V^{3+} 离子可以通过示波极谱法测定。测定时，以饱和甘汞电极为对电极（其 0 点电势为 -0.5 V），在 -0.5 ~ -0.85 V 之间的峰电流与溶液中 V^{3+} 离子浓度（0.1 ~ 0.15 mg/mL 范围内）呈线性关系。

另外，在溶解的溶液中取样，加入氯化亚铁，此时氯化亚铁会将溶液中的 V^{5+} 和 V^{4+} 全部还原为 V^{3+}，其反应为

$$V^{5+} + 2Fe^{2+} \longrightarrow V^{3+} + 2Fe^{3+} \tag{4-18}$$

$$V^{4+} + Fe^{2+} \longrightarrow V^{3+} + Fe^{3+} \tag{4-19}$$

若此时溶液中的 V^{3+} 较高，超出了示波极谱分析工作曲线的线性区域，就采用重铬酸钾的电势滴定获得加入氯化亚铁后溶液中的 V^{3+} 离子浓度 $[V^{3+}]_{测}$。而原溶液中 V^{4+} 离子

浓度，则依已知溶液中 V^{3+}、V^{5+} 浓度和 $[V^{3+}]_测$，按公式（4-20）计算获得。

$$[V^{4+}] = [V^{3+}]_测 - [V^{5+}] - [V^{3+}] \tag{4-20}$$

D　样品中的总 V 含量测定

在酸性环境下加入过量的高锰酸钾，将所有的 V 氧化到最高价态，即 V^{5+} 价态，而多余的高锰酸钾用脲-亚硝酸钠溶液还原去除。氧化得到的 V^{5+} 则可以通过硫酸亚铁铵的氧化还原滴定测定，用苯代邻氨基苯甲酸作为指示剂。测定出的 V^{5+} 的量即为样品中总的钒含量，记为 $[V_{total}]$。通常认为，在氧气顶吹转炉钒渣中没有 0 价的钒，只有 V^{2+}、V^{3+}、V^{4+} 和 V^{5+} 离子。对这样的转炉钒渣中 V^{2+} 的浓度也可由公式（4-21）计算得到。

$$[V^{2+}] = [V_{total}] - [V^{3+}]_测 \tag{4-21}$$

最后应该指出，该分析方法要求样品为非晶结构。若渣样在冷却的过程中有晶体氧化物如 V_2O_3 等析出，则离子转化浸出过程会不完全，直接影响分析结果的准确性。另外，该方法也没有考虑存在 0 价钒的情况，因此，对存在金属钒或晶态钒氧化物的渣，还需进一步研究完善分析方法。

4.1.2.6　渣中铌元素的价态分析

铌也是特种钢的合金元素之一，可以提高材料的力学性能。在含铌铁矿石的高炉冶炼过程中大部分铌进入铁水，然后采用雾化法提取金属铌。因此，了解铌元素在冶金渣中赋存状态，研究铌在渣-金属中的分配平衡，对铌的回收再利用具有重要意义。对以 CaO-SiO_2-NbO_x 为例的渣系，铌的氧化物一般存在 NbO、NbO_2 和 Nb_2O_5 三种形式，而在氧分压不是很低的条件下，渣中存在 +5 价的铌与 +4 价的铌。因此，对铌的价态分析主要是 Nb^{4+} 和 Nb^{5+} 的定量分析。

A　全铌（铌的总含量）的测定

根据在 HCl 存在条件下，铌与氯代磺酚 S（2，7 双（5-氯-2-羟基-3-磺基苯偶氮）-1，8-二羟基萘-3，6-二磺酸）生成组成为 1∶1 的配合物，其溶液的最大吸收波长在 650 nm，且此有色溶液可稳定 18h 以上。具体分析过程为：将含铌渣样置于铂坩埚中，用氢氟酸-乙酸混合溶液溶解去除试样中的 CaO 和 SiO_2。发生的反应如反应式（4-16）和反应式（4-17）所示。在保护气氛下过滤反应后的溶液，并将滤渣（含铌氧化物）置于清洁的铂坩埚中，加入焦硫酸钾熔融至红色透明状后，冷却，再用酒石酸-盐酸混合溶液浸出。加入适量的巯基乙酸溶液去除铁对测试的干扰，加入 EDTA 溶液络合金属离子，加入盐酸溶液和氯代磺酚 S，水浴加热到 $60 \sim 70\ ℃$，保持 5 min 以上发色。用 650 nm 波长进行分光光度测试，所得分析结果为渣中全铌含量。

B　渣中 Nb^{4+} 和 Nb^{5+} 的测定

为防止氧化和吸水，将含铌渣样在 CO_2 气氛的手套箱中进行粉碎。粉碎后的渣样，配入超过量的 Fe^{3+} 离子，并加入硫酸-氢氟酸混合酸，在有氮气保护和聚四氟乙烯内衬的高压釜中进行消解。Fe^{3+} 离子可以将 Nb^{4+} 离子氧化成 Nb^{5+} 而变成 Fe^{2+} 离子，其反应为

$$Fe^{3+} + Nb^{4+} \longrightarrow Nb^{5+} + Fe^{2+} \tag{4-22}$$

生成的 Fe^{2+} 离子与原有的 Nb^{4+} 离子等量，因此利用 Ce^{4+} 离子电势滴定分析 Fe^{2+} 离子含量，见反应（4-23），从而可以确定 Nb^{4+} 离子含量。

$$Fe^{2+} + Ce^{4+} \longrightarrow Fe^{3+} + Ce^{3+} \tag{4-23}$$

　　由已得到的全铌含量，且认为仅有铌的两种价态 Nb^{4+} 和 Nb^{5+} 存在渣中，于是由全铌含量与 Nb^{4+} 含量的差减值即可得到 Nb^{5+} 的含量。

　　因为此分析方法仅考虑了两种价态的铌，与实际的冶金渣体系有些差别，而且分析中借助铁的氧化还原进行定量，这对分析含铁渣体系会产生较大偏差，应用时需要加以考虑，进一步改进。

4.1.2.7　渣中钛元素的价态分析

　　不锈钢和一些防晶界腐蚀的钢种含有钛元素，在冶炼过程中需要添加钛铁合金。中国、俄罗斯、南非和瑞典等国均有钒钛磁铁矿，在冶炼和精炼过程中钛元素可同时进到渣和金属相中。因此，在材料制备和冶炼过程中，钛元素在金-渣间存在一定的分配关系，了解渣中钛的价态状况，对研究钛资源的回收和综合利用具有重要意义。钛的价态除 0 价外还有 +2、+3、+4 价。目前根据文献报道，大多研究者认为，渣中的钛是以 Ti^{3+} 和 Ti^{4+} 两种形式存在。

　　A　渣样中钛的总含量（全钛）分析

　　渣样可以用硫酸和氢氟酸溶解，或用盐酸和氢氟酸溶解。+3 价的钛 Ti^{3+} 在水溶液中不稳定，很容易被氧化为 +4 价的钛 Ti^{4+}，且在酸性介质条件下 +4 价的钛 Ti^{4+} 以 TiO^{2+} 离子的形式存在。在有盐酸存在的条件下，TiO^{2+} 的离子与二安替比林甲烷（diantipyryl-methane，DAPM）反应生成黄色可溶性配合物，并在 380 nm 处有吸收峰。配位反应为

$$TiO^{2+} + 3DAPM + 2H^+ \longrightarrow [Ti(DAPM)_3]^{4+} + H_2O \tag{4-24}$$

　　为此在溶解的样品中必须加入一定量的盐酸。为了防止在溶解样品的过程中，产生的 Fe^{3+} 对分光光度测试的干扰，在溶解样品之后采用过量的抗坏血酸将 Fe^{3+} 还原为 Fe^{2+}，消除干扰。

　　对于含钛量较高的样品，也可以利用过氧化钠熔融，再加入盐酸和硫酸溶解，加入金属铝片还原。加金属铝片的作用是铝可将 Fe^{3+} 还原成 Fe^{2+}，使溶液脱色，见反应式（4-25），并可还原 Ti^{4+} 到 Ti^{3+}，见反应式（4-26）。

$$3Fe^{3+} + Al \longrightarrow 3Fe^{2+} + Al^{3+} \tag{4-25}$$

$$3Ti^{4+} + Al \longrightarrow 3Ti^{3+} + Al^{3+} \tag{4-26}$$

　　在溶液中加入饱和硫酸铵，使其与 Ti^{3+} 作用形成不易被空气氧化的 Ti^{4+} 配合物。最后，以硫氰酸钾为指示剂，用硫酸高铁滴定，测定溶液中 Ti^{3+} 的含量。由于前一步 Al 已将 Ti^{4+} 还原为 Ti^{3+}，此测定 Ti^{3+} 的含量即为样品中钛的总含量（全钛量）。反应为

$$Ti^{3+} + Fe^{3+} \longrightarrow Ti^{4+} + Fe^{2+} \tag{4-27}$$

　　B　Ti^{3+} 和 Ti^{4+} 含量的确定

　　渣样在氩气保护下，用热的氢氟酸、盐酸和硫酸铁铵（Fe^{3+}）溶解。对简单的 CaO-SiO_2-TiO_x 渣系，溶解过程同时发生反应（4-27）。由反应式可知 Fe^{2+} 的含量与 Ti^{3+} 的含量存在一一对应关系。利用重铬酸钾滴定法确定溶液中 Fe^{2+} 的含量，即可确定原渣样品中 Ti^{3+} 的含量。若所测渣样中只有 Ti^{3+} 与 Ti^{4+} 两种钛的赋存形式，则 Ti^{4+} 的含量就等于已测出的钛的总含量（全钛量）与 Ti^{3+} 含量的差值。

　　上述测定钛化学物相的方法主要存在的问题：首先没有考虑到非平衡的渣体系还可能有 Ti^0 和 Ti^{2+} 共存在渣中的情况；另外，测定 Ti^{3+} 的含量是借助产生的 Fe^{2+} 含量来确定，

倘若试样所属的渣中含有铁氧化物或金属铁，就无法用此方法进行合理测定。

4.1.2.8 变价元素价态化学分析总结

变价元素的价态分步分析主要有三类方法：其一，在样品预处理过程，将不同价态的元素进行分类分离，如利用化学反应进行选择性溶出来分析 Cr 的二价和三价，以及在 Fe^0 分析中采用 Fe^{3+} 作为溶解剂，达到专一性溶解目的；其二，共同保持原有价态溶解，用特定专一的分析方法得到某一价态的结果，如钒元素的溶解是全部以原有价态转移到溶液中，V^{5+} 直接用分光光度法分析，V^{3+} 用示波极谱法分析；其三，在已知总含量和几种价态元素的定量后，以差减法得到剩余价态元素的数据。渣中不同元素的价态分析方法见表 4-1。

表 4-1 渣中不同元素价态分析对比

元素	价态	溶解方法	测量与计算方法
Fe	0	$FeCl_3$ 溶液	测溶液中的 $[Fe^{2+}]$，$[Fe^0]=[Fe^{2+}]_测/3$
	+2	$HCl+NaHCO_3$ 溶液	测 $[Fe^{2+}]$，$[Fe^{2+}]=[Fe^{2+}]_测-[Fe^0]$
	+3	HCl 溶液	测 $[Fe_{total}]$，$[Fe^{3+}]=[Fe_{total}]_测-[Fe^{2+}]-[Fe^0]$
Cr	+2	$FeCl_3$-HCl-NH_4Cl 溶液滴加 V^{2+}-HCl 溶液	直接测量 $[Cr^{2+}]$，$[Cr^{2+}]=[Cr^{2+}]_测$
	+3	Na_2O_2 熔融后 H_2O 溶解	直接测量 $[Cr^{6+}]$，$[Cr^{3+}]=[Cr^{6+}]_测$
V	+5		苯甲酰基苯胲（三氯甲烷萃取）分光光度法测直接测量 $[V^{5+}]$
	+4	CH_3COOH-HF 溶液	Fe^{2+} 将 V^{5+} 和 V^{4+} 还原为 V^{3+}，氧化还原滴定得到 $[V^{3+}]$，$[V^{4+}]=[V^{3+}]_测-[V^{5+}]-[V^{3+}]$
	+3		电化学极谱法直接测量 $[V^{3+}]$
	+2		测 $[V_{total}]$，$[V^{2+}]=[V_{total}]-[V^{5+}]-[V^{4+}]-[V^{3+}]$
Nb	+4	CH_3COOH-HF 溶液	Nb^{4+} 还原 Fe^{3+} 为 Fe^{2+}，$[Nb^{4+}]=[Fe^{2+}]_测$
	+5		测 $[Nb_{total}]$，$[Nb^{5+}]=[Nb_{total}]-[Nb^{4+}]$
Ti	+3	H_2SO_4-HF 溶液+HCl 溶液 高Ti，H_2SO_4-HF 溶液+$(NH_4)_2SO_4$ 溶液	测 $[Ti^{4+}]=[Ti_{total}]$ 测 $[Ti^{3+}]=[Ti_{total}]$
	+4	氩气下，热 HF-HCl 溶液+$NH_4Fe(SO_4)_3$ 溶液	测 $[Fe^{2+}]=[Ti^{3+}]$，$[Ti^{4+}]=[Ti_{total}]-[Ti^{3+}]$

从目前的渣系中元素价态分析结果来看，除铁元素价态分析相对较成熟外，其他元素的价态分析尚需进一步完善。主要的存在问题：一是试样的溶解问题，含大量 CaO、CaF_2 等的试样会溶解不完全，造成被分析的物质被包裹或者吸附在固体表面，使分析结果偏低。二是非测试元素溶出的离子与测试离子发生氧化还原反应，使测试离子价态改变。例如，分析高价态 V 元素时，试样中若有 Fe^{2+} 存在，则 Fe^{2+} 会还原高价态 V 元素。三是借助与其他离子发生氧化还原的定量分析，容易受到体系中杂质离子的影响。

总之，如果同种元素共存价态越多则分析与分离越困难，而共存变价元素过多也会在分析过程中造成干扰。对含有铁氧化物的渣系，借助铁离子价态的间接分析方法就不可能得到准确的数据。

4.1.3 化学分析的应用——宋代名瓷瓷釉中化合物组成的分析

陶瓷的发展历史悠久，瓷器是中国的重大发明之一。文献记载宋代有 5 大名窑，汝窑、钧窑、官窑、哥窑和定窑，驰名国内外，尤以汝窑为魁。汝瓷造型大方、古朴典雅（参见图 4-6），釉质浑厚，釉色有似天青、月白、豆青、天蓝，釉面有可见细碎的开片；钧瓷釉瑰丽如朝霞，乳光晶莹，釉色五光十色，可以是玫瑰紫、茄皮紫、海棠红、鸡血红、朱砂红、胭脂红、葱翠青等。官瓷釉厚如堆脂，哥瓷釉以开片见长，定瓷以刻花取胜，其传世精品至今仍为各国考古学家的研究对

图 4-6　仿汝瓷的图片

象。国内古陶瓷研究者由化学分析获得的 5 大名瓷瓷釉的主要化学组成，如表 4-2～表 4-6 所示（表中除 RE_xO_y 数据来自原子吸收光谱，其他数据来自化学分析）。

表 4-2　汝瓷釉的化学组成（质量分数）　　　　　（%）

SiO_2	Al_2O_3	Fe_2O_3	CaO	MgO	K_2O	Na_2O	TiO_2	MnO	P_2O_5	CuO	Cr_2O_3	RE_xO_y
58.80	17.02	2.31	15.16	1.71	3.23	0.60	0.21	0.00	0.58	0.00		
68.09	14.56	1.53	7.74	0.60	4.28	2.51	0.26	0.00	0.50	0.00		
58.27	15.39	2.04	14.19	2.26	4.50	0.84	0.37	0.28	0.72	0.12		
66.94	14.26	1.51	9.38	1.20	3.71	2.00	0.28	0.11	0.31	0.089		0.012
58.27	15.39	2.09	14.19	2.26	4.50	0.48	0.37	0.28	0.72	0.12		
67.66	14.52	1.62	8.55	0.76	4.17	1.62	0.21	0.06	0.45	0.00		
67.01	14.70	1.48	9.19	0.77	3.56	1.52	0.33	0.09	0.37	0.00		
67.52	15.31	1.91	7.57	1.07	3.71	1.36	0.31	0.04	0.66	0.00		
66.70	15.33	1.76	8.62	0.73	3.77	1.72	0.29	0.05	0.38	0.00		
70.96	9.00	1.29	8.45	1.06	5.94	0.51	0.23	0.035	0.25	0.010	0.039	0.008
67.16	10.37	1.23	0.86	0.96	6.39	0.17	0.27	0.039	0.53	0.005	0.012	0.011
68.08	11.17	1.31	9.27	1.27	7.40	0.18	0.31	0.028	0.70	0.005	0.007	0.008
59.52	16.22	1.87	12.13	1.07	6.30	0.57	0.25	0.040	0.54	0.003	0.038	0.015
65.33	10.69	1.42	10.78	1.01	8.64	0.85	0.23	0.041	0.86	0.002	0.007	0.005
66.24	9.29	1.19	9.83	0.92	3.65	0.17	0.23	0.040	0.54	0.0015	0.071	0.009
63.36	15.28	1.76	10.49	1.02	5.94	0.16	0.23	0.037	0.50	0.0052	0.023	0.007
71.65	8.04	1.31	8.46	1.16	6.15	0.11	0.23	0.030	0.42	0.0009	0.009	0.006
59.24	15.72	1.41	11.32	1.17	6.35	0.20	0.21	0.021	0.75	0.005	0.012	0.006
66.30	13.35	2.74	11.10	0.86	3.20	1.49	0.25	0.09	0.00	0.00		

由表 4-2 可以看出，铁是汝瓷釉的主要成色元素，其他变价元素钛、锰等为辅助呈色元素。XPS 和穆斯堡尔谱分析也都证实铁（Fe^{2+} 和 Fe^{3+} 两种离子）是着色元素。

钧瓷釉厚，呈现玉石感的美丽色彩。钧釉的主要呈色元素为铁或铜。当主要呈色元素为铁时，如表 4-3 所示的高含铁元素样品组，釉面呈现出诸如月白、淡青、天青、卵青等颜色。当主要呈色元素为铜时，见表 4-3 中所示的低含铁元素高含量铜元素样品组，釉面则呈现出深蓝、紫兰、紫红、玫瑰红和海棠红等色彩。至于铜呈色的机理还需进一步深入研究。

表 4-3　钧瓷瓷釉的化学组成（质量分数）　（%）

SiO_2	Al_2O_3	Fe_2O_3	CaO	MgO	K_2O	Na_2O	TiO_2	MnO	P_2O_5	CuO	Cr_2O_3	CoO	RE_xO_y
71.02	9.61	2.11	10.67	1.00	4.46	0.49	0.30	0.00	0.73	0.07		0.00	
70.63	9.94	1.90	11.14	1.56	3.12	0.92	0.00	0.07	1.32	0.08		0.00	
70.74	10.07	2.06	10.30	0.91	4.70	0.33	0.43	0.07	0.44	0.01		0.051	
71.97	9.50	1.85	9.39	0.79	3.69	0.03	0.32	0.05	0.00	0.01		0.05	
72.38	10.47	2.00	10.04	1.16	3.77	0.41	0.34	0.00	0.65	0.06		0.00	
70.66	9.46	1.75	10.56	0.81	3.84	0.55	0.36	0.07	0.28	0.02		0.00	
67.16	9.72	2.17	14.75	1.15	2.36	0.56	0.43	0.00	0.33	0.02		0.00	
68.70	9.49	1.62	13.16	1.62	2.64	0.99	0.32	0.05	0.81	0.009		0.045	
65.32	12.79	1.91	11.54	1.41	4.73	0.41	1.47	0.00	0.29	0.009		0.02	
70.14	10.95	2.43	9.62	1.05	4.03	0.37	0.51	0.00	0.31	0.01		0.013	
67.65	12.21	1.47	12.07	1.33	3.86	0.68	0.38	0.00	0.36	0.009		0.001	
69.13	11.03	1.82	9.77	2.37	3.30	1.09	0.17	0.00	0.90	0.03		0.00	
73.42	10.48	1.90	7.96	0.90	4.42	0.25	0.25	0.00	0.35	0.09		0.00	
72.67	9.92	1.23	8.74	1.59	3.65	0.91	0.26	0.10	0.94	0.00		0.00	
69.14	8.98	0.39	9.35	0.67	5.88	0.42	0.14	0.005	0.12	0.34	0.003		
69.92	8.56	0.38	9.21	0.66	5.75	0.41	0.13	0.01	0.13	0.31	0.004		
66.21	9.58	0.41	12.11	1.49	6.93	0.52	0.10	0.01	0.07	0.31	0.003		
68.95	8.09	0.33	8.97	0.54	6.05	1.19	0.17	0.06	0.10	0.24	0.002		
69.89	11.74	1.93	10.24	0.84	3.68	0.55	0.29	0.04	0.23	0.20	0.005		0.011
74.25	8.81	1.22	9.85	0.69	4.25	0.32	0.15	0.09	0.17	0.012	0.003		0.006
69.76	9.22	0.56	9.63	1.20	7.46	0.50	1.00	0.01	0.05	0.22	0.003		0.005

约在 1920 年浙江发现的南宋官窑，高档瓷器晶莹如玉，多呈米白色，而粗瓷釉质粗厚，呈黄褐色。由表 4-4 官窑瓷釉的化学组成可以看出，官窑瓷釉中的呈色元素以铁为主，釉中溶剂含量较高，烧成温度相对较高。

表 4-4　官窑瓷釉的化学组成（质量分数）　（%）

SiO_2	Al_2O_3	Fe_2O_3	CaO	MgO	K_2O	Na_2O	TiO_2	MnO	P_2O_5	CuO
62.68	16.72	1.43	13.98	0.98	3.46	0.63	0.00	0.00	0.00	0.00
62.23	18.17	2.04	13.12	0.63	2.91	1.68	0.00	0.00	0.39	0.00
62.75	16.02	1.14	14.61	1.02	3.01	0.23	0.42	0.40	0.00	0.06
62.63	16.35	1.17	13.92	1.13	3.22	0.27	0.00	0.00	0.00	0.00

续表 4-4

SiO$_2$	Al$_2$O$_3$	Fe$_2$O$_3$	CaO	MgO	K$_2$O	Na$_2$O	TiO$_2$	MnO	P$_2$O$_5$	CuO
65.40	14.63	0.69	13.45	0.66	3.99	0.20	0.08	0.00	0.40	0.00
64.51	17.23	0.91	13.52	0.77	3.80	0.30	0.00	0.00	0.00	0.00
61.46	14.79	0.93	18.36	0.83	2.69	0.21	0.00	0.00	0.39	0.00
62.75	16.02	1.14	14.61	1.02	3.01	0.23	0.42	0.40	0.00	0.06

由宋代哥窑瓷器的瓷釉和胎体化学组成分析结果知，其胎体加入了紫金土，用来映衬柔和莹澈的釉面，并借助二次氧化作用，使釉层较薄的器口形成颇有魅力的"紫口铁足"，控制胎和釉膨胀系数的适配度，从而出现裂纹或开片。由表 4-5 哥窑瓷釉的化学组成看出，哥窑瓷釉的呈色元素为铁。

表 4-5　哥窑瓷釉的化学组成（质量分数）　　　　　　（%）

SiO$_2$	Al$_2$O$_3$	Fe$_2$O$_3$	CaO	MgO	K$_2$O	Na$_2$O	TiO$_2$	MnO	P$_2$O$_5$	CuO
66.62	16.46	0.78	8.38	1.01	4.46	1.85	0.04	0.24	0.00	0.00
61.65	19.23	1.40	8.68	1.14	4.75	1.35	0.00	0.00	0.62	0.00
63.54	17.32	1.04	8.84	1.36	5.24	1.68	0.00	0.00	0.45	0.00
63.37	18.68	1.34	7.37	1.13	4.78	1.35	0.00	0.00	0.94	0.00
63.32	15.76	0.91	14.19	0.64	4.18	0.20	0.19	0.00	0.00	0.00
64.27	12.25	1.27	16.44	0.74	4.32	0.32	0.07	0.00	0.40	0.00
61.45	14.74	0.78	17.85	0.96	3.33	0.18	0.07	0.00	0.40	0.00
63.83	14.83	0.70	14.81	0.99	3.54	0.19	0.13	0.00	0.48	0.22
63.08	16.10	0.97	13.98	0.69	4.04	0.18	0.08	0.00	0.41	0.00
71.22	16.89	0.64	3.34	0.75	3.49	3.57	0.26	0.001	0.00	0.00
66.26	17.04	1.06	10.22	0.62	3.32	1.13	0.001	0.11	0.00	0.00
73.04	14.50	0.98	3.01	0.63	4.15	2.18	0.001	0.08	0.00	0.00

由表 4-6 定窑瓷釉的化学组成可以看出，定窑白瓷釉中铁和钛元素含量明显减少，因此瓷釉白度好、透明度也好，故称这种白瓷"白如玉，薄如纸"。

表 4-6　定窑瓷釉的化学组成（质量分数）　　　　　　（%）

SiO$_2$	Al$_2$O$_3$	Fe$_2$O$_3$	CaO	MgO	K$_2$O	Na$_2$O	TiO$_2$	MnO	P$_2$O$_5$	CuO
65.38	23.30	0.96	6.40	4.05	2.34	0.35	0.00	0.00	0.00	0.00
70.60	18.50	0.97	3.79	2.05	2.43	0.28	0.00	0.00	0.00	0.00
67.68	16.25	1.52	6.94	2.57	2.38	0.29	0.64	0.00	0.17	0.00
73.79	17.27	0.52	2.89	2.15	1.56	1.25	0.11	0.00	0.04	0.00
71.57	16.18	0.77	5.72	1.74	2.29	1.22	0.00	0.00	0.00	0.00
74.57	17.53	0.54	2.74	2.33	2.03	0.62	0.17	0.00	0.02	0.27
72.17	17.52	0.54	2.74	2.33	2.03	0.62	0.17	0.00	0.12	0.17
68.90	20.00	1.06	3.77	2.09	2.40	0.36	0.00	0.00	0.00	0.00
71.18	19.66	0.61	4.45	1.62	1.63	0.27	0.46	0.00	0.00	0.00
70.36	14.07	0.84	7.40	1.73	4.23	0.69	0.39	0.00	0.02	0.28
70.35	18.23	0.97	5.23	2.93	2.53	0.44	0.00	0.04	0.12	0.00

综上所述，不同种类的古陶瓷，瓷釉的化学组成不同，尤其是在不同烧制条件下，变价元素的价态变化是瓷釉呈色的基础。因此，研究古陶瓷瓷釉的呈色，还必须考虑烧成温度和气氛两个重要的影响因素。近年来随着分析技术的发展，研究者又发现古陶瓷瓷釉中含有诸多微量元素如稀土元素，参见表 4-2 和表 4-3。它们对瓷釉的乳浊化和呈色等起着辅助作用，并可以作为鉴别古陶瓷的"指纹元素"。

4.2   色谱分析及应用

色谱分析法（chromatography）是一种集分离与检测为一体的检测方法，主要应用于多组分混合物的分离和定性及定量的分析。早在 1906 年，俄国科学家茨维特（Tswett Mikhail）提出了色谱分析方法，1930～1940 年研制出柱分配色谱和纸色谱。1941 年至 1952 年，英国科学家马丁（Martin Archer）、辛格（Synge Richhard）及詹姆斯（James）等人先后做了大量的研究工作，为气相色谱和液相色谱分析方法奠定了基础，1952 年他们获得了诺贝尔化学奖。两相及两相的相对运动是色谱法的基础，在此基础上 20 世纪 70 年代后研制出了毛细管气相色谱、高效液相色谱、离子色谱及超临界流体色谱等方法。到了 20 世纪 90 年代出现了色谱分析与其他分析方法融合和联合的分析技术，诸如毛细管电泳与液相色谱融合，气相色谱与质谱、气相色谱与红外光谱、液相色谱与核磁共振等联合分析技术，使色谱分析在分离分析中得到飞速发展和广泛的应用。

色谱分析技术包含多种方法，但两相及两相的相对运动构成了色谱分析技术的基础。试样混合物的分离过程也就是试样中各组分在被称为色谱分离柱中的两相间不断进行着的分配过程。其中的一相固定不动，称为固定相；另一相称为流动相，是携带混合物试样流过固定相并与其发生相互作用的流体（气体或液体）。由于混合物中各组分在性质和结构上的差异，与固定相之间产生的作用力的大小、强弱不同，随着流动相的移动，混合物在两相间经过反复多次的分配平衡，使得各组分被固定相保留的时间不同，从而按一定次序从固定相中流出，达到分离的目的。分离之后与适当的柱后检测方法结合，从而实现混合物中各组分的分离与检测。所以说色谱分析技术是集分离与检测为一体的检测技术。

色谱分析在按分离机理、固定相外形和两相状态三种分类方法中，又有细分称谓，阅读文献时可能会遇到，了解这些会帮助读者理解作者所指。

（1）按分离机理：1）利用组分在固定相上吸附能力不同进行分离的称为吸附色谱法；2）利用组分在固定相溶液中的溶解度不同进行分离的称为分配色谱法；3）利用组分在固定相为离子交换剂上的亲和力不同进行分离的称为离子交换色谱法；4）利用组分分子大小的不同在多孔固定相中选择性渗透进行分离的称为尺寸排阻色谱法（或凝胶色谱法）；5）利用不同组分与固定相分子的属性亲和力进行分离的（如蛋白质的分离）称为亲和色谱法。

（2）按固定相外形：1）固定相装于柱内称为柱色谱；2）固定相呈平板状的称为平面色谱（包括薄层色谱和纸色谱），其中，通过化学反应将固定相键合到载体表面的色谱称为化学键合色谱。

（3）按两相的状态分类（也是常用的分类）可分为气相色谱法、液相色谱法和超临界流体色谱法。

气相色谱法（gas chromatography，GC）是流动相为气体（称为载气）的色谱方法。气相色谱按分离柱的种类分为填充柱色谱和毛细管柱色谱；按固定相的种类分为气固色谱和气液色谱。气相色谱能对沸点低于 400 ℃的各种有机或无机试样进行分析。

液相色谱法（liquid chromatography，LC）是流动相为液体（也称为淋洗液）的色谱方法。液相色谱法按固定相的种类分为液-固色谱和液-液色谱。离子色谱是以特制的离子交换树脂为固定相，不同 pH 值的水溶液为流动相，它也是液相色谱的一种。液相色谱适用于高沸点、热不稳定、生物试样的分离分析。可以说，气相色谱和液相色谱间具有很好的互补性。

超临界流体色谱法（supercritical fluid chromatography，SFC）是流动相为超临界流体，即在超临界温度和超临界压力以上的流体，如以 CO_2 作为超临界流体。超临界流体色谱能解决气相和液相色谱不能处理的一些物质的分离和分析。

为清晰明了色谱法的各种分类与色谱名称的对应，将各种分类归纳示于图 4-7。

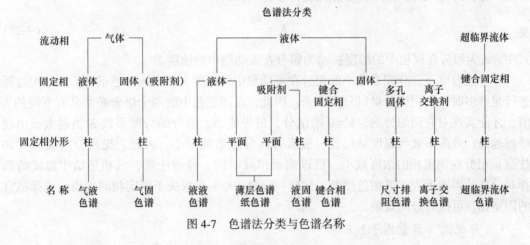

图 4-7　色谱法分类与色谱名称

色谱分析的特点是：灵敏度高；分离效率高，可以分离分析复杂混合物，如有机同系物、异构体、手性异构体；分析速度快；应用范围广。

色谱法的不足之处是定性分析需要标准样品，单靠色谱方法对每个组分进行鉴定的结果往往难以让人满意。通常色谱仪多与质谱仪或红外光谱仪联用，以充分发挥它们各自的分离能力和高鉴别能力优势。

4.2.1　色谱分析的基础知识

色谱的分离过程是在色谱柱内完成，色谱分离的机理因色谱柱内填充的固定相物质的不同而不同。若固定相是多孔的固体吸附剂颗粒，基于固体吸附剂对试样中各组分的吸附能力的不同，不断重复的吸附与脱附过程是分离的机制；若固定相由载体（也称担体）和固定液所组成，固定液对试样中各组分的溶解能力不同，气液两相间的不断重复的分配过程是分离的机制。

总之，两相的相对运动及单次分离的多次重复是各种色谱分析方法的基础，也只有单元分离过程多次重复才有可能有效地分离性质相近的化合物。

4.2.1.1 色谱分离过程

A 气相色谱分离过程

试样由载气携带进入色谱柱与固定相接触，首先被固定相溶解或吸附，随着载气的不断通入，被溶解或吸附的组分又从固定相中挥发或脱附，挥发或脱附下的组分随载气向前移动又再次被固定相溶解或吸附。总之，随载气的流动，溶解或吸附、挥发或脱附过程反复进行，最终实现了色谱分离。色谱分离过程可视为单元流动相的移动过程，单元流动相每向前移动一步，组分在两相间重新快速建立分配平衡。最后当流动相流出时，形成浓度正态分布的色谱峰。不参加分配的组分最先流出，组分在固定相中的浓度越大，出现峰就越慢。

B 分配系数 K

组分在固定相和流动相间发生的吸附或溶解、脱附或挥发的过程称为分配过程。在一定温度下，组分在固定相和流动相两相间分配达到平衡时的浓度比值，称之为分配系数（用 K 表示），它是色谱分离的理论依据，用公式表示为

$$K = \frac{c_S}{c_M} \qquad (4-28)$$

式中，c_S 为组分在固相中的浓度；c_M 为组分在流动相中的浓度。

在一定温度下，分配系数小的组分在流动相中的浓度大，先流出色谱柱。在分配过程进行足够多时，不同组分得以分离出来。因此，在固定相中的两个组分必须具有不同的 K 值，才能实现对它们的分离。$K=0$ 的组分，最先流出。组分的分配系数 K 值越大，出现峰就越慢。分配系数与温度呈反比，温度升高分配系数变小。因此，提高分离温度（如柱温）组分在固定相的浓度减小，可以缩短出峰时间。提请注意，气相色谱中温度的选择对分离的影响远大于液相色谱的。试样一定时，K 主要取决于固定相的性质，选择适宜的固定相，可改善分离效果。

C 分配比（容量因子）k

在一定温度和压力下，组分在两相间分配达到平衡时的质量比，称为分配比（用 k 表示），又称容量因子、分配容量比，用公式表示为

$$k = \frac{m_S}{m_M} \qquad (4-29)$$

式中，m_S 为组分在固定相中的质量；m_M 为组分在流动相中的质量。

k 值越大色谱柱对组分的保留时间越长，组分在固定相中的量越多，相当于色谱柱容量大，它是衡量色谱柱对被分离组分保留能力的重要参数。分配比可通过实验测得。

D 分配比 k 与分配系数 K 的关系

分配比和分配系数都随分离柱温度和柱压的改变而变化，且与流动相及固定相的体积有关。分配比与分配系数的关系可表示为

$$k = \frac{m_S}{m_M} = \frac{c_S}{c_M} \cdot \frac{V_S}{V_M} = \frac{K}{\beta} \qquad (4-30)$$

式中，β 称为相比率，是反映各种色谱柱型特点的一个参数，填充柱的 β 值一般为 6~35，毛细管柱的 β 值一般为 60~600；V_M 为流动相体积，即柱内固定相颗粒间的空隙体积；V_S

为固定相体积（对于气-液色谱柱，V_S 为固定液体积；对于气-固色谱柱，V_S 为吸附剂表面容量）；c_S，c_M 分别为组分在固定相和流动相中的浓度。

E 分配比与保留时间的关系

为将分配比与保留时间关联，引入滞留因子 R_S，并定义

$$R_S = \frac{u_S}{u} \qquad u_S < u \tag{4-31}$$

式中，u_S 为组分在分离柱内的线速度；u 为流动相在分离柱内的线速度。

若用质量分数 w 表示滞留因子 R_S，则

$$R_S = w = \frac{m_S}{m_S + m_M} = \frac{1}{1 + \dfrac{m_S}{m_M}} = \frac{1}{1 + k} \tag{4-32}$$

设组分和流动相通过长度为 L 的分离柱时，需要的时间分别为保留时间 t_R 和死时间 t_M，则

$$t_R = \frac{L}{u_S} \tag{4-33}$$

$$t_M = \frac{L}{u} \tag{4-34}$$

将 t_R 和 t_M 代入式（4-31），并与式（4-32）联立得

$$t_R = t_M(1 + k) \tag{4-35}$$

设组分在色谱分离柱中滞留时间为调整保留时间 t_R'

$$t_R' = t_R - t_M \tag{4-36}$$

则

$$k = \frac{t_R - t_M}{t_M} = \frac{t_R'}{t_M} \tag{4-37}$$

由此可知，从实验获得的保留时间 t_R 值（组分在色谱分离柱中滞留时间值）和流动相通过分离柱的时间 t_M，即可求出分配比。

4.2.1.2 色谱流出曲线

当组分流经色谱分离柱，并全部流出经过检测器后，此时所记录的输出信号随时间变化的曲线称之为色谱流出曲线，即色谱图，如图 4-8 所示。图中曲线突起的部分称色谱峰，

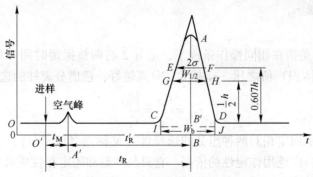

图 4-8 色谱流出曲线及参数示意图

因输出信号的大小或强度与物质的量（或物质的浓度）成正比，因此色谱流出曲线是物质的量（或浓度）对时间的曲线。

A   基线

在实验操作条件下，当无试样仅有纯流动相通过检测器时，检测到的信号（流出曲线）称为基线。图4-8中平行于时间横坐标的水平直线即为稳定的基线。

B   保留值

组分在色谱分离柱中滞留时间值，或组分在柱中滞留时间内所消耗的流动相体积称之为保留值。当条件一定时，任一组分都有一个相应确定的保留值，故它可以作为定性分析的参数。

a   用时间表示的保留值

保留时间（t_R）表示某组分从进样到出现该组分色谱峰极大值所需的时间，见图4-8中 $O'B$。

死时间（t_M）表示不与固定相作用（吸附或溶解）的组分从进样到出现其色谱峰极大值所需时间，见图4-8中 $O'A'$。它正比于色谱柱的空隙体积，可用于测量流动相平均线速度 $\bar{u}$。平均线速度 $\bar{u}$ 等于柱长 L 与死时间之比，即 $\bar{u} = \dfrac{L}{t_M}$。

调整保留时间（t_R'）表示扣除了死时间的保留时间，亦即组分在固定相上滞留的时间，$t_R' = t_R - t_M$，见图4-8中 $A'B$。

b   用体积表示的保留值

保留体积（V_R）表示从进样到出现该组分色谱峰极大值时所通过的流体相（载气）的体积。保留体积与保留时间关系为

$$V_R = t_R F_0 \tag{4-38}$$

式中，F_0 为在柱出口处的流动相（载气）体积流量，mL/min。

死体积（V_M）表示不被固定相保留的组分通过色谱柱所消耗流动相的体积。死体积实际上是柱内填充颗粒间的空隙体积、色谱仪管路和连接头的空体积以及检测器的空体积的总和。在后两项很小可忽略不计时，死体积可由下式计算

$$V_M = t_M F_0 \tag{4-39}$$

调整保留体积（V_R'）表示某组分的保留体积扣除死体积后的体积，计算式为

$$V_R' = V_R - V_M = t_R' F_0 \tag{4-40}$$

C   相对保留值 r_{21}

a   定义

相对保留值 r_{21} 是指在相同操作条件下，组分2的调整保留时间（体积）值与组分1的调整保留时间（体积）值之比。r_{21} 越大，分离越好，色谱分离柱的选择性就越好。

$$r_{21} = \frac{t_{R2}'}{t_{R1}'} = \frac{V_{R2}'}{V_{R1}'} \tag{4-41a}$$

相对保留值表示固定相对两种组分的选择性（又称选择因子 α），是色谱法中，特别是在气相色谱法中，广泛用作定性的依据。它只与柱温和固定相性质有关，与色谱其他操作条件（如柱长、柱径、填充情况及流动相流速等）无关。

在定性分析中，通常固定某一个色谱峰作为标准峰（s），然后再求出其他组分峰（i）对标准峰的相对保留值，此时用符号 α 表示，即

$$\alpha = \frac{t'_{R(i)}}{t'_{R(s)}}$$

b　分配比 k 及分配系数 K 与选择因子 α 的关系

如前所述，相对保留值通常作为衡量固定相选择性的指标，又称选择因子 α，据此对 A 和 B 两组分的选择因子可用下式表示

$$\alpha = \frac{t'_{R(B)}}{t'_{R(A)}} = \frac{k_{(B)}}{k_{(A)}} = \frac{K_{(B)}}{K_{(A)}} \tag{4-41b}$$

式（4-41b）通过选择因子 α 把实验测量分配比 k 值与热力学参数分配系数 K 联系起来，这对实际选择固定相非常有意义。两个组分具有不同的分配系数是色谱分离的先决条件，选择固定相时，切记这一点。

D　区域宽度

区域宽度是用来衡量色谱峰宽度的参数，是色谱流出曲线的重要参数之一，用于衡量色谱柱效和反映操作条件的动力学因素。区域宽度越窄，分离效率就越高，分离的效果也越好。区域宽度有三种表示方法，即

（1）标准偏差（σ），用 0.607 倍峰高处色谱峰宽度的一半来表示，如图 4-8 中 $EF = 2\sigma$。

（2）半峰宽（$W_{1/2}$），用色谱峰半高处的宽度来表示，如图 4-8 中线段 GH，与标准偏差关系为 $W_{1/2} = 2.354\sigma$。

（3）峰底宽（W_b），用色谱峰两侧拐点处的切线与基线的交点间的距离来表示，如图 4-8 中 IJ 间距离，与标准偏差的关系为 $W_b = 4\sigma$。

总之，从色谱流出曲线可以获得的信息有：

（1）由色谱峰的个数，可以判断试样中所含组分的最少个数。

（2）由色谱峰的保留值，可以进行定性分析。

（3）由色谱峰的面积或峰高，可以进行定量分析。

（4）依据色谱峰的保留值及其区域宽度来评价分离效能。

（5）依据色谱两峰的距离来评估选择的固定相（或流动相）是否恰当。

E　色谱流出曲线的数学描述

如果进样的量很小，浓度很低，在吸附等温线或分配等温线的线性范围内，则色谱峰是对称的，其可用高斯（Gauss）正态分布函数表示，即色谱流出曲线上的浓度与时间的关系为

$$c = \frac{c_0}{\sigma\sqrt{2\pi}} \mathrm{e}^{-\frac{(t-t_R)^2}{2\sigma^2}} \tag{4-42}$$

对非正态分布的色谱峰，则可按正态分布函数叠加指数衰减函数来建立关系式。

4.2.2　色谱分析的理论基础

物理化学是色谱分析的理论基础，色谱分离过程中组分的分离由它们的热力学性质

（即组分在两相间的分配系数）所决定；组分完全分离两峰间的距离必须足够远，彼此不能重叠；而峰顶的宽窄则是由动力学参数（即组分的传质和扩散性质）所决定。解释、描述和评价分离过程的理论目前有塔板理论和速率理论等。

4.2.2.1　塔板理论

塔板理论是半经验理论，由马丁（Martin）和詹姆斯（James）于 1941 年提出。这个理论是基于将色谱过程看作类似于蒸馏过程，沿用精馏塔中塔板的概念来描述组分在两相间的分配行为，且将连续的分离过程看成是多次的平衡过程的重复，并且假设：（1）在每一个过程的间隔内，组分在两相间分配达到平衡的速度很快；（2）载气是脉动、间歇的工作；（3）试样沿色谱分离柱的方向（纵向）扩散可以忽略；（4）每次分配的分配系数相同。

在理论中，描述色谱柱效的参数为理论塔板数和理论塔板高度。把组分在分离柱内达成的一次分配平衡所需要的柱长称理论塔板间距离（H），色谱分离柱长（L）除以理论塔板间距离，得到色谱分离柱的理论塔板数 n，

$$n = \frac{L}{H} \tag{4-43}$$

理论塔板数与色谱参数之间的关系为

$$n = 5.54\left(\frac{t_R}{W_{1/2}}\right)^2 = 16\left(\frac{t_R}{W_b}\right)^2 \tag{4-44}$$

式中，t_R 为组分的保留时间；$W_{1/2}$ 为以时间为单位的半峰宽；W_b 为以时间为单位的峰底宽。

由于上式中保留时间中包含了死时间，而在死时间内组分不参与分配，故按式（4-44）计算的理论塔板数会偏高，因而引入了扣除死时间的有效塔板数 n_{eff} 和有效塔板高度 H_{eff}，作为描述色谱柱效的参数，它们分别表示为

$$n_{eff} = 5.54\left(\frac{t'_R}{W_{1/2}}\right)^2 = 16\left(\frac{t'_R}{W_b}\right)^2 \tag{4-45a}$$

$$H_{eff} = \frac{L}{n_{eff}} \tag{4-45b}$$

应该指出，在说明色谱柱效时，除注明色谱条件外，还应指出是对何种物质的，因为在相同色谱条件下，对不同物质计算得到的塔板数是不一样的。

根据塔板理论，由式（4-45）可以计算分离不同物质所需不同的有效塔板数。当色谱柱长度一定时，塔板数 n 越大，相应的塔板高度 H 就越小，被测组分在柱内被分配的次数就越多，柱效就越高，所得色谱峰也就越窄。然而，柱效尚不能完全表示被分离组分的实际分离效果，因为当两个组分的分配系数 K 相同时，无论该色谱分离柱的塔板数多大，都无法分离它们。

半经验的塔板理论有一定的局限性，因为它仅从热力学观点形象地描述组分在色谱柱中的分配平衡和分离过程，没有考虑各种动力学因素对色谱柱内的传质过程的影响。因此，它无法解释同一色谱分离柱在不同的载气流速下，获得的柱效不同的实验结果；也不能指出影响色谱分离柱柱效的因素及提高柱效的途径，只能近似地描述色谱分离柱中的实际过程。

4.2.2.2 速率理论

速率理论是 1956 年由荷兰学者范·第姆特（van Deemter）等人提出的。他考虑了色谱分离柱内组分在两相间的传质和扩散过程的动力学因素，并吸收了塔板理论中板高的概念，提出了色谱过程的动力学理论——速率理论。该理论模型可用于气相和液相色谱过程。速率理论阐明了影响色谱峰宽的因素，并给出了理论塔板高度（柱效）的数学表达式，其简化式为

$$H = A + \frac{B}{u} + Cu \tag{4-46}$$

式中，H 为塔板高度；u 为流动相的平均线速，cm/s；A、B、C 分别代表涡流扩散项、分子扩散项和传质阻力项的系数。

A　涡流扩散项系数

涡流扩散项又称多路效应项。在填充色谱柱中，由于组分随流动相通过色谱柱时，流动相受固定相颗粒阻碍，而固定相颗粒大小不同、排列不均匀，使得颗粒间的空隙不均匀，因而相同组分分子通过色谱柱到达检测器的路径和时间不同，如图 4-9 所示，从而引起色谱峰展宽。涡流扩散项系数 A 表示为

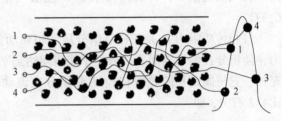

图 4-9　涡流扩散示意图

$$A = 2\lambda d_p \tag{4-47}$$

式中，d_p 为固定相的颗粒平均直径；λ 为固定相的填充不均匀因子。

涡流扩散项系数的大小只与固定相的颗粒平均直径和填充情况有关，与流动相性质、线速度和组分性质无关。固定相颗粒越小，填充的越均匀，涡流扩散减少，A 就越小，塔板高度就越小，柱的分离效率就越高，色谱峰较窄。对空心毛细管柱，$A=0$，不存在涡流扩散。

B　分子扩散项系数

待测组分从柱入口加入到流出，其浓度分布呈"塞子"状，在"塞子"的前后存在浓度梯度。随流动相的向前推进，沿色谱柱方向（纵向）因存在浓度梯度而发生扩散，致使色谱峰展宽，分离会变差。分子扩散与组分所通过路径的弯曲因子和扩散系数有关，可表示为

$$B = 2\gamma D_g \tag{4-48}$$

式中，γ 为填充柱内流动相扩散路径的弯曲因子，通常 $\gamma<1$；D_g 为试样组分在流动相中的扩散系数，m^2/s。

分子扩散项系数 B 中的 D_g 与流动相和组分性质有关。D_g 与流动相相对分子质量 M_{rg} 的平方根成反比，M_{rg} 与 D_g 的关系为

$$D_g \propto \frac{1}{\sqrt{M_{rg}}}$$

采用相对分子质量较大的流动相可降低 B 的影响。应该指出柱温和压力都会影响

D_g 值。

由于组分在液相扩散系数比气相小得多，因此对液相色谱，组分在流动相中的纵向扩散（分子扩散）可以忽略。在气相色谱中，采用相对分子质量 M_{rg} 较大的载气，使 D_g 值相对较小，从而使 B 值也相应减小。分子扩散项还与流速有关，流速越小，组分滞留的时间就越长，纵向扩散量就越大。

C　传质阻力项系数

样品的组分随流动相进入色谱分离柱，由于组分分子与固定相、流动相分子间相互作用，阻碍组分分子快速传递实现分配平衡，这种分子间作用力称为传质阻力。

由于气相色谱中流动相为气体，液相色谱中流动相是液体，两者的传质过程不完全相同，这里分别讨论它们的传质阻力项。

在气液色谱中，传质阻力系数 C 包括气相传质阻力 C_g 和液相传质阻力 C_l，即 $C = C_g + C_l$。

气相传质阻力 C_g 是指样品组分从气相移动到固定相表面进行浓度分配时所受到的阻力，使组分在两相界面上的分配不能瞬间达到平衡，引起滞后现象，使色谱峰变宽。对填充柱，它与固定相的颗粒粒径 d_p 和组分在流动相中的扩散系数 D_g 以及容量因子（分配比）k 有关，即

$$C_g = \frac{0.01 k^2}{(1+k)^2} \frac{d_p^2}{D_g} \tag{4-49a}$$

采用粒径小的填充物和相对分子量小的气体做流动相，可使 C_g 减小。

液相传质阻力 C_l 是指组分从固定相的气液界面移动到液相内部进行质量交换到达分配平衡，又返回到气液界面过程中所受到的阻力，液相传质阻力会造成色谱峰扩展。液相传质阻力与液膜厚度 d_f 和组分在液相中的扩散系数 D_l 以及容量因子（分配比）k 有关，即

$$C_l = \frac{2k}{3(1+k)^2} \frac{d_f^2}{D_l} \tag{4-49b}$$

由此可见，采取适当减小固定相（担体）的粒度和液膜的厚度，选择相对分子质量小的气体作载气，以及控制适当的分离柱温度等措施，可降低传质阻力。

将涡流扩散项系数 A、分子扩散项系数 B 和传质阻力项系数 C 的表示式代入式（4-46），得到气液色谱的理论塔板高计算式（范第姆特方程）为

$$H = 2\lambda D_p + \frac{2\gamma D_g}{u} + \left[\frac{0.01 k^2 d_p^2}{(1+k)^2 D_g} + \frac{2k d_f^2}{3(1+k)^2 D_l} \right] u \tag{4-50}$$

范第姆特方程也称速率方程。

在液液色谱中，传质阻力系数 C 包括流动相传质阻力 C_m 和固定相传质阻力 C_s，即 $C = C_m + C_s$，而流动相传质阻力 C_m 又包含了流动的流动相中的传质阻力和滞留的流动相中的传质阻力，即

$$C_m = \frac{\omega_m d_p^2}{D_m} + \frac{\omega_{sm} d_p^2}{D_m}$$

式中，右边第一项为流动的流动相中的传质阻力；第二项为滞留的流动相中的传质阻力；

ω_m 为由色谱柱及填充性质决定的因子；ω_{sm} 为与固定相颗粒中的微孔被流动相占据的份额以及分配比（容量因子）有关的系数。

固定相传质阻力 C_s 与液膜厚度 d_f 和组分在固定液的扩散系数 D_s 有关，可用下式表示

$$C_s = \frac{\omega_s d_f^2}{D_s}$$

将涡流扩散项系数 A、分子扩散项系数 B 和传质阻力项系数 C 的表示式代入式（4-46），得到液液色谱的理论塔板高计算式（范第姆特方程，也称速率方程）为

$$H = 2\lambda D_p + \frac{2\gamma D_m}{u} + \left(\frac{\omega_m d_p^2}{D_m} + \frac{\omega_{sm} d_p^2}{D_m} + \frac{\omega_s d_f^2}{D_s} \right) u \qquad (4-51)$$

从速率理论的理论塔板高简化方程式（式（4-46））来看，由于流动相的流速对分子扩散项 B/u 和传质阻力项 Cu 这两项存在完全相反的影响，从而使流速对塔板高（柱效）总的影响存在着一个最佳值，即理论塔板高方程式中塔板高度 H 对流速 u 的一阶导数有一极小值，如图 4-10 塔板高度 H 与流速 u 关系的示意图所示。由图可知，曲线最低点的流速即为最佳流速。在流速低的区域，分子扩散是决定塔板高度（柱效）的主要因素，流速增加，柱效增加；而在流速较高的区域，传质阻力项是影响塔板高度（柱效）的主要因素，流速增加，柱效下降。

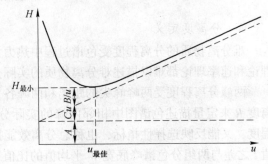

图 4-10　H-u 关系与最佳流速示意图

由此得出速率理论的要点：

（1）试样中的组分分子在柱内运行的多路径与涡流扩散、浓度梯度所造成的分子扩散以及传质阻力，使组分在流动相与固定相两相间的分配平衡不能瞬间达到平衡，是造成色谱峰扩展柱效下降的主要原因。

（2）通过选择适当的固定相颗粒粒度、流动相种类、液膜厚度及流动相的流速可提高柱效。

（3）速率理论为色谱分离和操作条件选择提供了理论指导，阐明了流速和柱温对柱效及分离的影响。

（4）影响色谱柱效的各种因素是相互制约的。例如，流动相的流速增大，分子扩散项的影响减小，使柱效提高，但同时传质阻力项的影响增大，又使柱效下降；柱温升高，有利于传质，但又加剧了分子扩散的影响。只有选择最佳条件，才能使色谱柱效达到最高。

4.2.2.3　分离度

单独用色谱柱效和相对保留值（选择因子）参数还不能真实反映试样组分在色谱柱中的分离情况。色谱分离中遇到的两种物质分离的程度有 4 种情况，如图 4-11 所示。出现的第 1 种情况是，柱效较高，分配系数差值 ΔK 较大，则可完全分离；出现的第 2 种情况是，虽然 ΔK 不是很大，但柱效较高，峰较窄，所以基本上能完全分离；出现的第 3 种

情况是，虽然 ΔK 较大，但是柱效较低，分离得不好；出现的第 4 种情况是，因为 ΔK 小，柱效低，分离效果很差。

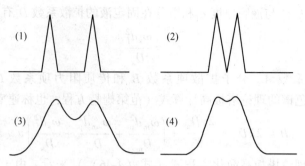

图 4-11 两种物质在色谱分离中遇到的 4 种情况

A 分离度定义

难分离物质的分离程度受色谱过程中热力学因素和动力学因素的综合影响，因此塔板理论和速率理论都难以描述难分离物质的实际分离程度。

两峰分离程度受两峰峰尖的距离和两峰各自峰宽的制约。为此引入了一个综合指标分离度 R 来定量描述色谱图中相邻两峰的实际分离程度。它既能反映色谱柱效，峰的展宽程度，又能反映选择性指标，也称总分离效能指标。定义分离度用相邻两组分色谱峰保留值 t 之差与两组分色谱峰底宽 W 平均值的比值来表示，即

$$R = \frac{t_{R(2)} - t_{R(1)}}{(W_{b(2)} + W_{b(1)})/2} = \frac{2(t_{R(2)} - t_{R(1)})}{W_{b(2)} + W_{b(1)}} = \frac{2(t_{R(2)} - t_{R(1)})}{1.699(W_{1/2(2)} + W_{1/2(1)})} \qquad (4\text{-}52)$$

式中，下角标括弧内的数字 1，2 分别表示为第 1 组分和第 2 组分。

R 值越大，表明相邻两组分分离的越好。当 $R<1$ 时，表示两峰有部分重叠；当 $R=1$ 时，表示两峰的分离程度达 98%；当 $R=1.5$ 时，表示两峰的分离度可达 99.7%。通常用 $R=1.5$ 作为相邻两峰完全分离的标准。

B 影响分离度的因素

对两个难分离物质组分 1 和 2，由于它们的分配系数差别小，可以认为它们相邻两峰的峰底宽近似相等，即令式（4-52）中 $W_{b(2)} = W_{b(1)} = W_b$，并经变换成与相对保留值 r_{21} 和有效塔板数 n_{eff} 有关的表示式。具体为

$$R = \frac{2(t_{R(2)} - t_{R(1)})}{W_{b(2)} + W_{b(1)}} = \frac{t'_{R(2)} - t'_{R(1)}}{W_b} = \frac{(t'_{R(2)}/t'_{R(1)} - 1) \cdot t'_{R(1)}}{W_b}$$

$$= \frac{r_{21} - 1}{t'_{R(2)}/t'_{R(1)}} \cdot \frac{t'_{R(2)}}{W_b} = \frac{r_{21} - 1}{r_{21}} \sqrt{\frac{n_{eff}}{16}}$$

所以得到 $\qquad R = \left(\frac{r_{21} - 1}{r_{21}}\right)\frac{\sqrt{n_{eff}}}{4} \quad$ 或 $\quad R = \left(\frac{\alpha - 1}{\alpha}\right)\frac{\sqrt{n_{eff}}}{4} \qquad (4\text{-}53)$

$$n_{eff} = 16R^2\left(\frac{r_{21}}{r_{21} - 1}\right)^2$$

$$L = 16R^2\left(\frac{r_{21}}{r_{21} - 1}\right)^2 \cdot H_{eff} \qquad (4\text{-}54)$$

将式（4-45a）除以式（4-44），得

$$\frac{n}{n_{\text{eff}}} = \left(\frac{t_{\text{R}}}{t'_{\text{R}}}\right)^2$$

$$n = \left(\frac{t_{\text{R}}}{t'_{\text{R}}}\right)^2 n_{\text{eff}}$$

将式（4-35）和式（4-37）代入上式，得

$$n = \left(\frac{1+k}{k}\right)^2 n_{\text{eff}}$$

将上式代入式（4-53），得

$$R = \left(\frac{r_{21}-1}{r_{21}}\right)\left(\frac{k}{1+k}\right)\frac{\sqrt{n}}{4} \quad \text{或} \quad R = \left(\frac{\alpha-1}{\alpha}\right)\left(\frac{k}{1+k}\right)\frac{\sqrt{n}}{4} \tag{4-55}$$

式（4-53）和式（4-55）是基本色谱分离方程式的两种形式。它们在实际中是很有用的公式，只要知道其中两个参数，就可计算出另一个参数。另外，当固定相确定，对理论塔板高度一定的色谱柱，分离度的平方与柱长成正比，即

$$\left(\frac{R_2}{R_1}\right)^2 = \frac{L_2}{L_1} = \frac{n_2}{n_1} \tag{4-56}$$

由式（4-55）可以看出，分离度受色谱柱效（动力学因素 $\sqrt{n}$）、相对保留值（热力学因素 $\frac{r_{21}-1}{r_{21}}$）和容量因子 $\frac{k}{1+k}$ 等因素的影响。分离度 R 与柱效的平方根成正比；在 r_{21} 一定时，增加柱效，可提高分离度，但组分的保留时间将会增加，色谱峰将会扩展，因此分析时间会延长。在相同分离度下，增大 r_{21} 的有效方法是选择合适的固定液。在气相色谱中改变分离的温度或在液相色谱中改变流动相的性质、组成使容量因子 k（分配比）改变，以及通过改变操作条件来改善分离效果。

4.2.3 色谱定性和定量分析

试样经色谱分析可以获得多组分混合物样品组分的定性和定量信息。分析过程一般要经过试样预处理、分离、定性、定量等 4 个步骤。

4.2.3.1 色谱定性鉴定方法

色谱定性鉴定就是确定色谱峰的归属。根据试样的性质和分析的要求，可利用不同的方法对试样进行定性。色谱定性鉴定是一种相对高效、快速的分析方法，可以在短时间内分析几十种甚至上百种组分的混合物。色谱法定性分析主要的依据是保留值，在相同条件下与标准物对照确定，所以需要标准样品或知道有关物质的保留值（相对保留值）。

A 利用纯物质定性

利用纯物质定性是最方便、最可靠的方法，该方法基于在一定的色谱系统和操作条件下，各组分的保留时间是一定值。此方法中的保留值定性法和加入定性法都可获得定性信息。

保留值定性法是用含已知纯物质的混合物和试样进行对比分析。通过对比试样中具有与纯物质（标准样）相同保留值的色谱峰，来确定试样中该物质在色谱图中的位置。提

请注意：采用保留值法进行定性分析时，应严格控制操作条件，且保持稳定；只有相同操作条件下获得的保留值数据才有可比性。

加入定性法是将纯物质作为标志物加入到试样中进行分析。通过观察对比加入纯物质和未加入纯物质的试样各组分色谱峰的相对变化，若某色谱峰增高了，则原试样中就可能含有加入的纯物质。

B 利用文献的保留值、相对保留值定性

在没有纯的待测组分标准样品时，可利用文献的保留值（包括所用仪器以往积累的数据资料）定性，但要确认两者的色谱条件是完全相同的，方可采用。

另一个比较方便、可靠的方法是利用相对保留值，此方法要求找一个基准物作为计算相对保留值的基准。在相同条件（柱温、固定液）下，分别测出组分 2 和基准物质 1 的调整保留值，再计算相对保留值 r_{21}，然后用求出的相对保留值 r_{21} 与文献值（主要是相对保留值和保留指数）相比较来定性。在色谱手册中可以查到各种物质在不同固定液上的保留值数据。

C 利用保留指数定性

保留指数也称科瓦茨（Kovats）指数，它是重现性较好的定性参数，用 I 表示。如果所用色谱分离柱的柱温和固定液与文献的相同，就可以从文献上发表的保留指数进行鉴定。

保留指数值是人为地将正构烷烃作为标准，规定它的保留指数为分子中的碳原子数乘以 100，如正己烷的保留指数为 600，而其他物质的保留指数（I_x）是通过选定两个相邻的正构烷烃（分别具有 Z 和 $Z+1$ 个碳原子）的保留指数来确定。测定时，先将碳原子数为 Z 和 $Z+1$ 的正构烷烃加入到被测物质 X 中，在给定色谱条件下进行测量。被测物质 X 的调整保留时间应在相邻的两个正构烷烃的调整保留值之间（如图 4-12 所示），即

$$t'_{R(Z+1)} > t'_{R(X)} > t'_{R(Z)}$$

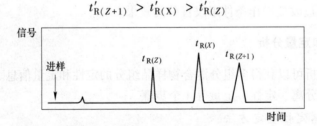

图 4-12 调整保留时间示意图

然后按下式计算其保留指数，

$$I_X = 100 \times \left(\frac{\lg t'_{R(X)} - \lg t'_{R(Z)}}{\lg t'_{R(Z+1)} - \lg t'_{R(Z)}} + Z \right) \tag{4-57}$$

式中，Z 为正构烷烃的碳原子数；下标 X 代表被测物质。

将计算出的待测物质的保留指数 I_x 与文献值对照，就能对待测的物质定性。

D 利用经验规律定性

在缺乏待测组分的标准样时，可利用色谱分析中的经验规律来定性，诸如气相色谱中的碳数规律、沸点规律。

（1）碳数规律是在一定温度下，同系物的调整保留时间的对数与分子中碳原子数呈线性关系。因此，若知道某一物系中两个以上的调整保留值，则可依据此规律推知同物系中其他组分的调整保留时间。

（2）沸点规律是同族具有相同碳原子数的碳链异构体化合物的调整保留时间的对数与它们的沸点呈线性关系。依此规律在已知同族同数量碳链异构体中的两个以上组分的调整保留时间，就可求出该族中其他的具有相同碳原子数的碳链异构体的调整保留时间。

E　利用双柱、多柱定性

对复杂多组分试样的分析，利用双柱、多柱进行定性分析将更为有效、可靠。采用此法可以使经一根谱柱可能出现相同的保留值的两个组分，再经另一根有不同性质固定液的谱柱，从而出现不同的保留值达到区分它们的目的。

F　利用色谱与其他分析仪器联用定性

利用色谱法对物质进行定性分析存在一定的局限性，单靠色谱定性往往不能得到令人满意的结果。近年来，利用色谱的强分离能力与质谱、红外光谱的高鉴别能力相结合，可以比较准确地对物质进行定性分析。目前，色谱与质谱的联用以及色谱与傅里叶红外光谱的联用都很成功，加之运用计算机对数据的快速处理和检索，使对未知物的定性分析更为便捷。

4.2.3.2　色谱定量分析方法

色谱定量分析是根据检测器对试样中组分的响应信号与组分的量呈正比的关系，借助色谱图上的谱峰面积或峰高来计算试样中组分的含量。在同一色谱仪操作条件下，由于检测器对不同物质具有不同的响应值（灵敏度不同），会使等量的物质可能得不到相同的峰面积或峰高，而相同的峰面积或峰高对应的不一定是相同的物质量，因此，在定量分析计算时，需将峰高、峰面积乘以换算系数，转换成相应物质的量，即

$$w_i = f_i^A A_i \quad 或 \quad w_i = f_i^h h_i \tag{4-58}$$

式中，w_i为相应i物质的量（质量、摩尔或体积（对气体））；f_i为i物质的绝对校正因子；A_i和h_i分别为i物质的峰面积和峰高。

由于峰面积的大小不易受到操作条件（如柱温、流动相的流速、进样速度等）的影响，因此峰面积更适于作定量分析的参数。下面介绍有关峰面积的定量分析。

要进行准确的定量分析，必须准确测量峰面积，测定校正因子及选择合适的定量方法。

A　峰面积的测量

峰面积的测量有点复杂，针对不同峰形有几种测量峰面积的方法。

a　呈正态分布的色谱峰（对称峰）

遇到此种对称峰峰形采用峰高（h）乘半峰宽（$W_{1/2}$）法计算峰面积。计算公式为

$$A = 1.065 h \cdot W_{1/2} \tag{4-59}$$

b　不对称色谱峰形

针对不对称峰峰形采用峰高乘以平均峰宽法，即分别测定在峰高0.15和0.85处的峰宽，取这两固定点峰宽的平均值乘以峰高得到峰面积。具体计算公式为

$$A = \left(\frac{W_{0.15} + W_{0.85}}{2} \right) h \tag{4-60}$$

c　自动积分法

采用自动积分仪或计算机自动积分法可直接快速地算出色谱峰面积。应注意，此法计算结果准确性与两峰的分离度有关。对于两峰分离度大于 1 的计算结果准确度高，而对分离度小于 1 的计算结果准确度较差。

B　定量校正因子

针对不同情况有几种校正因子可采用。

a　绝对校正因子

由式（4-58）知，绝对校正因子是指单位面积所对应的组分的量，用下式表示

$$f_i = m_i/A_i \tag{4-61}$$

式中，f_i 为单位峰面积所代表的 i 物质的量（可以是质量、摩尔或体积），由仪器的灵敏度所决定。

因 f_i 受仪器和操作条件影响较大，不易准确测量，在实际定量分析中采用相对校正因子 f_i'，文献中提到的校正因子，一般也是指相对校正因子（常省略"相对"二字）。

b　相对校正因子

相对校正因子是指组分 i 的绝对校正因子与标准物质 s 的绝对校正因子的比值，即

$$f_i' = \frac{f_i}{f_s} = \frac{m_i/A_i}{m_s/A_s} = \frac{m_i}{m_s} \cdot \frac{A_s}{A_i} \tag{4-62}$$

式中，A 和 m 分别为峰面积和物质的质量；下标 i 和 s 分别为试样中组分 i 和标准物质 s。

相对校正因子只与试样、标准物和检测器类型有关，与其他条件无关。

应注意，定量相对校正因子虽是无量纲量，但其数值与采用的计量单位有关。进入检测器的物质的量可以采用质量 m 或摩尔质量 M 或体积 V 表示，相应的相对校正因子分别用相对质量校正因子 $f_{i(m)}'$、相对摩尔校正因子 $f_{i(M)}'$ 及相对体积校正因子 $f_{i(V)}'$ 表示。它们之间的关系为

$$f_{i(M)}' = f_{i(m)}' \frac{M_s}{M_i} \qquad f_{i(V)}' = f_{i(M)}' \tag{4-63}$$

式中，M_i 和 M_s 分别代表待测物质 i 和标准物质 s 的摩尔质量。

为表述方便，下面介绍定量方法时，物质的量采用质量单位，相应的相对校正因子用 f_i' 表示，略去下标 m。

相对校正因子可通过实验测量。具体做法是：准确称量待测物质 i 和标准物质 s，混合它们，然后进入色谱仪得到色谱图，并分别测量它们的峰面积，计算相对校正因子，经多次测量，取其平均值。

c　相对响应值 S_i'

相对响应（应答）值表示相对灵敏度。在计量单位相同的情况下，它与相对校正因子互为倒数，即

$$S_i' = 1/f_i' \tag{4-64}$$

C　常用的定量方法

根据分析情况不同，常用的定量方法有归一化法、外标法和内标法。

a 归一化法

归一化法仅适用于试样中所有组分全出峰的情况。它把试样中所有组分的含量之和折合为100%计算，以相应的色谱峰面积为定量参数来计算各组分在试样中的定量关系。试样中 n 个组分中 i 组分含量的计算式为

$$x_i = \frac{m_i}{m_1 + m_2 + \cdots + m_n} \times 100\% = \frac{f_i' \cdot A_i}{\sum\limits_{i=1}^{n} (f_i' \cdot A_i)} \times 100\% \tag{4-65}$$

式中，A_i 为组分 i 的峰面积；x_i 和 f_i' 分别代表组分 i 的质量分数（或摩尔分数及体积分数）和相应的相对校正因子（或相对摩尔校正因子及相对体积校正因子）。

归一化法适用于产物及副产物都清楚的混合物含量的测定，其优点是进样量、载气流速等操作条件的变化对测定结果影响较小，且简便、准确。

b 外标法

外标法又称为校准曲线法，是一种简便、快捷的定量方法。基于组分浓度与峰面积成正比，用纯物质及合适的容积配制一系列不同浓度的标准样品，在一定的色谱条件下，绘制浓度与峰面积关系的标准曲线作为校准曲线。在与标准曲线完全相同色谱条件下分析试样，获得试样中某待测组分的峰面积，然后从标准曲线上查得其含量。该方法是定量分析中比较通用的方法，操作简单，适用于大批量同类试样的快速分析，虽不需要校正因子，但要求进样的量要十分准确，操作条件要稳定及严格控制。

c 内标法

内标法也是一种常用的方法。当不需要测定试样中的某几个组分或试样中的组分不可能全部出峰时，可采用内标法。内标法是在待测样品中加入一定量的纯物质作为内标物后，再进行色谱分析，从而消除了实验条件和进样量的变化带来的误差。根据被测物和内标物在色谱图上相应的峰面积和相对校正因子，计算某组分的含量。具体计算时依据下面关系进行。

$$\frac{m_i}{m_s} = \frac{f_i' A_i}{f_s' A_s} \qquad m_i = m_s \frac{f_i' A_i}{f_s' A_s}$$

$$w_i = \frac{m_i}{W} \times 100\% = \frac{m_s \dfrac{f_i' A_i}{f_s' A_s}}{W} \times 100\% = \frac{m_s}{W} \cdot \frac{f_i' A_i}{f_s' A_s} \times 100\% \tag{4-66}$$

式中，m_i、m_s 和 W 分别为待测组分 i、内标物 s 和试样的质量（不包括 m_s）；A_i、A_s 分别为待测组分和内标物的峰面积；f_i'、f_s' 分别为待测组分和内标物的相对校正因子。

对内标物的要求：（1）试样中不含有该物质，且是比较容易获得的纯物质；（2）与被测组分性质相近，其峰的位置应位于被测组分附近，且对待测组分的峰无影响；（3）化学性能稳定，不与试样发生化学反应；（4）内标物的浓度要合适，使其峰面积与待测组分相差不是太大。

内标法中，若将试样量和内标物的加入量固定，则被测物的质量分数与 A_i/A_s 成正比，即

$$w_i = \frac{A_i}{A_s} K_i \times 100\% \tag{4-67}$$

式中，K_i 为相应组分 i 的比例常数，与校正因子关系为 $K_i = \dfrac{m_s f_i'}{W f_s'}$。

内标法的优点是操作条件和进样的量略有变化对定量分析结果影响不大，分析结果准确性较高；不足之处是操作相对较复杂，对每个试样分析都需进行二次称量，不适合大批量试样的快速分析。另外，在试样中增加一个内标物质，也会给分离造成一定的困难。三种定量方法的归纳列于表4-7，便于比较。

表 4-7　三种定量（质量）方法比较

项目	归一化法	外标法	内标法
计算公式（m）	$w_i = \dfrac{f_i' \cdot A_i}{\sum\limits_{i=1}^{n}(f_i' \cdot A_i)} \times 100\%$	由标准曲线直接查出	$w_i = \dfrac{A_i}{A_s} K_i \times 100\%$
进样量	不需要准确	需要准确	不需要准确
配样	不需要	不需要	需要
操作条件	一次分析过程需稳定	全部过程中操作条件需完全相同	一次分析过程需稳定
出峰要求	全组分	所测组分	内标物及所测组分
校正因子	需全部所测组分的	不需要	需内标物及所测组分的
检测器	通用检测器	选择性检测器	两种中视情况选定
适用范围	常量分析	批量分析	组分精确定量（微量）

4.2.4　气相色谱

气相色谱法是以气体作为流动相的色谱分析方法，具有分离效率高、分析速度快、灵敏度高、试样用量少等特点，已广泛用于化学化工、资源与环境、生物医药、生化材料等诸多领域，是生产、科研、教学等部门的重要分析方法。气相色谱法根据固定相的状态可分为气固色谱法（GSC）和气液色谱法（GLC）。

气固色谱法是以多孔固体物为固定相，通过物理吸附进行分离，可分离混合气体和低沸点的化合物。由于可供选择的固定相种类少，可分离的对象有限，且色谱峰易产生拖尾，实际应用比较少。

气液色谱是将高沸点的液态有机物涂渍在惰性载体（担体）上，或直接涂渍（或交联）在毛细管内壁上作为固定相，利用组分在两相的分配系数不同进行分离。一般450 ℃以下有 1.5~10 kPa 的蒸气压，且热稳定性好的有机及无机化合物都可以用此法来分离。可供气液色谱法选择的固定液种类很多，试样容易得到好的分离，因此应用广泛。

4.2.4.1　气相色谱仪

气相色谱仪是以气体作为载气（流动相），被气化的试样在气密的气体流路系统中连续运行进行色谱分析的仪器。气路系统的气密性、载气流速的稳定性及测量的准确性，都会影响色谱仪的稳定性和分析结果。

气相色谱仪是由载气系统、进样系统、色谱（分离）柱、检测系统和温控系统五大部分组成。一般常用的气相色谱仪的主要部件和分析流程见图 4-13（虚线框内为恒温部位）。

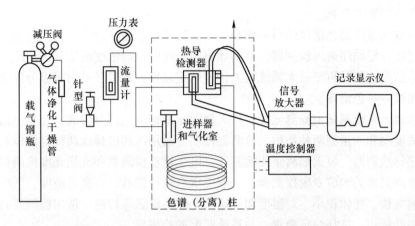

图 4-13 气相色谱仪的主要部件和分析流程示意图

气相色谱仪中的载气是不与试样和固定相作用的专用于载送试样的惰性气体。载气通常由图 4-13 中所示的高压气体钢瓶供给，经减压阀和气体调节阀减压并调节到所需压力，通过气体净化干燥装置净化后，再由针形阀和流量计调节保持稳定流量，经热导检测器的参考臂，进入气化室，气化后的试样进入分离柱，分离的组分进入热导检测器的检查臂，然后放空。热导检测器的参考臂和检测臂的差值信号送入放大器和记录仪得到流出曲线（色谱图）。从流出曲线可获得每个峰出现的时间，进行定性分析；根据峰面积或峰高的大小，进行定量分析。

A 载气系统

载气系统中常用的气源有氢、氮、氦等；载气依次通过分子筛、活性炭等净化干燥，去除水、氧、有机物和杂质等；载气通过减压阀、稳压阀和针形流量计串联控制柱前载气流速的恒定，柱前载气流速常用转子流速计指示，柱后的流速由皂膜流速计测量。载气流的大小和稳定性对色谱峰有影响。

B 进样系统

进样系统是把待测气体或液体试样快速、定量地送入到色谱（分离）柱中进行色谱分离的装置，它包括进样器和气化室。气体试样通常采用旋转式（也有采用推拉式）的六通阀进样，液体试样通常采用注射器进样。新型仪器带有全自动液体进样器，清洗、润冲、取样、进样、换样等过程自动完成，一次可放置数十个试样。气化室是将液体试样瞬间气化的装置，多由热容量大、且对试样无催化作用的金属块制成，可以加热到足够高的温度，使试样瞬间气化，且不分解。

C 分离系统

分离系统是色谱仪的核心部件，它由内径为 2~4 mm 的色谱（分离）柱组成，用于分离试样。色谱柱主要有填充柱和毛细管柱两类。填充色谱柱一般由不锈钢管或玻璃管制成 U 形或螺旋形。毛细管色谱柱（又称空心柱）是 20 世纪 70 年代后发展起来的，它是将固定液均匀地涂覆或交联在内径 0.1~0.5 mm 毛细管内壁而成的。与填充色谱柱相比，毛细管色谱柱的分离效率高、速度快、试样用量小，因柱容低，要求检测器灵敏度高，目前应用极为广泛。

D   检测和放大系统

检测和放大系统是色谱仪的另一核心部分。试样经色谱柱分离后，因各组分的保留时间不同，将按一定顺序进入检测器，检测器将组分按时间与浓度或质量的变化，转换为可测量的相应信号，信号再经放大系统放大传递给记录仪，最后显示出多组分混合物试样的色谱流出曲线——色谱图。

检测和放大系统通常由检测元件、放大器、显示记录三部分组成。气相色谱仪常用的检测器有浓度型和质量型两种类型，检测器性质分通用性和选择性两种，依检测器结构原理不同有热导检测器、氢火焰离子化检测器、电子捕获检测器和火焰光度检测器，以及对特定物质有高灵敏的响应专属探测器。一般要求色谱检测器具有高灵敏度、低噪音、线性范围宽、响应快、死体积小、对温度和流速的变化不敏感等特性。选用检测器时，要关注产品性能表的标识，选择满足要求、与系统匹配的检测器。

E   控温系统

控温系统主要是对气化室、分离室、检测器三部分的温度进行控制。气化室的温度要保证液体试样瞬间气化；分离室的温度需按一定程序控温，使各组分在最佳温度下分离；而控制检测器温度是保证已被分离的组分在通过检测器时仍为气态，不会冷凝成液体。因此，能否按试样特性控制好温度将会直接影响色谱柱的选择性、分离效能以及检测器的灵敏度和稳定性。

4.2.4.2   气相色谱固定相

气相色谱的固定相是气相色谱分离的关键，通常按分离的机理分为气固色谱固定相和气液色谱固定相。气固色谱的固定相采用固体吸附剂，而气液色谱的固定相由固定液和载体（也称担体）组成。

A   气固色谱固定相

气固色谱固定相是一种具有多孔性及较大表面积的固体颗粒吸附剂。利用吸附剂对气体吸附性能的差别，可获得较为满意的分离效果，主要用于分离和分析永久性气体及气态烃类物质。常用的固定相有非极性的活性炭、弱极性的活性氧化铝、强极性的硅胶和特殊吸附作用的分子筛，以及人工合成的极性或非极性的高分子多孔微球系列等。注意，不同种类吸收剂的最高使用温度和活化方法各有不同，下面给出几个例子：

（1）非极性的活性炭。最高使用温度低于 300 ℃，活化方法是用苯浸泡去除硫黄、焦油等杂质，然后在 350 ℃下通入水蒸气，最后在 180 ℃烘干。

（2）弱极性的活性氧化铝。最高使用温度低于 400 ℃，在 200~1000 ℃下活化 1~2 h。

（3）强极性的硅胶（$SiO_2 \cdot xH_2O$）。最高使用温度低于 400 ℃，活化时先经 6 mol/L 盐酸浸泡，蒸馏水洗涤去除氯离子，180 ℃下烘烤 6~8 h，装入色谱柱后使用前在 200 ℃下通载气活化 2 h。

（4）特殊吸附作用的分子筛（$xMO \cdot yAl_2O_3 \cdot zSiO_2 \cdot nH_2O$）。最高使用温度低于 400 ℃，在 350~550 ℃下活化 3~4 h，或在 350 ℃下真空活化 2 h。

（5）人工合成的极性或非极性的高分子多孔微球系列（GDX）。最高使用温度 200 ℃，活化时先在 170~180 ℃烘烤去除微量水，而后在氢或氮气中活化 10~20 h。

人工合成高分子多孔微球形状均匀，容易使填充均匀，因此数据重现性好。在无液膜存在时，没有流失问题，可以大幅度程序升温，用于沸点范围宽的试样分离。这种高分子多孔微球适用于有机物中痕量水的分析，以及多元醇、胺类、脂肪酸类、腈类、胺类的分析。

B 气液色谱固定相

气液色谱固定相由固定液和载体（担体）两部分构成。因可供气液色谱选择的固定相远比气固色谱的要多许多，因此气液色谱的应用范围更为广泛。

a 载体

载体（担体）是一种化学惰性、多孔型的固体颗粒，它只提供一个大的惰性表面，使固定液以薄膜形式均匀分布在其表面上，成为分配平衡中的一个相。注意，参与分离过程的表面亦不宜过大，过大会造成色谱峰拖尾。气液色谱对固定相载体的要求有：比表面积大，孔径分布均匀；化学惰性，表面无吸附性或吸附性很弱，与被分离组分不起反应；具有较高的热稳定性和机械强度，不易破碎；颗粒形状规则、大小均匀。

在气相色谱中常用的载体可分为硅藻土和非硅藻土两大类。

（1）硅藻土类载体。它是由单细胞海藻骨架组成，主要成分为二氧化硅和少量无机盐。由于制备方法不同，有红色硅藻土载体（与黏合剂煅烧）和白色硅藻土载体（与碳酸钠助剂煅烧）之分。由于普通硅藻土载体表面不是完全惰性的，有如硅醇基（Si—OH）的活性中心及少量金属氧化物等，会使色谱峰产生拖尾，因此在使用前必须采取酸洗、碱洗、硅烷化等表面化学处理，改善空隙结构和屏蔽活性中心。

（2）非硅藻土类载体。此类载体有有机玻璃微球载体、氟载体、高分子多孔微球等，用于极性试样和强腐蚀物质 HF、Cl_2 等的分析。由于表面的非浸润性，其柱效较低。

b 固定液

固定液一般为高沸点有机物，在使用温度下呈液态，并均匀地涂覆在载体的表面呈液膜状。固定液与被分离组分分子之间存在着静电力、诱导力、色散力、氢键力及其他作用力，这些相互作用力支配了色谱的分配过程。因此，确定分析试样后，为达到组分的最佳分离效果，合理地选择固定液是关键。选择固定相的基本原则是"相似相溶"，选择与试样极性（或结构）相近的固定液，且固定液必须满足：对被分离试样中的各组分具有不同的溶解能力；在操作温度下蒸气压较低，不会流失太快；较好的热稳定性和化学稳定性，且不与被分离组分发生不可逆的化学反应。

固定液的特性主要指它的选择性或极性，它是描述和区别固定液的分离特征的重要参数，也是人们选择固定液的依据，目前大多采用相对极性和固定液特征常数表示。在实际工作中，一般按固定液的化学结构类型和极性分类，供选择时参考。

按固定液的化学结构分类是按官能团的类别进行分类，将有相同官能团的固定液排列在一起，便于按待测组分与固定液"结构相似"原则选择固定液。固定液的结构类型有烃类、硅氧烷类、醇类和醚类、酯类和聚酯、腈和腈醚，以及有机皂土。

按固定液的极性分类时，固定液的极性通常用相对极性 P 来表示，并规定非极性的固定液角鲨烷（异十三烷）的极性为 0，强极性的固定液 β，β′-氧二丙腈的极性为 100。然后选择一对物质（如正丁烷和丁二烯）分别在色谱柱上测定它们在角鲨烷和 β，β′-氧二丙腈以及待测固定液的相对保留值，然后按下面方法取对数并计算待测固定液的相对极性 P。

$$q = \lg \frac{t'_R(丁二烯)}{t'_R(正丁烷)} \qquad P_x = 100 - \frac{100(q_1 - q_s)}{q_1 - q_2}$$

式中，下标 1、2 和 s 分别代表 β、β′氧二丙腈、角鲨烷及待测固定液。

这样测量计算得到的其他固定液的相对极性在 0~100 之间，并且每 20 为一级，共分为 5 级。0~+1 级为非极性固定液，+2 级为弱极性固定液，+3 级为中等极性固定液，+4~+5 级为强极性固定液。

由于相对极性还不能全面反映组分和固定液分子间的全部作用力，后来的色谱工作者在相对极性的基础上又提出了一些固定液特征常数，常用的有罗氏（Rohrschneider）常数和麦氏（McReynolds）常数。

1966 年提出的罗氏（Rohrschneider）常数是用保留指数差 ΔI 表示固定液的相对极性，并采用 5 种标准物质来测定，ΔI 值越大表示固定液和组分分子之间的作用力越大，固定液的选择性越好。1970 年提出的麦氏（McReynolds）常数是在罗氏常数的基础上的改进。麦氏总结归纳了在柱温 120 ℃实验分别测定苯、正丁醇、2-戊酮、1-硝基丙烷、吡啶等 10 种物质在 226 种固定液和角鲨烷上的 ΔI 值，发现前面列出的 5 种物质足以表达固定液的相对极性，并把对这 5 种物质的 ΔI 值之和称为总极性，用来表示固定液的极性大小，藉以反映出极性分子间存在的静电力（偶极定向力）、极性与非极性分子间存在着的诱导力、非极性分子间的色散力以及氢键等 5 种力之和的影响。强极性固定液 β、β′-氧二丙腈的麦氏常数总极性为 4427，而角鲨烷（异十三烷）的麦氏常数总极性为 0。一般来说，麦氏常数总极性值越大的固定液，其极性越强。一些常用固定液的相对极性、罗氏常数和麦氏常数总极性的数值可以从有关色谱分析书籍中查到。

4.2.4.3 分离操作条件的选择

气相色谱分析中分离是分析工作的核心，而分离工作是在色谱柱中完成，因此色谱柱使用条件的选择是完成色谱分析工作的关键。选择不同的分离条件可完成不同的分离分析任务。

A 固定相的选择

对于气固色谱，应根据试样的性质，参考各种吸附剂的性质和应用范围选择固定相。对于气液色谱，则根据"相似相溶"的原则，以及组分出峰顺序，选择固定液。举例如下。

（1）分离非极性组分，常选用非极性固定相。试样中各组分按沸点顺序流出，沸点低的组分先出峰，而沸点高的组分后出峰。试样含相同沸点的极性组分后于非极性组分出峰。

（2）分离极性组分，常选用极性固定液。试样各组分按极性大小顺序分离，极性小的先流出色谱柱，先出峰。试样中非极性组分先于极性组分出峰。

（3）分离非极性和极性的混合物，一般选用极性固定液。此时，非极性组分先流出色谱柱，先出峰，而极性的组分后出峰。

（4）分离醇、胺、水等强极性和能形成氢键的化合物试样，通常选择极性或氢键性的固定液。试样中各组分按与固定液分子间形成氢键能力大小先后出峰，不易形成氢键的先出峰，最易形成氢键的最后出峰。

（5）组成复杂、较难分离的试样，通常选用两种或两种以上的混合固定液。对不知极性的试样，一般采用几种固定液做试验，观察分离情况，然后选择适宜的固定液。

B　固定液配比的选择

人们将在载体（担体）上涂渍固定液量与载体量的百分比称为配比，通常选在 5% ~ 25%之间。选择的配比值越低，载体表面形成的液膜越薄，传质阻力越小，色谱柱效率就会越高，分析速度也就越快。

C　色谱柱长的选择

增加色谱柱长对提高分离度有利，但组分的保留时间 t_R 增加，且柱内阻力增加，不便操作。柱长的选用原则是在能满足分离目的（即分离度达到期望值）的前提下，尽可能选用较短的柱，有利于缩短分析时间。具体方法是：选择一根极性适当、任意长度的色谱柱进行试验，测定两组分的分离度，然后依据分离度与柱长关系式（式 4-56）计算确定达到预期分离度所需柱长。例如，在一根 1 m 长色谱柱测得两组分的分离度 R 为 0.75，若使它们完全分离，即分离度 $R=1.5$，所需柱长为

$$L_2 = L_1 \left(\frac{R_2}{R_1}\right)^2 = 1\text{m} \times \left(\frac{1.5}{0.75}\right)^2 = 4\text{m}$$

计算结果表明，在选定条件下，色谱柱为 4 m 才能使两组分完全分离。

D　色谱柱温度的确定

色谱柱温度是气相色谱操作的重要参数，它对柱效的影响是双向的。柱温一般应该控制在固定液的最高使用温度和最低使用温度范围之内。超过最高使用温度，会造成固定液易流失；低于固定液的最低使用温度，固定液会以固体形式存在，不会气化。在控制色谱柱温度的范围内，柱温升高，被测组分在气相中的浓度增加，使气相和液相传质速率加快，K 变小，t_R 变短，改善柱效；但同时加剧了纵向扩散，从而又导致色谱柱效的下降，分离度也将下降，低沸点组分的峰出现重叠的可能性增大，也会增大固定液的蒸发流失。为提高选择性，改善分离，可在控制色谱柱温度的范围内降低柱温，但分析时间会变长。因此，色谱柱温度的选择要顾及几方面的因素，根据实际情况而定，一般选择在接近或略低于组分平均沸点时的温度。对于组分复杂，沸程宽的试样，应采用程序升温，分析过程中按一定速率升高柱温，这样可以在分离开始阶段色谱柱温度较低时，低沸点组分得到分离。之后，随温度的升高，可使各组分由低沸点到高沸点依次分离出来。

E　载气种类及其流速的选择

a　载气种类的选择

选择载气时，应综合考虑载气对色谱柱效率的影响、检测器要求及载气性质，以及载气的安全性、经济性和气源的供应等情况。例如，当所需载气流速小时，选择摩尔质量大的载气，可抑制试样的纵向扩散，提高柱效；在所需载气流速较大时，由于柱内传质阻力起主要作用，此时采用摩尔质量较小的载气，可减小传质阻力，提高柱效。

b　载气流速的选择

由塔板高 H 对流动相（载气）线速度 u 关系图（图 4-10）可知，在 H-u 曲线最低点处，塔板高 H 最小，此时色谱柱效最高。由 4.2.2.2 节速度理论知，塔板高 H 与载气线速度 u、涡流扩散项 A、分子扩散项 B 和传质阻力系数 C 的关系为（式 4-46）

$$H = A + \frac{B}{u} + Cu$$

对该式微分，令其等于零得到最佳流速

$$\frac{dH}{du} = -\frac{B}{u^2} + C = 0$$

$$u_{opt} = \sqrt{\frac{B}{C}} \qquad H_{min} = A + 2\sqrt{BC} \tag{4-68}$$

一般选择的实际流速通常稍大于由式（4-68）计算得到的最佳流速 u_{opt}，以利于缩短分析时间。

c   其他操作条件的选择

对于液体试样，一般采用色谱微量进样器进样。进样的量应控制在柱容量允许范围及检测器线性检测范围之内。气化温度一般都较色谱柱的温度高 $30 \sim 70\ ℃$，应该注意防止气化温度太高造成试样分解。对于气体试样，应采用气体进样阀进样。

4.2.4.4　毛细管色谱法

由于气相色谱的填充柱在运行中存在涡流扩散，影响色谱柱效率的提高。1956 年高赖（Golay）在理论研究的基础上，发明了具有极高效率的空心毛细管色谱柱；1957 年又提出了涂壁毛细管气液分配色谱理论，为毛细管色谱法奠定了理论基础。到 20 世纪 80 年代初，借助于制备光导纤维技术，获得了石英弹性毛细管，使毛细管色谱得以飞速发展，于是出现了多孔层开管柱、化学键合（或交联）开管柱、涂壁开管柱和载气涂渍开管柱等不同类型的毛细管柱。由于它们的高分离能力，使毛细管色谱法广泛应用于复杂混合物的分析。

毛细管色谱法是采用高分离效能的毛细管柱分离复杂组分的一种气相色谱方法。毛细管色谱的突出优点是：渗透性好，可使用长的色谱柱，总柱效高；柱容量小，允许进样量小；色谱峰窄、峰形对称；分析速度快；用氢焰检测器，灵敏度高。

毛细管柱具有柱容量小、出峰快的特点。因此，毛细管色谱法对进样要求极严，采用分流进样技术，在瞬间注入极少量试样，并需配置灵敏度高的检测器和快速响应的记录仪。

毛细管色谱柱可分为填充型和开管型，填充型已经使用不多了，因此这里只介绍开管型毛细管色谱柱的特点和几种类型。

开管型色谱柱内中心是空的，管内壁涂渍一层薄而均匀的液膜作为固定相，载气从管中心的通道通过，故又称为开管柱。开管柱结构的特点有：（1）管柱内不装填料，阻力小，管柱为内径小于 1 mm，长度可达百米的毛细管柱；（2）气流单向通过谱柱，消除了组分在柱中的涡流传质阻力；（3）固定液直接涂覆在管壁上，涂层很薄，柱内壁总面积较大，大大降低气相和液相间传质阻力，相比率 β 大和渗透性好，可使用高的载气流速，实现快速分析；（4）柱效高，一支长度 100 m 的毛细管柱的理论塔板数可达 $10^4 \sim 10^6$。

按固定液涂渍方法不同，开管型毛细管柱分以下几种类型：

（1）涂壁开管柱。涂壁开管柱是将毛细管内壁经预处理后，将固定液直接涂敷在管内壁上。制作相对简单，但制备的色谱柱重现性差、寿命短。现大多毛细管柱为此类型。

（2）多孔层开管柱。多孔层开管柱是在毛细管内壁上涂敷一薄层多孔性吸附剂固体微粒，不再涂固定液，直接构成毛细管气固色谱开管柱。

（3）载体涂渍开管柱。载体涂渍开管柱是先将非常细的载体微粒粘接在毛细管内壁上，再在载体上涂固定液，因而增大了管内固定液的涂渍量，毛细管柱液膜较厚，色谱柱容量较涂壁开管柱的大，但耐溶剂性和热稳定性较差。

（4）化学键合（或交联）柱。化学键合（或交联）柱是将固定液通过化学反应键合（或交联）到毛细管内壁上，提高了耐温、抗溶剂冲刷等性能，同时保持高柱效能和提高寿命。

用毛细管柱需要注意：由于毛细管柱内径较小，允许通过的载气流量很小；柱容量很小，允许进样量小，需采用分流技术；分流后，柱后流出的试样组分量少、流速慢，则需采用尾吹技术和灵敏度高的氢焰检测器。

4.2.5　高效液相色谱

20世纪60年代末70年代初出现了高效液相色谱分析法，又称高压液相色谱或高速液相色谱。它是以高压泵输出的液体为流动相，采用高效固定相和高灵敏度检测器的色谱技术，也是一种新型分离技术，具有分离速率高、分离效率高、灵敏度高的特点。目前高效液相色谱法已成为应用极为广泛的分离分析方法，特别是对复杂物质的分离分析，以及对热稳定性差、沸点高的有机化合物和生化试样的分析具有显著的优越性。

高效液相色谱与气相色谱相比，其优越性在于：（1）气相色谱只能分析气体和低沸点的化合物，而高效液相色谱可以分析沸点高、摩尔质量大、热稳定性差的有机化合物；（2）气相色谱只能采用对组分没有亲和力（或相互作用力）、只起运载作用的惰性气体作为流动相，而高效液相色谱可以选择不同极性的液体作为流动相，因流动相对组分产生一定亲和力，参与固定相对组分选择作用，增加了控制和改进分离条件的参数，更加方便选择最佳分离条件；（3）气相色谱大多在较高温度下进行分析，而高效液相色谱可在室温下进行分析。

总之，高效液相色谱吸收了传统色谱的优点，并充分利用现代技术手段加以改进，从而得到快速发展和极其广泛的应用。

4.2.5.1　高效液相色谱仪

高效液相色谱仪的种类很多，但其主要结构由高压输液泵、自动进样装置、高效分离柱和液相色谱检测器4个主要部件，以及梯度淋洗装置和数据处理系统等辅助装置组成，如图4-14所示。

高压输液泵将贮液瓶中的流动相液体高速平稳地流经进样器，携带待测试样送入到分离柱中分离，然后将分离的组分依次送入到检测器，从检测器的出口流出，而记录仪将检测器送出的信号记录下来，得到液相色谱图。

A　高压输液系统

在高效液相色谱分析中，由于使用粒度很小的固定相，因此流动相的阻力很大。为了获得高柱效，流动相须高速流过色谱柱，必须配备高压输送系统（包括贮液瓶、高压输液泵、过滤器、压力脉动阻力器等）。系统通常使用密封性好、输出流量恒定、压力稳定和范围可调（工作压力一般为（150~350）×10^5 Pa）的恒流泵（又称机械泵）或恒压泵。由于恒压泵保持输出压力恒定，其流量会随着色谱系统的阻力而改变，因此保留时间的重

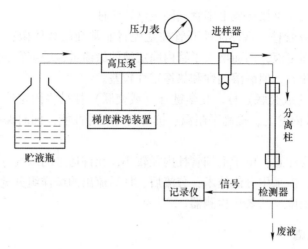

图 4-14   高效液相色谱仪结构示意图

现性差，目前已逐渐被机械往复的恒流泵所取代。

B   进样装置

进样装置作用是把试样以柱塞方式注入分离柱，以保证试样定时、定量、瞬间注入色谱柱上端，并且不扰动压力和流量平衡。进样装置可以是隔膜注射进样器或高压进样阀。隔膜注射进样器是在色谱柱顶端置入耐压弹性隔膜，进样时用微量注射器刺穿隔膜进样。高压进样阀是用高压六通阀经定量管控制进样，进样量可由进样管体积严格控制，更换不同体积进样管，来调整进样量，因此进样量准确、重复性好，适用于定量分析。

C   高效分离柱

高效分离柱包含管柱和固定相两部分。管柱通常采用不锈钢（或铜、铝等金属）直管制成。一般柱内径为 0.4~0.6 cm，柱长为 5~40 cm。管柱一般采用均浆填充法将细粒度填料装柱。具体做法是先将填料调成悬浮液，然后在高压泵作用下将其快速压入装有洗脱液的色谱柱内，经冲洗后即可备用。高效分离柱的发展趋势是减小填料粒度和柱径，以提高柱效。

D   液相色谱检测器

常用检测器分两类：一类是溶质性检测器，仅对被分离组分的物理或化学性质有响应，如紫外-可见光检测器、荧光检测器、电化学检测器等；另一类是总体检测器，对试样和洗脱液总的物理或化学性质有响应，如蒸发光散射检测器、质谱检测器、电导检测器、示差折光检测器和光电二极管阵列紫外检测器等。

选用的检测器应灵敏度高，对流动相温度及流量的变化不敏感，线性范围宽，重现性好，适用范围广，响应速度快。

E   梯度淋洗装置

梯度淋洗装置又称梯度洗脱装置，是液相色谱极重要的附属设备。在工作状态下可使流动相的组成随时间改变，通过连续改变色谱柱中流动相的极性、离子强度或 pH 值等，使被测组分的相对保留时间改变，有利于提高分离效率，加快分离速度。梯度淋洗可以改进复杂试样的分离，改善峰形，减少拖尾，缩短分析时间。梯度淋洗装置对分离组分复杂及容量因子值范围宽的试样是十分必要的。

梯度淋洗装置有高压梯度（也称外梯度）和低压梯度（也称内梯度）之分。高压梯度淋洗装置是用两台高压输液泵分别按比例将两种不同极性的固定液送入到梯度混合室混合，然后送入到分离柱中；而低压梯度淋洗装置是使用一台高压泵由调节阀将两种或多种不同极性的流动相溶液按所需比例送入到混合室混合，然后将混合液送入到分离柱中。

4.2.5.2 液相色谱主要分离类型与基本原理

液相色谱具有多种适用不同分离对象的分离类型，按分离机制有液-固吸附色谱、液-液分配色谱、离子交换色谱、离子色谱、离子对色谱、尺寸排阻色谱和亲和色谱等类型。下面分别简单介绍各种分离类型的基本原理、应用范围及其存在的不足。

在液相色谱中，为了尽可能减少固定液的流失，选择与固定相的极性差值很大的流动相。因此人们将固定相为极性、流动相为非极性的液相色谱称为正相液相色谱，而将固定相为非极性、流动相为极性的液相色谱称为反相液相色谱。

A 液-固吸附色谱法

液-固吸附色谱法分离的原理是依据各种组分在固定相吸附剂上的吸附与解吸的差异。所用固定相为固体吸附剂，通常是多孔的固体颗粒物质如硅胶、氧化铝、聚酰胺等，较常使用的是硅胶吸附剂，而流动相（又称洗脱剂）为不同极性的一元或多元溶剂。液-固吸附色谱法适用分离中等大小相对分子质量的油溶性试样，对有官能团的化合物和异构体有较高的选择性。它的缺点是对非线形等温吸附物质，会引起峰的拖尾。

B 液-液分配色谱法

液-液分配色谱法分离的基本原理是依据组分在固定相和流动相上的分配系数不同。固定相与流动相均为液体，互不相溶。此法适用于极性和非极性、水溶性和油溶性、离子型和非离子型等各类复杂组分试样的分离和分析。

C 离子交换色谱法

离子交换色谱法是利用离子交换原理和液相色谱技术结合测定溶液中阳离子和阴离子的分离分析方法。工作原理是鉴于待测离子与固定相间亲和力越大保留时间就越长，组分电离后产生的离子在固定相（离子交换树脂）上发生反复的离子交换反应，利用不同待测离子对固定相亲和力的差异实现分离。固定相采用离子交换树脂。当采用阴离子交换树脂作为固定相时，用酸性水溶液作流动相；而当采用阳离子交换树脂作为固定相时，则用碱性水溶液流动相。此法应用范围较广，主要应用于分析无机离子混合物和可解离的化合物以及有机物（如氨基酸、核酸和蛋白质等生物大分子）的分离。

D 离子色谱法

离子色谱技术是 1975 年出现的由离子交换色谱法派生的一种色谱技术。为能使用电导检测器，在离子交换柱的后面加了一根抑制柱（称抑制型离子色谱，或双柱离子色谱），柱中添加与分离柱电荷相反的离子交换树脂，使经过分离柱后具有高背景电导的流动相变成低背景电导的流动相，从而可用电导检测器直接检测各种离子的含量。这种抑制柱需定期再生，有谱带展宽情况，降低了分离度。为避免这些，后来又出现直接采用电导率极低的溶液作为流动相的非抑制型色谱柱（或称单柱离子色谱）。离子色谱法测定混合阴离子最有效。

E 离子对色谱法

离子对色谱法的基本原理就是将一种或多种与待测离子电荷相反的离子（称为对离子或反离子）加到流动相或固定相中，使其与待测离子结合形成疏水性离子对，从而控制待测离子保留行为。离子对色谱法的离子对形成机理认为，根据待测离子的性质不同、反离子形成离子对的能力不同以及形成离子对的疏水性质的不同，导致各待测离子在固定相中的滞留时间不同，因此出峰时间也不同。然而，离子对色谱法的机理至今仍不十分明确，除了离子对形成机理之外，还有离子交换机理和离子相互作用机理。

离子对色谱法可分离分析离子型化合物或可电离的物质，以及在同一色谱条件下同时分析离子型和非离子型两类化合物。

F 尺寸（空间）排阻色谱法

因尺寸排阻色谱法中固定相采用化学惰性的多孔凝胶物质，故尺寸排阻色谱法又称凝胶色谱法。其原理是基于试样分子尺寸大小和形状不同实现分离，即按分子尺寸大小顺序进行分离。固定相为具有一定大小孔隙分布的凝胶，小分子可以扩散到凝胶空隙，形成全渗透，出峰最慢；中等分子只能通过部分凝胶空隙，中速通过；而大分子被排斥在外，出峰最快；溶剂是小分子，最后出峰。此方法方便测量高分子聚合物群的相对分子质量分布。

G 亲和色谱法

亲和色谱法的工作原理就是利用生物大分子和固定相表面间存在某种特异性亲和力相互作用而被保留，没有相互作用的分子不被保留，进行选择性分离。它是一种选择性过滤，且选择性强，纯化效率高，可一步获得纯物质，是生物大分子分离和分析的重要手段之一。

H 化学键合色谱法

化学键合色谱法中利用固定相硅胶表面存在的硅醇基（Si—OH），通过不同的化学反应，将具有不同官能团的有机分子键合到硅胶表面，形成各种类型的固定相。键合固定相依得到的性能不同分为疏水基团、极性基团和离子交换基团三类。人们通过改变流动相的组成和种类，可对各种类型化合物进行分离。化学键合色谱法包含反相键合相色谱法、正相键合相色谱法和离子型键合相色谱法。方法不同，键合的基团性质也不同，采用的流动相也不同。

反相键合相色谱法的固定相采用极性较小的键合固定相（如硅胶-$C_{18}H_{37}$、硅胶-苯基等），流动相采用极性较强的溶剂（如甲醇-水、乙腈-水、水和无机盐的缓冲溶液等）。

正相键合相色谱法的固定相采用键合在硅胶表面极性的有机基团如—CN、—NH_2、双羟基等，流动相采用非极性或极性小的溶剂（如烃类）中加入适量的极性溶剂（如氯仿、醇等），分离极性化合物。组分的分配比 k 随其极性的增加而增大，但随流动相的增加而降低。此方法特别适用于分离不同类型的化合物，主要用于分离异构体、极性不同的化合物。

离子型键合相色谱法的特点是传质快、寿命长、选择性好。因为化学键合固定相非常稳定，使用中不易流失，特别适用于梯度淋洗和分离容量因子值范围宽的样品。键合到载体表面的官能团可以是各种极性，因此该方法适用于多种样品的分离。

4.2.5.3　液相色谱的固定相与流动相

A　液相色谱的固定相

a　液-液分配及离子对分离的固定相

液-液分配及离子对分离的固定相有多孔型、表面多孔型和化学键合固定相之分。多孔型固定相是由 10 μm 以下的氧化硅、氧化铝、硅藻土等制成的多孔球体。目前应用最广、性能最佳的是化学键合固定相，它是利用硅胶表面存在的硅羟基，通过化学反应将有机分子的官能团键合到硅胶表面。根据在硅胶表面的化学反应类型它可分为：

(1) 硅氧碳键型，　　　　　 $\equiv$Si—O—C

(2) 硅氧硅碳键型，　　　　 $\equiv$Si—O—Si—C

(3) 硅碳键型，　　　　　　 $\equiv$Si—C

(4) 硅氮键型，　　　　　　 $\equiv$Si—N

硅氧硅碳键型具有高稳定性，耐水、耐光、耐有机溶剂，故应用最广。

化学键合固定相的特点是：传质快，表面无深凹陷，比一般液体固定相传质快；化学键合选择性好，能够键合不同的官能团；寿命长，稳定、无固定液流失，耐流动相冲击、耐水、耐光、耐有机溶剂，有利于梯度洗脱，受流动相变化的影响小。

b　液-固吸附分离的固定相

液-固吸附分离的固定相为粒度在 5~10 μm 硅胶、氧化铝、分子筛、聚酰胺等，且多为多孔型及薄壳型结构。

c　离子交换色谱分离的固定相

离子交换色谱分离的固定相常用的有多孔型离子交换树脂、薄膜型离子交换树脂和表面多孔型离子交换树脂。后两种类型的传质速度快，具有高的柱效，能实现快速分离，但不足之处是交换容量低。

d　尺寸（空间）排阻分离的固定相

离子交换色谱分离的固定相为化学惰性的多孔凝胶物质，按耐压的程度分为多孔网状结构软质凝胶（适用于常压尺寸排阻分离）、半硬质凝胶（也称有机凝胶）和硬质凝胶（多孔硅胶、多孔玻璃珠）等。这类固定相的优点是化学和热稳定性好，机械强度大，受流动相的影响小，可在较高流速下使用。应该提到的是，多孔网状结构软质凝胶固定相适用于常压尺寸排阻分离，半硬质凝胶常采用非极性有机溶剂为流动相。

B　高效液相色谱的流动相

高效液相色谱的流动相又称为淋洗液、洗脱剂，按使用方式分固定组成淋洗和梯度淋洗流动相，按组成分单组分和多组分流动相，按极性分极性、弱极性和非极性流动相。通常选择流动相时应考虑固定相的疏水性和极性，若采用亲水性固定相则选择疏水性流动液。改变流动相的组成和极性可显著地改变组分的分离状况。按流动相与固定相的极性状况可分为正相液色谱和反相液色谱：当流动相（液）的极性小于固定相的极性时，称为正相液色谱法，极性柱也称正相柱；当流动相的极性大于固定液的极性时，称为反相液色谱，非极性柱也称为反相柱。

常用溶剂的极性顺序为：

水（最大）>甲酰胺>乙腈>甲醇>乙醇>丙醇>丙酮>二氧六环>四氢呋喃>甲乙酮>正丁

醇>乙酸乙酯>乙醚>异丙醚>二氯甲烷>氯仿>溴乙烷>苯>四氯化碳>二硫化碳>环己烷>己烷>煤油（最小）

选择流动相应注意：

（1）纯度要高，尽量使用高纯度试剂作流动相，防止微量杂质长期累积损坏色谱柱和使检测器噪声增加，引起基线不稳或产生"伪峰"。

（2）化学稳定性要好，避免流动相与固定相发生反应或溶剂聚合作用，否则会使色谱柱的柱效下降或损坏柱子。

（3）流动相与试样的极性要相配，并有良好的选择性。

（4）试样在流动相中应有适宜的溶解度、黏度，防止产生沉淀及在柱中沉积。

（5）毒性要小，可安全使用。

（6）流动相的波长应满足检测器的要求。

4.2.5.4 影响高效液相色谱分离的因素与分离类型选择

A 影响高效液相色谱分离的因素

由于液体的扩散系数是气体的万分之一，因此在高效液相色谱的速率方程中的分子扩散项 B/u 较小，可以忽略不计，此时的速率方程可写成

$$H = A + Cu$$

由速率方程可知，降低固定相颗粒的粒度可提高柱效。因液体的黏度比气体大 2 个数量级，而密度又大 3 个数量级，故降低传质阻力是提高色谱柱效率的主要途径。在液相色谱中，通过提高色谱柱温度来改善传质是不可行的，因此改善色谱分离性能最直接的措施是改变淋洗液的组成和极性。

B 分离类型选择

根据试样的特性来选择合适的分离类型是进行高效液相色谱分析的首要任务。一般要根据试样的相对分子质量大小、化学结构、极性大小、溶解度参数等化学和物理性质来确定。选择分离类型的途径可参考图 4-15，从而进行分离方案的预选。

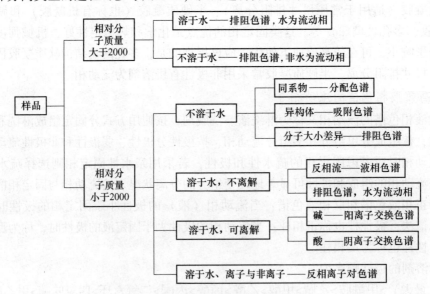

图 4-15 选择分离类型的参考途径

4.2.5.5 超临界流体色谱法

超临界流体色谱法是 20 世纪 80 年代研发出的一种崭新的色谱分析方法。它是以超临界流体为流动相，利用组分在两相间的分配系数不同进行分离。该色谱法的分离机理是吸附与脱附，可用来分离和分析气相和液相色谱不能处理的物质，如高沸点、低挥发、可燃烧的试样等，而且具有高的柱效和分离效率。

A 超临界流体的定义

众所周知，物质随温度和压力不同，可在气体、液体和固体三种状态间变化。某些纯物质的状态变化如图 4-16 所示。由图可以看出，物质若处于三相点的温度和压力条件下，其处于气- 液- 固三相的平衡状态。临界点是物质保持为超临界流体状态所需最低压力（临界压力）和最低温度（临界温度）。物质处在高于临界压力与临界温度下的物质状态，称之为超临界流体。它既不是气体，也不是液体，始终保持为流体状态，其物理性质介于气体和液体之间。

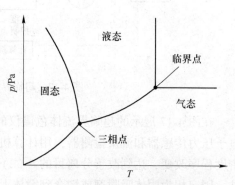

图 4-16 纯物质状态变化的示意相图

B 超临界流体的特性

（1）物理性质介于液体和气体之间，具有气态的低黏度和液态的高密度，扩散系数介于两者之间，如表 4-8 所示。低黏度有利于传质，可获得快速高效分离。高密度便于在较低温度下分离。

表 4-8 气体、液体和超临界流体的物理性质比较

物理性质	气体	超临界流体	液体
密度/$g \cdot cm^{-3}$	$(0.62\sim2)\times10^{-3}$	$0.2\sim0.5$	$0.6\sim2$
扩散系数/$cm^2 \cdot s^{-1}$	$(1\sim4)\times10^{-1}$	$10^{-4}\sim10^{-3}$	$(0.2\sim2)\times10^{-5}$
黏度/$Pa \cdot s$	$(1\sim3)\times10^{-5}$	$(1\sim3)\times10^{-5}$	$(0.2\sim3)\times10^{-3}$

（2）超临界流体的物理、化学性质（如扩散系数、黏度和溶解力等）是密度的函数，可通过改变超临界流体的密度改变流体的性质，调节组分的分离。

常用作临界流体的一些物质的性质示于表 4-9。

表 4-9 一些超临界流体的性质

超临界流体	超临界温度/K	超临界压力/MPa	超临界点的密度/$g \cdot cm^{-3}$
CO_2	304.1	7.29	0.47
N_2O	309.5	7.17	0.45
NH_3	405.5	11.25	0.24

C 超临界流体色谱仪

1985 年研制出首台商用超临界色谱仪，其大体上与高效液相色谱类似，差别在于：

可对流动相精确控温，将色谱柱安装在恒温控制的柱炉内成为恒温色谱柱（填充柱或毛细管柱）；增加了限流器装置（或称反压装置），以维持柱内合适的压力，并通过它使流体变成气体后进入检测器进行检测。色谱仪的总体结构如图 4-17 所示。

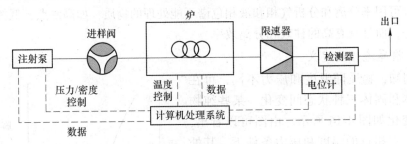

图 4-17   超临界流体色谱仪的结构示意图

在图 4-17 展示的超临界流体色谱仪的结构中：（1）采用无脉冲的注射高压泵，通过电子压力传感器和流量检测器，用计算机控制流动相的密度和流量，采用程序升压使流体密度程序改变，达到改善分离目的。（2）色谱柱和固定相采用液相色谱柱或交联毛细管柱，固定相为固体吸附剂或键合到载体上的高聚物，也可使用液相色谱的柱填料；流动相为超临界流体，以 CO_2 应用最广泛。（3）采用液相色谱检测器或气相色谱的火焰离子化检测器。

超临界流体色谱比高效液相色谱的柱效高、分离时间短，比气相色谱的谱峰宽要窄。超临界流体色谱法特别适用于气相色谱法和高效液相色谱法不能分析的样品，如大分子物质、热稳定性差化合物和高聚物的有效分离，现已被广泛地应用于天然物质、药物、表面活性剂、高聚物、农药、炸药和火箭助推剂等物质的分离和分析。

4.2.5.6   毛细管电泳法简介

毛细管电泳法是 20 世纪 80 年代迅速发展起来的一种新型液相分离分析技术，它的出现使分析技术进入到纳升（10^{-9} L）水平，并使单细胞、单分子的分析成为可能。毛细管电泳技术在生命科学、生物、医药、环境和食品科学等领域有极重要的应用前景，利用毛细管电泳技术使 DNA 测序工作实现了超高速。这里仅介绍毛细管电泳法的特点，以及它与高效液相色谱的区别。

毛细管电泳法是以毛细管作为分离通道，以高压电场为驱动力的一种新型液相分离技术，它具有分离高效、分析快速、微量进样、高灵敏度和低成本等特点。

毛细管电泳法与高效液相色谱法的不同在于：

（1）流体流动形式不同。流体在毛细管电泳中流动为平流，峰展宽小；而在高效液相色谱中流动为层流，峰展宽大。

（2）组分移动的驱动力不同。在毛细管电泳中组分靠电渗流和电泳流的共同作用移动；而在高效液相色谱中，则靠压力流带动。

（3）组分分离的原理不同。毛细管电泳中，分离是依据迁移速率的不同；而在高效液相色谱中，分离则是依据分配（吸附）系数的不同。

（4）扩散的影响。毛细管电泳中组分分子的扩散小、无传质阻力，柱效高；而高效液相色谱中存在涡流扩散、分子扩散和传质阻力，影响了柱效。

4.2.6 色谱分析的应用实例

色谱技术是一种高效、灵敏、快速的分离分析技术,在科学研究和工业分析中得到较普遍的应用。

4.2.6.1 色谱分析在工业分析中的应用

A 大型电力变压器故障诊断

通过对变压器油进行色谱分析,得到各种烃的含量,并对其进行跟踪分析计算,已是大型电力变压器故障诊断的重要手段。

B 油田开发中的应用

在油田勘探开发中需要分析生油岩样品,了解生油岩特征,确定成熟度,进行油源对比,确定矿藏开采价值等。气相色谱分析技术与其他技术相结合(气相色谱-质谱分析技术)分析含油样品中不同组分,结果可靠,成本低,已在油田勘探开发中得到广泛的应用。

C 其他领域的应用

色谱分析的应用还有:测定人体体液中苯、甲苯、二甲苯等有毒成分含量,用于职业病鉴定;分析血液样品中的酒精含量,判断酒后驾车;测定塑料食品包装袋中的甲苯残留量,确定其适宜范围;分析成品酒中的总酸、总酯、杂醇油,甲醇及微量成分和组成等,并积累大量定量数据,对衡量酒的质量及提高酒的品质有较大作用。

4.2.6.2 色谱分析在科学研究中的应用举例

A 用气相色谱测定大气中的二氧化碳含量

温室效应是人类关注的重要环境问题,而 CO_2 是造成全球变暖的主要原因之一,因此,提高测量大气中 CO_2 的分析精度是急需解决的问题。为提高气相色谱测试的精度,目前主要采用氢火焰离子化检测器,以氢为载气,样品中 CO_2 在催化部件中经钯、镍催化剂作用使其成为甲烷,再进行测定。然而由于进样不稳定,出现测试的误差,制约了 CO_2 检测精度的提高。近年来采用六通阀,再配以定量管进样,实现了在线分析。但由于在送进样品的过程中定量管内气体的压力有变化,直接影响到了质量的恒定,于是设计出了汞压匀速、缓慢进样装置,满足了大气中 CO_2 检测精度控制在 10^{-6} 的要求。

检测 CO_2 的条件为:采用不锈钢色谱柱,色谱柱温 313 K;氢为载气,流速为 50 mL/min,空气流速为 500 mL/min;FID 检测器温度为 423 K;气化室温度为 423 K;催化剂部件温度为 653 K;定量管为 1 mL。

具体检测过程为:先利用真空泵和液态汞排出通路中残存的气泡,然后再借助液态汞,匀速(4 mL/min)地将样品推进定量管,在管内气压达到平衡时进行检测。

数据处理步骤是:先利用标准 CO_2 气体进行检测,绘制标准曲线,然后将试样检测结果从标准曲线上读取相应的 CO_2 值。例如,对太平洋某海面气水平衡的气体样品中 CO_2 含量检测结果如表 4-10 所示。

表 4-10　太平洋某海面气水平衡的气体样品 CO_2 含量检测结果

样品	测试结果/mL·m⁻³				平均值	偏差
自配样	421.6	421.7	422.3	421.9	421.7	0.6
	422.0	421.6	421.8	422.2	422.8	
大气样	384.7	383.8	384.5	383.6	384.0	0.8
	384.6	384.9	384.2	383.4	383.5	

由上表看出，数据的重现性很好，达到了 CO_2 检测标准的要求。

B　高效液相色谱测定人体尿液中邻苯二甲酸酯及其代谢物

邻苯二甲酸酯是内分泌干扰物类，具有类雌激素和抗雄激素作用，它不同程度地存在于食品、饮用水、土壤、大气中，可通过呼吸道、消化道和皮肤进入人体，干扰基体内分泌系统，导致生殖发育系统异常，且对肝脏有一定毒性和致癌作用。通过对尿液取样、富集，利用液相色谱可以测定邻苯二甲酸酯的代谢产物。

有研究者先采用固相萃取柱对取样尿液进行富集，富集的尿液样品分级洗脱，然后利用高效液相色谱法分析测定了邻苯二甲酸酯的 5 种代谢产物及其一级代谢产物。

具体的实验检测是：使用高效液相色谱仪配 MWD 紫外检测器和 12 管防交叉污染固相萃取装置以及 HLB 固相萃取柱，色谱柱温度为 298 K，流动相 A 为乙腈，流动相 B 为水；配制标准溶液，在 277 K 恒温下保存备用；尿液中杂质较多，对分析干扰严重，调节清洗剂的强度和体积去除部分杂质，保留待测物，保存经处理的样品待用，每次检测抽取 20 μL 待测样品送入仪器样品室。检测了 5 份不同女性的尿液，结果是邻苯二甲酸酯的代谢物 MMP、MEP、MBP、MBzP 和 MEHP 平均浓度分别为 39.5、281.5、39.9、85.4 和 22.9，而 DBP、BBzP 和 DEHP 的平均浓度分别为 47.8、30.7 和 126.8。检测的精密度、重现性、检出限和回收率均满足分析的要求。

4.3　分子光谱分析及应用

4.3.1　光谱分析法及其分类

光谱是复色光经色散系统分光后，按波长或频率的大小依次排列的图像。基于测量物质的光谱建立起来的分析方法统称光谱分析法（spectrometry）。

物质与辐射能（光波）的相互作用方式有发射、吸收、反射、折射、散射、干涉、衍射和偏振等。基于测量辐射与物质作用发生的折射、散射、干涉、衍射和偏振等性质变化的分析方法，称非光谱法。它属光学分析法的一类，不涉及物质内部能级的跃迁，仅电磁辐射改变了传播方向、速率或某些物理性质。折射法、干涉法、衍射法、偏振法、旋光法等都属于非光谱法。

物质受辐射能作用时，物质内部发生了量子化能级间的跃迁而产生辐射波信号，利用这种辐射波信号与物质组成及结构的关系而建立起来的分析方法称之为光谱法，属光学分析法的另一类。

人们根据物质与辐射能作用时，原子、分子的电子发生能级的跃迁而产生的吸收、发射或散射的波长或强度，对物质组成进行定性、定量的分析和结构表征及表面分析等的有关内容，将会在本书后面的有关章节中讲述。

4.3.1.1 光谱分析法分类

光谱分析法分为原子光谱法和分子光谱法。

A 原子光谱法

原子光谱法是依据由原子外层或内层电子能级发生的变化而产生的线光谱进行分析的方法。根据原子光谱产生的条件及特点可分为原子发射光谱法、原子吸收光谱法、原子荧光光谱法和 X 射线荧光光谱法等。

B 分子光谱法

分子光谱法是依据由分子的电子能级、振动和转动能级发生的变化而产生的特征带光谱进行分析的方法。根据分子光谱产生的条件及特点可分为分子吸收光谱、分子发射光谱（属光致发光光谱）和核磁共振波谱。

利用分子吸收光谱的分析方法有紫外-可见吸收光谱法（也称紫外-可见分光光度法）、红外光谱法和拉曼光谱法。利用分子发射光谱的分析方法有分子荧光（或磷光）光谱法。利用分子吸收很低能量的电磁波（射频）辐射引起的原子核自旋能级跃迁产生的核磁共振波谱进行分析的方法，称为核磁共振谱分析法。

4.3.1.2 光谱与能量跃迁的相互关系

众所周知，由电磁辐射能与其波长关系 $\lambda E = hc$，可以计算出发生某个能级跃迁时需吸收相应电磁波辐射的波长。例如，发生 2 eV 的能级跃迁需要吸收相应电磁波辐射的波长为

$$\lambda = \frac{hc}{E} = \frac{6.626 \times 10^{-34} \text{ J} \cdot \text{s} \times 3.0 \times 10^{10} \text{ cm/s}}{2 \times 1.602 \times 10^{-19} \text{ J}} \times 10^7 = 620 \text{ nm}$$

用于分析的电磁波辐射范围包括人们使用的各种射线到无线电波。其中，X 射线的波长最短，能量最大；无线电波的波长最长，能量最小。不同的辐射能量作用于待测物质所产生的能级跃迁也不同。电磁辐射能与待测物质相应原子或分子的能级跃迁关系如图 4-18 所示。

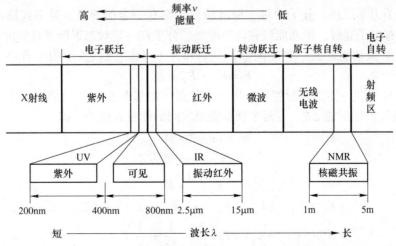

图 4-18 光谱与能量跃迁的相互关系示意图

由图4-18可以清楚看到，不同能量的电磁辐射照射待测物质所产生的能量跃迁不同，如紫外光的波长较短（100~400 nm），能量较高，能引起分子中价电子能级的跃迁；红外光的波长较长（2.5~25 μm），能量稍低，它只能引起分子中的成键原子振动和转动能级的跃迁；核磁共振波的能量更低（60~250 MHz，波长约为10 cm），它能产生原子核自旋能级的跃迁。根据这种差异建立了原子光谱分析法、分子光谱分析法、非光谱法分析法等。

如果物质吸收的辐射能量能引起分子中价电子的跃迁而产生的吸收光谱称为紫外-可见吸收光谱；而能引起分子中成键的原子振动和分子转动能级的跃迁而产生的光谱称红外光谱；能引起分子中核自旋能级跃迁而产生的光谱称核磁共振谱。这些光谱均是吸收光谱。

如果物质通过光、电或热致激发等过程获得能量，变成激发态原子或分子，并从激发态过渡到低能态或基态时会产生发射光谱，则利用这种光谱进行分析的方法有X射线荧光光谱法、原子发射光谱法、原子荧光光谱法、分子荧光光谱法和磷光光谱法等。

4.3.2　紫外-可见吸收光谱分析及应用

紫外-可见分光光度法（ultraviolet-visible（UV-vis）spectrophotometry）是利用某些物质的分子吸收波长在100~800 nm范围的辐射而发生电子跃迁及振动、转动能级跃迁的光谱带进行分析测定的方法。紫外-可见吸收光谱（ultraviolet-visible absorption spectrum）细分为100~200 nm远紫外光区，200~400 nm近紫外光区，400~800 nm可见光区。分子的紫外吸收和可见吸收的光谱区域与分子的电子结构有关。人们已广泛利用有机和无机化合物的紫外-可见吸收光谱对它们进行定性和定量分析。

由于大气对在远紫外光区波长的辐射有吸收，所以在进行远紫外光区的测量时，必须在真空条件下操作，故将远紫外光区称为真空紫外区。

4.3.2.1　紫外-可见吸收光谱的基本原理

A　分子光谱概述

物质的分子吸收或发射光量子产生的光谱称为分子光谱。紫外-可见吸收光谱属于分子光谱的范畴。

根据量子力学原理，分子的每一种运动形式都有一定的能级，是不连续的、量子化的。分子具有电子能级、振动能级和转动能级。分子在一定状态下所具有的内部总能量为电子能量E_e、振动能量E_v、转动能量E_r的总和（不考虑它们之间的相互作用），即

$$E = E_e + E_v + E_r \tag{4-69}$$

当分子M吸收一定的辐射能后，从一个状态（如基态E_1）变化到另一个状态（如激发态E_2）吸收的辐射能ΔE，与两个状态能级之间的能量差相等，即

$$M + h\nu \longrightarrow M^*$$
$$基态 \longrightarrow 激发态$$
$$E_1 \xrightarrow{\Delta E} E_2$$

$$\Delta E = E_2 - E_1 = (E_{e2} - E_{e1}) + (E_{v2} - E_{v1}) + (E_{r2} - E_{r1})$$
$$= h(\nu_e + \nu_v + \nu_r) = hc\left(\frac{1}{\lambda_e} + \frac{1}{\lambda_v} + \frac{1}{\lambda_r}\right) \tag{4-70}$$

式中，h 为普朗克常数；c 为光速；λ 为分子吸收辐射能的相应波长。

图 4-19 为双原子分子能级跃迁示意图，A 和 B 是两个电子能级，当分子吸收足够的能量时就会发生电子能级的跃迁，从 A 电子能级跃迁到 B 电子能级。在发生电子能级间跃迁的同时，总伴随有分子的振动能级和转动能级间的跃迁，即观察到的吸收光谱中除电子光谱外，总包含有振动能级和转动能级间跃迁产生的若干谱线而呈现宽谱带。

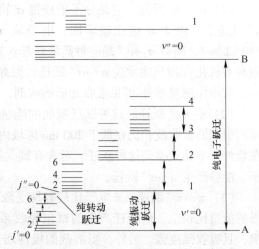

图 4-19 双原子分子能级跃迁示意图

经研究知，能级差与各光谱的关系如下：

（1）转动能级间的能量差 ΔE_r 为 $0.005\sim0.050\ \text{eV}$，跃迁产生吸收光谱位于远红外区，属于远红外光谱或分子转动光谱。

（2）振动能级的能量差 ΔE_v 约为 $0.05\sim1\ \text{eV}$，跃迁产生的吸收光谱位于红外区，属于红外光谱或分子振动光谱。

（3）电子能级的能量差 ΔE_e 较大，约为 $1\sim20\ \text{eV}$。电子跃迁产生的吸收光谱在紫外-可见光区，属于紫外-可见光谱或分子的电子光谱。

（4）吸收光谱的波长分布是由产生谱带的跃迁能级间的能量差所决定，反映了分子内部能级分布状况，是物质定性的依据。

（5）吸收谱带的强度与分子偶极矩变化、跃迁几率有关，这也提供了分子结构的信息。通常也将在最大吸收波长处测得的摩尔吸光系数 ε_{max} 作为定性的依据，这是因为不同物质的最大吸收波长 λ_{max} 有可能相同，但它们的摩尔吸光系数 ε_{max} 就不一定相同。

（6）吸收谱带强度与该物质分子吸收的光子数成正比，是定量分析的依据。

有机化合物的紫外-可见吸收光谱是由分子的结构和分子轨道上电子的性质所决定的。

B 紫外-可见吸收光谱的电子跃迁

分子的外层电子或价电子（即成键电子、非键电子和反键电子）跃迁所产生的光谱一般称之为电子光谱。从化学键的性质看与紫外-可见吸收光谱有关的电子光谱是外层轨道 3 种电子（σ电子、π电子、n 电子）跃迁的结果。分子中能产生跃迁的电子一般处于能量较低的成键 σ 轨道、成键 π 轨道及 n 轨道上。当外层电子吸收紫外或可见光辐射能后，从基态向激发态（反键轨道）跃迁，跃迁所需吸收能量 ΔE 的大小顺序为：$n\to\pi^* < \pi\to\pi^* < n\to\sigma^* < \sigma\to\sigma^*$。分子中电子可能发生的主要跃迁如图 4-20 所示。

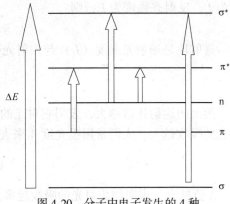

图 4-20 分子中电子发生的 4 种主要跃迁示意图

这 4 种跃迁的特点如下:

(1) σ→σ* 跃迁。它是分子中成键 σ 轨道上的电子吸收辐射能后,被激发到相应的 σ* 轨道上。由于 σ 键比较牢固,电子从 σ 轨道跃迁到 σ* 轨道需要较大的能量,约 780 kJ/mol,所以 σ→σ* 是一种高能跃迁。这类跃迁对应的吸收波长大都在真空紫外区。饱和有机化合物只能发生 σ→σ* 跃迁,因此饱和烷烃的最大吸收波长 λ_{max} 都在真空紫外区,常用作测量紫外-可见吸收光谱的溶剂。

(2) n→σ* 跃迁。这种跃迁吸收的能量比 σ→σ* 跃迁吸收的能量小得多,但这类跃迁所引起的吸收波长仍在低于 200 nm 区域内,跃迁所产生的吸收强度一般比较弱,因此在紫外区不易观察到这种跃迁。对含有氧、氮、硫、卤素原子或基团的饱和有机化合物分子,能够产生 n→σ* 跃迁。

(3) π→π* 跃迁。π 电子比较容易受激发,电子从成键 π 轨道跃迁到反键 π* 轨道所需的能量比较低。但跃迁产生的摩尔吸收系数很大,一般比 n→π* 跃迁的大 100~1000 倍,且吸收强度强。另外,当溶剂的极性增加时,π→π* 跃迁所产生的吸收峰通常向长波长方向移动(称为红移)。一般不饱和化合物及芳香化合物含有 σ 电子和 π 电子。

(4) n→π* 跃迁。n→π* 跃迁所需要的能量最低,产生的吸收波长最长,且吸收强度很弱。对含有—OH、—NH₂、—X、—S 等基团的不饱和有机化合物,其原子中的孤对电子也可能发生 n→π* 跃迁,一般在近紫外区。当溶剂的极性增加时,n→π* 跃迁所产生的吸收峰通常向短波方向移动(称为蓝移或紫移)。

电子跃迁类型与分子结构及其存在的基团有密切的联系,因此可以根据分子结构来预测可能产生的电子跃迁。反之,也可以根据紫外吸收带的波长及电子跃迁类型来判断化合物分子中可能存在的吸收基团。例如,饱和烃有 σ→σ* 跃迁和 π→π* 跃迁,脂肪族醚有 σ→σ* 跃迁和 n→π* 跃迁,而醛和酮同时存在 σ→σ* 、π→π* 、n→σ* 和 n→π* 4 种跃迁。有机物的最有用的吸收光谱是基于 n→π* 和 π→π* 跃迁所产生的。

C　紫外-可见吸收光谱中的一些常用术语

a　透射比与吸光度

当一束单色平行光通过吸收池中的溶液时,入射光的一部分被吸收,一部分透过溶液,还有一些被吸收池容器表面反射。如果入射光强度为 I_0,吸收光强度为 I_s,透射光强度为 I_t,反射光强度为 I_r,则

$$I_0 = I_s + I_t + I_r$$

透射比是透射光强度 (I_t) 与入射光强度 (I_0) 之比,用符号 T 表示,即

$$T = \frac{I_t}{I_0} \tag{4-71}$$

溶液的透射比值越大,表明它对光的吸收越小。反之,溶液的透射比值越小,表明它对光的吸收越大。人们常用吸光度 A 来表示物质对光吸收的程度。吸光度的定义为

$$A = \lg \frac{1}{T} \tag{4-72}$$

A 值越大,表明物质对光的吸收越多。

透射比和吸光度都是用来表示物质对光吸收程度的一种度量。透射比常用百分比表示(百分透射比);吸光度是量纲为 1 的量。两者通过式(4-72)可以相互换算。

应该指出，在吸收光谱分析中对于反射光的影响，通常采用待测溶液与参比溶液分别放置在同样材质和厚度的吸收池中，分别测量它们的透射光强度的方法来抵消。

b 吸收光谱

吸收光谱又称吸收曲线，它是在固定物质的浓度和吸收池的厚度情况下，以波长 λ 为横坐标，以吸光度 A 为纵坐标所绘的曲线，如图 4-21 所示。吸收曲线反映出该物质在不同的光谱区域吸收能力的分布情况，体现了物质的特性，不同的物质具有不同的特征吸收曲线。因此，吸收光谱可用作物质的定性鉴定，也可以从曲线波形、波峰的位置和波峰个数来获得物质的内部结构信息。

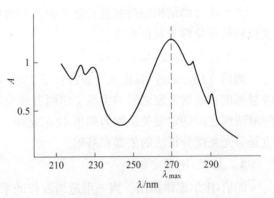

图 4-21 紫外-可见吸收光谱示意图

由不同物质的一系列的紫外-可见吸收光谱图可以得到以下信息。

（1）同一种物质对不同波长光的吸光度不同，吸光度最大处对应的波长为最大吸收波长 λ_{max}，如图 4-21 中 $\lambda_{max} = 270$ nm 所示。

（2）不同浓度的同一种物质，其吸收曲线形状相似，且最大吸收波长 λ_{max} 不变。对不同物质的吸收曲线形状和最大吸收波长 λ_{max} 都不一样。

（3）吸收曲线可提供物质的结构信息，并作为物质定性分析的依据之一。

（4）不同浓度的同一种物质，在最大吸收波长 λ_{max} 处的吸光度随浓度变化的幅度最大，测定灵敏度最高，该特性可作为物质定量分析的依据。

（5）吸收曲线是定量分析中选择入射光波长的重要依据。

c 吸收峰

吸收峰是吸收曲线上出现吸光度较左右两边波长大的地方。曲线中出现的最大吸收峰对应的波长称为最大吸收波长，用 λ_{max} 表示。

d 峰谷

吸收曲线上峰与峰之间的最低部位称之为峰谷，其对应的波长称为最小吸收波长 λ_{min}。

e 生色基团

生色团是指有机化合物中含有能产生 $\pi \rightarrow \pi^*$ 和 $n \rightarrow \pi^*$ 跃迁的，在紫外-可见光范围内产生吸收的基团，如 C＝C、C＝O、—C＝S、—N＝N—和—NO$_2$ 等。

f 助色基团

助色基团是指含有非成键电子对的杂原子饱和基团，在与生色团或饱和烃相连时，会使生色团或饱和烃的吸收峰向长波方向移动，并使吸收强度增加。常见助色基团有—OH、—NH$_2$、—SH、—X（卤素）和—OR 等。

g 红移

红移是指由于化合物的结构改变使吸收峰向长波方向移动的现象。引起红移的因素有引入助色基团、发生了共轭作用或者溶剂的改变等。

h　蓝移

蓝移是指由于化合物结构的改变或受到溶剂影响，使吸收峰向短波方向移动的现象。

i　增色效应和减色效应

由于化合物结构的改变及其他原因，使吸收强度增强的现象称为增色效应，使吸收强度减弱的现象称为减色效应。

4.3.2.2　朗伯-比尔定律

朗伯（Lambert）和比尔（Beer）于 1760 年和 1852 年分别研究了溶液的吸光度与溶液层厚度和溶液浓度之间的关系。将两者研究结果合并，将溶液的吸光度与溶液层厚度和溶液浓度之间的定量关系称为朗伯-比尔定律，也称为吸收定律。它是光吸收的基本定律，也是分光光度分析法的依据和基础。

A　朗伯-比尔定律

朗伯-比尔定律指出，当一束适当波长的平行单色光照射一吸光物质的均匀稀溶液时，溶液的吸光度与光透过的液层厚度和溶液的浓度呈正比，数学表达式为

$$A = kcl \tag{4-73a}$$

式中，k 为比例系数，它与溶液性质、温度及入射光波长等因素有关；c 为此吸光物质溶液的浓度；l 为溶液液层的厚度（即样品的光程长度）。

B　吸光系数与摩尔吸光系数

当式（4-73a）中溶液液层的厚度 l 的单位采用 cm，溶液浓度单位采用 g/L 时，比例系数 k 称为吸光系数，用 a 表示，单位为 L/（g·cm）。

当式（4-73a）中溶液液层的厚度 l 的单位采用 cm，而溶液浓度单位采用 mol/L 时，比例系数 k 称为摩尔吸光系数，用 ε 表示，单位为 L/（mol·cm）。当介质中只有一种吸光物质时，式（4-73a）写成

$$A = \varepsilon cl \tag{4-73b}$$

摩尔吸光系数 ε 更为常用。文献中常会见到吸收光谱的纵坐标用 ε 或 $\lg\varepsilon$ 表示，以及用最大摩尔吸光系数 ε_{max} 表示吸光强度的情况。

ε 表示物质对某一波长辐射的吸收特性，可作为定性的参考和估量定量分析方法的灵敏度。ε 值愈大，表示物质对某波长辐射的吸收能力愈强，测定的灵敏度越高。例如，某一物质的 ε 值在 10^4 数量级时，测定该物质的浓度范围可以达到 $10^{-6} \sim 10^{-5}$ mol/L；而物质的 ε 值在小于 10^3 时，测定该物质的浓度范围在 $10^{-4} \sim 10^{-3}$ mol/L 附近。

C　光吸收的加和性

如果溶液中同时存在两种或两种以上的吸光物质时，且共存物质间没有相互影响吸光性质，则溶液的总吸光度是各组分吸光度的总和，即

$$A = A_1 + A_2 + \cdots + A_n = \sum_{i=1}^{n} \varepsilon_i c_i l \tag{4-74}$$

D　比吸光系数

应该指出，在不知化合物的组成成分的情况下，无法确定物质的量浓度和使用摩尔吸光系数。当含此化合物的溶液浓度 c 用 g/100 mL 表示时，采用比吸光系数 $A_{1\,cm}^{1\%}$ 更为方便。比吸光系数 $A_{1\,cm}^{1\%}$ 是指物质的质量分数为 1%，液层厚度 l 为 1 cm 时的吸光度值。$A_{1\,cm}^{1\%}$

与 a 和 ε 的关系为

$$A_{1\,cm}^{1\%} = 10a = \frac{10\varepsilon}{M} \tag{4-75}$$

式中，M 为吸光物质的摩尔质量。

E 偏离朗伯-比尔定律的因素

朗伯-比尔定律是光吸收定量分析的基础，引起偏离朗伯-比尔定律的因素很多，大体可归纳成两大类：一类是与测定试样溶液有关的因素，另一类是与仪器有关的因素。

a 与测定试样溶液有关的因素

(1) 溶液浓度。通常只有对溶液浓度小于 0.01 mol/L 的稀溶液，朗伯-比尔定律才能成立。对高浓度溶液，由于吸光质点间的平均距离缩小，邻近质点彼此的电荷分布会发生相互影响，导致它们对特定辐射的吸收能力变化，使吸光系数发生改变，致使对朗伯-比尔定律发生偏离。

(2) 溶液组分间的化学作用。推导朗伯-比尔定律时，假设溶液中各组分之间没有相互作用，若测试溶液中被测组分发生了解离、缔和、水合作用、配合物的配位数变化、光化反应等，或与溶剂相互作用，致使被测组分的吸收曲线明显改变（如吸收峰的形状、位置、强度、精细结构等），则导致偏离朗伯-比尔定律。应该指出，溶剂对吸收光谱的影响也很重要，选择溶剂时应谨慎，因为溶剂会对生色基团的吸收峰高度、波长位置产生影响，也会影响待测物质的物理性质和组成，从而影响其光谱特性（包括谱带的电子跃迁类型等）。

(3) 溶液性质。若测定试样溶液为胶体、乳状溶液或有悬浮物质存在时，入射光通过溶液时，有一部分光会因发生散射而损失，使吸光度增大，对朗伯-比尔定律产生正偏差。因质点的散射强度与入射光波长的 4 次方成反比，所以散射对紫外区的测定结果影响更大。

b 与仪器有关的因素

(1) 非单色光。朗伯-比尔定律是在单色平行光照射条件下得到的。但在实际应用紫外-可见分光光度计测定时，从光源发出的光经单色器分光，为满足实际测定中所需足够的光强要求，狭缝必须有一定的宽度。因此，从出射狭缝投到被测溶液的光，并不是理论上要求的单色光，而是有一定的波长范围的复合光通带。在使用的波长范围内，不同波长的光吸收系数变化越大，存在的偏离就越显著。若复合光通带光束中存在非吸收光波（杂散光），同样会引起测量偏差。应该说，这种不纯的单色光是造成偏离朗伯-比尔定律的重要原因之一。

(2) 非平行光。若入射光不垂直于吸收池的光学平面，它一方面使通过试液的实际光程增大引起系统误差，另一方面使入射角增大，反射光的强度随之而增加，使吸光度增大，引起偏离朗伯-比尔定律。

4.3.2.3 紫外-可见分光光度计

一般称用于紫外-可见吸收光谱分析的仪器为紫外-可见分光光度计（ultraviolet-visible spectrophotometer），方法为分光光度法（spectrophotography）。

A 主要组成部件

各种类型的紫外-可见分光光度计的结构都是由光源、单色器、吸收池（样品池）、检测器、信号记录显示装置五部分组成，见图 4-22。光源发出的光通过光孔调制成光束，进入单色器，单色器由色散元件或衍射光栅组成，光束经单色器的色散元件发出后成为多组分不同波长的单色光，通过光栅的转动分别将不同波长的单色光经狭缝送入吸收池，再进入检测器，最后由电子放大器放大，读取吸光度，或由记录设备直接获得光谱图。

图 4-22　紫外-可见分光光度计的结构与流程示意图

a　光源

光度计中的光源中，钨灯（又称白炽灯）或卤钨灯（钨灯灯泡内充了碘或溴的低压蒸气）用作可见光光源，而氢灯或氘灯用作紫外区的光源。可见光光源发射的波长范围在 350~1000 nm，而紫外区的光源发射的波长在 150~400 nm。为获得全波长范围的光，也有用分立的双光源的情况。

b　单色器

单色器是将来自光源的含有各种波长的复色光按波长顺序色散，并从中分离出所需波长的单色光。单色器中色散元件由准直镜和狭缝组成。常用的色散元件有棱镜和光栅，准直镜是以狭缝为聚焦点的聚焦镜，将来自光源并聚焦于狭缝的光，经准直镜后变成平行光且有不同的投射方向（或偏转角度），形成按波长顺序排列的光谱，再经过准直镜将色散后的平行光聚焦于出射狭缝上，转动色散元件的方位，可使所需波长的单色光从出射狭缝分出。

c　吸收池

吸收池的材质有光学玻璃和石英两种。可见光区的样品检测使用光学玻璃或石英材质吸收池，而紫外光区的检测只能使用石英材质的吸收池。为减少反射损失，吸收池的光学反射面必须垂直于光入射方向。

d　检测器

检测器的功能是检测光信号，并将它们转变成电信号。对检测器的基本要求是灵敏度高，对辐射的响应时间短，且响应的线性关系良好，对不同波长的辐射具有相同的响应可靠性，以及噪声低和良好的稳定性等。

检测器中有光电池、光电管或光电倍增管等光电转换器。它们利用光电效应将透过吸收池的光信号变成可测量的电信号。

e　信号处理与显示

检测获得的信号一般较弱，需经过放大，放大后的信号以一定的方式将检测的结果显示出来，如显示透光率或吸光度，或转换成浓度、吸光系数等。

B　分光光度计的类型

分光光度计可分为单光束分光光度计、双光束分光光度计、双波长分光光度计和双光源分光光度计等，它们的光路示意图如图 4-23 所示。另外，还有多通道分光光度计（可以给出整个光谱的全部信息）和光导纤维探头式分光光度计（不需要吸收池，不受外界干扰）等。常用的是前 4 种类型。

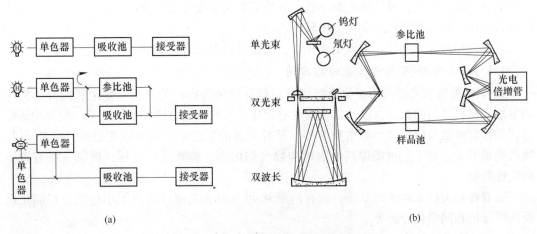

图 4-23 几类分光光度计的光路示意图
(a) 单光源；(b) 双光源

a 单光束分光光度计

单光束分光光度计的工作原理是，经单色器分光后的一束平行光，轮流通过参比溶液池和样品吸收池进行吸光度（或透光度）测定。仪器结构简单，操作方便，容易维修，适用于在给定波长处测量的常规分析。不足之处是不能进行全波段光谱扫描，要求光源和检测器具有高度稳定性。

b 双光束分光光度计

双光束分光光度计的工作原理是，经单色器分光后，再经反射镜分解成强度相等的两束光，一束通过参比池，另一束通过样品吸收池；光度计自动比较两束光的强度（即为透射比），最后经对数变换成吸光度与波长的函数记录下来。这种分析方法自动消除了光源强度变化所引起的误差。

c 双波长分光光度计

由于传统的单波长吸光光度测定法要求试液本身透明，不能浑浊，因而当试样为浑浊液时就无法正确测量。此外，样品吸收池和参比池之间不匹配，多组分混合试样均会给传统的单波长吸光光度法带来较大的误差和测量难度。若采用双波长技术就可以消除上述影响，提高准确度，同时也可减少因光源电压变化产生的影响，得到高灵敏度和低噪声的信号。采用这种分光光度计可以获得导数光谱，能分析多组分混合物和混浊试样，对存在背景干扰或共存组分吸收干扰情况的分析，可提高方法的灵敏度和选择性。

双波长分光光度计的工作原理是，同一光源发出的光被分成两束，分别经过两个可以调节的单色器，同时得到两束具有不同波长的单色光，再利用切光器使它们以一定频率、相同的强度快速交替照射同一吸收池，而后经由光电倍增管和电子控制系统，由显示器显示出两个波长的吸光度差值，这个差值与吸收池中待测物质的浓度呈正比关系。

d 双光源分光光度计

为获得全波长范围的光，采用分立的双光源，其光路示意图如图 4-23（b）所示。这种仪器的工作原理是，通过一个移动镜来实现光源之间的平滑切换，完成在全光谱范围扫描，使光源发出的光通过调制成不同波长的光束，进行样品的检测。这种分光光度计的特点是能够全波段扫描，可消除光源不稳定和检测器灵敏度变化对检测结果的影响，特别适合结构分析。但仪器结构复杂，价格较高。

其他两种分光光度计，这里不再介绍，需要时可参阅有关文献。

4.3.2.4 紫外-可见吸收光谱的应用

紫外-可见吸收光谱可用于化合物（特别是有机化合物）的分析、鉴定和同分异构体的鉴别、材料结构的测定，以及化合物的物理化学参数测定，诸如摩尔质量、配合物的配合比和稳定常数及弱酸碱离解常数等等。紫外光谱的优点是检测灵敏度很高，紫外-可见吸收光谱的 λ_{max} 和 ε_{max} 也能像其他物理常数（如熔点、旋光度）一样，提供一些有价值的定性数据。

随着各相关技术的迅速发展，现有的紫外-可见分光光度计实现了小型化、智能化以及在线分析和网络化分析等。

A 定性和定量分析

a 定性分析

由于吸收光谱图中最大吸收峰的波长 λ_{max} 和相应的摩尔吸光系数 ε_{max} 反映了构成有机分子部分结构的生色基团的特征，根据助色团取代和电子效应、共轭效应、溶剂效应等对 λ_{max}（红移和蓝移）和 ε_{max}（增色或减色效应）影响的规律，紫外-可见吸收光谱能够提供有机化合物骨架结构信息，或进行异构体鉴别等工作。紫外-可见分光光度法适用于不饱和有机化合物，特别是共轭体系的鉴定，依此来推断未知物的骨架结构，较少用于无机元素的定性分析（因为有其他更有效的方法）。

定性分析通常的做法是，在相同的测定条件下，将未知物的吸收光谱特征与推断物质的标准物吸收光谱图直接进行比较，包括吸收峰的个数、位置、强度（摩尔吸光系数）以及吸收峰的形状、极大值、极小值和拐点的比较；也可以用经验规则计算最大吸收波长 λ_{max}，然后与实测值进行比较。如果两者非常一致，尤其是未知物的光谱含有多个锐利而很有特征的吸收峰时，可以认为未知物与标准物具有相同的生色基团，依此来推定未知物的骨架，或认为两者属于同一物质。若没有标准物，还可以借助于标准谱图或有关电子光谱数据表进行比较。注意：只有待测物和标准物的吸收波长相同、吸光系数也相同，才可认为两者属同一物质。

应该提醒的是，分子或离子对紫外-可见光的吸收是因为它们含有生色基团和助色基团的特征，而不是分子或离子的特征。因此，仅依靠紫外-可见光谱来确定未知物的分子结构是不够的，还应与其他方法（如红外吸收光谱、质谱、核磁共振谱，以及其他物理和化学方法）结合起来进行鉴定和结构分析。

b 定量分析

使用紫外-可见分光光度计进行定量分析的依据是朗伯-比尔定律，即在一定波长处被测物质的吸光度与其浓度呈正比关系。因此，通过测定溶液对一定波长入射光的吸光曲线中最大吸收波长处的吸光度，由朗伯-比尔定律便可求出该物质在溶液中的浓度或含量。单一物质的定量分析比较简单，一般选用工作曲线法和标准加入法进行分析。在测定多组分混合物组分含量时，根据吸收峰的相互干扰情况分别采用不同方法处理。若吸收峰不重叠，或小部分重叠，可通过选择适当入射光波长，按单一组分的方法测定，即分别测量在吸收曲线中各自最大吸收峰的吸光度，根据朗伯-比尔定律计算各自含量。若吸收峰重叠较严重，只能根据吸光度的加和性原则，通过适当的数学处理（解 n 个组分的联立方程）来获得每个组分的含量。例如，有 A 和 B 两组分相互干扰谱峰重叠严重，则选择在各组分的最大吸收波长 λ_A、λ_B 处分别测定混合的吸光度 $A_{\lambda_A}^{A+B}$、$A_{\lambda_B}^{A+B}$，然后通过解下列二元一次方程组求出各组分的含量（入射光透过试液的光程 l 已知）。

$$\begin{cases} A_{\lambda_1}^{A+B} = (\varepsilon_{\lambda_1}^{A} c^{A} + \varepsilon_{\lambda_1}^{B} c^{B}) l \\ A_{\lambda_2}^{A+B} = (\varepsilon_{\lambda_2}^{A} c^{A} + \varepsilon_{\lambda_2}^{B} c^{B}) l \end{cases}$$

应该指出，随组分个数的增加，获得结果的误差也随之增加。若出现组分吸收峰重叠极其严重情况时，需进行测定前的预分离工作。

常用的定量分析方法有工作（校正）曲线法、标准加入法、示差分光光度法、催化分光光度法（催化比色法）等。

（1）工作（校正）曲线法。此法需配置一系列不同含量的标准试样溶液，以不含试样溶液的空白溶液作为参比，测定这些标准试样溶液的吸光度，并绘制吸光度-浓度曲线（工作曲线）。在与测定标准试样溶液吸光度的相同条件下测定未知物试样的吸光度，然后根据工作曲线求出未知物试样的含量。

（2）标准加入法。此法中将未知试样溶液分成体积相同的若干份，除其中一份不加被测组分标准样品外，在其他几份中分别加入不同量的标准样品，然后测定各份试液的吸光度，并绘制吸光度对标准加入量的校正曲线。由于各测液中都含有未知试样组分，因此校正曲线不通过原点。用直线法外推延长校正曲线使之交于横坐标轴，从原点到这交点的长度对应的浓度，就是未知试样中被测组分的浓度。

另外，在系统误差不随被测组分浓度改变的情况下，可以用标准加入法来检查系统误差。假定试样中被测组分的真实含量是 c_x，实验测定值是 c_a，当试样中增添了已知含量为 p 的被测组分后，测得的实验值为 c_b。设实验的系统误差是 w，则

$$c_a = w c_x, \qquad c_b = w(c_x + p)$$
$$w = (c_b - c_a) / p$$

（3）示差分光光度法。此法适用于高含量或痕量物质的定量分析。它是用一个已知浓度的标准溶液作为参比，与未知浓度的试样溶液比较，测量其吸光度，则

$$A_s - A_x = \varepsilon(c_s - c_x) l$$

式中，A_s 为用作参比的标准溶液的吸光度；A_x 为被测溶液的吸光度；c_s 为用作参比的标准溶液的浓度；c_x 为被测溶液的浓度；ε 为摩尔吸光系数；l 为试液光程长度。

实验测得的吸光度 $A = A_s - A_x$，故称之为示差法。

（4）催化分光光度法（或催化比色法）。这是一种以测定催化反应速度为基础的定量分析方法。如果催化反应是一个显色或褪色反应，就可用分光光度法测定催化反应的反应物或生成物之一的浓度变化。

催化分光光度法测量方法有固定浓度法、固定时间法和斜率法，具体可参考有关书籍。

B 其他方面的应用

因一些物质对紫外-可见光的吸收强度远大于对红外光的，且紫外-可见分光光度法准确度高，仪器较简单、操作方便，因此在定量分析方面有一定的优势，很适合测定多组分

材料中某些组分的含量，研究共聚物的组成、微量物质（单体中的杂质、聚合物中的残留单体或少量添加剂等）和聚合物反应动力学。

应用紫外-可见分光光度分析方法可以测定物质的某些化学和物理参数，如配合物的配合比及其稳定常数、弱酸碱离解常数以及物质的氢键强度等等。下面以物质的氢键强度的测定原理为例予以说明。由于物质在极性溶剂中，分子间可形成氢键，在受光辐射作用实现 $n \to \pi^*$ 跃迁时，氢键也随之断裂，此时物质吸收的光能，一部分用以实现 $n \to \pi^*$ 跃迁，另一部分用以破坏氢键（等于氢键的键能）。而物质在非极性溶剂中，不可能形成分子间的氢键，吸收的光能仅用于实现 $n \to \pi^*$ 跃迁，因此所吸收的光波能量较低，波长较长。由此，根据物质 $n \to \pi^*$ 吸收带在极性溶剂中比在非极性溶剂中的波长短一些，只要实验测定同一物质在极性和非极性溶剂中的 $n \to \pi^*$ 吸收带就能计算其在极性溶剂中氢键的强度。

紫外-可见分光光度法还在其他方面得到了应用。例如，在印染领域，用于测定印染材料中的微量杂质的含量；在制酒、饮料以及食品等领域，用来测定色酒、饮料及果冻等食品中食用合成色素；鉴别惰胶与改性胶，测定明胶中金属元素和其他元素的含量；通过研究微过氧化物酶-8 与 La^{3+} 相互作用机理，研究植物细胞酶与稀土离子的相互作用等等。

4.3.2.5　紫外-可见分光光度法应用实例——氨配合化学镀镍体系镀液中金属离子含量的动态分析

研究化学镀的动力学过程需要了解某一时刻镀液中金属离子的含量，掌握金属沉积情况。现以化学镀覆金属镍为例，介绍镀液中金属离子含量的动态分析方法。

化学镀镍液中 Ni^{2+} 的分析采用丁二酮肟分光光度法。在有氧化剂存在的碱性介质中，Ni^{2+} 与丁二酮肟生成可溶性酒红色配合物，其最大吸收波长在可见光范围内（$\lambda_{max} = 460 \sim 470$ nm），显色溶液可稳定存放 24 h。由于化学镀镍液中几乎不含其他金属离子杂质，所以在分析过程中无需掩蔽其他金属离子对分析结果的干扰。

A　试剂的配制

（1）配制丁二酮肟溶液（10 g/L）。称取 1 g 丁二酮肟溶于 100 mL 质量浓度为 50 g/L 的氢氧化钠溶液中，过滤后使用。

（2）配制酒石酸钾钠溶液（500 g/L）、氢氧化钠溶液（50 g/L）、过硫酸铵溶液（50 g/L）。

（3）配制镍标准溶液 A(1 mg/mL)。称取 1.0000 g 金属镍（99.95%，光谱纯），加 20 mL 硝酸（3+2），加热溶解完全并蒸发至稠状。加入 10 mL 硫酸（1+1），加热蒸发至冒三氧化硫白烟。冷却，用水吹洗表面皿及杯壁，再加热蒸发至冒三氧化硫白烟。冷却，加入去离子水 100 mL，加热使盐类溶解，冷却至室温，移入 1 L 容量瓶中，用去离子水定容。

（4）配制镍标准溶液 B(10 μg/mL)。吸取 10 mL 镍标准溶液 A 于 1 L 容量瓶中，用去离子水定容。

B　工作曲线绘制

分别吸取镍标准溶液 B　0 mL、3 mL、6 mL、9 mL、12 mL、15 mL、18 mL、21 mL、24 mL、27 mL、30 mL 于 100 mL 容量瓶中，各含镍 0 μg、30 μg、60 μg、90 μg、120 μg、

150 μg、180 μg、210 μg、240 μg、270 μg、300 μg。用去离子水稀释至 30~40 mL，顺序依次加入 10 mL 的 500 g/L 酒石酸钾钠溶液，10 mL 的 50 g/L 氢氧化钠溶液，10 mL 的 50 g/L 过硫酸铵溶液，10 mL 的 10 g/L 丁二酮肟溶液，静置 15 min，用去离子水定容。用 1 cm 玻璃比色皿，在特定波长处测量各溶液的吸光度。

使用紫外-可见分光光度计测试，最大吸收波长在 460 nm。绘制的工作曲线如图 4-24 所示。

C 随时间取样分析化学镀镍液含镍量

a 化学镀镍液的随时间取样及预处理

用 5 mL 移液管（吸量管）吸取反应某特定时刻的化学镀镍液。排除镀液中的固体颗粒，保留 1 mL 上清液。将该上清液移入已加入 1 mL 硫酸（1 + 1）的 100 mL 容量瓶中，用去离子水稀释至 30~40 mL，静置 30~40 min 等待分析。根据已有的分析经验，若上清液中带有少量固体颗粒，对最终吸光度测试影响不大，低于分光光度计仪器误差。若取样不酸化稀释，显色过程会产生沉淀，造成分析错误。

b 吸光度测试

严格按照取样时间顺序依次标号分析。将低序号样品依次定容，并吸取 1 mL 已定容试样至 100 mL 容量瓶中，用水稀释至 30~40 mL，依次加入 10 mL 500 g/L 的酒石酸钾钠溶液，10 mL 50 g/L 的氢氧化钠溶液，10 mL 50 g/L 的过硫酸铵溶液，10 mL 10 g/L 的丁二酮肟溶液，静置 15 min，用去离子水定容。用 1 cm 玻璃比色皿，在 460 nm 波长处测量各溶液的吸光度。

分析过程中，当发现二次稀释后每 100 mL 溶液中含 Ni^{2+} 低于 30 μg 时，下一个样品不经二次稀释，直接在取样容量瓶中依次加入上述各溶液，然后静 15 min，用去离子水定容。用 1 cm 玻璃比色皿，在 460 nm 波长处测量溶液的吸光度。

D 测量结果应用实例

根据所测不同时刻的镀液中 Ni^{2+} 的浓度可推算出沉积金属镍量，从而得到化学镀镍金属沉积随时间变化的规律（如图 4-25 所示）。由图可以看出这个变化规律符合 S 形曲线。

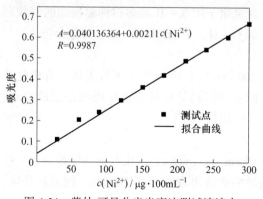
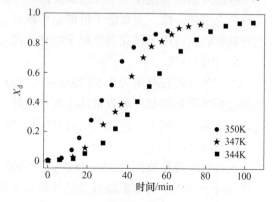

图 4-24 紫外-可见分光光度法测试溶液中
Ni^{2+} 的工作曲线

图 4-25 不同温度下化学镀镍金属沉积
随时间变化规律

此例说明，在采用紫外-可见光光度法分析镍离子的基础上，可以进行化学镀镍的动力学机理分析、建模、推导公式、计算表观活化能等工作。

4.3.3　红外吸收光谱分析及应用

1800 年赫舍尔（Herschel）首先发现了光谱中的近红外区，直到 19 世纪末才记录了有机化合物的近红外光谱。1928 年布拉开（Brackett）测得了首张高分辨近红外光谱图，并解释了有关基团的光谱特性。20 世纪 80 年代由于计算机技术和化学计量学的发展，使红外光谱法（infrared spectroscopy，IR）得到迅速发展。

4.3.3.1　红外光区和红外光谱的特点

红外吸收光谱（infrared absorption spectrum，IR spectrum）又称分子振动转动光谱。分子振动转动光谱所涉及的是分子间化学键振动和转动而引起的能级跃迁，也是一种吸收光谱。当试样分子受到频率连续变化的红外光照射时，分子吸收某些频率的辐射能，引起偶极矩的变化，产生分子振动或转动能级从基态到激发态的跃迁，从而使这些吸收区域的透射光强度减弱。红外光的百分透射比与波数（或波长）关系曲线即为红外吸收光谱。分子的特定基团有其特征的分子振动频率，除光学异构体外，每种化合物都有自己的红外吸收光谱，谱带复杂、精细，提供的结构信息多。

A　红外光谱的划分

红外光在可见光和微波光区之间，根据实验技术和应用的不同，通常分为近红外、中红外和远红外三个波区。各波区的波长 λ、波数 σ 范围和能级跃迁类型见表 4-11。

表 4-11　红外光谱的三个波区

光区	$\lambda/\mu m$	σ/cm^{-1}	能级跃迁类型
近红外区	0.75~2.5	12800~4000	O—H、N—H 及 C—H 的倍频吸收
中红外区	2.5~25	4000~400	分子振动伴随转动，基频振动
远红外区	25~1000	400~10	分子转动，离子振动，晶格振动

a　近红外区

近红外区波长范围为 0.75~2.5 μm（12800~4000 cm^{-1}）。近红外区的吸收带是可见光红色末端的一段，主要源于低能电子跃迁、含氢原子团 X—H 或多键伸缩振动的倍频和组合频吸收，可用于研究含氢原子的官能团（如 O—H，N—H 和 C—H）的化合物。

b　中红外区

中红外区波长范围为 2.5~25 μm（4000~200 cm^{-1}）。由于绝大多数无机、有机化合物和表面吸附物的基频吸收带均出现在该区，而基频振动是红外光谱中吸收最强的振动，所以该区最适合用于化合物的定性和结构分析，应用最为广泛。

c　远红外区

远红外区波长范围为 25~1000 μm（400~10 cm^{-1}）。有机金属化合物的键振动、一些无机物分子和离子的键振动以及晶体的晶格振动的吸收出现在小于 200 cm^{-1} 的远红外区，该区适合用于分子结构的鉴别和无机化合物的研究。

B　红外吸收光谱

一般用百分透射比 $T(\%)$ 对波数 $\sigma(cm^{-1})$ 曲线，或百分透射比 $T(\%)$ 对波长 λ 曲线表示红外吸收光谱。纵坐标为百分透射比 $T(\%)$，横坐标为波数 σ 或波长 λ，曲线中吸收峰向下。为便于与拉曼光谱比较，用波数来描述吸收谱带较为简单。

解析红外吸收光谱常用的术语有峰位、波峰数和峰强等，它们的含义如下。

（1）峰位。峰位即吸收峰的位置，它与化学键的伸缩力常数和原子折合质量有关。化学键的伸缩力常数 k 越大，原子折合质量越小，键的振动频率越大，吸收峰将出现在短波长（高频）区；反之，出现在长波长（低频）区。

（2）波峰数。波峰数即为吸收峰的数量，它与分子自由度有关。只有发生了分子振动偶极距的变化，才会有红外吸收峰。无瞬间偶极距变化，就无红外吸收峰出现。

（3）峰强。峰强即吸收峰强度，它与化学键两端原子的极性差、分子振动偶极距变化大小以及分子结构的对称性有关。瞬间偶极距变化越大，吸收峰强度越强；键两端原子电负性相差越大（极性越大），吸收峰强度也越强。基峰是强吸收峰，倍频峰是弱吸收峰。

C 红外光谱分析的特点

红外光区的光子能量低，物质分子吸收红外光辐射后，不足以引起电子能级的跃迁，只能引起分子的振动和转动能级跃迁。

红外光谱具有特征性。根据能反映出分子结构特点的谱带中波数位置、波峰的数目及其强度可以用来鉴定未知物的分子结构组成或确定其化学基团；根据吸收强度与分子组成或化学基团的含量有关，进行定量分析或纯度鉴定。红外光谱分析主要用于研究在振动中伴随有偶极矩变化的化合物，几乎所有的有机化合物在红外光区均有吸收。

红外吸收光谱对气、液、固试样均可测定，且用量少、分析速度快和不破坏试样，因而得到广泛的应用。在化学领域中用于：（1）分子结构基础研究，测定分子的键长、键角，以此推断出分子的立体构型；（2）根据力常数得知化学键的强弱，再由简正频率来计算热力学函数等；（3）化学组成分析，根据光谱中吸收峰的位置和形状来推断未知物结构，依照特征吸收峰的强度来测定混合物中各组分的含量。但对复杂的化合物还需与其他分析方法结合，才能得到满意的结果。

4.3.3.2 红外光谱分析基本原理

A 产生红外光谱的条件

红外光谱是物质吸收电磁辐射能后，由于发生了分子的振动和转动能级的跃迁而产生的吸收光谱。物质产生红外吸收光谱应该满足下面两个条件：

（1）吸收能量条件。当一定频率的红外光照射试样时，分子中某个基团的振动频率和照射的红外光辐射的频率一致，此辐射能满足了物质跃迁时所需的能量而被吸收。

（2）辐射与物质之间发生耦合作用。分子偶极矩的改变，满足辐射与物质之间有相互作用的条件，物质便能吸收电磁辐射能。由于构成分子的各原子因价电子得失的难易而表现出不同的电负性，分子也因此而显示不同的极性。通常用分子的偶极矩（μ）来描述分子极性的大小。设正负电中心的电荷分别为 $+q$ 和 $-q$，正负电荷中心距离为 d（以 HCl、H_2O 为例，如图 4-26 所示），则分子的偶极距 μ 表示为

$$\mu = q \cdot d \tag{4-76}$$

由于分子内的原子在其平衡位置不停地振动，在振动过程中正负电荷中心距 d 的瞬时值亦不断地发生变化，因此分子的偶极距 μ 也不停地发生相应的改变，即分子亦具有确定

的偶极距变化频率（振动频率）。当物质受到电磁波（红外光）辐照时，只有当电磁辐射（红外光）频率与偶极子振动频率相匹配时，分子才与电磁辐射发生相互作用（振动耦合）而增加振动能，使振幅加大、振动加剧。分子由基态振动跃迁到较高能级振动，这种能量的转移是通过偶极距的变化来实现的，参见图4-26。

因此，只有发生偶极距变化即 $\Delta\mu \neq 0$ 的振动才能引起可观测的红外吸收谱带，常称这种分子为红外活性，反之 $\Delta\mu = 0$ 的分子振动不能产生红外吸收，称这种分子为非红外活性。对称分子没有偶极矩（N_2、O_2、Cl_2 等），辐射不能引起共振，无红外活性，而非对称分子有偶极矩（$\Delta\mu \neq 0$），存在红外活性。

总之，若照射分子的红外光频率与分子中某个基团的振动频率相同，二者就会发生共振，此时光的

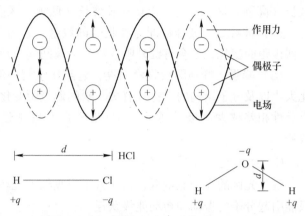

图4-26　偶极距和偶极子受交变电场中的作用

能量通过分子偶极距的变化传递给分子，也就是这个基团吸收了这个频率的红外光，产生振动跃迁；反之，红外光的频率与分子中各基团的振动频率不匹配，这些频率的红外光就不会被吸收。因此，若用连续改变频率的红外光照射一个试样，根据试样中的各个基团对不同频率红外光的吸收性质，使通过试样后的红外光在一些波长范围内被吸收，在另一些波长范围内不被吸收。由红外光谱仪记录试样分子吸收红外光谱的情况，就得到了该试样的红外吸收光谱图。

B　双原子分子振动方程

双原子分子中的化学键振动是分子中的原子以平衡点为中心，以很小的振幅做周期性振动，即近似看作是简谐振动。依双原子分子的这种振动模型，可用经典力学推导出其振动基本频率计算式。若用 m_1 和 m_2 分别代表化学键两端的原子（视为刚体小球）的质量，r 为分子化学键的长度，则这个体系的基本振动频率 ν 为

$$\nu = \frac{1}{2\pi}\sqrt{\frac{k}{\mu}} \tag{4-77}$$

或

$$\sigma = \frac{1}{\lambda} = \frac{1}{2\pi c}\sqrt{\frac{k}{\mu}} \tag{4-78}$$

式中，ν 为振动频率；σ 为波数，$\nu = \sigma c$；c 为光速；μ 为双原子的折合质量，$\mu = \dfrac{m_1 m_2}{m_1 + m_2}$；$k$ 为化学键的力常数，与键能和键长有关。

因此，任意两个相邻的振动能级间的能量差为

$$\Delta E = h\nu = \frac{h}{2\pi}\sqrt{\frac{k}{\mu}} \tag{4-79}$$

将 $c = 2.998 \times 10^{10}$ cm/s 和 $N_A = 6.02 \times 10^{23}$ mol^{-1} 代入式（4-78），即有

$$\sigma = \frac{N_A^{0.5}}{2\pi c} \sqrt{\frac{k}{A_r'}} = 1303 \sqrt{\frac{k}{A_r'}} \tag{4-80}$$

式中，A_r' 为折合相对原子质量，根据两原子的相对原子质量 $A_{r(1)}$ 和 $A_{r(2)}$，由 $A_r' = \frac{A_{r(1)} A_{r(2)}}{A_{r(1)} + A_{r(2)}}$ 计算。

式（4-78）和式（4-80）为分子振动方程，可用于估算双原子分子或受其他因素影响较小的多原子分子的化学键振动基频频率或波数。例如，已知 C≡C 键的力常数 k 为 16 N/cm，利用式（4-80）可以估算其伸缩振动基频波数或频率。具体计算为

$$A_r' = \frac{12 \times 12}{12 + 12} = 6$$

$$\sigma = 1303 \sqrt{\frac{k}{A_r'}} = 1303 \sqrt{\frac{16}{6}} = 2128 \text{ cm}^{-1}$$

$$\nu = \sigma c = 2128 \text{ cm}^{-1} \times 2.998 \times 10^{10} \text{ cm/s}$$
$$= 6.38 \times 10^{13} \text{ s}^{-1} = 6.38 \times 10^{13} \text{ Hz}$$

同理，可以估算 C＝C 和 C—C 键的基频伸缩振动波数。计算采用的力常数、计算结果和通常红外光谱中它们的基频吸收峰出现的位置以及键长一并列在表 4-12 中。

表 4-12　几种键的力常数、键长及红外吸收峰位置

键的类型	C≡C	C＝C	C—C	C＝O
力常数 k/N·cm^{-1}	16	9.7	5.6	17
计算波数 σ/cm^{-1}	2128	1657	1259	
光谱中峰位波数 σ/cm^{-1}	约 2222	约 1667	约 1429	
键长/pm	120	134	154	122

由此看出，发生振动能级跃迁需要吸收能量的大小，由分子的结构决定，它取决于键两端原子的折合相对原子质量和化学键的伸缩力常数 k。键的伸缩力常数 k 越大（化学键越强），相对原子质量越小，化学键的振动频率越大，吸收峰将出现在高波数区。表 4-13 列出了一些键的力常数值。

表 4-13　一些键的力常数值　　　　　　　　　　　　　　（N/cm）

键	分子	k	键	分子	k
H—Br	HBr	4.1	C—Cl	CH$_3$Cl	3.4
H—I	HI	3.2	C—C		4.5~5.6
H—F	HF	9.7	H—C	CH$_2$—CH$_2$	5.1
H—Cl	HCl	4.8	H—C	CH≡CH	5.9
H—O	H$_2$O	7.8	C＝C		9.5~9.9
H—N	NH$_3$	6.5	C—O		12~13
H—S	H$_2$S	4.3	C≡C		15~17
H—C	CH$_3$X	4.7~5.0	C＝O		16~18

实际上，基团振动频率除决定于化学键两端的原子相对质量、化学键的力常数外，还与内部的结构及化学环境等因素有关，因为在分子中还可能存在基团与基团之间、基团中的化学键之间的相互影响。

C　多原子分子振动形式

双原子的振动只能发生在联结两个原子的直线方向上，并且只有两原子的相对伸缩振动，而对多原子分子由于组成分子的原子数增多，组成分子的键或基团及空间结构不同，多原子分子的振动比双原子分子的振动要复杂得多，但这些复杂的振动可分解成许多简单的基本振动形式（简正振动）。

a　简正振动类型

简正振动是分子质心保持不变、整体不发生转动，每个原子都在平衡位置附近做简谐振动，而且每个原子都在同一瞬间通过其平衡位置，同时达到其最大位移值，即振动频率和相位相同。多原子分子的任何一个复杂振动都可以看成是一些简正振动的线性组合。简正振动包括伸缩振动和变形振动两大类。

（1）伸缩振动。伸缩振动是原子沿键轴的方向伸缩，键长发生变化而键角不变的振动，用符号 ν 表示。伸缩振动又分为对称伸缩振动（符号 ν_s）和不对称伸缩振动（符号 ν_{as}）。对同一基团，不对称伸缩振动的频率略高于对称伸缩振动的。

（2）变形振动。变形振动又称弯曲振动或变角振动。变形振动是基团键角发生周期性变化而键长不变的振动，用符号 δ 表示。它包括面内变形振动和面外变形振动。面内变形振动又分为剪式振动（符号 δ）和平面摇摆振动（符号 ρ）；而面外变形振动又分为非平面摇摆振动（符号 ω）和扭曲变形振动（符号 τ）。

b　影响出现吸收峰的原因

多原子的每一种振动形式都具有它特定的振动频率，亦即有相应的红外吸收峰出现在红外光谱图上。而实际接受到的多原子红外光谱中的吸收峰有时会增多或减少，出现这些情况的原因是：

（1）在中红外吸收光谱上除有自由基态跃迁到第一激发态的基频峰外，还会有由基态直接跃迁至第二激发态、第三激发态等所产生的被称为倍频峰（又称泛频峰）的吸收峰。

（2）由于分子的偶极距的变化决定了分子的振动能否在红外光谱中出现以及谱线的强度，因此对称性强的分子不出现红外光谱峰。分子的对称性越差（键的极性强），谱带的强度越大。

（3）虽然振动形式不同也会出现振动频率相同的情况，但此时将会出现吸收峰的简并，吸收峰的数量减少。

（4）一些较弱的峰或靠近吸收峰的峰，可能由于仪器灵敏度和分辨率不够高而检测不出来。

c　基本振动的理论数

简正振动的数目称为振动自由度，每个振动的自由度相应于红外光谱图上的一个基频吸收带。由 n 个原子组成的分子振动形式应有 $(3n-6)$ 种，这是因整个分子的质心沿 x、y、z 三个坐标方向的平移运动和整个分子沿 x、y、z 三个方向的转动运动都不属于分子振动。对 n 个原子组成的直线型分子，因整个分子的转动是围绕贯穿所有原子的轴进行的，即沿贯穿所有原子的轴方向之外的其他两个方向转动，所以分子振动形式应有（$3n-5$）种。例如，水分子是非线型分子，其振动自由度为 $3\times3-6=3$；线型分子 CO_2 的振动自由度为 $3\times3-5=4$。

我们常遇到多原子分子组成的有机化合物在红外吸收谱图中的基频谱带数目少于振动自由度的情况，其原因有三：一是对称性强的分子非红外活性的振动不出现红外吸收谱带。因红外光谱中出现的分子振动吸收谱带与分子的偶极矩变化有关，没有偶极矩变化的振动就没有红外吸收。二是存在简并情况。虽然有的分子振动形式不同，但存在它们的振动频率相同情况，此时发生了简并。例如，CO_2 分子的面内和面外变形振动频率相同，发生了简并。三是仪器灵敏度不够或分辨率不够高，对一些弱的峰检测不出来，或分不开一些频率很接近的吸收峰。

d 吸收谱带强度

红外吸收谱带的强度取决于分子振动时偶极距的变化。根据量子理论，红外光谱的吸收强度与分子振动时偶极矩变化的平方成正比，而偶极距变化与分子结构的对称性有关。通常分子对称性越高，极性越弱，分子振动时的偶极距变化越小，红外吸收谱带强度就越弱，如 C≡C、C—C、N—N 基团在伸缩振动时偶极矩变化很小、跃迁几率小，红外吸收弱。反之，极性较强的基团振动，吸收强度大，如 C=O 基团在伸缩振动时偶极距变化很大，故 C=O 基团的跃迁几率大，红外吸收非常强。红外光谱的吸收强度常用很强（vs）、强（s）、中（m）、弱（w）和很弱（vw）来定性表示。

对于同一类型的化学键，偶极矩的变化与结构的对称性有关。例如，C=C 双键有 3 种结构：（1）R—CH=CH₂，摩尔吸光系数为 40；（2）R—CH=CH—R′，顺式摩尔吸光系数为 10；（3）R—CH=CH—R′，反式摩尔吸光系数为 2。结构（1）的对称性最差，因此吸收较强，而结构（3）的对称性相对最高，故吸收最弱。此外，对于同一试样，溶在不同的溶剂中，或溶在不同浓度的同一溶剂中，由于氢键的影响以及氢键强弱的不同，使原子间的距离增大，偶极矩变化增大，吸收增强。

e 红外光谱的基团频率

化学工作者在研究大量化合物的红外光谱后发现，不同分子中具有相同化学键或同一类型的官能团（原子基团）的振动频率是非常接近的，称吸收谱带中与一定的原子基团结构相联系的频率为基团频率（也称官能团频率或特征频率）。红外光谱的最大特点是具有基团频率特征性，只要掌握了各种基团的振动频率及其位移规律，就可应用红外光谱来鉴定化合物中存在的基团及其在分子中的相对位置。

分子的振动，实质上是原子基团化学键的振动。常见的化学键和原子基团在 4000～670 cm^{-1} 范围内都有其特征基团频率（波数）。

（1）基团频率的划分。在实际应用过程中，根据实践经验将基团频率区的范围分为四种基团频率（波数）区和两个指纹区。

四个基团频率（波数）区为：

1）4000～2500 cm^{-1} 为 X—H 伸缩振动区。X—H 键中的 X 代表 O、N、C 和 S 原子，即此区包括 O—H、N—H、C—H 和 S—H 键的伸缩振动。

2）2500～1900 cm^{-1} 为叁键和累积双键区。它包括炔键—C≡C—，腈基—C≡N、丙二烯基—C=C=C—，烯酮基—C=C=O、异氰酸酯基—N=C=O 等的反对称伸缩振动。

3）1900～1200 cm^{-1}为双键伸缩振动区。主要有 C —C、C —O、C —N、—NO$_2$ 等的伸缩振动，以及芳环的骨架振动等。

4）低于 1650 cm^{-1} 为 X—H 变形振动区及 X—Y 伸缩振动区。主要有 C—H、N—H、O—H 变形振动，C—O、C—N、C—Y（Y 代表卤族元素）等伸缩振动，以及 C—C 单键骨架振动等。

两个指纹区为：

1）1400～900 cm^{-1}为 C—O、C—F、C—N、C—S、C—P、Si—O、P—O 等单键的伸缩振动，以及 C —S、S —O、P —O 等双键的伸缩振动吸收。

2）900～400 cm^{-1} 区域内的某些吸收峰用来确认化合物的顺反结构。

因此，在解析红外光谱图时，可以用基团频率（波数）区和指纹区的特征频率（波数）来辨析吸收峰归属的原子基团（官能团）。

（2）影响峰位变化的因素。了解影响峰位变化的因素，对解析红外光谱和推断出分子结构很重要。基团振动的特征频率由分子中原子的相对质量及原子间化学键的力常数决定。因此，根据原子间化学键的力常数可以计算出基团振动的特征频率。由于基团和周围环境会发生力学和电学的耦合，使得它们的力常数发生改变，造成基团的特征频率也发生了变化，谱带发生了位移。影响谱带位移的因素有内部和外部因素。

1）内部因素。影响谱带位移的内部因素有电子效应和氢键效应，以及相邻基团振动耦合、空间效应、费米共振、分子的对称性等等。

①电子效应。它是由化学键的电子分布不均匀而引起的，可分为取代基的诱导效应和共轭效应。

取代基的诱导效应发生在具有一定极性的共价键中。由于取代基具有不同的电负性，通过静电诱导作用，引起分子中原子分布的变化，从而改变了键的伸缩力常数，使振动频率发生变化的效应称为诱导效应。它只是沿着键的方向发生作用，且与分子的几何形状无关，主要决定于取代原子的电负性或取代基团总的电负性。电负性强的基团吸引电子能力强，吸引电子基团使吸收峰向高频方向移动（蓝移）。例如，当 C —O 上的烷基 R 被卤素取代形成酰卤时，由于 Cl、F 的电负性依次增强，且大于烷基 R 的，使电子云由氧原子移向双键的中间，增加了 C —O 键的伸缩力常数 k，k 值增大，C —O 的振动频率随之升高（1800 cm^{-1}，1928 cm^{-1}）。

共轭效应是指由于形成多重键的 π 电子在一定程度上可以移动，当一个平面上的四个碳原子共有全部 π 电子时，致使中间的单键具有了一定的双键性质，而两个双键的性质有所削弱的现象。共轭效应会使共轭体系中的电子云密度平均化，结果使原来的双键略有伸长（即电子云密度降低），键的力常数减小，使其吸收频率向低波数方向移动，即振动频率降低。

②氢键效应。它是在形成分子内氢键或分子间氢键后，分子电子云密度趋于平均化，使原来的键伸缩振动频率降低，亦即出现基团的振动频率向低频方向移动和谱峰变宽的现象。氢键越强，位移越多，同时谱带变得越宽，吸收强度也越大。一些物质在液态或固态时—C —O 键与—OH 键之间容易形成氢键，使—C —O 键的振动频率降低；而对于弯曲振动的情况却恰恰相反，形成的氢键越强，谱带就越窄，且向高频方向位移。分子内氢键

不受溶液浓度影响，而分子间氢键则受溶液浓度影响很大，会随溶液浓度增加而增加。

至于其他几种内部影响因素，可查阅有关书籍，这里不再赘述。

2）外部因素。外氢键作用、浓度效应、温度效应、试样状态、制样方法和溶剂极性等都属于对峰位影响的外部因素。

红外光谱的谱图因物质状态、测定条件、溶剂极性等的不同而不同。对同一种物质由于状态、测定条件和溶剂极性等的不同，分子间的相互作用力就不同，因此测定获得的光谱图也就有差别。例如，在气态时，因分子间相距很远，可以认为分子间相互没有影响，测得的谱带波数最高，并能观察到伴随振动光谱的转动精细结构；而在液态或固态下测定获得的谱带波数相对较低。在液态，极性溶剂中，溶剂分子的极性基团的伸缩振动频率会随溶剂极性的增加向低波数方向移动；分子间的相互作用很强，有的化合物还会形成氢键致使伸缩振动频率向低频方向移动。在固态，由于结晶态分子在晶格中的规则排列，加强了分子间的相互振动作用，使谱带发生分裂。

4.3.3.3 红外光谱仪的类型与结构

目前生产和使用的红外光谱仪主要有傅里叶（Fourier）变换（干涉分光）光谱仪和色散型光谱仪两大类。

A 傅里叶变换红外光谱仪（FT-IR）

20 世纪 70 年代出现的傅里叶变换红外光谱仪（Fourier transform infrared spectrometer，FT-IR），也称干涉分光红外光谱仪，它没有色散元件和狭缝，而是基于干涉调频分光来获得红外光谱所有频率的信息。其主要部件有红外光源（硅碳棒、用于远红外区的高压汞灯）、迈克尔逊（Michelson）干涉仪、探测器，以及计算机和记录仪等。红外光源发出的光经迈克尔逊干涉仪变成干涉光，干涉光照射试样，试样吸收红外光后，由检测器获得带有试样信息的干涉图，然后由计算机将干涉图进行傅里叶数字变换得到所需红外光谱图。傅里叶变换红外光谱仪外貌及工作原理见图 4-27。

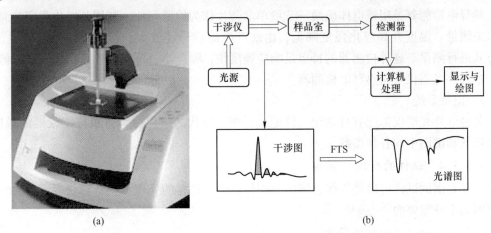

图 4-27 傅里叶变换红外光谱仪外貌及其工作原理
（a）红外光谱仪外貌；（b）红外光谱仪工作原理

傅里叶变换红外光谱仪的特点是：扫描速度极快，测量时间短，适于跟踪快速反应，可在 1 s 内获得红外光谱，光谱范围宽；便于与色谱仪联用；不需要分光，信号强，灵敏度高，分辨本领强；仪器制作精巧。

B　色散型红外光谱仪

色散型红外光谱仪有棱镜式和光栅式两种。色散型双光束红外光谱仪大多采用光学零位平衡系统，它由光源、吸收池、单色器、检测器、电子放大器和记录装置等组成。试样放在光源与单色器之间的吸收池中。

a　光源

色散型红外光谱仪的光源常用能斯特灯和两端水冷的硅碳棒两种。能斯特灯是由氧化锆、氧化钇和氧化钍烧结制成的中空或实心圆棒，发光强度大（在高波数区），但使用时需先预热到 800 ℃。两端水冷的硅碳棒光源的特点是使用时不需要预热，在低波数区域发光较强，发光面积大，寿命长。

b　吸收池

光谱仪的吸收池用可透过红外光的 NaCl、KBr、CsI 等单晶材料制作成窗口，以便红外光照射试样，但要注意窗口材料的防潮。对固体试样常与 KBr 混合压片后直接进行测定。

c　单色器

单色器由色散元件、准直镜和狭缝组成。通常用几块光栅常数不同的光栅作色数元件，这样可根据需要自动更换，使测定的波数范围更宽，并得到更高的分辨率。

d　检测器

检测器常用的有高真空热电偶和热释电检测器两种。

高真空热电偶是将热电偶封在真空度为 7×10^{-7} Pa 的腔体内，腔体对着涂黑的金箔片处有一用红外透光材料制作的小窗。当红外辐射通过窗口照射到作为受光区涂黑的金箔上时，它吸收红外辐射后温度升高，产生温差电势，在回路中有电流通过，电流的大小随照射红外线的强弱变化，依此测量红外辐射强度。

热释电检测器是用铁电体硫酸三甘肽单晶薄片作为检测元件，利用其极化强度与温度关系来测量。温度升高极化强度降低，由此产生的信号经放大，转换成电压（或电流）的方式进行测量。这种检测器的特点是响应速度快，噪声小，可实现快速扫描。所以傅里叶变换红外光谱仪采用热释电检测器。

e　记录系统

各种红外光谱仪都配有自动记录仪记录谱图。现代的谱仪由计算机控制仪器的操作，记录谱图和谱图中的各种参数。

4.3.3.4　试样的处理与制备

红外光谱的试样可以是气体、液体或固体，然而试样的处理和制备对获得满意的红外光谱图是十分重要的。

A　红外光谱对试样的要求

欲获得满意的红外光谱图，试样必须满足红外光谱测试的要求。

a　试样纯度

试样应是单一组分的纯物质（纯度大于98%），便于与纯物质的标准谱图比较。多组分试样在测定前应尽量预先进行组分分离，否则会使各组分光谱相互重叠，使红外光谱图难以解释。

b 试样的浓度和测试厚度

试样的浓度和测试厚度应适当，以使光谱图中大多数吸收峰的透射比处于10%~80%范围内。浓度太低，厚度太薄，会使一些弱的吸收峰和光谱的细微部分不能显示出来；浓度过高，厚度过厚，又会使强的吸收峰超越标尺刻度而无法确定其真实位置。

c 试样含游离水情况

试样中不应含有游离水。因水本身在红外光区就有吸收，会干扰试样谱图，使获得的光谱图变形。同时，含的游离水还会侵蚀吸收池的窗口材料。

d 微量的试样

对微量的试样，必须采用光束聚焦器，并配有微量液体池、微量固体池和微量气体池，采用全反射系统或用带有碱金属卤化物棱镜的反射系统进行测量。

B 试样制备方法

a 气态试样

气态试样一般采用直接注入气体池内测定。气体池两端有透红外光的 NaCl 或 KBr 窗口片。在测定污染大气或其他气体中微量杂质（10^{-6}）时，往往采用增加光程长度的多次反射气体池。注意：装样前要先将气体池抽成真空，再将试样注入。

b 液体和溶液试样

液体和溶液试样可注入液体池内测定。常用液体池有3种：固定液体池、可拆卸式液体池和可变液体池（测微计液体池）。固定液体池，即密封液体池，池厚度是固定的，不可调节。可拆卸式液体池，可根据厚度要求更换不同厚度的垫片。可变液体池是其厚度可以连续改变，从液体池上的测微计读出池的厚度。

液体试样的制备需根据液体和溶液的性质采用不同的制样方法。

（1）直接法。对沸点较低、易于挥发的液体试样，以及浓度合适的溶液采用注入封闭的液体池中，直接测量。

（2）液膜法。液膜法适用于沸点较高的液体试样。将一滴试样滴在恰当的表面抛光的盐片（如 KBr 盐片）上，几秒钟后，盖合上另外一块盐片，使液体试样在两盐片之间形成液体薄膜。应注意：选用的盐片要与待测的液体试样相匹配，如水溶液试样应采用KRS-5盐片，非水溶液试样采用 KBr 盐片；每个制备好的测试样品要保持清洁、平整和光洁。

（3）溶液法。对于一些红外线吸收很强的液体，在用调节厚度方法仍然得不到满意的谱图时，可采用制成溶液方法降低浓度，将配好的溶液注入液体池测定。应注意：一般溶剂也有红外吸收，应选择对分析谱带无干扰的溶剂（可采用混合型溶剂），如1350~600 cm^{-1}区域常用的溶剂是 CS_2，而 CCl_4 用于 4000~1350 cm^{-1} 区域。

c 固体试样

固体试样制备常用的方法有压片法、调糊法、薄膜法和溶液法。

（1）压片法。对固体粉末试样常采用压片法。具体做法是：取试样2~3 mg 与200~300 mg 干燥的纯 KBr 粉末混匀，研细至颗粒直径小于 2 μm，以消除散射光影响。取70~90 mg 研细的混合物放入压片模具内，用 5×10^7~10×10^7 Pa 压力压成透明薄片，即可直接用于测量。采用纯 KBr 是因其在 400~4000 cm^{-1}光区不产生吸收，可得全波段光谱图。

（2）调糊法。利用石蜡等材料自身的吸收带简单的特点，将干燥处理后的试样研细，与液体石蜡（或全氟代烃）混合，调成糊状，夹在两 KBr 盐片中间进行测定。注意：此法不能用于测量饱和烷烃的吸收。

（3）薄膜法。对一些高聚物样品可制成薄膜样，直接进行红外光谱测量。制成薄膜的方法有两种：一种是直接加热熔融试样，然后涂覆或压制成膜；另一种是先把试样溶解在低沸点的易挥发溶剂中，再将溶液涂覆在抛光的盐片上，待溶剂挥发后制成薄膜，用于测量。

（4）溶液法。对于不宜研磨的固体样品，可将固体试样溶解在溶剂中制成溶液，按照液体试样测试的方法进行测试。

4.3.3.5　红外光谱的定性和定量分析

A　定性分析

a　已知物的鉴定

用红外光谱对已知物的验证很方便，只要选择合适的制样方法，测得其谱图并与纯物质的标准谱图对照即可鉴别。但在与纯物质的标准谱图对照时，应该注意测试样与标准物的一致性，排除影响因素。

（1）物态和结晶形态影响。因为同一物质的不同物态和结晶形态，它们的谱图有变化。

（2）溶剂影响。制备测试样品时的溶剂特别是极性溶剂，会使红外谱图发生变化。在比较羰基、羟基、氨基等基团的化合物谱图时，应采用与标准物相同的溶剂，一般情况下采用非极性溶剂。

（3）杂质影响。试样含有杂质，或压片用 KBr 干燥不够等原因，红外谱图中出现一些杂峰，在与标准谱图对照时，一定要仔细判别。

总之，在已知物鉴定时，只有试样的红外谱图中吸收峰的位置和相对强度与标准谱图能一一对应，才能认为试样即为该已知物；反之，表示两者不是同一物质或试样中含有杂质。

b　未知物的鉴定

红外光谱是测定未知物（特别是有机物）结构的一个重要手段。对于简单的化合物，根据提供的分子式和获得的红外光谱图，可以利用标准谱图进行查对，得知分子的结构。对于复杂化合物则需对获得的谱图进行解析，并结合其他实验数据（诸如相对分子量、物理常数、紫外光谱、核磁共振波谱、质谱等），才能得出比较正确的判断。

为帮助推断未知物的结构，在解析谱图之前，先利用经验式计算有机化合物的不饱和度 U。不饱和度 U 表示有机物分子中碳原子不饱和的程度，计算式为

$$U = 1 + n_4 + \frac{n_3 - n_1}{2} \tag{4-81}$$

式中，n_1、n_3 和 n_4 分别为分子式中一价、三价和四价原子的数目，二价原子（S、O 等）不参加计算。

红外光谱分析规定：计算的不饱和度 $U = 0$ 时，表示分子中碳是饱和的，应是链状烃及其不含双键的衍生物；$U = 1$ 时，化合物可能有一个双键（C＝C、C＝O）或脂环结

构；$U=2$ 时，化合物可能有一个叁键（$C\equiv C$、$C\equiv N$ 等），也可能有两个双键或脂环结构；$U=4$ 时，化合物可能有一个苯环结构。

每一个化合物都具有特征的红外吸收光谱（可视为指纹），其谱带数目、位置、形状和相对强度均随化合物及其聚集态的不同而不同，因此，根据化合物的红外光谱就可以辨认化合物或其官能团。官能团定性是根据化合物的红外光谱的特征基团频率来鉴定化合物的类型。值得注意的是：采用计算机解谱，试样的物态、结晶状态、溶剂、测定条件，以及所用仪器的类型等均应与标准谱图相同。

总之，红外光谱的解析要先从特征区第一强峰入手，再依次解析特征区第二强峰、第三强峰，依此类推，推测未知物中可能含有的基团，再由指纹区的谱带来进一步验证（找出可能含有基团的相关峰），确认这一基团的存在。对于简单的光谱，解析一两组峰即可确定未知物的分子结构；对于较复杂化合物由于基团（官能团）间的相互影响，需查对标准光谱进行综合解析谱图。

B 定量分析

红外光谱定量分析是根据待测物质组分的吸收峰强度来进行的，其优点是有许多谱带可供选择，有利于排除干扰，且不受物质存在形态的限制，对气、液和固态物质均可进行测定。一般用校准曲线法或与标准试样比较来定量，但要注意，试样池的窗口片对辐射的反射和吸收以及试样对红外光的散射等，都会引起辐射能的损失，因此必须予以校正。而定量分析的理论基础与前述的紫外-可见光分光光度法相同，即以朗伯-比尔定律为基础，这里不再赘述。

4.3.3.6 红外光谱分析在材料研究中的应用

A 有机高分子材料研究

红外光谱在有机高分子材料研究中，因仪器的操作简单，谱图的特征性强，所以广泛用于高聚物的分类和结构分析。

a 分析与鉴别材料

用红外光谱不仅可区分高聚物的类型，而且对某些结构相近的高聚物，也可以依靠指纹图谱来区分。

b 定量测定高聚物的链结构

通常在对高聚物的链结构进行定量分析时，需先选择某一特征峰作为分子谱带，以此作为定量计算。然后，根据纯物质来测定获得摩尔吸光系数。

c 高聚物取向的研究

在进行高聚物取向的研究时，需在红外光谱仪的测量光路中加入一个偏振器，以形成偏振红外光谱。因为当红外光通过偏振器后其电矢量上只有一个方向的红外偏振光，当偏振光通过有取向的高聚物膜时，若其电矢量方向与—C=O 振动的偶极矩方向平行时，则—C=O 谱带具有最大的吸收强度；而电矢量方向与—C=O 振动的偶极矩方向垂直时，这个振动几乎不产生吸收。这种现象称为红外二向色性。

d 有机化合物应用实例分析

已知由元素分析得到某化合物的分子式为 $C_4H_6O_2$，测得红外光谱图如图 4-28 所示，依图推测这个化合物的结构。

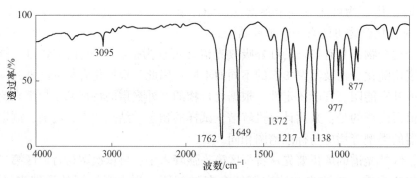

图 4-28 $C_4H_6O_2$ 的红外光谱图

具体解析谱图过程有下面几步。

（1）计算不饱和度。由已知分子式计算不饱和度 $U = 4 - 6/2 + 1 = 2$。

（2）分析各峰的归宿。由图 4-28 红外光谱图知，特征区 3095 cm^{-1} 处有弱的不饱和 C—H 伸缩振动吸收，并与 1649 cm^{-1} 的 $\nu_{C=C}$ 谱峰相对应，表明有烯键存在，因谱峰较弱，可能是被极化了的烯键。化合物在 1762 cm^{-1} 处有强吸收谱带表明有羰基存在，结合在 1217 cm^{-1} 和 1138 cm^{-1} 处很强的吸收峰，表明试样中有 C—O—C 吸收，应该是酯基。

由上面的初步分析知该化合物属不饱和酯，根据已知分子式此化合物可有两种结构，即丙烯酸甲酯 $CH_2{=}CH—COO—CH_3$ 和醋酸乙烯酯 $CH_3—COO—CH{=}CH_2$。

因烯键都受到邻近基团的极化，吸收强度应较高。普通酯的 $\nu_{C=O}$ 在 1745 cm^{-1} 附近，而丙烯酸甲酯有 $CH_2{=}CH—COO—CH_3$ 结构，因存在共轭效应其 $\nu_{C=O}$ 频率降低，估计在 1700 cm^{-1} 附近，且甲基的对称变形振动频率应在 1440 cm^{-1} 处，这些与图 4-28 出现的情况不符。谱图中 $\nu_{C=O}$ 频率较高，甲基对称变形振动吸收向低频位移（在 1372 cm^{-1} 处），且强度增加，表明有 CH_3COC—结构单元。$\nu_{sC—O—C}$ 升高至 1138 cm^{-1} 处，且强度增加，表明是不饱和酯。图 4-28 谱图中峰位和强度变化与醋酸乙烯酯 $CH_3—COO—CH{=}CH_2$ 的结构一致。

进一步用指纹区验证。由于图 4-28 中 $\delta_{=CH}$ 出现在 977 cm^{-1} 和 877 cm^{-1} 处，，它比正常的乙烯基 $\delta_{=CH}$ 位置（990 cm^{-1} 和 910 cm^{-1}）稍低，是因烯键被极化引起。指纹区谱峰的分析结果，进一步验证了 $C_4H_6O_2$ 化合物的结构为醋酸乙烯酯 $CH_3—COO—CH{=}CH_2$。

B   无机非金属材料

无机化合物的红外光谱图谱带数较少，且很大部分是在低频区，而无机化合物在中红外区的吸收主要是由阴离子（团）的晶格振动引起的，它的吸收谱带位置与阳离子的关系较小，通常当阴离子的原子序数增大时，阴离子团的吸收位置将向低波数方向作微小的位移。因此在解析无机化合物的红外光谱图时，侧重于分析阴离子团的振动频率。

C   具体无机材料红外光谱分析应用实例

在铈掺杂改性的 $BaTiO_3$ 光折变晶体研究中，经多种手段测试证明，获得的材料是稀土元素铈掺杂改性的 $BaTiO_3$ 光折变晶体。具体制备方法是：用醇盐的溶胶-凝胶法及无机盐溶胶-凝胶法制备了 A 位取代的 $Ce_xBa_{1-x}TiO_3$（CBT）多晶纳米粉体，即以 $Ce(NO_3)_3 \cdot$

$6H_2O$ 为掺杂起始物，按化学计量比称取原料，并溶于乙醇溶液中，然后缓慢滴加到 $Ba(OAc)_2$-HOAc 体系中，强力搅拌使二者充分混合，再将 $Ti(O^nBu)_4$-HO^nBu 滴入该体系，水解获得溶胶，经陈化制得湿凝胶，干燥处理后获得干凝胶、研磨、过筛、焙烧制备出纳米多晶。扫描电镜观察表明，$Ce_xBa_{1-x}TiO_3$ 多晶粉体呈团聚状，颗粒为不规则形状，分散性较好，粒径在 $1.0 \sim 30\ \mu m$ 范围内。图 4-29 为 $Ce_xBa_{1-x}TiO_3$（$x = 0.1$，焙烧 800 ℃，2 h）的扫描电镜形貌。

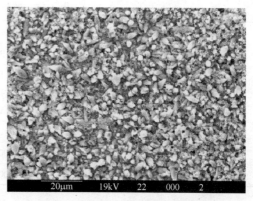

图 4-29 $Ce_xBa_{1-x}TiO_3$ 的 SEM 形貌

透射电镜观察和分析结果表明，获得的晶体为 Ce 掺杂 $BaTiO_3$，见图 4-30 和表 4-14。

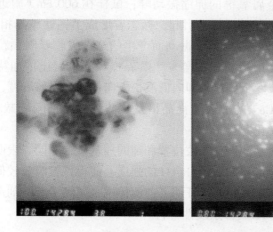

图 4-30 Ce 掺杂 $BaTiO_3$ 纳米颗粒的形貌和选区衍射

表 4-14 Ce 掺杂 $BaTiO_3$ 纳米颗粒的选区衍射标定

编 号	$d(\exp)$	$d(\text{JCPDS})$	hkl
1	2.821	2.838	(100)
2	2.267	2.314	(111)
3	2.064	2.019	(002)
4	1.728	1.790	(201)
5	1.751	1.786	(210)
6	1.386	1.412	(220)
7	1.261	1.263	(310)

对干凝胶原粉及不同温度焙烧后的 $Ce_xBa_{1-x}TiO_3$ 试样进行红外特性分析结果表明，原粉的吸收带主要分布在高波数范围内，表明有有机基团的伸缩振动或者剪切振动，振动频率及振动模式如表 4-15 所示。

表 4-15 试样的红外光谱解析

振动官能团	振动频率（波数）/cm^{-1}	振动模式
O—H	3500	键合后伸缩振动峰
C＝O	1400	对称剪切振动
	1350	反对称剪切振动
	1546	伸缩振动
C—H	1050	伸缩振动
Ti—O	800 以下	振动吸收
Ba—O	800 以下	振动吸收

红外光谱测试结果还表明，随着焙烧温度的提高，有机物峰渐渐减弱直至消失，无机物的振动特征渐渐加强。当低于 600 ℃时，依然存在着 C—O—C 的不对称伸缩振动峰，当温度高于 600 ℃时，只有金属氧键的伸缩振动峰；试样在 600 cm^{-1} 附近出现的较宽谱带，是由 TiO$_6$ 八面体中 Ti—O 的伸缩振动引起，标志着形成了钙钛矿晶相，这与 TEM 分析的结果一致。图 4-31 表明 Ti—O 的伸缩振动而产生的红外吸收峰因颗粒的细化而出现宽化，随着粒度的减小红外光谱峰的红移增大。掺杂 Ce^{3+} 离子配比增加特征峰向高频移动，即 M—O 键的振动吸收峰发生蓝移，即向低波长方向移动，峰形展宽，峰的对称性发生变化。出现这些情况是因 Ce^{3+} 的加入使得晶格发生收缩，晶格畸变减小。温度增加，结晶化程度增大，会使峰形锐化。

原粉末的红外谱图中，羧基的振动吸收位置和纯的羧基位置不同，表明金属离子和羧基形成了二齿配位，由于络合作用削弱了 C＝O 的强度，使得该键吸收较低的能量便可以发生分子的振动，吸收峰出现了蓝移，这证明了前驱体中金属离子和溶剂形成了配位化合物，有利于制备性能特异的 BaTiO$_3$ 掺杂改性材料。

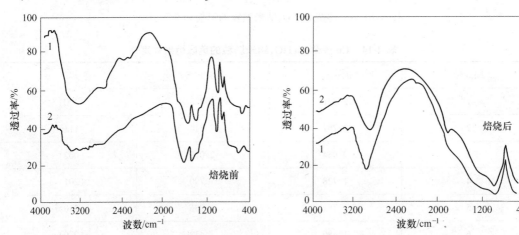

图 4-31 焙烧前后 Ce^{3+} 掺杂的 Ce$_x$Ba$_{1-x}$TiO$_3$ 红外光谱图
1—$x=0.1$，pH$=3.8$，$T(\text{sol})=70$ ℃，焙烧条件：800 ℃，2h；
2—$x=0.3$，pH$=3.8$，$T(\text{sol})=70$ ℃，焙烧条件：800 ℃，2h

综上所述，红外光谱分析确定了 Ce^{3+} 掺杂的 Ce$_x$Ba$_{1-x}$TiO$_3$ 晶体的结构为四方钙钛矿结构。

4.3.4 激光拉曼光谱分析及应用

拉曼光谱（Raman spectrum）是分子的散射光谱，它与红外光谱一样是分子光谱学的重要分支。拉曼光谱与红外光谱是表征分子结构的两种互补手段。激光光源引入拉曼光谱仪后，使激光拉曼光谱成为研究分子结构的重要手段，已被广泛应用于许多领域。

4.3.4.1 瑞利散射与拉曼散射和拉曼位移

A 瑞利散射与拉曼散射

1871 年瑞利（Rayleigh）发现，当一束频率为 ν_0 的单色光照射到透明介质时，大部分入射光沿着入射方向通过样品，只有 $1/10^5 \sim 1/10^3$ 强度的光被散射到各个方向，且在与入射光垂直的方向可以看到各向同性的散射光，这种散射现象称为瑞利散射。瑞利散射可以看作是光与试样分子间的弹性碰撞，没有能量交换，因此光的频率不变，只是改变了光的运动方向，尽管入射光是平行的，散射光却是各向同性的。瑞利还指出这种散射光的强度与散射方向有关，且与入射光频率的四次方成正比，短波长光的散射比长波长光的散射要强得多。

1928 年印度物理学家拉曼（Raman）在实验研究中观察到在总散射强度中约有 1% 的光频率与入射光的频率不同，即在入射光频率处，除有强的瑞利散射谱线外，还在其较高和较低频率处存在很弱的谱线，并称出现这些弱的谱线现象为拉曼效应。拉曼从实验证实了 1923 年德国科学家塞姆卡尔（Semkal）的"存在光的非弹性散射"预言，即光子与物体在碰撞过程中不仅改变了运动方向，还发生了能量交换。拉曼也因该研究成果获得了 1930 年诺贝尔物理学奖。

总之，拉曼散射是入射光与试样分子之间发生了非弹性散射，有能量交换，改变了光的频率（能量），瑞利散射是入射光与试样分子之间发生了弹性散射，没有能量交换，光的频率不变，只改变了光的运动方向。图 4-32 为瑞利散射和拉曼散射的比较，由图可看出两者的差别。

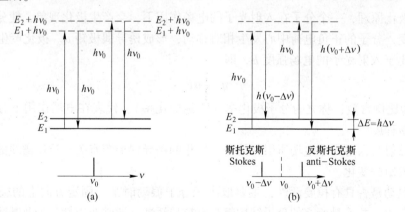

图 4-32　瑞利散射与拉曼散射的比较

（a）瑞利散射；（b）拉曼散射

拉曼光谱是由分子的非弹性光散射现象所产生的。拉曼光谱与红外光谱一样可用来研究分子的转动和振动能级，但红外活性振动是分子有偶极矩的变化，而拉曼活性振动却是

154

分子有极化率的变化。凡不引起分子偶极距变化的振动属非红外活性振动，这使红外光谱的应用受到了限制，但还可通过拉曼光谱获得振动信息。

B　拉曼位移

在拉曼散射中，当入射光 ν_0 的光子把能量给予了试样分子，使一些处于基态 E_1 能级的分子跃迁到激发态（$E_1+h\nu_0$）能级，因分子在这种能态是不稳定的，会很快回到 E_2 能级，分子获得 E_1 与 E_2 的能量差就是入射光子损失的能量，因此在垂直方向测量到的散射光中，有低于入射光频率（$\nu_0-\Delta\nu$）的谱线，称斯托克斯（Stokes）线（斯托克斯散射）。当入射光光子使一些处于 E_2 能级的分子激发到（$E_2+h\nu_0$）能级，因能级不稳定，分子跃到 E_1 能级，光子获得分子损失的 E_1 与 E_2 能量差，因此在垂直方向测量到的散射光中，有频率为（$\nu_0+\Delta\nu$）的谱线，称反斯托克斯（Stokes）线（反斯托克斯散射）。斯托克斯散射光的频率低于入射光的，反斯托克斯散射光的频率高于入射光的。斯托克斯、反斯托克斯散射光的频率与入射光频率之差 $\Delta\nu$ 统称为拉曼位移（Raman Shift）。拉曼位移取决于分子振动能级的变化，不同的化学键或基态有不同的振动方式，决定了其能级间的能量变化，因此拉曼位移是拉曼光谱进行分子结构定性分析的理论依据。对应于同一分子能级，斯托克斯与反斯托克斯散射光的拉曼位移是相等的。因在室温情况下，绝大多数试样分子处于振动基态，斯托克斯散射的强度通常要比反斯托克斯散射强度强得多，所以在拉曼光谱分析中，通常采用测定斯托克斯散射来研究拉曼位移。

随着 1960 年激光光源的发现，用激光光源代替汞电弧灯光源建立了激光拉曼光谱分析方法。由于激光的强度高、单色性和偏振性好等特点，可获得谱线窄、良好背景的光谱图，因此可用于精确测定偏振度和散射系数，以及许多精细结构数据，且大大缩短分析时间。激光拉曼光谱分析所需的试样处理简单，固态、液态、气体和水溶液试样，以及粉末、薄膜或纤维状的试样均可分析。

4.3.4.2　拉曼光谱

A　产生拉曼光谱的条件

根据极化原理，一个分子在入射光子的电场作用下，会产生极化现象，使分子的电子云发生形变，分子的正负电荷中心发生相对移动，形成诱导偶极矩 μ。极化产生的诱导偶极矩 μ 正比于入射光子的电场强度 E，即

$$\mu = \alpha E \tag{4-82}$$

式中，α 为比例常数，称之为分子极化率（简称极化率），代表在电场作用下分子电子云变形的难易程度。

拉曼散射与入射光子电场所引起的分子极化的诱导偶极矩有关，拉曼谱线的强度正比于诱导偶极矩的变化。

分子振动是否具有拉曼活性，主要取决于分子振动时某一固定方向上的极化率 α 是否发生了变化。并不是所有的分子结构都具有拉曼活性，通常非极性分子及基团的振动会导致分子变形，引起分子极化率变化，是拉曼活性的。对于全对称振动模式的分子，在激发光子的作用下，会发生分子极化，产生拉曼活性，而且活性很强；而对于离子键的化合物，由于没有分子变形发生，不能产生拉曼活性。因此，可以利用拉曼光谱对一些物质分子进行结构分析和定性鉴定。图 4-33 是 CCl_4 的拉曼光谱图。

B　拉曼光谱的去偏振度

当光的电磁辐射与分子相互作用时，偏振态常会发生改变，因此无论入射的是平面偏振光还是自然光都能观察到偏振度的改变。拉曼光谱常采用激光作为光源，而激光是偏振光，因此拉曼光谱除具有一般光谱的频率（或波长或波数）和强度基本参数外，还具有去偏振度这个衡量分子振动对称性的参数。

去偏振度 ρ 的定义为

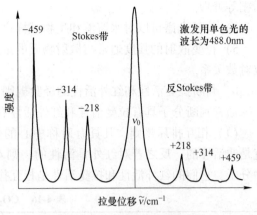

图 4-33　CCl_4 的拉曼光谱图

$$\rho = \frac{I_\perp}{I_{/\!/}} \qquad (4-83)$$

式中，$I_\perp$ 为偏振器与激光方向垂直时，在检测器可检测到的散射光强度；$I_{/\!/}$ 为偏振器与激光方向平行时，在检测器可检测到的散射光强度。

去偏振度 ρ 与极化率有关，对于分子的全对称振动来说，它的极化率是各向同性的，$\rho = 0$，此时的拉曼散射光为完全偏振光。对分子的非对称振动，它的极化率是各向异性的，$\rho = 3/4$。在入射光是偏振光的情况下，ρ 在 0 与 3/4 之间。由此可见去偏振度与分子的对称性和分子振动类型有关。

C　拉曼光谱与红外光谱的比较

a　拉曼光谱与红外光谱的不同之处

（1）产生的物理过程不同。虽然拉曼光谱与红外光谱同属分子光谱，都能提供分子振动信息，但它们产生的物理过程不同。拉曼光谱是试样分子对激发光的散射，而红外光谱则是试样分子对红外光的吸收。

（2）选择性定则不同。拉曼光谱与红外光谱的选择性定则不同。分子振动时有偶极矩的变化，这种振动通常具有红外活性。例如非对称性振动和极性分子及基团的振动都会引起分子偶极距的变化，因而这类振动是红外活性的。分子对称性振动和非极性基团振动，会使分子变形，振动时有极化率的变化，这种振动具有拉曼活性。因此，拉曼光谱适合相同原子的非极性键的振动，如 C—C，S—S，N—N 等对称性骨架振动，均可从拉曼光谱中获得丰富的信息，而不同原子的极性键，如 C＝O，C—H，N—H 和 O—H 等，在红外光谱上有反映。

（3）实验技术不同。从实验技术方面讲，红外和拉曼光谱主要存在下面 5 个方面的不同。

1）拉曼光谱的频率位移（拉曼位移）不受单色光源频率的限制，可根据样品的不同性质选择光源，对强荧光物质可选择长波或短波长的激发光光源；而红外光谱的光源固定，不能随意调换。

2）拉曼光谱采用激光光源，激光方向性强，可得到极小束斑，能对微量样品进行测定。

3）在测定拉曼光谱时不需要制样，而测量红外光谱时必须对样品进行压片或制成石蜡糊等处理。

4）拉曼光谱可以对水溶液和生物试样进行测定。

5）拉曼散射的强度通常与散射物质的浓度呈线性关系，而红外吸收与物质的浓度则成对数关系。

b　判断拉曼活性和红外活性的经验规则

通常判断分子具有拉曼活性和红外活性有下面 3 个经验规则。

（1）相互排斥规则。凡具有对称中心的分子，若其振动对拉曼是活性的，则其红外就是非活性的；反之若对红外是活性的，则对拉曼就是非活性的。例如，CS_2、CO_2 等线性分子，它们的红外活性和拉曼活性是相互排斥的，如表 4-16 所示。

表 4-16　CO_2 的振动模式

振动模式	O=C=O	极化率	Raman	偶极矩	红外
对称伸缩	O→C←O	变化	活性	不变	非活性
非对称伸缩	O→←C←O	不变	非活性	变化	活性
弯曲	简并 {↑ O C O / ↓ ↓ / O C O / + − +}	不变 / 不变	非活性 / 非活性	变化 / 变化	活性 / 活性

（2）互相允许规则。凡不具有对称中心的分子，除属点群 D_{3h}、D_{2h} 和 O 的分子外，可既有拉曼活性又有红外活性。例如 H_2O、SO_2 等，它们的红外活性和拉曼活性并存（如表 4-17 所示），只是在拉曼和红外两种图谱中各峰之间的强度比有所不同。对无任何对称性的分子，它们的拉曼光谱与红外光谱非常相似。

表 4-17　H_2O 的振动模式

振动模式	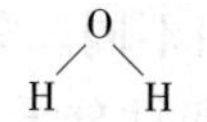 (H—O—H)	极化率	Raman	偶极矩	红外
对称伸缩	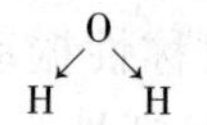	变化	活性	变化	活性
非对称伸缩	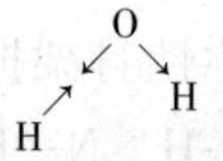	变化	活性	变化	活性
弯曲	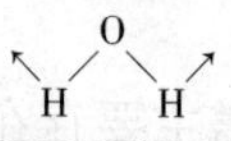	变化	活性	变化	活性

（3）互相禁止规则。少数分子振动模式，既不是拉曼活性，也不是红外活性，如图 4-34 所示的平面对称分子乙烯的弯曲振动，既没有偶极矩变化，也不产生极化率的改变，因此在拉曼光谱和红外光谱中都观察不到乙烯分子弯曲振动谱带。

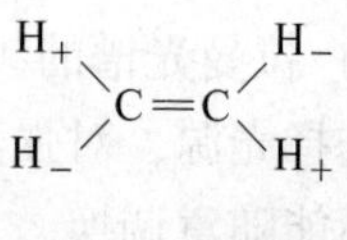

图 4-34　乙烯的弯曲振动

从这些规则可以看出拉曼光谱与红外光谱是表征分子结构的两种互补手段，两者结合可以获得比较完整的分子振动信息，这在有机高分子化合物结构分析中特别有用。虽然大多数有机高分子化合物具有不完全的对称性，但它们的振动方式对红外和拉曼都是活性的，且在拉曼光谱中观察到的拉曼位移与红外光谱中所看到的吸收峰频率也大体相同，如 N—H、C—H、C＝C、C≡C 等伸缩振动在拉曼和红外谱上基本一致，只是对应的峰强有所不同。但在一些化合物分子中有一些振动只具有红外活性，如强极性键—OH、—C＝O、—C—X 等，而另一些振动则只具有拉曼活性，如非极性易极化的键—N＝C—、—S—S—、—N＝N—等，此时为获得完全的分子振动信息，就需要两种光谱互相补充。

　　c　拉曼光谱分析的优点及缺点

　　与红外光谱分析相比，拉曼光谱分析具有下面一系列优点。

　　（1）适用面广。拉曼光谱是因试样分子对入射光的散射产生，只要光能照射到的任何尺寸、形状、透明度的试样都能进行拉曼光谱分析。因激光束斑可以聚焦到很小尺寸，拉曼光谱可以用于测量微量的试样。

　　（2）可测含水试样。因水的拉曼散射极弱，拉曼光谱可用于含水试样的测量，是研究生物大分子有力工具。玻璃的拉曼散射也较弱，可作为理想窗口材料用于拉曼测量。

　　（3）获得更多信息。对于聚合物及其他分子，拉曼散射的选择性定则的限制较少，可获得更好、更丰富的信息。例如对 S—S、C—C、C＝C、N＝N 等红外较弱的官能团，在拉曼光谱中的信号就较为强烈。图 4-35 是线性聚乙烯的红外光谱与拉曼光谱的比较。

　　（4）可远程测量。拉曼散射光可在光导纤维中传递，这使拉曼检测信号可用光纤传输，实现远程测量；而红外光在光导纤维传递时，信号衰减严重，无法实现远距离测量。

　　拉曼光谱的最大缺点是存在荧光散射，而太强的荧光会掩盖试样结构信息。

　　傅里叶变换拉曼光谱仪的出现可以避免强荧光散射的影响。

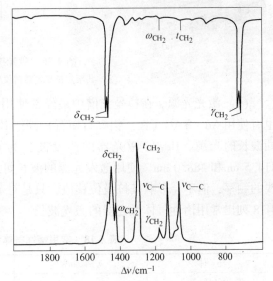

图 4-35　线性聚乙烯的红外光谱与拉曼光谱的比较

　　提请注意：拉曼光谱分析要求被测试样品必须是对激发辐射是透明的，即激发光不能被试样所吸收，否则本身已是很弱的拉曼谱线会被淹没。因此，红色、绿色、蓝色的试样最好使用与之相应的光源，无色和白色无机物试样可用可见光区域的任何光。拉曼光谱不适用于黑色、暗棕色及灰色试样的分析研究。采用拉曼光谱研究硅酸盐类矿物比较困难，因为 Si—O 键的极化率很低，拉曼效应很弱。

　　4.3.4.3　激光拉曼光谱仪与实验过程

　　使用激光光源的拉曼光谱仪称之为激光拉曼光谱仪（laser Raman spectrometer）。激光和普通光源比较具有极好的单色性和方向性。由于激光是非常强的光源，被激发的拉曼谱线比较简单，易于解析；分析灵敏度高，样品用量少；激光是偏振光，测量偏振度比较容易。

A　激光拉曼光谱仪结构

激光拉曼光谱仪主要由激光光源、样品室、单色器、检测器以及计算机控制和数据采集系统组成，参见图4-36。

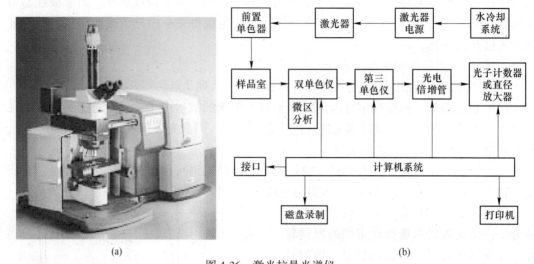

图 4-36　激光拉曼光谱仪

（a）共聚焦拉曼光谱谱仪外貌；（b）谱仪组成

（1）激光光源。在拉曼光谱中最经常使用的激光光源是连续式惰性气体激光器，但也有使用 Nd∶YAG（钕∶铝钇石榴石）固体激光器的谱仪，人们可根据试样情况选择不同波长的光源。He-Ne 激光器的激发波长为 632.8 nm，Ar 离子激光器的激发波长为 514.5 nm 和 488.0 nm。使用激发光源的波长可以不同，虽对同一试样会改变它的拉曼谱线的频率，但不会影响其拉曼位移值，只是对荧光以及某些激发线会产生不同的结果，表 4-18 列出常用惰性气体激光器的激光波长。

表 4-18　常用惰性气体激光器的激光波长

气　体	功率/mW	激光波长/nm	颜色
氦-氖（He-Ne）	200	632.8	红
氩离子（Ar⁺）	1000	488.0	蓝
		514.5	绿
	800	647.1	红
		568.2	黄
	200	647.1	红
		588.2	黄
		514.5	绿
		488.0	蓝

与瑞利散射一样，拉曼散射的强度与入射光的频率的四次方成正比。为了避免普通拉曼光谱的荧光作用，使用波长较短的紫外激光光源，可以获得较大的拉曼散射强度，使产生的荧光与散射分开，从而获得拉曼信息，以适于荧光背景高的样品如催化剂，纳米材料以及生物材料的分析。注意，使用较短波长的激光光源虽可避免部分荧光产生，但黑色样

品会产生热背景。傅里叶变换拉曼光谱仪（FT-Raman）的激光光源为 Nd：YAG 激光器，使用波长为 1.064 μm 的近红外线激发，激发能量低于荧光激发的阈值，从而避免了大部分荧光对拉曼光谱的干扰。

（2）样品池。谱仪的样品室常用微量毛细管、常量的液体池、气体池和压片试样架等。测量时应根据试样状态来选择恰当的样品池。一般情况下，气体样品采用多路反射气槽；液体样品采用毛细管、多重反射槽；固体样品，粉末可装在玻璃管内，也可压片。有些谱仪的样品池可进行温度控制，用于变温测量。

（3）单色器。单色器是拉曼光谱仪的核心部件，要求它能最大限度地降低杂散光且色散性能好。谱仪中装有两种作用不同的单色器，一种是前置单色器，一种是双光栅单色器。前置单色器的作用是消除激光光源发出的等离子线和其他杂散光进入光路，以及根据分析样品要求选择激光的不同波长部分。双光栅单色器是把入射光照射样品得到的散射光进行分光，使色散性能更好，最大限度地降低杂散光影响，获得高质量的拉曼光谱图。对低波数拉曼位移的拉曼散射，在双单色器的出射狭缝处可安置第三个单色器。

（4）检测器与数据采集。通常在与入射光成 90° 的方向收集散射光。散射信号经分光和光电倍增管放大后，进入检测器。对于可见光谱区内的拉曼散射光用灵敏度高、暗电流小的光电倍增管作为检测器。若测量反斯托克斯线，通过光子计数器进行检测。测量信号经放大器放大，进入记录系统。整个测量系统采用计算机控制和数据采集。

B　几种拉曼光谱技术

（1）傅里叶变换拉曼光谱技术。傅里叶变换拉曼光谱仪（FT-Raman spectrometer）采用了傅里叶变换拉曼光谱技术，它的特点是：1）采用波长为 1.064 μm 的 Nd：YAG 激光器代替了可见光激光器作为光源，1.064 μm 波长的近红外线激发源的能量低于荧光激发的阈值，因而避免了大部分荧光对拉曼光谱的干扰；2）采用干涉傅里叶变换系统代替分光扫描系统对散射光进行检测；3）采用在液氮下工作的高灵敏度的铟镓砷探头作为检测器，大大降低检测器的噪音，或用电荷耦合器件进行多道检测。图 4-37 为傅里叶变换拉曼光谱仪工作原理图。

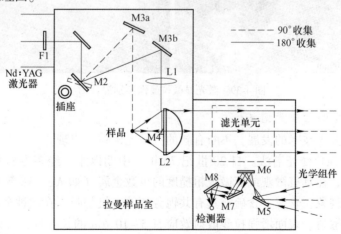

图 4-37　傅里叶变换拉曼光谱仪工作原理图

与可见光拉曼光谱相比，傅里叶变换拉曼光谱技术的优点是：1）避免了荧光干扰，拓宽了拉曼光谱应用范围；2）消除了瑞利散射谱线；3）操作方便，测量速度快；4）提高了测量精度，且可对光谱数据进行处理。

（2）傅里叶变换拉曼光谱微量探测技术。显微共聚焦拉曼光谱仪是将傅里叶变换拉曼光谱与微量探测技术结合，用于分析微量样品和表面微观结构，如一些不均匀陶瓷的晶粒与晶界的组成，材料断裂的端面、复合薄膜以及一些不便于直接取样的样品。显微共聚焦拉曼光谱仪（如图4-38所示）利用光学显微镜将激光会聚到试样的微小部位，采用摄像系统可把图像放大，并通过计算机把激光束斑对准待测试样的某一微小区域。经光束转换装置，即可将此微区的拉曼

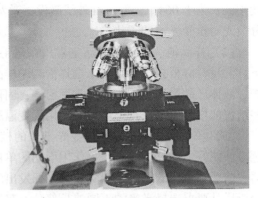

图4-38　显微共聚焦拉曼光谱仪

散射信号聚焦到单色仪上，获得微区部位的拉曼光谱图。同时可以利用试样的微观、亚微观粗糙表面的表面增强拉曼散射作用（surface enhanced Raman scaffering，简称SERS），大大提高其拉曼散射的强度，从而提高表面检测灵敏度。

显微共聚焦拉曼光谱仪具有独特的一次成像功能，可以很快地鉴别混合物中不同物质的空间分布情况。例如在图4-39中，左图为可卡因和白糖混合物的白光显微像，由此图像无法区分这两种物质的各自分布；而右图为这个混合物的显微拉曼像，图像中出现的白色区域为可卡因颗粒，将混合物中两种不同物质的空间分布显示出来了。

白光像　　　　　　　　　　　拉曼像

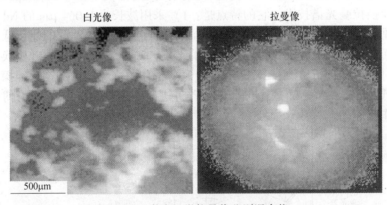

500μm

图4-39　激光显微拉曼像鉴别混合物

C　几种类型的拉曼光谱法

随着可调谐激光技术的发展，不断有新的拉曼光谱技术出现。

（1）表面增强拉曼光谱法。自20世纪70年代中期以来，经多方面实验研究及反复验证，人们发现，在具有微观或亚微观粗糙度的少数金属（如Ag、Au等）表面上出现表面增强拉曼散射现象，含氮、含硫或具有共轭芳环的有机物吸附在此种金属表面后，易产生表面增强拉曼散射。表面增强拉曼散射效应有 $5 \sim 10$ μm 的长程性，且以与金属表面直接相连的被吸附官能团的增强效应最为强烈。如果在原位变温条件下，利用表面增强拉曼光谱法可以研究表面配合物的吸附、表界面结构的状态和变化、生物分子的界面取向及构型，以及痕量有机物、药物的分析。

（2）共振拉曼光谱法。利用激发光频率与待测分子的电子吸收频率接近或重合产生共振拉曼效应，使分子的拉曼特征谱带强度增强万倍以上，从而在谱图上可观察到在普通拉曼效应中难以出现的有关分子对称性、分子振动与电子运动相互作用的泛频和组合频的振动信息。共振拉曼光谱法在检测低浓度试样和配合物的结构表征方面极其有利。

（3）非线性拉曼光谱法。非线性拉曼光谱法是以二级和高场强诱导极化为基础的拉曼光谱法，应用最广的是相干反斯托克斯拉曼光谱。非线性拉曼光谱法具有高灵敏度、高选择性和高抗荧光干扰能力，可应用在微量化学和生物样品检测与结构表征方面。

4.3.4.4 拉曼光谱的应用

拉曼谱线的强度与入射光的强度和样品分子的浓度成正比，在实验条件一定的情况下，拉曼散射强度与样品组分的浓度呈线性关系，因此可用于定量分析。通常用内标法对有机化合物和无机阴离子进行定量分析，检出极限为 $\mu g/mL$。

在固体材料中拉曼激活的机制很多，反映的范围也很广，因此拉曼光谱可以用于固体材料的组成、加压或拉伸状态、晶体的对称性和取向，以及晶体结晶完整性和催化剂作用机理等细微结构方面的分析和研究。因碳链和碳环的骨架振动在拉曼光谱中具有比在红外光谱中更强的特征性，能很好地区分各种同分异构体，拉曼光谱已成为高分子聚合物结构分析的重要手段，得到广泛应用。水的拉曼散射很弱，因此拉曼光谱技术对含水和水溶液的物质，特别是在生理条件下的生物大分子结构变化的研究具有红外光谱无法取代的特殊意义。

A 拉曼光谱在无机材料研究中的应用

拉曼光谱与红外光谱配合在有机物结构测定的研究和应用中已非常广泛，甚至一些常见有机官能团的特征频率及拉曼、红外峰的强度在手册中可以查到。近年拉曼光谱在无机材料研究中的应用，特别在无机纳米材料的结构测定方面的研究报道也越来越多，这里仅简单介绍拉曼光谱在一些无机材料研究中的应用情况。

a 温度对拉曼光谱的影响

ZrO_2 是高性能陶瓷材料，可用作固体电解质材料，但其热稳定性差，掺杂可以提高材料的稳定性和导电性能。采用拉曼光谱研究掺杂铈 ZrO_2 固体电解质材料时发现，温度不仅会使材料发生相变引起结构变化，还会使能级结构发生变化，从而引起拉曼散射的变化，对材料的拉曼光谱峰有影响。图 4-40 为不同温度下掺杂 12%（摩尔分数）铈多晶氧化锆的拉曼光谱。由图可以看出，温度明显影响拉曼光谱峰的形状。

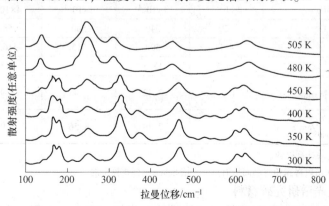

图 4-40　不同温度下掺杂 12%（摩尔分数）铈多晶氧化锆的拉曼光谱图

b　晶粒尺寸对拉曼光谱的影响

晶体材料的拉曼光谱除受温度影响外，还受晶体的晶粒尺寸的影响。晶粒大小影响瑞利散射效应，从而导致谱峰的位置发生位移。图 4-41 为 8 nm 和 85 nm 两种晶粒尺寸 TiO_2 的拉曼光谱。图中 1 为 8 nm TiO_2 的谱线，2 为 85 nm TiO_2 的谱线。由图可以看出峰形大体相同，但峰位略有差异，晶粒尺寸为 85 nm 的与 8 nm 的拉曼谱线相比发生了左移，在低波数（低频）处更明显。

c　利用拉曼光谱研究纳米材料

晶体材料的拉曼光谱除了受温度、颗粒度的影响外，还受结晶状态和晶体结构影响。因晶态结构不同，不仅影响晶格振动变化，还存在发生声子色散等现象，从而产生拉曼光谱的变化。纳米材料中材料内部组成和界面组成的有序程度有一定的差异，因此化学键的振动模式也会有差异，这样就可以通过纳米材料与本块体材料拉曼光谱的差异来研究纳米材料的结构和键态特征。

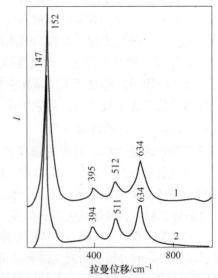

图 4-41　不同晶粒尺寸 TiO_2 的拉曼光谱图
1—8 nm TiO_2；2—85 nm TiO_2

在拉曼散射法对纳米材料结构的表征中，用下面公式来测量计算纳米晶粒的平均尺寸。

$$d \approx 2\pi \left(\frac{B}{\Delta\sigma}\right)^{\frac{1}{2}} \tag{4-84}$$

式中，B 为常数；$\Delta\sigma$ 为在拉曼光谱中纳米颗粒材料某一振动峰的峰位相对于其块体材料该峰的偏移量。

利用拉曼光谱研究不同条件沉积的纳米晶硅硼材料，具体沉积条件和测量获得参数见表 4-19 和图 4-42。

表 4-19　不同条件沉积纳米硅硼的拉曼特征量及计算的微结构参数

样品编号	SB18	SB14	SB8	SB11	SB12
$R = B_2H_6/SiH_4$	4×10^{-4}	4×10^{-4}	4×10^{-4}	4×10^{-3}	4×10^{-3}
衬底温度/℃	520	540	560	580	600
σ /cm^{-1}	491	508	515	516.5	517
$\Delta\sigma_R$ /cm^{-1}	30.5	13.5	6.5	5.0	4.5
$d^{①} \approx 2\pi \left(\dfrac{B}{\Delta\sigma}\right)^{\frac{1}{2}}$ /nm	1.63	2.42	3.48	3.97	4.19
$d^{②} \approx 0.89 \dfrac{\lambda}{\beta\cos\theta}$ /nm		2.39	3.56	3.96	4.35

①结果是由拉曼谱峰计算得到。

②结果是由 X 射线衍射得到相应晶面衍射角后，依 Scherrer 公式算出的。

d　利用拉曼光谱研究碳材料

碳材料包含具有不同晶态和晶型的单质碳，诸如无序碳、石墨、金刚石、C_{60}、碳纳

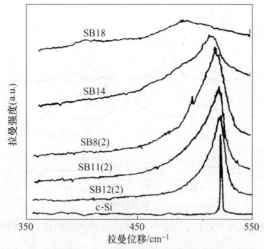

图 4-42 不同条件下沉积的硅硼薄膜的拉曼光谱图

米管等和无机碳化物。它们的拉曼光谱各有特点，见表 4-20 以及图 4-43 和图 4-44，而图 4-45 为碳纳米管的形貌和拉曼光谱。

表 4-20 碳原子几种结构的拉曼光谱特征

结构类别/特征	峰位/cm^{-1}	半高峰宽/cm^{-1}	峰强[1]/Hz	模式数	偏振性	对称性
金刚石	1332	≤2.5	>10^3	1	—	O_h^7
石墨	1582/1548	大于几十	$10^2 \sim 10^3$	$E_{2g}^{(2)}$(TO)/$E_{2g}^{(1)}$(TA)	明显	D_{6h}^4
无序碳	1350/1586	约几百	$\sim 10^2$	各种模式的包络	无	无
C$_{60}$	[2]	≤10 主峰	$10<I<10^2$	A$_{1g}$, A$_{2g}$, H$_{ng}$, $n=1\sim8$	很明显	I_h, T_h^6, T_h^5
C$_{70}$	略	≤10 主峰	$10<I<10^2$	$8A_{1g}$, $10E_{2g}$, $15E_{1g}$	明显	D_{5h}

[1]正常测试激光功率下得到的。

[2]A$_{1g}$496 cm^{-1}，A$_{2g}$1469 cm^{-1}，H$_{1g}$271/367 cm^{-1}，H$_{2g}$431 cm^{-1}，H$_{3g}$709 cm^{-1}，H$_{4g}$769 cm^{-1}，H$_{5g}$1081 cm^{-1}，H$_{6g}$1244/1318 cm^{-1}，H$_{7g}$1424 cm^{-1}，H$_{8g}$1574 cm^{-1}。

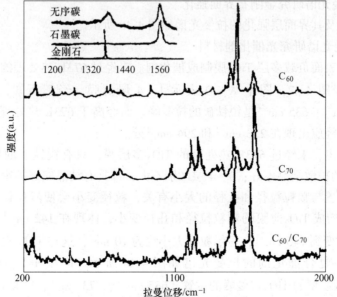

图 4-43 不同结构碳的拉曼光谱图

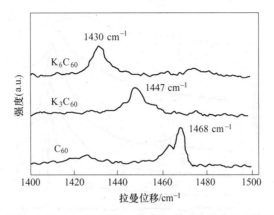

图 4-44　K_xC_{60}室温下 $A_g(1)$ 模式激活的拉曼光谱图

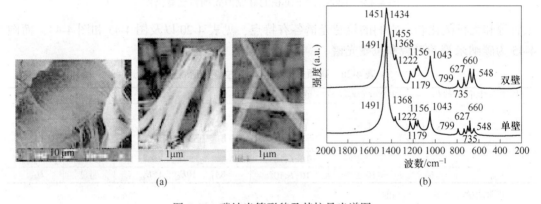

(a)　　　　　　　　　　　　　　(b)

图 4-45　碳纳米管形貌及其拉曼光谱图

(a) 碳纳米管形貌；(b) 拉曼光谱

e　利用拉曼光谱研究金刚石界面强化

金刚石形貌及其界面层强化的拉曼光谱如图 4-46 所示。

f　利用拉曼光谱研究光催化剂材料

在金属丝的表面负载多层 TiO_2 膜制成催化剂。未经过 673K 热处理的 TiO_2 多层膜结构的拉曼光谱示于图 4-47，图中 A～D 表示 1～4 层薄膜。经解析知，图中 145 cm^{-1}、404 cm^{-1}、516 cm^{-1}、635 cm^{-1} 是锐钛矿的拉曼峰。而经高于 673K 热处理后，若有金红石相出现它的拉曼峰应出现在 228 cm^{-1} 和 294 cm^{-1} 处。

由图可以看出，未经过 673K 热处理的 TiO_2 多层膜，只有锐钛矿的拉曼峰；1 层、2 层薄膜由于 Fe 的扩散结晶不好；3、4 层区别不大，都具有结晶完好的锐钛矿拉曼峰。

拉曼峰的位置与颗粒粒径和孔径的大小有关，粒径变小会使峰位偏移，峰不对称加宽，峰强变弱。构成 TiO_2 薄膜的颗粒粒径和孔径变小，体现在 142 cm^{-1} 峰的位置变化明显，从 142 cm^{-1} 变到 145 cm^{-1}，显示粒径大小约为 10 nm，这与 TEM 观测的结果一致。

TiO_2 与 SnO_2 复合催化剂的拉曼光谱如图 4-48 所示。图中 142 cm^{-1}、635 cm^{-1} 和 1100 cm^{-1} 为锐钛矿型的 TiO_2 拉曼峰的位置，635 cm^{-1}、773 cm^{-1}、1100 cm^{-1} 和 1610 cm^{-1} 为金红石型 SnO_2 拉曼峰的位置。

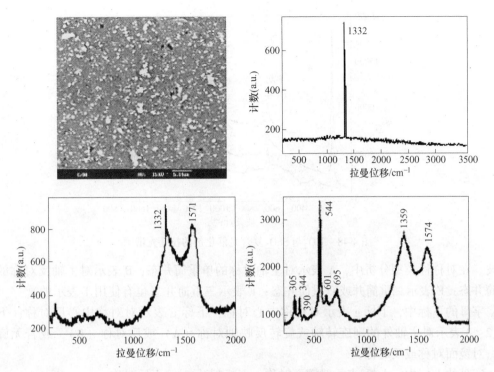

图 4-46 金刚石形貌及其界面层强化的拉曼光谱图

由上述知，拉曼光谱可在很低的频率下进行测量，尤其适合于测定水溶液和固体粉末，且不需要特殊制样。拉曼谱中很少有谐波和组合波，因此解释相对比较简单。拉曼光谱在无机材料组成、结构测定，以及晶体的对称性和取向等方面得到广泛的应用。应该指出，对硅酸盐类材料由于 Si—O 键的极化率低，故拉曼效应很弱。如果拉曼光谱和红外光谱同时应用，可互为补充。

在解析拉曼光谱时，会对检测试样的结构进行对称性及表象分析（也称因子群分析）。此外，还需要考虑压力、微细

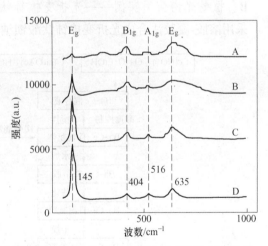

图 4-47 未经热处理 TiO₂ 多层膜的拉曼光谱图

颗粒粒度等对半峰宽、位移的影响。这里表象分析（因子群分析）是指用分子对称性原理来分析分子结构或分子链的对称性是属于哪种同形的点阵，其简正振动模式是属于哪种对称类型的方法。

拉曼光谱在解析中也会把谱图中的峰归属到分子或基团的振动类型（模式）。在阅读有关拉曼光谱研究的文献时，常会见到一些代表模式的符号，下面简单介绍一些常见符号代表的意思，以便理解：

O 表示是光学模式，即色散曲线在 $q=0$ 时频率不为零的那一支；L 是指纵波；T 是指

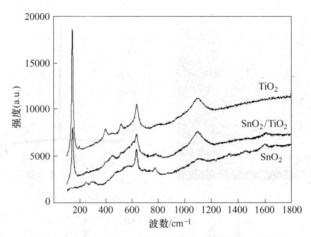

图 4-48   TiO$_2$ 与 SnO$_2$ 复合光催化剂的拉曼光谱图

横波。在对称性类型分析中，A 表示对主轴对称的单重简并态；B 表示对主轴反对称的单重简并态；E 表示二重简并或双重简并态；F 表示三重简并（也有使用 T 表示的）。

字母的下标中，下标 g 表示对对称中心对称；下标 u 表示对对称中心反对称；下标 1、2、3 表示对主轴外的副旋转轴或旋转反映轴对称（A）或反对称（B），或若无旋转轴，对镜面对称或反对称。

字母的上标中，上标′表示对镜面对称；上标″表示对镜面反对称。

B   拉曼光谱应用实例——光折变掺铈钛酸钡纳米晶体分析

采用溶胶-凝胶法合成光折变掺铈钛酸钡纳米晶体，工艺流程如图 4-49 所示。

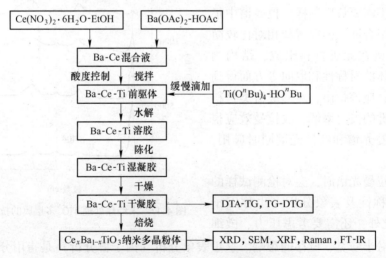

图 4-49   光折变纳米晶材料合成工艺

分析制备过程中起始物种、成胶酸度、前驱体浓度、成胶温度、干燥方式及焙烧温度等对多晶粉体性能的影响。Ce$_x$Ba$_{1-x}$TiO$_3$ 干凝胶原粉的 DTG-TG-TDA 分析表明：它的 TG 曲线上有 4 个热失重峰，在 595 K 有一个放热峰，为有机溶剂的燃烧及前驱体的分解，在 523 K 有脱除水和醋酸的峰；在 523~617K 温区的热失重率 $\eta = 12.5\%$；在 808~882 K 温区内失重不明显，在 861 K 有一个放热峰，为化学键重组；在 906~955 K 温区失重率为

$\eta=5\%$，在 933 K 存在微弱的放热峰，为钛酸钡晶化；在 1020~1053 K 温区失重率很小，为硝酸盐 $Ce(NO_3)_3$ 分解释放 NO_2，在 1050 K 出现的吸热峰为稀土铈进入钛酸钡晶格。

经 XRD 分析表明，$Ce_xBa_{1-x}TiO_3$（CBT）多晶粉末试样的晶体结构为钙钛矿四方相，CBT 的 XRD 谱图与纯 $BaTiO_3$ 的 JCPDS 卡几乎完全一致，只是各峰的位置 2θ 角略有差异，而且不同掺杂量试样之间各峰的位置也有微小的变化，参见图 4-50 XRD 谱图。这说明 Ce^{3+} 已经掺杂到 $BaTiO_3$ 晶格中。此外，各个试样的峰强度和峰宽化程度也不同。对于未掺杂试样，在 773 K 热解完成，$BaTiO_3$ 开始晶化，随着温度的升高晶粒发育逐步完善，温度进一步升高晶粒长大，高于 1173 K 晶粒急剧长大。而 Ce 掺杂含量低的 $BaTiO_3$ 高于 873 K 才开始晶化，这说明稀土掺杂量低时不利于钙钛矿结构的形成。随着掺杂量的增加会使晶胞体积缩小，使得基元稳定能增加，易于晶化。

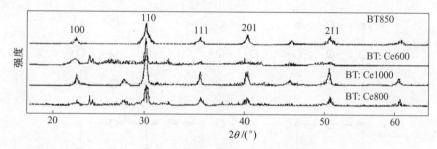

图 4-50　几种试样的联合 XRD 谱图

采用谢勒（Scherrer）公式 $d=k\lambda/\beta\cos\theta$ 测算合成的 $BaTiO_3$ 和 $Ce_xBa_{1-x}TiO_3$ 多晶粉体的原始晶粒尺寸（式中，k 为常数，λ 为靶 $Cu_{\alpha1}$ 的波长，β 为强度半峰宽，2θ 是衍射角）。估算时采用 XRD 谱图中（110）最强峰校正后的半峰宽 β（扣除仪器系统误差引起的峰宽化），计算得到的晶粒尺寸 d 见表 4-21。

表 4-21　试样的原始晶粒尺寸（110）

试样 $Ce_xBa_{1-x}TiO_3$	铈掺杂量 x	焙烧温度/时间	θ /(°)	β /(°)	d/nm
	0	1123 K/2 h	15.783	0.536	14.0
	0.1	873 K/2 h	15.784	0.465	16.3
	0.1	1073 K/2 h	15.766	0.385	19.7
	0.1	1273 K/2 h	15.442	0.314	89.0

激光拉曼光谱是观测晶体物相精细结构的有力工具。对室温下不同 $Ce_xBa_{1-x}TiO_3$ 试样和未掺 Ce 的 $BaTiO_3$ 的不同模式的拉曼光谱进行了测试。在对 $Ce_xBa_{1-x}TiO_3$ 的拉曼谱分析前，先了解 $BaTiO_3$ 晶体结构有利于解析它们的拉曼光谱。因为晶体结构的对称性是用空间群来描述，而晶格振动模式通常是按波矢群的特征表进行对称分类。已知在高温非极化状态时 $BaTiO_3$ 的结构具有立方对称性，空间群为 $Pm3m$（O_h^1），但温度下降到低于居里温度时将发生沿 [001] 方向极化，使之成为四方相，空间群变为 $P4mm$（C_{4v}^1）。我们可以从文献知道 $BaTiO_3$ 的 $P4mm$ 群的特征表、从不同几何配置得到的振动模式（如表4-22所示）及各种振动模式示意图。图 4-51 为四方 $BaTiO_3$ 振动模式在 X-Y 平面的投影示意图。

表 4-22   不同几何配置得到 BaTiO$_3$的振动模式

振动模式	几何配置
$A_1(TO)$	$X(ZZ)X,\ Y(ZZ)Y$
$A_1(TO)+B_1$	$Y(XX)Y,\ X(YY)X$
$A_1(LO)$	$X(ZZ)X+dZ$
$E(TO)$	$X(ZY)Z,\ Y(ZX)Z$
$E(LO)$	$X(ZY)X+dY,\ Y(ZX)Y+dX$

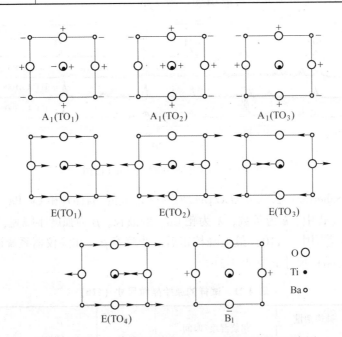

图 4-51   四方 BaTiO$_3$振动模式在 X-Y 平面的投影示意图

$Ce_xBa_{1-x}TiO_3$激光拉曼光谱分析结果表明：$Ce_xBa_{1-x}TiO_3$试样具有四方相钙钛矿结构；根据晶体结构学，四方相 BaTiO$_3$（$P4mm$，C_{4v}^1）的拉曼活性谱为 4E（TO+LO）+ 3A$_1$（TO+LO）+1B$_1$（TO+LO），谱图中没有观测到立方相（$Pm3m$，O_h^1）的拉曼活性谱，这说明通过湿化学方法合成了纯度高的铈掺杂的 BaTiO$_3$试样，其物相为四方钙钛矿结构。不同模式室温下拉曼测试结果，见图 4-52 ~ 图 4-55。

图 4-52 表明：BaTiO$_3$和 $Ce_xBa_{1-x}TiO_3$晶体的 E(TO) 模式包括一个从立方相 T$_{1u}$分裂得到的过阻尼模和三个频率的峰，峰的位置分别为 180 cm^{-1}、307 cm^{-1}、490 cm^{-1}，180 cm^{-1}位于过阻尼模的尾带内，仅表现出干扰特性；307 m^{-1}的峰是从立方相的亚模 T$_{2u}$分裂而来，理论上 T$_{2u}$在四方相要分裂为 E+B$_1$模，由于这个分裂很小，实验中没有观察到。

图 4-53 拉曼光谱结果表明：E(LO) 包括 183 cm^{-1}、388 cm^{-1}和 466 cm^{-1}处三个宽峰，在 720 cm^{-1}附近还应有一个弱的宽峰，但因前三个峰强而被淹没。

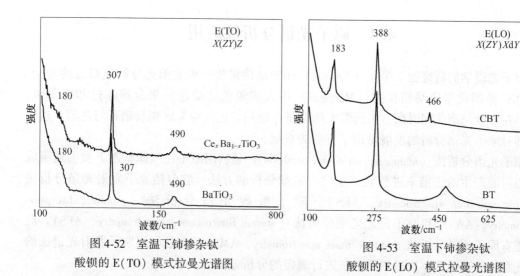

图 4-52 室温下铈掺杂钛
酸钡的 E(TO) 模式拉曼光谱图

图 4-53 室温下铈掺杂钛
酸钡的 E(LO) 模式拉曼光谱图

图 4-54 结果表明：A_1（LO）模式的谱图方向上 178 cm^{-1} 是干扰峰；278 cm^{-1} 和
516 cm^{-1} 是两个反对称吸收峰。

图 4-55 结果表明：A_1（TO）模式 XX 方向上的峰和 ZZ 方向的峰有明显移动，
179 cm^{-1} 处的峰较强，具有低频段的明显背底，由此可见 A_1 声子谱与极化张量元有关，
参与拉曼光谱的电子不同，其强度也发生了变化。

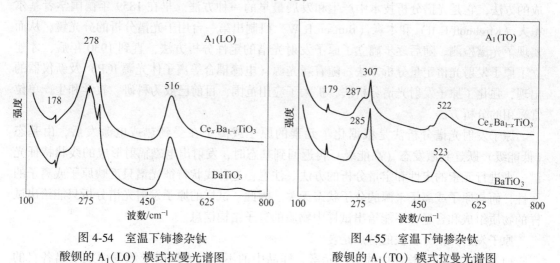

图 4-54 室温下铈掺杂钛
酸钡的 A_1（LO）模式拉曼光谱图

图 4-55 室温下铈掺杂钛
酸钡的 A_1（TO）模式拉曼光谱图

综上所述，对铈掺杂钛酸钡 CBT 多晶粉体进行微观结构表征结合元素分析，利用拉
曼光谱确定了晶体的结构为四方钙钛矿型，与未掺杂钛酸钡 BT 谱图比较，峰形与峰的位
置大体一致，但强度和细节还是有些差异，说明掺杂元素改变了原有晶体的一些电子分布
情况。拉曼光谱进一步对晶体的不同声子谱进行了解析，并对其产生机制进行了分析。此
外，X 射线衍射分析结果同样表明实验制备的材料晶体结构为钙钛矿型四方相的纳米晶，
且随着温度的升高晶粒长大，晶粒尺寸为 20~50 nm，但在 1173 K 后晶粒发生异常长大。
这些结果与扫描电镜和透射电镜的观察分析结果也完全吻合。

4.4 原子光谱分析及应用

原子光谱学的研究始于牛顿（Newton）用玻璃棱镜将一束太阳光分解成彩带的实验。1758 年，德国化学家马格拉夫（Marggraf）用火焰颜色（焰色）来分辨苏打和锅灰碱。我国早在 6 世纪南北朝时期，医药学家陶弘景就使用焰色反应来区别真硝石与芒硝。这些研究都对原子光谱分析的发展做出了有益的贡献。

原子光谱分析法（atomic spectrometry analysis）是利用原子在气体状态下发射或吸收特种辐射而产生的光谱来进行元素定性、定量分析的方法。它包括原子发射光谱分析法（atomic emission spectrometry，AES）、原子吸收光谱分析法（atomic absorption spectrometry，AAS）和原子荧光光谱分析法（atomic fluorescence spectrometry，AFS）。此外，还有原子质谱分析法（atomic mass spectrometry，AMS），它是利用原子发射光谱法的激发光源作为离子源，而后用质谱法进行测定的分析方法。

原子光谱分析的特点是灵敏度高、检出限低、选择性好，可直接测定元素周期表中的绝大多数金属元素，对非金属元素有的可直接测定，而有的则需采用间接方法进行测定。

4.4.1 原子发射光谱分析

原子发射光谱分析法是利用物质受光能或热能激发后发射的特征线光谱来判断物质组成的方法，它是光谱分析技术中产生和发展最早的一种方法。早在 1859 年德国学者基尔霍夫（Kirchhoff G R）和本森（Bunsen R W）研制出第一台用于光谱分析的分光镜，从而实现了光谱检测。随后逐步确立了原子发射光谱的定性分析方法，直到 1930 年后，才建立了原子发射光谱定量分析方法。随着新光源（电感耦合等离子体光源 ICP）及新仪器的出现，强化了原子发射光谱分析法，扩大了应用范围，目前已成为科研、教学和生产单位常采用的分析方法。

原子发射光谱分析法是根据化学元素的原子或离子在受到热或电激发后，由基态（低能级）跃迁到激发态（高能级）再返回到基态时，发射出电磁辐射形成的线状特征光谱，来进行元素的定性和定量分析的方法。注意：这种线状特征光谱只反映原子或离子的属性，而与原子或离子来源的分子状态无关。因此，试样的原子发射光谱分析只能给出试样的物质组成和含量，不能给出试样中物质的分子结构信息。

原子发射光谱分析法的特点是：

（1）同时检测出样品中的多个元素。样品中的不同元素同时受激发而发射出各自的特征光谱。

（2）选择性高。因各元素具有各自不同的特征光谱，方便分析化学性质相似的元素，如钽铌、锆铪及稀土族元素。

（3）检出限低。经典光源检出限为 $10 \sim 0.1~\mu g/g$，ICP 光源为 $10 \sim 0.1~ng/mL$。

（4）分析速度快。几分钟内可对十几种元素进行定量分析。

（5）准确度高。经典光源相对误差为 $5\% \sim 10\%$，ICP 光源相对误差小于 1%。

（6）消耗样品少，适用范围广。量小样品，气、液、固态样品都可激发分析。

（7）校准曲线的线性动态范围：经典光源只有 $1 \sim 2$ 个数量级；ICP 光源的线性范围

可达4~6数量级，可测高、中、低不同含量试样。

原子发射光谱分析法的缺点是：对氧、硫、氮、卤素等非金属元素一般不能检测，因它们的谱线在远紫外光区；对非金属元素 P、Se、Te 等，由于激发电势高，灵敏度较低。

4.4.1.1 原子发射光谱的基本原理

A 原子发射光谱的产生

原子在受到热（火焰）或电（电火花）给予的能量激发时，外层电子由基态（低能级）跃迁到激发态（高能级），再返回到基态（低能级）时，多余的能量以电磁波形式发射出线状特征光谱线。发射谱线的波长与能量的关系为

$$\lambda = \frac{hc}{E_2 - E_1} \qquad (4-85)$$

式中，E_2、E_1 分别为高能级和低能级的能量；λ 为波长；h 为普朗克常数；c 为光速。

原子中某一个外层电子由基态激发到高能级状态所需要的能量称为激发能。原子光谱中每一条谱线均对应其相应的激发能（在元素谱线表中都有相应的激发能数据）。由第一激发态向基态跃迁所发射的谱线称为第一共振线。第一共振线具有最小的激发能，最容易被激发，是该元素最强的谱线。

在激发光源作用下，原子获得足够的能量发生电离，电离所需的能量称为电离能。原子失去一个电子称为一次电离，一次电离的原子再失去一个电子称为二次电离，依此类推。离子也可能被激发，其外层电子跃迁也发射光谱—离子线，每一条离子线也都有其对应的激发能，这些离子线的激发能大小与其电离能的高低无关。由于离子和原子具有不同的能级，所以离子发射的光谱与原子发射的光谱是不一样的。

在一些文献中可以看到一些原子的能级图，它是把某一元素原子中所有可能存在状态的光谱项——能级及能级跃迁，用图解的形式表示出来的图。能级图中通常用纵坐标表示能量 $E(\text{eV})$，基态原子能量 $E=0$，以横坐标表示实际存在的光谱项，发射的谱线为相连斜线，线上的数字为发射谱线波长。

B 谱线强度

原子（或离子）由某一激发态 i 向低能级 j 跃迁时会发射一定波长（能量）的谱线，所发射谱线的强度与激发态原子数成正比。在激发光源温度一定条件下，因处于热力学平衡，单位体积的基态原子数 N_0 与激发态原子数 N_i 之间的分布遵守玻耳兹曼分布定律

$$N_i = \frac{g_i}{g_0} N_0 e^{-\frac{E_i}{kT}} \qquad (4-86)$$

式中，g_i、g_0 分别为激发态与基态的统计权重；E_i 为激发能；k 为玻耳兹曼常数；T 为激发温度。

若原子的外层电子在 i、j 两个能级之间跃迁，发射的谱线强度 I_{ij} 为

$$I_{ij} = N_i A_{ij} h\nu_{ij} \qquad (4-87)$$

式中，h 为普朗克常数；A_{ij} 为 i、j 两个能级间的跃迁几率；ν_{ij} 发射谱线的频率。

将 N_i 代入式 (4-87)，得

$$I_{ij} = \frac{g_i}{g_0} A_{ij} h\nu_{ij} N_0 e^{-\frac{E_i}{kT}} \qquad (4-88)$$

由式（4-88）可以看出，影响谱线强度的因素有激发能 E_i、激发温度 T、统计权重 g_i 及 g_0、跃迁几率 A_{ij} 和基态原子数 N_0。

a　激发能

谱线强度与激发能成负指数关系。在温度一定时，激发能越高，处于该能量状态的原子数越少，谱线强度就越小。激发能最低的共振线通常是强度最大的谱线。

b　激发温度

谱线强度与温度关系比较复杂，温度既影响原子的激发过程，也影响离子的激发过程。温度升高，谱线强度增大。但温度升高，电离的原子数目也会增多，而相应的原子数会减少，致使原子谱线强度减弱，离子的谱线强度增大。显然，不同谱线有各自最合适的激发温度，在这个温度下，谱线强度最大。

c　统计权重

谱线强度与激发态和基态的统计权重之比 g_i/g_0 成正比。

d　跃迁几率

谱线强度与跃迁几率成正比。跃迁几率是一个原子在单位时间内在两个能级间跃迁的几率，它可由实验数据进行计算获得。

e　基态原子数

谱线强度与基态原子数成正比。在一定条件下，基态原子数与试样中该元素的浓度成正比。因此，依据在一定的实验条件下谱线强度与被测元素浓度成正比，可进行光谱定量分析。

C　谱线的自吸与自蚀

在激发光源高温条件下，以气态形式存在的物质是包含分子、离子、电子等粒子的集合体，其所形成的空间电荷密度大体相等，整个气体呈电中性，称为等离子体。等离子体有一定体积，温度和原子浓度在各部位分布不均匀，中间的温度高，而边缘低，中心区激发态原子浓度高，而边缘处于基态和较低能级的原子较多。当某一元素原子从中心区发射的某一波长电磁辐射穿过边缘区时，被处于低能级的同种原子所吸收，从而使检测器接收到的谱线强度减弱。这种原子在中心高温区发射的某一波长的辐射，被处在边缘低温区的同种基态或低能态原子吸收使辐射强度降低的现象称之为自吸。测试时，只有元素含量很小时没有自吸的表现，但当被测元素含量增大，自吸现象增加。当被测元素含量达到一定时，由于自吸严重，谱线中心强度都被吸收而完全消失，好像两条谱线，这种现象称为自蚀，如图4-56所示。

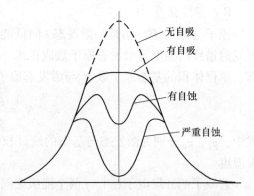

图4-56　自吸和自蚀谱线的轮廓示意图

在采用光谱分析时应该注意：（1）自吸现象影响谱线的强度；（2）基态原子对共振线的自吸最为严重，且常产生自蚀；（3）不同类型光源，发生自吸的情况不同。直流电弧光源由于蒸气云厚度大，自吸现象常比较明显。在定量分析中，可以通过控制元素的含量来减少自吸现象对谱线强度的影响。

4.4.1.2　原子发射光谱分析仪器

用于观察和记录原子发射光谱并进行光谱分析的仪器称为原子发射光谱仪（atomic emission spectrometer），由光源系统、分光系统和检测记录系统组成。图4-57为一台原子发射光谱仪的外貌及光源图。

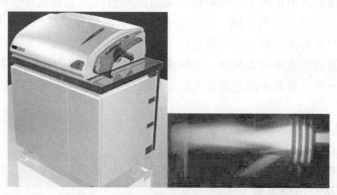

图4-57　原子发射光谱仪的外貌及光源

原子发射光谱仪的种类很多，按色散元件分为棱镜光谱仪和光栅光谱仪，按光谱记录测量分为照相式摄谱仪、光电直读光谱仪和全谱直读光谱仪。

在现代原子发射光谱分析中，常用的原子发射光谱仪有光栅摄谱仪、光电直读谱仪和火焰分光光度计等。用火焰激发源的火焰分光光度计装置简单，稳定性高，常用于碱金属钙等谱线简单的几种元素的测定，应用有限，本节暂不介绍。

光栅摄谱仪和光电直读光谱仪都是由光源、分光系统和检测系统组成，两者最主要的区别在于检测系统。下面简要介绍各系统的作用和部件类型。

A　光源

光源是为蒸发试样、原子化和激发发光提供所需的能量，其性能直接影响谱线的数目和强度。仪器对光源的要求是：稳定性和重现性好；灵敏度高，可使试样中要分析的微量成分蒸发并激发发光；谱线背景低；适用范围广。常用的光源有直流电弧、交流电弧、高压电火花以及高频电感耦合等离子体（ICP）、微波诱导等离子体、辉光放电，以及其他光源等。这里只介绍几种主要的光源。

a　直流电弧光源

直流电弧光源是以直流电作为激发能源，工作电压为150~380 V，电流为5~30 A。图4-58为直流电弧（或电火花）光源谱仪测量的基本部件示意图。

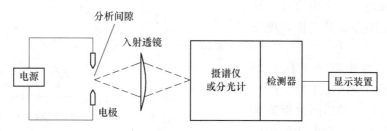

图4-58　直流电弧（或电火花）光源谱仪测量的基本部件示意图

直流电弧光源中，固定电极作阴极而待测的试样作阳极，在两极之间构成分析间隙，如图4-58所示。直流电弧可采用两极接触短路引燃或高频引燃两种引燃方式。当直流电弧采用接触引燃，电弧点燃后，电弧火焰温度约为4000~7000 K，阴极产生热电子流，它们在电场作用下高速通过分析间隙冲击阳极，产生高热，试样蒸发并原子化。在分析间隙里电子与原子碰撞电离出正离子冲向阴极，又引起阴极二次发射电子，同时使气体电离。电子与分子、原子、离子间的碰撞，产生能量交换引起激发。热激发的原子跃迁到激发态，再返回基态时发射出该原子的特征光谱。

直流电弧光源的优点是设备简单，电极头温度高，蒸发能力强，绝对灵敏度高，可用于定性和半定量分析。存在不足之处是电弧不够稳定，漂移、重现性较差，弧层厚，自吸现象严重。

b 低压交流电弧光源

低压交流电弧光源中采用高频引燃装置点燃电弧，在每一交流半周时引燃一次，保持电弧不灭。其电弧发生器的电路图见图4-59。

低压交流电弧光源的电弧发生器工作原理是：接通电源后，由变压器 B_1 升压至 2.5 ~ 3 kV，电容器 C_1 充电，达到一定值时，放电盘 G_1 击穿，此时 G_1-C_1-L_1 构

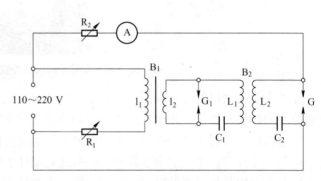

图4-59 低压交流电弧发生器电路图

成振荡回路，产生高频振荡；振荡电压经 B_2 的次级线圈 L_2 升压到 10 kV，通过电容器 C_2 将分析间隙 G 的空气击穿，产生高频振荡放电；当 G 被击穿时，低压电流沿着已造成的电离气体通道，通过分析间隙 G 进行弧光放电；在放电的短暂瞬间，电压降低直至不能维持电弧所需电压，电弧熄灭。在下半周高频引弧作用下，电弧再次点燃，这样重复进行使交流电弧维持不灭。

低压交流电弧光源的温度高，激发能力强。以低压交流电弧为光源的光谱仪分析重现性好，适用于定量分析。

c 高压火花光源

高压火花光源是在两电极间加上高电压，达到击穿电压时，在两极尖端迅速放电，产生电火花，其火花发生器电路图及其工作原理见图4-60。

高压火花发生器的工作原理是：交流电压经变压器 T 后，产生8~15 kV的高压，然后通过扼流圈 D 向电容器 C 充电，充电达到分析间隙 G 的击穿电压时，通过电感 L

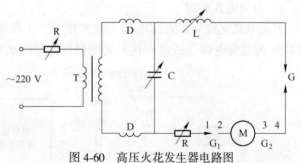

图4-60 高压火花发生器电路图

R—可变电阻；T—升压变压器；D—扼流圈；C—可变电容；
L—可变电感；G—分析间隙；G_1，G_2—继续控制间隙；
M—同步电机带动的继电器

向 G 放电，G 被击穿产生火花放电。电容器 C、电感 L 和分析间隙 G 构成振荡电路产生高频振荡电流。当振荡电路中断，放电停止，在下半周电容器 C 又重新充电、放电。放电电路中串联了转动继电器 M，转动频率为每分钟 50 周，每转动 180°使钨电极 2、3 对接一次，以保证每半周电流最大值瞬间放电一次。电极每分钟共接通、放电 100 次。

高压火花放电的优点是：瞬间能量很大，可产生 10000 K 以上的高温，能激发一些难激发的元素，且谱线多为离子线；放电稳定性好，重现性好，可作定量分析；由于放电间隔略长，使得电极温度较低，适于熔点较低金属与合金的定性分析和定量分析。其缺点是：灵敏度较差，但可做较高含量的分析；噪声较大，伴有爆炸声；做定量分析时，需要有预燃烧时间。

d　高频电感耦合等离子体（ICP）光源

1960 年，工程热物理学家里德（Reed）设计了环形放电电感耦合等离子体炬，可用于原子发射光谱分析中的激发光源。而将其用于发射光谱分析的是光谱学家法塞尔和格伦菲尔德，并建立起电感耦合等离子体光谱仪（ICP-AES），且在 20 世纪 70 年代开始得到广泛应用。

等离子体喷焰作为发射光谱的光源主要有直流等离子体（DCP）、电感耦合等离子体（ICP）和微波感生等离子体（MIP）三种形式。目前发射光谱用的最多的光源是电感耦合等离子体（ICP）。

高频电感耦合等离子体（inductively coupled plasma，ICP）光源是由高频发生器、等离子体炬管和雾化器三部分组成，它的构造和火焰温度分布区如图 4-61 所示。

（1）高频发生器。它以石英晶体作为振源，经电压和功率放大，产生具有一定频率和功率的高频信号，用来产生和维持等离子体放电。石英晶体固有振荡频率为 6.78 MHz，二次倍频后为 27.120 MHz，通常电压和功率放大后，功率为 1~2 kW。

（2）雾化器。它是将试样高温雾化的地方。

（3）等离子体炬管。它是置于高频感应线圈中的由三层同心石英玻璃管构成。外层石英管沿切线方向进入的 Ar 气为冷却气流，保护石英管不被烧熔，部分气流同时参与放电。中层石英管通的 Ar 气流为辅助气体，用来点燃和维持等离子体。内层石英管为注入管，通的 Ar 气流为载气，把试样（气体、粉末或经过雾化器雾化的气溶胶）载入到等离子体。

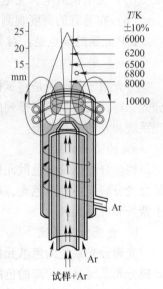

图 4-61　电感耦合等离子体光源示意图

电感耦合等离子光源的工作原理是：当高频发生器接通电源后，高频电流通过感应线圈在炬管内产生交变磁场。电源接通之初，管内的 Ar 气不导电，需要用高压电火花触发使管内气体电离，之后在高频交流电场的作用下，带电粒子高速运动、碰撞，使更多气体电离产生等离子体气流，电子和离子各在炬管内沿闭合回路流动形成涡电流，并主要集中在等离子体的表面层内，产生高温将气体加热、电离，在管口形成炬状稳定的等离子体焰炬。

等离子体焰炬是气体放电，并分焰心区、内焰区和尾焰区三个区域。

焰心区（又称预热区）在感应线圈区域内，为白色不透明的焰心。因处于高频电流涡流区，电子密度高、温度可达 10000 K，发射很强的连续光谱，是光谱分析时应避开的区域。试样在该区域预热、蒸发。

内焰区（又称测光区）在感应线圈上方约 10~20 mm 处，为淡蓝色半透明的焰炬，温度约 6000~8000 K，雾化的试样在该区原子化、激发，而后发射强的原子谱线和离子谱线，是光谱分析利用的区域。

尾焰区位于内焰区上方，焰炬无色透明，温度低于 6000 K，只能发射激发能较低的谱线。

ICP 光源的显著特点是：

（1）测定元素范围广，检出限低。光源温度高，原子化条件好，有利于难熔化合物的分解和元素激发，可检测 70 多种元素；试样气溶胶在等离子体中心通道停留时间长，各种元素的检出限低，一般在 10^{-1}~10^{-5} μg/mL 范围。

（2）动态范围宽。自吸效应小，分析校准曲线动态范围一般达 4~6 个数量级，待测元素的质量浓度在 1000 μg/mL 以下都能呈良好的线性关系。

（3）准确度高。惰性气氛，基体效应小，化学干扰少（电子密度大，碱金属电离造成的影响小），相对误差约为 1%。

（4）稳定性好，精密度高。在通常分析浓度范围内，相对标准差约为 1%。

（5）无电极放电，无电极污染。

（6）在适宜的高度观测时，光谱背景小。

ICP 光源的缺点是：对非金属测定的灵敏度低；仪器较贵，维持费和操作费用较高。

B　分光系统

分光系统的作用是将试样中待测元素的激发态原子（或离子）所发射的特征光进行分光，得到按波长顺序排列的光谱，便于进行定性和定量分析。常用的分光系统有棱镜分光系统和光栅分光系统。

a　棱镜分光系统

棱镜分光系统的色散元件是棱镜。它是利用棱镜对不同波长的光有不同的折射率，使复合光分解成各种单色光，从而达到分光的目的。一般多用石英棱镜作为色散元件，适用于紫外和可见光区。

b　光栅分光系统

光栅分光系统的色散元件是光栅。它是利用光在光栅上产生的衍射和干涉实现分光。光栅分光系统具有较高的色散与分辨能力，适用的波长范围宽，色散率近乎为常数，谱线按波长均匀排列。其缺点是由于光栅刻线间隔的误差，有时会出现"伪线"和多级衍射的干扰。

C　检测系统

因拍摄光谱和记录方式的不同，检测系统有摄谱仪检测和光电检测之分。

a　摄谱仪检测系统

摄谱仪检测系统的作用是把分光后得到的光谱记录和显示在感光板上。在分析操作中，把感光板放置在分光系统的焦平面处，通过摄谱、显影、定影等一系列操作，获得试样的光谱记录。记录试样谱图的感光板借助映谱仪放大谱图，与标准图谱比较或通过比长计测定待测谱线的波长，进行定性分析；或通过测微光度计测量谱线强度（黑度），进行定量分析。

映谱仪（又称投影仪）是用于放大、观察和辨认谱线的仪器。人们借助映谱仪对试样光谱图的观测，辨认出待测元素的特征谱线，依此进行元素定性分析或半定量分析。

摄谱法的优点是：可同时记录整个波长范围的谱线；具有较好的分辨能力；可用增加曝光时间的方法来增加谱线的黑度（强度），而且可使激发条件不稳定产生的波动平化；感光板上的谱图可以长期保存。缺点是：操作相对繁琐，检测速度较慢。

使用摄谱仪检测系统的谱仪有棱镜摄谱仪和光栅摄谱仪，它们的区别在于分光的手段不同。

b　光电检测系统

光电检测系统是利用连接在分光系统出口狭缝处的光电转换器，将谱线光信号变为电信号，经放大，由指示仪表直接显示，或者由计算机进行数据处理，打印出分析结果。使用光电检测系统的谱仪有光电直读光谱仪和全谱直读光谱仪。

光电直读光谱仪是利用光电法直接获得光谱线的强度。在光电直读光谱仪中，有单道型和多道型之分，因为一个出射狭缝和一个光电倍增管构成一个测量通道，接收一条谱线。单道型光电直读光谱仪采用单道扫描式测量，即转动光栅进行扫描，在不同时间检测不同谱线。多道型光电直读光谱仪采用多道固定狭缝式测量，即安装多个通道，同时测定多个元素的谱线，分析速度快，准确度高。图 4-62 为多道型光电直读光谱仪的光路示意图，图中的罗兰圆是以发现者罗兰（Rowland）命名的圆。罗兰发现在曲率半径为 R 的凹面反射光栅上存在一个直径为 R 的圆，光栅中心点与该圆相切，若入射狭缝在该圆上，不同波长的光（即光谱）也会成像在该圆上。

D　全谱直读光谱仪

全谱直读光谱仪是以 ICP 为光源，采用电荷注入式检测器阵列检测，可同时检测165～800 nm 波长范围内出现的全部谱线，其光路示意图见图 4-63。

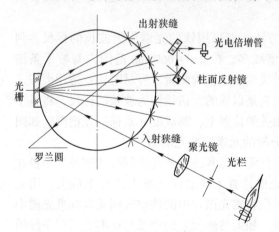

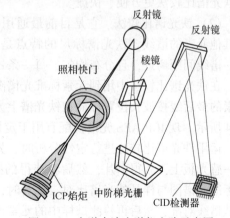

图 4-62　多道型光电直读光谱仪光路示意图　　　　图 4-63　全谱直读光谱仪光路示意图

全谱直读光谱仪由光源发出的光经反射镜聚焦于棱镜，光通过棱镜后投射到中阶梯光栅，使光色散，光经过反射镜达到 CID 检测器并出现光谱图像。此谱仪的特点是：具有多谱线检测能力；全分析速度快，全自动操作可快速进行光谱定性和定量分析；分析精度和灵敏度高；线性动态范围宽，可达 5~7 个数量级；测量使用样品量少，仅用 1 mL 的样品可在 1 min 内完成对未知样品中 70 多个元素进行定性分析；测定每个元素可同时选用多条谱线；还可便于对原子发射光谱进行深入研究。

4.4.1.3　定性和定量分析方法

A　光谱定性分析

由于各种元素的原子结构不同，在光源的激发下，试样中各个元素均发射各自的特征谱线，依据各元素的特征光谱进行定性分析。

a　特征谱线的应用——元素的分析线、最后线和灵敏线

（1）分析线。每种元素发射的特征谱线有许多条，人们只需检出几条合适的谱线就可以进行定性分析。用来进行定性或定量分析的特征谱线被称为分析线。常用的分析线是该元素的两条以上不受干扰的灵敏线和最后线。

（2）灵敏线和最后线。广义地讲，凡是具有一定强度、能标记该元素存在的特征谱线，称为该元素的灵敏线或最后线。灵敏线是元素激发能低、强度较大的谱线，多为共振线。最后线是每一种元素的原子光谱中特别灵敏的谱线，即当样品中元素含量减少到最低限度时，仍能出现的谱线，称为最后线。它也是该元素的最灵敏线。提请注意：因测试条件的不同及自吸现象的存在，会使一个元素的最后线不一定是最强的谱线。

b　定性方法

定性分析是根据光谱图中元素的特征谱线（即最后线）来判定该元素的存在。常用标准光谱（标准试样或铁光谱）比较法来进行定性分析。

（1）标准试样比较法。若分析只需检测少数几种指定元素，同时这几种元素的纯物质又比较容易获得，采用标准试样比较法来识谱比较方便。具体做法是将待查元素的纯物质与试样的光谱同时紧密并列拍摄于同一光谱感光板上，在映谱仪上检查、对比两者的光谱图。若试样光谱中有谱线与这纯物质光谱的谱线出现在同一波长位置，则表明试样中存在待查元素。此法多用于不常遇到的元素分析。当待测元素很多，或需进行全分析时，采用铁光谱比较法更方便、快捷。

（2）铁光谱比较法。它是目前最通用的方法，即采用铁的光谱作为波长的标尺，判断其他元素的谱线。铁光谱标尺的特点是：谱线多，在 210~660 nm 范围内有数千条谱线；谱线间距离近，且分布均匀，每一条铁谱线波长已精确测量，容易对比；适用面广。

在铁光谱比较法中用到元素标准光谱图，它是以铁的光谱线作为波长的标尺，将各个元素的最后线按波长位置标插在铁谱上方相关的位置上，制成的元素标准光谱图，如图 4-64 所示。现 ICP-AES 光谱仪配有用于定性分析的元素标准光谱图。

运用铁光谱比较法进行定性分析时，先将待测样品和纯铁的光谱同时紧密并列拍摄在同一感光板上，获得谱片，然后将获得的感光谱片置于映谱仪（放大仪）上放大，用元素标准光谱图与样品的光谱比对。比对时，需先将感光谱片中的铁谱线同元素标准光谱中的铁谱线对准，然后再检测试样中的元素谱线。如果待测元素的谱线与标准光谱图中标明的某元素谱线重合，则可认为该元素存在。应用铁光谱比较法可同时进行多元素定性分析。

判断某元素是否存在，必须依该元素的灵敏线来决定，一般至少要有两条灵敏线出现才可以确认该元素的存在。提请注意：进行光谱定性时，应保持试样和电极的清洁，避免

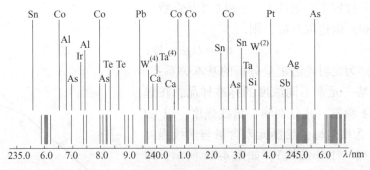

图 4-64 铁光谱比较法中元素标准光谱图

污染，以保证结果的正确性。

c 定性分析实验操作技术

（1）试样处理方法。分析不同类型的试样需采用不同的处理方法，例如，1）对金属或合金试样，可以将试样本身作为电极；2）当试样量很少时，将试样粉碎后放在电极的试样槽内；3）对非导体固体试样需研磨成均匀的粉末，然后将粉末放在电极的试样槽内；4）对糊状试样要先蒸干，将余渣研磨成均匀粉末后放在电极的试样槽内；5）液体试样可采用 ICP-AES 直接进行分析。

（2）实验条件选择。在定性分析中通常选择灵敏度高的直流电弧光谱仪；稀土元素的谱线复杂，要选择色散率较高的大型摄谱仪。电极材料一般采用光谱纯的石墨电极，只有在特殊情况下采用铜电极，但灵敏度低。

（3）拍摄谱过程。拍摄谱的顺序依次为石墨电极（空白）、铁谱、试样。有些试样需采用分段曝光法，如先在小电流激发光源摄取易挥发元素光谱，调节光阑，改变曝光位置后，加大电流，再次曝光拍摄难挥发元素的光谱。

B 光谱定量分析

a 半定量分析

对准确度要求不高的试样，可采用半定量分析，这样可以给出试样中某元素的大致含量。特别是在分析大批量试样时，如对钢材与合金的分类、矿产品位的估计等，采用光谱半定量分析既简单又快速。

光谱半定量分析常采用摄谱法中的比较黑度法。此法需先配制一个基体与试样组成近似的被测元素标准系列样品，之后在相同条件下，同一块感光板上并列拍摄标准系列样品和试样的谱线，然后在映谱仪上用目视法直接比较试样与配制标准系列样品中被测元素分析线的黑度。若黑度相同，则可判定试样中这个被测元素的含量与配制标准样品中这个被测元素的含量近似相等。

b 定量分析

（1）定量分析原理。光谱定量分析是根据谱线强度与被测元素浓度的关系来实现的。当实验条件一定时，考虑到发射光谱中存在着自吸现象，谱线强度 I 与待测元素含量 c 关系为

$$I = ac^b \tag{4-89}$$

式中，a 为与物质的蒸发、激发等过程有关的常数；b 为自吸常数，它随浓度 c 增加而减

小。只有在某一固定工作条件下，a 和 b 才是常数。

将式（4-89）两边取对数，则

$$\lg I = b\lg c + \lg a \tag{4-90}$$

式（4-90）为发射光谱定量分析的基本关系式。若用一系列含某一元素不同浓度的标准样品，在选定的工作条件下激发，并分别测得谱线强度，以 $\lg I$ 为纵坐标，$\lg c$ 为横坐标，绘制元素含量与谱线强度关系的校准曲线（工作曲线），如图 4-65 所示，即可进行某一元素的定量分析。

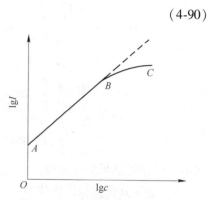

图 4-65   元素含量与谱线强度的关系曲线

图 4-65 中曲线与纵坐标的截距 OA 为 $\lg a$，曲线的斜率为 b。当元素含量低时，元素含量与谱线强度关系为曲线的直线部分 AB，此时 $b=1$；当元素含量高时，为曲线弯曲部分 BC，此时 b 小于 1，这是因为元素含量高时，高温中心区激发的辐射被周边较冷的气态原子吸收，致使出现谱线强度降低的自吸现象。a 与工作条件，即试样成分的物理化学性质和光源的电学参数有关。

（2）定量分析方法。定量分析方法中主要有标准曲线法、标准加入法和内标法三种。

1）标准曲线法。在确定的完全相同的分析条件下，将 3 个或 3 个以上不同浓度的被测元素标准样品与试样激发光谱拍摄在同一感光板上，将标准样品的分析线强度对标准样的不同浓度作图，得到一条工作曲线（校准曲线），在这条曲线上查出试样分析线强度对应的浓度，即为试样所含被测元素的浓度。

2）标准加入法。当待测元素含量很低时，基体干扰大，又找不到合适的基体配制标准试样，应采用标准加入法。此法的具体做法是：取若干份体积相同的试液（c_x），依次按比例加入不同量配制的待测物标准溶液（c_0），得到测量溶液的浓度依次为 c_x、c_x+c_0、c_x+2c_0、c_x+3c_0、c_x+4c_0、…，在相同分析条件下测定它们的分析线强度 I_x、I_1、I_2、I_3、I_4…，然后，以分析线强度对标准溶液加入

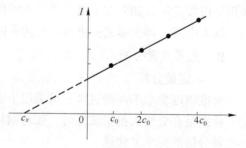

图 4-66   标准加入法示意图

量作图，得到一条直线，将此直线外推，使之与横坐标相交，横坐标截距的绝对值 $|c_x|$ 即为试样中待测元素的浓度，如图 4-66 所示。

根据浓度 c 很低时，自吸常数 $b=1$，即由式（4-89）得

$$I = a \cdot c$$

$$I_i = a(c_x + c_i) \tag{4-91}$$

在 $I_i = 0$ 时，

$$c_x = -c_i \tag{4-92}$$

注意：在分析过程中要尽量降低或扣除光谱的背景，否则背景的影响会使分析结果不准确。光谱的背景是指在线状光谱上叠加着由于连续光谱、分子光谱或其他原因造成的谱线强度的改变（或在摄谱法中谱线黑度的变化）。

3）内标法（内标标准曲线法）。由于试样中组成及测试工作条件都会影响谱线的强度，1925 年盖拉赫（Gerlach）针对使用经典光源难以测定谱线绝对强度，提出了内标标准曲线法（简称内标法），从而使原子发射光谱的定量分析得以实现。虽然现今常用 ICP 光源直读光谱仪，仪器的稳定性好，准确度高，一般不使用内标法，但当试样黏度大时，会使光源不稳定，此时就需采用内标法进行定量分析。

内标法实际上是借助谱线的相对强度的分析方法。具体做法是，先选择一条被测元素谱线为分析线，再选择其他元素的一条谱线为内标线，分析线与内标线组成分析线对。被选为内标线的元素称为内标元素。内标元素可以是试样的基体元素，也可以是加入一定量的试样中不存在的元素。被测元素的分析线强度 I 与内标线强度 I_0 之比称之为相对强度 R，它们的计算式为

$$I = a \cdot c^b \tag{4-93}$$
$$I_0 = a_0 \cdot c_0^{b_0} \tag{4-94}$$

则相对强度 R 为

$$R = \frac{I}{I_0} = \frac{a \cdot c^b}{a_0 \cdot c_0^{b_0}} = A \cdot c^b \tag{4-95}$$

或

$$\lg R = b \lg c + \lg A \tag{4-96}$$

式中，$A = a/a_0 c_0^{b_0}$，测试条件一定时其为常数；内标元素浓度 c_0 为常数。

式（4-96）为内标法定量的基本关系式。由式可知，以 $\lg R$ 为纵坐标，$\lg c$ 为横坐标绘制工作曲线，就可进行定量分析。内标法采用相对强度消除了试样组成或测试工作条件变化的影响。在分析含量不太高的元素时，$b=1$，则有

$$R = \frac{I}{I_0} = \frac{a \cdot c^b}{a_0 \cdot c_0^{b_0}} = A \cdot c$$

$$\lg R = \lg c + \lg A \tag{4-97}$$

由于 $\lg A$ 比式（4-90）中的 $\lg a$ 受工作条件影响小，所以采用内标法可以提高分析的准确度，特别是在试样黏度大，光源不稳定情况下。一般多道光电直读光谱仪带有内标通道。

在摄谱法中，谱线强度是以黑度 S 的形式表示的。如果谱线的黑度位于感光板的感光乳剂特性曲线的直线部分时，则式（4-96）可改写为

$$\Delta S = S_1 - S_2 = \gamma b \lg c + \gamma \lg A \tag{4-98}$$

式中，γ 为感光板的反衬度；S_1 为分析线的黑度；S_2 为内标线的黑度。

由式（4-98）可看出分析线与内标线黑度差 ΔS 与被测元素浓度的对数 $\lg c$ 呈线性关系，以黑度差（ΔS）为纵坐标，以浓度的对数 $\lg c$ 为横坐标作图，得到工作曲线（校准曲线），依此进行定量分析。

（3）选择内标元素与分析线对的原则。选择内标元素与分析线对要遵循下面 3 条原则，1）内标元素与被测元素应有相似的蒸发性质、相近的激发能与电离能；2）外加的内标元素必须是试样中不含或含量极少可忽略的元素；3）组成分析线对的两条谱线一定是同类线，或同是原子线，或同是离子线。

（4）背景的扣除。光谱背景是指在线状光谱上，因叠加了连续光谱、分子光谱，或

其他原因造成谱线强度（黑度）的改变。扣除光谱背景，才能使分析结果准确。在测试过程中，应尽量采取措施降低光谱背景，或使用带有自动校正背景装置的 ICP 光电直读光谱仪。

4.4.2 原子吸收光谱分析

原子吸收光谱分析法（又称原子吸收分光光度法）是利用处于基态的被测元素原子蒸气对从光源辐射的共振线吸收，依辐射强度减弱的程度进行元素定量分析的方法。1802年科学家就发现了原子吸收现象，直至 1955 年澳大利亚科学家瓦尔西（Walsh A）发表了《原子吸收光谱在分析化学中的应用》的学术论文，并建议将原子吸收光谱测量（atomic absorption spectroscopy, AAS）作为一种实用的分析方法，从而奠定了原子吸收光谱分析法的理论基础。之后，随着原子吸收光谱分析商品仪器的出现（如图 4-67 所示），20 世纪中期，原子吸收光谱分析方法得到迅速发展及广泛的应用。

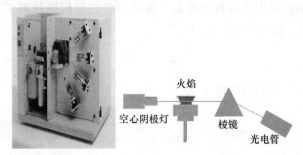

图 4-67 原子吸收光谱仪外貌及其原理图

原子吸收光谱分析的特点有以下几点：

（1）检出限低，灵敏度高。石墨炉原子吸收分析的检出限可达 $10^{-13} \sim 10^{-14}$ g，火焰原子吸收分析的检出限可达 ng/mL 级。

（2）精密度和准确度高。石墨炉原子吸收法的相对误差为 3%~5%，火焰原子吸收法的相对误差小于 1%。

（3）选择性好。每种元素的原子结构不同，各自有自己的特征吸收光谱，一般情况下共存元素互不干扰。

（4）干扰少。原子吸收谱线少，没有共存元素的光谱重叠，多数情况下不产生对被测元素的干扰。

（5）分析速度快，仪器比较简单，价格较便宜。

（6）应用范围广，可测定元素周期表中 70 多个金属和非金属元素，有些也可间接进行分析。

原子吸收光谱法也有它的局限性。因为仪器的原子化器温度小于 3000 K，测定难熔元素如（W、Nb、Ta、Zr、Hf 等）和非金属元素及稀土元素有困难，不能得到满意的结果。另外，以往旧型仪器不能同时进行多元素分析，但近年来已出现了多元素同时测定的仪器。

4.4.2.1 基本原理

A 原子吸收光谱的产生

基态原子吸收与其共振的辐射能，使外层电子由基态能级跃迁至激发态能级产生原子吸收光谱。原子吸收光谱位于光谱的可见区和紫外区。

在原子吸收测定条件下，原子蒸气中基态原子数近似等于总原子数。在原子蒸气（包含被测元素原子）中，会有基态与激发态同时存在的情况。在一定温度下基态原子与激发态原子达到热平衡，此时基态与激发态原子数的比例遵从玻耳兹曼分布定律。由于原子化温度通常小于 3000 K，因此依据玻耳兹曼分布定律可以估算出激发态与基态的原子数之比小于千分之一，故认为基态原子数近似等于总原子数，这正是原子吸收光谱灵敏度高的原因所在。

B　谱线轮廓与谱线变宽

a　谱线轮廓

原子吸收光谱线并不是严格的几何意义上的线，而是有一定的宽度，也就是谱线有相当窄的频率（或波长）范围。谱线轮廓是谱线强度随频率（或波长）的变化曲线。一束强度为 I_0 某一频率的平行光通过厚度为 l 的原子蒸气，一部分光被吸收，透过光的强度 I_t 服从吸收定律，

$$I_t = I_0 \exp(-K_\nu l) \tag{4-99}$$

式中，K_ν 是基态原子对频率为 ν 的光吸收系数。

式（4-99）表明，透射光强度 I_t 与吸收系数和辐射频率有关。不同元素的原子吸收不同频率的光，从透光强度与吸收光频率关系曲线可以发现，在频率 ν_0 处透过光强度最小，即吸收系数最大。若将吸收系数 K_ν 与频率 ν 的关系作图，所得曲线就是吸收线轮廓，见图 4-68。

图中 K_0 为峰值吸收系数，即吸收系数极大值；ν_0 为中心频率（或中心波长），是指峰值吸收系数所对应的频率（或波长），由原子的能级决定。

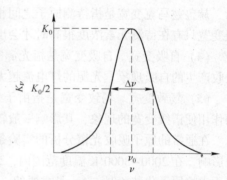

图 4-68　原子吸收光谱的吸收线轮廓图

原子吸收线轮廓是用原子吸收谱线的中心频率 ν_0 和半高宽 $\Delta\nu$ 来表征。半高宽是在中心频率位置、峰值吸收系数一半处的吸收线轮廓上两点间频率（或波长）的距离 $\Delta\nu$。

b　影响半高宽的因素

影响半高宽的因素很多，吸收峰变宽的主要因素有自然宽度、多普勒变宽、压力变宽、自吸变宽以及场致变宽。

（1）自然宽度。在无外界影响，谱线亦有一定宽度称为自然宽度。它与激发态原子的平均寿命有关，平均寿命越短，谱线越宽，反之平均寿命愈长，谱线宽度就愈窄。不同谱线有各自不同的自然宽度。

（2）多普勒变宽。多普勒（Doppler）变宽又称温度变宽或热变宽，是影响原子吸收光谱线宽度的最主要因素。它是由原子热运动引起的。如果一个运动着的原子发出的光，因运动方向背离接受器，则接收器接收到它的发光频率比静止原子所发的光频率要低，反之检测器接受光的频率较静止原子发的光频率要高，这种现象称为多普勒效应。在原子吸收光谱分析中，气态原子是处于无规则热运动的，因此它们对检测器而言具有不同的运动速度分量，使检测器接受到很多略有差异的吸收频率，致使谱线变宽。

当气态原子的热运动处于热力学平衡状态时，此时谱线的多普勒变宽 $\Delta\nu_D$ 可以用下式表示

$$\Delta\nu_D = 7.162 \times 10^{-7} \cdot \nu_0 \sqrt{\frac{T}{A_r}} \qquad (4\text{-}100)$$

式中，ν_0 为谱线的中心频率；T 为热力学温度；A_r 为吸光质点相对原子质量。

由此式可知，多普勒变宽随相对原子质量减小和温度升高而增大。注意：当用原子吸收光谱测量的共存原子浓度很低时，尤其在采用无火焰原子化装置时，多普勒变宽起主要作用。

（3）压力变宽。压力变宽是指当原子吸收区气体压力变大时，由于吸光（待测元素）原子与蒸气中的原子或分子相互碰撞而引起的能级微小的变化，使发射或吸收光频率改变而导致谱线变宽。根据与待测原子碰撞的原子种类不同，分为洛伦兹（Lorentz）变宽和赫鲁兹马克（Holtsmark）变宽。

洛伦兹变宽用 $\Delta\nu_L$ 表示，它是指待测元素原子与其他种类粒子碰撞而引起的谱线变宽。$\Delta\nu_L$ 随原子区内气体压力增大而增大。

赫鲁兹马克变宽是指待测原子之间相互碰撞而产生的谱线变宽，又称为共振变宽。共振变宽只有在待测元素浓度很高时才会出现，在原子吸收分析中常可以忽略不计。

（4）自吸变宽。自吸变宽是指光源空心阴极灯发射的共振线被灯内同种基态原子所吸收产生的自吸现象。光源的灯电流越大，自吸现象就越严重。

（5）场致变宽。场致变宽是指由于外界强电场、带电粒子、离子形成的电场及磁场的作用使谱线变宽的现象，其影响一般较小。

在通常的原子吸收光谱分析的实验条件下，吸收线的轮廓主要受多普勒和洛伦兹变宽的影响。在 2000~3000 K 温度范围内，$\Delta\nu_D$ 和 $\Delta\nu_L$ 具有相同数量级（$10^{-3} \sim 10^{-2}$ nm）。在采用火焰原子化装置时，$\Delta\nu_L$ 是主要的。不论哪一种因素的谱线变宽都将导致原子吸收分析灵敏度的下降。

C 原子吸收光谱的测量

原子吸收光谱分析是通过测量气态原子对特征频率（或波长）的吸收强度来实现的。这种吸收通常出现在光的可见区和紫外区。原子吸收光谱的测量可有积分吸收和峰值吸收两种途径。

a 积分吸收

在吸收线轮廓内吸收系数的积分称为积分吸收系数，简称积分吸收，表示吸收的全部能量。原子的发射线与吸收线本身是具有一定宽度（频率）范围的谱线，其宽度受实验条件的影响。要对原子的吸收进行准确测量，计算吸收曲线所包含的整个吸收峰面积，即求积分吸收 $\int_{-\infty}^{+\infty} K_\nu d\nu$。

理论上积分吸收值的数学计算可用下式表示

$$\int_{-\infty}^{+\infty} K_\nu d\nu = \frac{\pi e^2}{mc} N_0 f \qquad (4\text{-}101)$$

式中，e 为元电荷；m 为电子质量；c 为光速；N_0 为单位体积内基态原子数；f 为振子强度，是指被入射辐射激发的原子数与总原子数之比，表示吸收跃迁的几率。

由式（4-101）可以看出，积分吸收只与单位体积原子蒸气中吸收辐射的基态原子数呈线性关系，只要测得积分吸收，便可求出原子浓度。因此，可以说式（4-101）是原子吸收光谱对一些元素进行定量分析的理论基础。但由于原子吸收线的半宽度很小，要测量这样一条半宽度很小的吸收线的积分吸收值，目前单色器的分辨技术很难做到。

b 峰值吸收

吸收线中心波长处的吸收系数为峰值吸收系数 K_0，简称峰值吸收。1955 年，瓦尔什（Walsh A）提出，用测定峰值吸收系数 K_0 来代替积分吸收的测定，并且证明了：在温度不太高的稳定火焰条件下，峰值吸收系数与原子蒸气中被测元素的基态原子浓度成正比。

在通常原子吸收测定条件下，原子吸收线轮廓取决于多普勒变宽，此时峰值吸收系数为

$$K_0 = \frac{2\sqrt{\pi \ln 2}}{\Delta \nu_D} \cdot \frac{e^2}{mc} N_0 f \tag{4-102}$$

由此式可以看出，峰值吸收系数与原子浓度成正比，只要测得峰值吸收系数 K_0，便可计算出单位体积内基态原子数 N_0。

实现峰值吸收测量，除要求光源发射线的半宽度小于吸收线的半宽度外，还得使通过原子蒸气的发射线的中心频率恰好与吸收线的中心频率相重合。因此原子吸收光谱定量分析时，需要使用一个与待测元素相同元素制成的光源灯。

c 锐线光源

锐线光源就是指能发射出谱线半宽度很窄的发射线的光源，即光源发射线的半宽度小于吸收线的半宽度。由于光源的发射线与吸收线的中心频率一致，在发射线中心频率 ν_0 很窄的频率范围 $\Delta \nu$ 内，K_ν 随频率变化很小，可视为常数（等于 K_0）。瓦尔什（Walsh A）提出用锐线光源测量峰值吸收，解决原子吸收实用测量的问题。在原子吸收光谱分析中，需采用锐线光源来测量谱线的峰值吸收。空心阴极灯就是这样的光源，使用它不仅可以避免采用分辨率极高的单色器，而且使吸收线和发射线成了同类线，吸收前后发射线的强度变化明显，便于准确测量。

d 原子吸收光谱分析的主要关系式

在实际分析中是通过测量吸光度来计算试样中被测元素的含量。将入射光强度 I_0 与透射光强度 I_t 比值的对数值定义为吸光度，用 A 表示。

$$A = \lg \frac{I_0}{I_t} \tag{4-103}$$

当一束强度为 I_0 的某一波长的辐射光通过厚度为 l 的原子蒸气时，一部分光被吸收，另一部分光透射过去，由式（4-99）可知透射光的强度 I_t 为

$$I_t = I_0 \exp(-K_0 l)$$

根据吸光度 A 的定义

$$A = \lg \frac{I_0}{I_t} = \frac{1}{\lg e^{-K_0 l}} = \lg e^{K_0 l} = 0.434 K_0 l \tag{4-104}$$

将式（4-102）代入上式，得

$$A = 0.434 \frac{2\sqrt{\pi \ln 2}}{\Delta \nu_D} \cdot \frac{e^2}{mc} f l N_0 \tag{4-105}$$

在原子吸收测定条件下，原子蒸气中基态原子数近似地等于原子总数 N_0。被测元素的浓度 c 与原子蒸气中原子总数 N_0 存在一定的比例关系，即

$$N_0 = \alpha c \tag{4-106}$$

式中，α 为比例常数。

将此式代入式（4-105），则得

$$A = 0.434 \frac{2\sqrt{\pi \ln 2}}{\Delta \nu_D} \cdot \frac{e^2}{mc} f\, l\, \alpha c \tag{4-107}$$

当测量条件确定时，则上式中各有关的参数都是常数，此时吸光度则为

$$A = Kc \tag{4-108}$$

式中，K 为与测量条件有关的比例常数。

式（4-108）表示吸收度与试样中被测元素的含量成正比，是原子吸收光谱定量分析的基本关系式。

4.4.2.2   原子吸收光谱仪

原子吸收光谱仪（atomic absorption spectrometer）由光源、原子化器、单色器、检测器和信号处理与显示记录等部件组成，图4-69为一台原子吸收光谱仪结构与光路示意图。原子吸收光谱仪有单光束和双光束两种类型。

单光束型谱仪结构简单，但需采用一些措施来稳定光源，否则会引起基线漂移。

双光束型谱仪是光源发出的光经调制，被切光器分成测量光和参比光（不经原子化器）两束光，它们交替进入单色器，用来进行测量。双光束虽克服了由光源不稳定而造成的基线漂移的影响，但会引起光能量的严重损失。

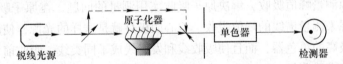

锐线光源   原子化器   单色器   检测器

图 4-69   原子吸收光谱仪结构与光路示意图

A   光源及工作原理

光源的作用是发射被测元素的共振辐射光。对光源的要求是锐线光源、辐射强度大、稳定性高和背景小等，目前最常用的是空心阴极灯和无极放电灯。

a   空心阴极灯

空心阴极灯（hollow cathode lamp, HCL），又称元素灯，是一种特殊的辉光放电管，每测一种元素需更换相应的元素灯。空心阴极灯的结构如图 4-70 所示。

空心阴极灯的灯管由硬制玻璃制成，一端有由石英或玻璃做成的光学窗口。另一端为灯座连着两根封入管内的钨棒，其中一根连着有吸气性能的钛、锆、钽等金属制成的阳极；而另一根镶有一个圆筒形的空心阴极，在空心圆筒内衬上有熔入（或粉末冶金）

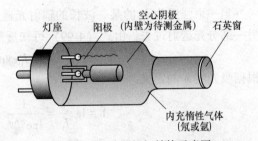

灯座   阳极   空心阴极（内壁为待测金属）   石英窗

内充惰性气体（氖或氩）

图 4-70   空心阴极灯结构示意图

法制成的含有被测元素的金属或合金，用来发射特征光谱。灯管内充有几百帕低压的惰性气体氖（或氩）作为载气。当在空心阴极灯两极间施加几百伏电压时，便产生放电发射电子。阴极发射的电子在电场作用下高速飞向阳极，途中与载气原子碰撞，使之电离放出电子成为正离子。因电子与正离子数目增加，载气正离子在电场中得到加速，获得足够的动能，在轰击阴极表面时将被测元素原子从晶格中轰击（溅射）出来。溅射出来的原子聚集在空心阴极内，再与原子、离子、电子等碰撞而被激发，从而发射出被测元素的特征共振谱线。

此外，还有一种高强度空心阴极灯。它是在普通空心阴极灯内增加了一对涂有敏化材料的辅助电极，分别控制原子溅射和光谱激发过程，可使溅射出的原子二次激发，提高谱线强度。

b　无极放电灯

无极放电灯的灯内没有电极，只将被测元素的卤化物封在石英管内，利用高频电场低压放电作用激发出待测元素的原子发射光谱。无极放电灯主要用于 As、Se、Te、Cd、Sn 等易挥发、低熔点、易溅射、难激发金属的光谱分析。

B　原子化器

原子化器的作用是提供能量，使试样干燥、蒸发并原子化，将试样中原子转变成原子蒸气。原子化的方法有火焰原子化法、非火焰原子化法和低温原子化法三种类型。

a　火焰原子化法

火焰原子化法是由化学火焰提供能量，使被测元素原子化的方法，采用预混合型原子化器。

（1）结构与功能。试样的原子化过程是在由雾化器、预混合室和燃烧器三部分组成的火焰原子化器内完成。这三部分的功能分别为：1）在雾化室内使试样气溶胶雾化为小雾滴颗粒，雾滴粒径越小，火焰中生成的基态原子就越多。2）在预混合室内喷嘴前装有撞击球和节流管，以使气溶胶颗粒更小、更均匀，并使气溶胶雾滴与燃气、助燃气混合均匀后进入燃烧器。此外，装置中还有扰流器以阻挡大的雾滴，有助于气体混合均匀，使火焰稳定降低噪声。图 4-71 为雾化器和预混合室的结构示意图。3）燃烧器是用

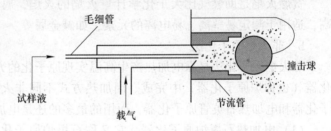

图 4-71　雾化器与预混合室的结构示意图

不锈钢制成，并留有单缝（或三缝）来产生火焰，使进入火焰的试样气溶胶雾滴，在火焰中脱溶、蒸发、灰化和原子化。

（2）火焰的分类。产生火焰的气体由燃烧气体和助燃气体组成，火焰温度取决于燃烧气体和助燃气体的类型和两者的配比。不同类型火焰的温度列于表 4-23 中，表中火焰温度按由低到高排列。通常分析采用的空气-乙炔火焰，最高温度可达 2573 K，能测 35 种元素。化学火焰有多种，要根据待测元素的共振线，选择不同的火焰，这样可避开干扰。选择火焰时注意：在保证待测元素充分解离为基态的前提下，尽量采用低温火焰。

表 4-23　不同类型火焰的温度

火　焰	发火温度/K	燃烧速度/cm·s⁻¹	火焰温度/K
煤气-空气	833	55	2113
丙烷-空气	783	82	2208
氢-空气	803	320	2323
乙炔-空气	623	160	2573
氰-空气	—	20	2603
氢-氧	723	900	2973
煤气-氧	723	—	3003
氧氮（50%）-乙炔	—	640	3088
丙烷-氧	763	—	3123
乙炔-氧化亚氮	673	180	3228
乙炔-氧	608	1130	3333
乙炔-氧化氮	—	90	3368
氰-氧	—	140	4913

　　原子化对火焰的要求是操作安全、火焰稳定。人们依燃气与助燃气的比例不同将火焰分为化学计量火焰、富燃火焰和贫燃火焰。

　　化学计量火焰是燃气与助燃气之比接近化学反应计量的火焰，所以又称中性火焰。这类火焰温度高、稳定、干扰小、背景低，适合许多元素的测定。

　　富燃火焰是燃气比大于化学计量火焰的火焰，属于还原性火焰。富燃火焰特点是燃烧不完全，温度略低于化学计量火焰，背景高、干扰大，适用于形成难解离氧化物的元素测定。

　　贫燃火焰是助燃气比大于化学计量火焰的火焰，属于氧化性火焰。贫燃火焰温度较高，适用于测定易解离、易电离的元素，如碱金属等。

　　b　非火焰原子化法

　　非火焰原子化法是靠电加热产生高温实现原子化的方法。试样原子化是在非火焰原子化器（也称炉原子化器）中完成。因加热方式不同非火焰原子化器分为电加热石墨炉原子化器和电加热石英管原子化器，而用的最多的还是电加热石墨炉原子化器。

　　（1）电加热石墨炉原子化器。它又称石墨炉原子化器，是在大电流通过石墨管时产生高温（最高可达 3000 K），使试样原子化。试样由石墨管中央开的小孔，进入石墨炉原子化器。光源发出的光从石墨管中穿过，石墨管的外气路中的 Ar 气流沿石墨管外壁流动，冷却石墨管，防止其氧化和烧蚀。内气路中的 Ar 气流由管两端流向管中心，从中心孔流出，用来保护被气化的原子不被氧化，同时携带排除在干燥和灰化过程中产生的蒸气。石墨炉电热原子化过程可由计算机控制，其过程可分为：干燥（除去溶剂）、灰化（去除易挥发的基体和有机物）、原子化（在控制最适宜的温度范围内，使待测元素在高温下生成基态原子）、净化（去除试样的残渣，净化石墨炉）等 4 个阶段。

　　石墨炉原子化的优点是：1）检出限比火焰原子化低 3 个数量级，分析范围宽；2）在惰性气氛保护下原子不会二次氧化；3）试样可直接以液态或固态形式进样；4）所需样品量少，一般进样溶液 5~50 μL，固体试样约 0.1~10 mg；5）可在真空紫外区进行原子吸收光谱测定。其缺点是：测定速度较慢；化学干扰较多，背景较强和测量的重现性差；装置复杂，操作不够简便。

（2）电加热石英管原子化器。它是通过石英管外的电阻丝加热，将引入石英管内的气态分析物在较低温度下实现原子化，主要与低温原子化法配合使用。

（3）低温原子化方法。通过化学反应实现试样低温原子化的方法属低温原子化方法，因可实现在相对较低的温度下原子化而得名，其原子化温度范围从室温到低于 1000 ℃。低温原子化法又称化学原子化法，因为它是将试样中待测的元素通过化学还原反应，使之转化成在较低温度下就能气化成气态原子或气态化合物的方法。常用的低温原子化方法中，有汞蒸气法和氢化物发生法。

汞蒸气法是用 $SnCl_2$ 或盐酸羟胺将试样中的汞离子还原成金属汞，靠载气流携带被还原的汞蒸气进入有石英窗口的测量管中，进行测量。

氢化物发生法是将试样在酸性介质中与强还原剂硼氢化钠反应，使待测的元素生成气态氢化物，载气将气态氢化物送入电加热石英管原子化器中分解成相应的基态原子。此法多用于 As、Sb、Bi、Sn、Ge、Se、Pb、Ti 等元素的分析。

低温原子化方法的优点是，原子化温度低，不受试样基体干扰，检出限低于石墨炉原子化器的，进样效率高，选择性好。

C 单色器

单色器置于原子化器后边，防止原子化器内发射的辐射干扰进入到检测器，其作用是将待测元素的共振线与邻近线分开。它由色散元件（棱镜、光栅）、反射镜（凹凸镜）以及入射和出射狭缝等组成。

D 检测系统

原子吸收光谱仪的检测系统由检测器、放大器、对数变换器、显示记录装置组成。检测器用光电倍增管（或光敏晶体管、光电池）作为光电转换器，配有信号处理系统和信号输出系统。检测系统的作用是将单色器分出的光信号转变成电信号，便于显示和记录。放大器的作用是将光电倍增管输出的较弱信号，经电子线路进一步放大。系统采用对数变换器来实现光强度与吸光度之间的转换。测量的吸光度值可用读数装置显示或用记录仪记录下来，也可采用将测量数据经微机处理后直接读出。

4.4.2.3 干扰的消除及抑制

原子吸收光谱分析的干扰虽较少，但仍存在一些产生干扰的因素，不可忽视。分析测试时的干扰主要来自于光谱干扰、物理干扰、电离干扰、背景干扰和化学干扰等。

A 光谱干扰

光谱干扰是指由于待测元素的共振线与干扰物质的谱线分离不完全造成的干扰。这种干扰主要来自光源和原子化装置，表现在：（1）吸收线重叠，它是由于共存元素吸收与被测元素分析线接近，使两条谱线重叠或部分重叠，造成分析结果偏高；（2）光谱通带内存在非吸收线，它可能是被测元素的其他共振线与非共振线，或者是光源中杂质的谱线；（3）原子化器内直流发射的干扰。

抑制光谱干扰的措施有：（1）若在分析线附近有单色器不能分离的待测元素的线，

可通过调小狭缝的方法或另选分析线来抑制这种干扰；（2）若空心阴极灯内有单色器不能分离的干扰元素的辐射，可用纯度较高的单元素灯减小干扰；（3）若在灯的辐射中有连续背景辐射，可改用较小光源灯电流或更换光源灯。

　　B　物理干扰

　　物理干扰是指在试样转移、热解、灰化、气溶胶形成，以及被测元素原子化等过程中，由于试样的物理因素变化而引起的原子吸收信号下降的效应。物理干扰对试样中各元素的影响基本相似，是非选择性的。产生物理干扰的主要表现有：（1）试样黏度的变化，会引起火焰原子化法吸收量和石墨炉原子化法中导入进样量精度的改变；（2）试样表面张力变化，会影响火焰原子化法气溶胶雾化颗粒的大小及分布；（3）温度和蒸发性质的变化，会影响原子化各过程；（4）在火焰原子化法和氢化物低温原子化法中试样物理性质的改变，影响分析物或氢化物的传输。

　　抑制物理干扰的措施有：可改变试样喷入火焰的速度，提高雾化效率，控制雾滴大小等，以及通过控制配制试样液与标准溶液的组成尽量一致或采用稀释法来消除。

　　C　化学干扰

　　化学干扰是指待测元素与其他组分之间发生化学作用，影响待测元素的原子化效率的干扰。

　　a　化学干扰的类型

　　化学干扰有两种类型：（1）待测元素与其共存物质作用生成稳定、难挥发的化合物，致使参与吸收的基态原子减少；（2）待测离子发生电离反应，生成离子，不产生吸收，总吸收强度减弱。

　　b　抑制化学干扰的方法

　　抑制化学干扰的方法有多种，可根据具体情况来选择。

　　（1）选择合适的原子化方法。通过提高原子化温度（或通过选择火焰温度，或石墨炉原子化温度的提高），减少化学干扰，使难解离的化合物分解。

　　（2）加入试剂方法。在标准溶液和试样溶液中加入某种光谱化学缓冲剂来抑制或减少化学干扰。具体可加入的试剂有：

　　1）释放剂。加入释放剂，使之与干扰元素生成更稳定化合物使待测元素释放出来。

　　2）保护剂。加入保护剂，使之与待测元素形成易分解的或更稳定的络合物（配合物），防止被测元素与干扰组分作用生成难解离的化合物。

　　3）饱和剂。加入足够的干扰元素，使干扰稳定。

　　4）电离缓冲剂。大量加入一种易电离的缓冲剂，以抑制待测元素的电离。

　　5）改进剂。加入改进剂使之在干燥或灰化阶段与试样发生化学变化，增加基体的挥发性或改进被测元素的挥发性。

　　若采用上述方法都不能消除化学干扰时，可采用化学分离的方法，如溶剂萃取、离子交换、吸附等去除干扰元素（组分）。

　　D　电离干扰

　　电离干扰为高温下原子发生电离，使基态原子减少，吸光度下降的干扰。消除电离干扰的有效措施是加入过量的消电离剂。因为消电离剂的电离能比被测元素的低，高温下优先电离，产生大量电子，抑制待测元素的电离。

E　背景干扰

分子吸收和光散射是形成背景干扰的主要因素。分子吸收是在原子化过程中生成的分子对辐射的吸收，呈带状光谱，在一定波长范围内形成干扰。光散射是在原子化过程中生成的微小固体颗粒，使光产生散射，造成透射光减弱，吸收光增加。

利用氘灯连续光源来校正背景吸收，消除背景干扰。目前生产的原子吸收光谱仪都配有连续光源自动扣除背景的装置。

4.4.2.4　分析条件的选择与定量分析方法

A　分析条件的选择

原子吸收光谱法中，正确地选择分析条件对测定的准确度、灵敏度等都会有较大影响，特别是在进行微量或痕量组分分析时，要考虑分析的灵敏度与检出限，选择合适的分析测量条件。

a　灵敏度（S）

根据 1975 年国际理论与应用化学联合会（IUPAC）的规定，灵敏度（S）是分析标准函数的一阶导数，即在一定浓度时，测定值（吸光度 A）的增量（dA）与相应的待测元素浓度的增量（dc）或质量增量（dm）的比值，即

$$S_c = \frac{\mathrm{d}A}{\mathrm{d}c} \quad \text{或} \quad S_m = \frac{\mathrm{d}A}{\mathrm{d}m} \tag{4-109}$$

由此式可知，分析校准曲线的斜率就是灵敏度 S。S 值大，灵敏度高，也就是待测元素的浓度或质量改变很小，测定值变化就很大。

人们还习惯用特征灵敏度（即 1% 吸收灵敏度）。特征灵敏度（c_0 或 m_0）是指产生 1% 吸收（即对应于 0.0044 吸光度信号）的待测物浓度（c_x）或质量（m_x）。

在火焰原子吸收法中，特征灵敏度用特征浓度 c_0（单位：μg/mL）表示，亦即

$$c_0 = \frac{0.0044c_x}{A} \tag{4-110}$$

式中，c_x 为待测元素浓度；A 为多次测量吸光度的平均值。

在非火焰原子吸收方法中，特征灵敏度用特征质量 m_0（单位：ng 或 pg）表示，亦即

$$m_0 = \frac{0.0044m_x}{A} \tag{4-111}$$

式中，m_x 为待测元素浓度；A 为多次测量吸光度的平均值。

特征浓度或特征质量与灵敏度的关系为

$$c_0 = \frac{0.0044}{S_c} \quad \text{或} \quad m_0 = \frac{0.0044}{S_m} \tag{4-112}$$

式中，S_c 和 S_m 分别为特征浓度 c_0 和特征质量 m_0 的灵敏度。

b　检出限

（1）检出限的定义。在选定的分析方法中，能以适当的置信度水平检测出待测元素的最小浓度或最小量称为检出限（detection limit, D. L.）。

检出限是表征一个元素能被检出的最小量，只有待测元素的存在量高于检出限，才能

可靠地将有效信号与噪声信号区分开，确定试样中被测元素的存在。检测报告中出现"未检出"系指试样中被测元素的量低于检出限。

（2）获得检出限的方法。根据 IUPAC 的规定和推荐，获得检出限的方法是：用同样方法对接近于空白的溶液（或固体、气体），经 10 次以上（通常 20 次）的重复测定，所得的平均值与 3 倍的空白液多次测定的标准偏差之和（即可测量的最小分析信号 x_{min}）所对应的待测元素浓度，即为所求的检出限 D. L.。

$$x_{min} = \bar{x}_0 + ks_B \quad (k = 3)$$

$$D. L. = \frac{x_{min} - \bar{x}_0}{S} = \frac{ks_B}{S} \qquad D. L. = \frac{3s_B}{S} \tag{4-113}$$

式中，x_{min} 为可测量的最小分析信号；$\bar{x}_0$ 为对空白溶液（或固体、气体），按同一方法经 10 次以上（通常 20 次）的重复测定的平均值；s_B 是空白溶液多次测定的标准偏差；k 是由置信水平决定的系数，IUPAC 推荐 $k = 3$，其在误差正态分布条件下置信度为 99.7%；S 为灵敏度，即分析校准曲线的斜率。

c　测定条件的选择

（1）选择分析线。一般选待测元素的共振线作为分析线，测量高浓度的元素时，也可选次灵敏线。

（2）选择狭缝宽度。由于原子吸收光谱谱线重叠的概率较小，在无邻近干扰线时，可选用较大的狭缝宽度，以增加光强，降低检出限。一般通过实验调节不同狭缝宽度，测定吸光度随狭缝宽度的变化，选择不引起吸光度减小的最大狭缝宽度。

（3）选择空心阴极灯工作电流。在保证放电稳定和合适光强输出的条件下，尽量选用低的工作电流。在具体条件下，通过实验确定最适宜的工作电流。

注意，空心阴极灯需要经过预热 10~30 min 才能达到稳定输出。

（4）选择原子化条件。对火焰原子化法，依据不同试样元素选择不同火焰类型，然后通过实验确定合适的燃助比，并调节燃烧器高度，来控制光束的高度，以获得较高的检测灵敏度；对石墨炉原子化法，通过实验选择合适的干燥、灰化、原子化及净化的温度和时间。

（5）控制进样量。进样的量不宜过大或过小，否则会影响测量过程。应通过预实验来选择合适的进样量。

B　定量分析方法

原子吸收光谱的定量分析方法与原子发射光谱的定量分析方法大体相同，有标准曲线法（校准曲线法）、标准加入法和内标法，具体内容读者可参阅 4.4.1.3 节中有关定量分析部分。

4.4.3　原子荧光光谱分析

1964 年出现了原子荧光光谱分析方法（atomic fluorescence spectrometry，AFS），它是以原子在辐射能激发下发射的荧光强度来进行定量分析的方法。虽然原子荧光光谱属发射光谱，但所用仪器与原子吸收光谱仪器相近似。

原子荧光光谱分析法的特点是：检出限低、灵敏度高，谱线简单、干扰小，校准曲线的线性范围宽，可实现多元素同时测定，目前多用于 As、Bi、Cd、Hg、Pb、Sb、Se、Te、Zn、Sn 等元素的分析。不足之处是存在散射光的干扰和荧光猝灭效应问题。

4.4.3.1 分析方法的基本原理

A 产生原子荧光光谱的过程

气态原子受到强的特征光辐射能照射时，吸收辐射能后，原子的外层电子由低能量的基态跃迁到高能量的激发态，然后由激发态跃迁回到基态或较低能级，此时辐射出与它吸收的光波长相同或不同的荧光，称之为原子荧光。原子荧光的特点是：（1）属光致发光，也是二次发光；（2）激发光源停止照射后，荧光立即消失；（3）发射的荧光强度与照射光的强度有关；（4）不同元素的荧光波长不同。在待测元素的浓度很低时，荧光强度与蒸气中该元素的浓度成正比，适用于微量或痕量分析。

B 产生原子荧光的类型

原子荧光可分为共振荧光、非共振荧光与敏化荧光。在所有的原子荧光中共振荧光的强度最大，是分析中最有用的荧光。

a 共振荧光

共振荧光是气态原子吸收共振线能量被激发到较高能级后，激发态原子返回基态发射出与共振线波长相同的荧光。原子产生共振荧光过程的图形解释参见图 4-72（a）中 A、C。

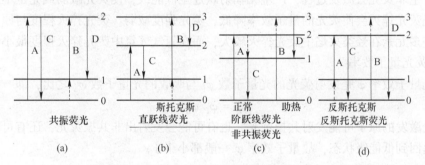

图 4-72 产生原子荧光过程的图形解释

另外，若原子受热激发处于亚稳态，此时再吸收一定的光辐射能进一步激发，然后返回基态发射出与吸收的辐射能相同波长的共振荧光，称此种荧光为热助共振荧光，参见图 4-72（a）中的 B、D。

b 非共振荧光

当荧光与激发光的波长不相同时，称此类荧光为非共振荧光。非共振荧光分为直跃线荧光（斯托克斯荧光）、阶跃线荧光和反斯托克斯荧光，它们产生荧光的过程各有不同。

（1）直跃线荧光。直跃线荧光是指原子从基态受激跃迁后，再回到高于基态的亚稳态时所发射出的荧光。图形解释参见图 4-72（b）的 A、C。此时发射的荧光波长大于吸收的激发能的辐射波长。产生直跃线荧光的另一种情况如图 4-72（b）的 B、D 所示，即处于基态的原子先热激发跃迁到了一个较高的能级，之后又吸收了光辐射能跃迁到更高的能级，然后回到高于基态的亚稳态发射出荧光，此发射的荧光称斯托克斯（Stokes）荧光。此时原子发射的荧光波长也是大于吸收的激发能辐射光波长。

（2）反斯托克斯（anti-Stokes）荧光。反斯托克斯荧光是指当原子跃迁至某一高能级时，其吸收的能量一部分是由光源辐射激发能提供，另一部分是由热能提供，而后受激原子返回到低能级状态所发射的荧光。此时发射的荧光能大于激发能，荧光波长小于激发能辐射光波长。图形解释参见图 4-72（d）中的 A、C。

（3）阶跃线荧光。阶跃线荧光有两种产生情况：一种是正常阶跃荧光，是指吸收光辐射能激发的原子，以非辐射形式释放部分能量返回到较低能级后，再跃迁到基态，以辐射形式发射的荧光，如图 4-72（c）中的 A、C 所示，此时发射的荧光波长大于激发能辐射光波长；另一种是热助阶跃荧光，它是原子吸收了光辐射能激发跃迁到中间能级，然后又受热激发跃迁到更高能级，再返回较低能级所发射的荧光，如图 4-72（c）中的 B、D 所示。

c　敏化荧光

受光激发的原子与另一个原子发生碰撞时，把激发能传递给另一个原子，使其激发后发射的荧光，称之为敏化荧光。只有在采用非火焰原子化的情况下才可以观察到敏化荧光。

C　荧光猝灭与荧光量子效率

a　荧光猝灭

荧光猝灭是指受激发原子与其他原子碰撞，将一部分能量以热或其他非荧光发射方式给出，发生非荧光去激发过程，产生无辐射跃迁至低能级，使荧光减弱或完全不发生的现象。出现荧光焠灭会使荧光的量子效率降低，荧光强度减弱。荧光猝灭程度与原子化气氛有关，许多元素在烃类火焰中荧光猝灭较大，而在氩气气氛中荧光猝灭程度最小。

b　荧光量子效率

荧光量子效率 φ 是发射荧光的光量子数 φ_f 与吸收的光量子数 φ_a 之比，即

$$\varphi = \varphi_f / \varphi_a \tag{4-114}$$

受光激发的原子可能发射共振荧光，也有可能会发射出非共振荧光，还有可能无辐射跃迁就返回到低能级状态，故量子效率 φ 一般都小于 1。

D　待测原子浓度与荧光的强度

原子荧光光谱强度由原子吸收和原子发射荧光过程共同决定。对指定频率的共振荧光，发射荧光的强度 I_f 正比于待测元素基态原子吸收某一特定频率光的强度 I_a，即

$$I_f = \varphi I_a \tag{4-115}$$

在仪器与操作条件一定时，理想情况下，

$$I_f = \varphi I_0 A K_0 l N = Kc \tag{4-116}$$

式中，I_0 为原子化器内单位面积接受到的光源强度；A 为在检测器中观察到的受光照射的有效面积；K_0 为入射辐射吸收的峰值吸收系数；l 为吸收光程长；N 为单位体积内的基态原子数；c 为试样中待测元素的浓度；K 为常数。

因在仪器与操作条件一定时，单位体积内的基态原子数 N 与试样中待测元素的浓度 c 呈正比，所以式（4-116）是原子荧光光谱法定量分析的依据。

4.4.3.2　原子荧光光度计

用于原子荧光光谱分析的仪器称为原子荧光光度计（atomic fluorescence spectrophotometer），它有色散型和非色散型两种类型。

A 仪器类型

有分光系统的原子荧光光度计属色散型，采用滤光器将分析线和邻近线分离的原子荧光光度计属非色散型。两种类型仪器的结构基本相似，区别在于色散系统不同。

B 主要部件

组成原子荧光光度计的主要部件有激发光源、原子化装置、色散系统和检测系统。为避免激发光源发射的辐射光对原子荧光检测信号的影响，仪器中将激发光源放置在与检测器系统成 90° 的位置，参见图 4-73。

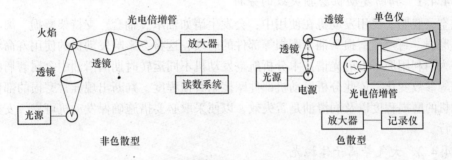

图 4-73 原子荧光光度计装置示意图

a 激发光源

原子荧光光度计中的激发光源可以是连续光源或锐线光源。

（1）连续光源。连续光源如氙弧灯，产生的原子荧光谱线比较简单，可不必用高色散的单色仪。连续光源稳定、调谐简单、寿命长，可用于多元素同时分析。

（2）锐线光源。锐线光源辐射强度高、稳定，多采用高强度空心阴极灯、无极放电灯、激光等。

b 原子化装置

原子荧光光度计中的原子化装置与原子吸收法基本相同，但也可使用 ICP 焰炬等原子化装置。

c 色散系统

色散型原子荧光光度计的色散系统是光栅；而非色散型原子荧光光度计的色散系统采用滤光器来分离分析线和邻近谱线，降低背景。

d 检测系统

色散型原子荧光光谱仪的检测系统多用光电倍增管；而非色散型大多采用日盲光电倍增管，它对 160~280 nm 波长的辐射有很高的灵敏度，但对大于 280 nm 波长的辐射不够灵敏。

C 多道原子荧光分析仪

近年来，原子荧光光谱分析法发展较快，出现了利用原子荧光分析法同时分析多种元素的非色散型与色散型多道原子荧光分析仪。仪器设计是基于原子荧光可由原子化器周围任何方向的激发光源激发而产生，使用一个火焰原子化器、一个检测器，而每种元素都有各自的激发光源在原子化器的周围，并有各自的滤光器，每种元素都有一个单独的电子通道。目前多道原子荧光分析仪已在材料科学、化学化工、地质、石油、冶金、环境科学、生物医学、农业等诸多领域得到广泛的应用。

4.4.4 原子光谱分析的应用

原子光谱分析在金属元素定性分析中具有较大的优越性，多元素同时测定，可快捷、灵敏地鉴定周期表中约 70 多种元素，在冶金工业中应用较早，目前已在材料科学、航空、航天、医药卫生、环境监测、食品检测等诸多领域得到广泛应用。下面仅简单介绍在几个领域的应用。

4.4.4.1 判断发动机磨损失效的分析

航空、舰船、民用发动机在使用中，会发生诸如轴承、轴套、支持架磨损、离心通风器壳体磨损、封严圈磨损、油泵磨损等部件的磨损，这将会影响发动机的使用寿命和运转安全。人们利用原子发射光谱技术分析航空发动机不同运转时期润滑油中金属磨屑的成分及浓度等参数变化，依此分析发动机部件摩擦副磨损程度，判断出现异常磨损的部位，预报发动机的磨损程度以及润滑油是否失效，以便采取必要措施确保发动机可靠、安全、高效地运行。

4.4.4.2 大气等离子体抛光

大气等离子体抛光是基于低温等离子体化学反应实现原子级的材料表面加工，同时避免了材料表层和亚表层损伤的一种非接触式的超精密加工方法，特别适合用于各种难于加工材料的超光洁抛光。大气等离子体抛光加工过程受到多种因素的影响，如射频功率、气体配比、加工距离、给进速度等。人们从等离子体的原子发射光谱分析中可以获得等离子体参数，且不会对等离子体本身造成扰动，特别适合于等离子体原位诊断。此外，原子发射光谱分析还可用于揭示离子动力学、电子自由碰撞激发的机理，以及提供粒子浓度的定性数据等，已在大气等离子体抛光过程的监测和分析中发挥了重要作用，为后续的工艺研究和优化参数提供了丰富的数据。

4.4.4.3 环境监测

人们十分关注环境中痕量重金属的危害，而痕量重金属的测定是原子光谱分析法所长。目前环境监测中常采用原子光谱分析法来测定一些有害元素，如废水中痕量重金属 Cu、Cd、Pb 和 Zn 等元素的测定。

4.4.4.4 医药卫生

一定浓度水平的微量元素参与人体生命活动过程，是维持生物体正常功能所必需，缺乏或过量都会引起不良的生理后果，因此人体微量元素的检测结果是辅佐医疗诊断的依据。例如，用原子光谱分析头发中的砷含量和血液中铅含量作为诊断砷和铅中毒的依据，已在职业病防治工作中广泛应用。

4.4.4.5 食品分析

用原子光谱可测定饮料和营养品中的微量元素如 As、Pb、Cu 等，分析大米中的铜，玉米粉中的钴、镁和镉，大米、茶叶和蒜头中的硒，测定甘蓝中的镉，测定松花蛋中的铅，测定镁间接定量叶绿素，测定猪肝和牡蛎粉末中的铅等。

4.5 质谱分析及应用

质谱分析法（mass spectrometry，MS）是将物质离子化，再按离子的质量-电荷比（质荷比，m/z）大小进行分离，测量各种离子峰的强度来实现分析目的的一种分析方法。

早在 1913 年汤姆逊（Thomson J J）制成了第一台质谱装置，用其发现了^{20}Ne、^{22}Ne 同位素。1919 年阿斯顿（Aston F W）成功研制出第一台质谱仪，并用其发现了多种元素的同位素，因此获得了诺贝尔化学奖。

早期的质谱仪器主要用于测定原子质量、同位素的相对丰度，以及研究电子碰撞过程等物理领域问题。20 世纪 30 年代随着离子光学理论的建立，促进了质谱仪的发展，并用于鉴定大多数稳定同位素，促进了核化学的发展。从 20 世纪 40 年代起，质谱分析开始应用于碳氢化合物的测定。1942 年出现了用于石油分析的质谱仪，到 20 世纪 60 年代质谱分析开始用于有机化学和生物化学领域的研究，使化学家逐步认识到质谱分析法具有独特的电离过程及分离方式，从中可获得化学本性的信息，乃至试样的结构和组成，从而形成了质谱分析技术。质谱分析的优点有：灵敏度高，样品用量少；可以确定分子式，进而推测出分子结构。

4.5.1 质谱仪与质谱分析

对试样的质谱分析是通过测定试样中各种离子的质量和强度来进行成分和结构分析。质谱分析主要用于鉴定复杂分子及其结构，确定元素的同位素质量及分布。质谱分析的基本原理是：待测的试样首先被离子化，然后利用离子在电场或磁场中运动的性质，将离子按质荷比（m/z）分开，并按质荷比大小排列成谱图形式，根据质谱图可确定试样的成分、结构和相对分子质量。

质谱仪（mass spectrometer）是利用电磁学原理，使带电样品离子按质量-电荷比（质荷比 m/z）进行分离，并按质荷比 m/z 的大小排列成谱图的装置。质谱仪的质量测定范围表示其所能够分析试样的相对原子质量范围，质谱仪的分辨本领表示其分开相邻质量数离子的能力。质谱仪的灵敏度分绝对灵敏度和相对灵敏度。绝对灵敏度是指可检测到的最小试样量，而相对灵敏度是指仪器可同时检测的大组分与小组分之比。分析灵敏度则是指输入仪器的试样量与仪器输出的信号之比。

质谱仪按用途可分为同位素分离用质谱仪和分析用质谱仪。分析用质谱仪又分为有机物分析用的质谱仪和无机化合物分析用的火花源质谱仪，以及低温质谱仪和高温质谱仪。各类质谱仪都由进样装置、离子源、质量分析器、离子检测器、真空系统等部件组成。图 4-74 为质谱仪的外貌和内部结构示意图。

质谱仪进行分析时，通过恰当的进样装置将试样引入，并蒸发气化。气化后的试样进入离子源进行电离，电离后的离子经过适当的加速进入质量分析器，按 m/z 比不同进行分离，依次到达检测器，记录不同信号，获得质谱图。图 4-75 为质谱仪的工作流程示意图。图 4-76 为扇形磁场单聚焦质谱仪工作示意图。

4.5.1.1 真空系统

质谱仪是靠真空机组为离子源、质量分析器和离子检测器提供高真空的，一旦真空度

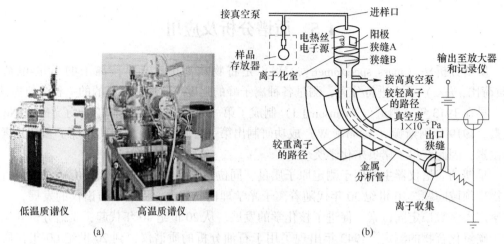

图 4-74 质谱仪外貌和内部结构示意图

(a) 质谱仪外观；(b) 结构示意图

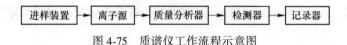

图 4-75 质谱仪工作流程示意图

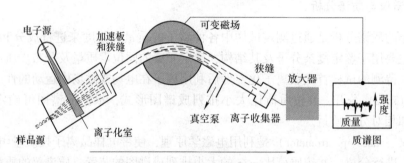

图 4-76 单聚焦质谱仪工作示意图

降低，则会发生不利于分析的情况。例如，大量的氧进入会发生离子源灯丝的烧坏；谱图本底增高；产生副反应增多，常引起额外的离子-分子反应，改变裂解模型，使质谱复杂化，干扰质谱图分析；同时还会干扰离子源中离子束的正常调节，会引起加速离子的高压放电等。

4.5.1.2 进样装置

进样装置是将分析试样在低气压下以气体形式、可重复地快速引入到离子源室，而且不使室内的真空度下降。目前，进样装置可分为间隙进样、探针直接进样和色谱系统进样。

A 间隙进样

间隙进样适用于气体、液体或具有中等蒸气压的固体试样，样品可直接或加热成气态方式进入处于低气压状态的贮气球进样系统，系统具有加热装置，使试样保持气态。采用分子漏孔（带有小孔的玻璃或金属薄膜）方法，使贮气球中的试样通过小孔，以分子流的方法渗入高真空的离子源室。

B　探针直接进样

探针直接进样适用于高沸点的液体和固体，即用探针直接将试样送入离子源室，并加入探头，使样品气化。探针直接进样法可用于复杂的有机化合物，以及金属有机化合物的分析。

C　色谱系统进样

色谱系统进样是在色谱－质谱联用仪器中色谱仪与质谱仪之间有接口，试样皆从色谱仪试样系统送入。

4.5.1.3　离子源

离子源是质谱仪的核心部件，它是将分子转化成离子的高级反应装置。因对不同的分子离子化所需的能量不同，因此需依据不同类型的分子选择适宜的离子化方式。质谱仪离子源常用的一些离子化方式列于表4-24。

表4-24　质谱仪的离子源离子化方式

名　　称	简称	类型	离子化方式
电子轰击离子源	EI	气相	高能电子
化学电离源	CI	气相	试剂离子
场电离源	FI	气相	高电势电极
场解析离子源	FD	解吸	高电势电极
二次离子质谱离子源	SI	解吸	高能电子
激光解析离子源	LD	解吸	激光束
离子喷雾离子源	EH	解吸	高场
热喷雾离子化源	TSI		荷电微粒能量
辉光放电质谱离子源	GD	解吸	高能电子
火花源质谱离子源	SS	解吸	高能电子
同位素质谱离子源	IT		

A　电子轰击电离源

电子轰击电离源（electron impact ionization，EI）于1920年开始使用，是发展最成熟、应用最普遍的解离分子（或原子）的方法。此方法是由高能电子束直接作用于试样分子（或原子），使分子（或原子）电离。离子源由阴极、电离室及离子光学系统等组成。在电子轰击试样后，试样的分子（或原子）或是失去价电子成为正离子，或是捕获电子成为负离子。生成的离子经过加速，通过狭缝准直后，进入质量分析器。用此种离子源得到的质谱图再现性好、便于计算机检索及相互对照，谱图中含有较多的碎片离子信息，可推测未知物的结构。但因对固体及液态试样需气化后才能进入离子源室，因此不适合用在难挥发的和热稳定性差的试样分析。

B　化学电离源

1965年开始在质谱仪上使用化学电离源（chemical ionization，CI）。此种电离源是通过试样分子和反应试剂离子之间的分子－离子反应使试样的分子电离。由于反应传递的能量很少，能得到化合物一个强的与分子量有关的准分子离子峰，碎片离子较少，是电子轰击质谱的补充。化学电离源的工作气压比较高，更适合于和气相色谱或液相色谱联用，色谱流动相可直接用作反应试剂。化学电离源不能用于热不稳定和难挥发化合物的分子量测定。

C　激光解析电离源

1978 年激光解析电离源（laser dissociation，LD）得到了应用。这种离子源是利用一定波长的脉冲激光，以极快的速度照射试样，在一个微小的区域内，提供给被测试样解离成离子的能量，使之成为离子。对热敏感的化合物或不挥发的化合物，可从固相直接得到离子，获得质谱图。

D　有机质谱仪离子源

在有机质谱仪中，为了得到分子离子峰，除 EI、CI 离子源外，还有一些不同的电离方式可根据试样情况选择。例如，快原子轰击（fast atom bombardment，FAB）或铯离子轰击，为液态二次离子质谱；电喷雾电离（elstrospray ionization，ESI）属最软的电离方式，适宜极性大、小分子的分析；基体辅助激光解吸电离（matrix assisted laser desorption ionization，MALDI）常用于飞行时间质谱，特别适合蛋白质、多肽等大分子的分析，以及大气压电离（atomspheric pressure ionization，API）适合弱极性小分子或非极性分子的分析。

另外，还有一些各有特色的离子源。其中，场离子化源就是利用强电场诱发试样的离子化，它是一种温和技术。质谱仪若同时使用场离子化源和化学离子化源，可获得相对分子质量和分子结构信息。而火花离子源类似于原子发射光谱中的激发光源，主要应用于金属合金或离子型残渣等非挥发性无机试样。

4.5.1.4　质量分析器

质量分析器也称质量分离器，是质谱仪的重要部件。它位于离子源与检测器之间，是将离子源中生成的各种正离子按质荷比大小分离的部件。质量分析器内主要为一电磁铁，它将来自离子源发生的离子束在加速电压电场的作用下，使一定质量的正离子获得速度，沿着图 4-77 中的直线方向 n 运动。此时正离子的动能为

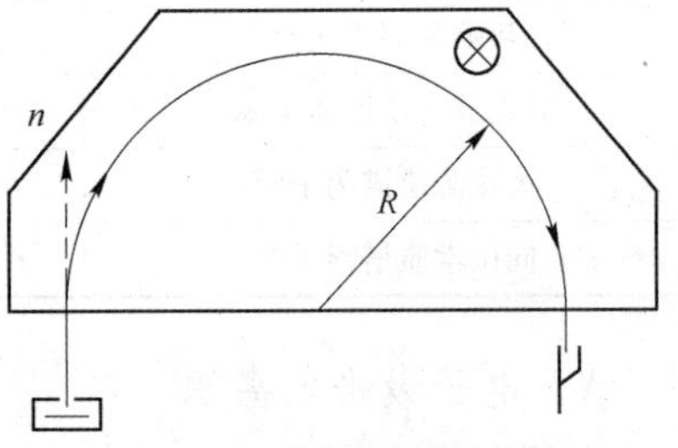

图 4-77　正离子在正交磁场中运动的示意图

$$zU = \frac{1}{2}mv^2 \qquad (4\text{-}117)$$

式中，z 为离子电荷数；U 为加速电压；v 为正离子的运动速度。此式表明在一定的加速电压作用下，离子运动速度与离子的质量有关。

当具有一定动能的正离子进入质量分析器的垂直于离子速度方向的均匀磁场时，正离子在洛仑兹力的作用下，将改变运动方向做圆周运动。设离子做圆周运动的轨道半径近似为磁场曲率半径 R，则根据电磁学原理运动离心力等于磁场力，即

$$Hzv = \frac{mv^2}{R} \qquad (4\text{-}118)$$

式中，H 为磁场强度。

合并式（4-117）及式（4-118）得到质谱方程式，即

$$\frac{m}{z} = \frac{H^2 R^2}{2U}$$ (4-119)

由此式知，一个正离子在磁场中运动的半径与它的质荷比 m/z、磁场强度 H 和加速电压 U 有关。因此在 U 及 H 一定的条件下，只有具有一定质荷比的正离子才能以半径为 R 的轨道运动到达检测器。

设计质谱仪的质量分析器时有两种情况可以获得质谱图。一种是固定 H 和 R，此时 $m/z \propto 1/U$，因此只要连续改变加速电压 U，就可使具有不同 m/z 的离子依次到达检测器，从而得到如图 4-78 所示的质谱图。另一种是固定 U 和 R，此时 $m/z \propto H^2$，此种情况只要连续改变磁场强度 H，同样可使具有不同 m/z 的离子依次到达检测器，得到质谱图。

质谱仪质量分析器的主要类型有磁分析器、飞行时间分析器、四级滤质器、离子捕获分析器，以及离子回旋共振分析器等。随着微电子技术的发展，必将会出现更多新的质量分析器类型。

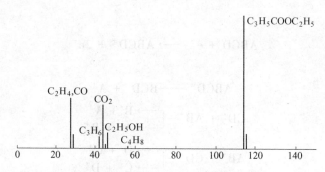

图 4-78　聚甲基丙烯酸乙酯的热裂解质谱图

4.5.1.5　离子检测器

质谱仪中使用的离子检测器有 3 种类型检测方法，即直接电测法、二次效应电测法和照相记录法。

A　直接电测法

此法是将离子流直接由金属电极所接收，并配有直流放大器或动态电容式静电放大器，将接受的信号进行放大，便于记录。因装置响应时间较长，此法不适合快速分析。

B　二次效应电测法

二次效应电测法是利用离子产生二次电子或光子，再用相应的电子（或光电）倍增器和电学方法记录离子流。由于装置响应快，可实现高灵敏、快速测定。但多数电子倍增器是非线性的，存在质量歧视效应（即随时间增加，增益会逐步减小），分析时要做相应的校正。近代质谱仪常采用体积小的隧道电子倍增器串联，便于同时检测多个 m/z 不同的离子，大大提高了分析效率。

C　照相记录法

照相记录法应用于高频火花源双聚焦质谱仪，以检测微量固体组分为主的样品。这种记录方法的优点是无需记录总离子流强度，也不需整套的电子线路，灵敏度仍可满足一般检测要求，但操作麻烦，效率不高。

现代质谱仪一般都采用性能较高的计算机对信号进行快速接受处理，同时通过计算机对工作条件进行严格的监控，使测量精确度和灵敏度都得到提高。

4.5.2 离子峰的主要类型及质谱图解析

质谱仪给出的数据形式可以是质谱图（棒图）或者质谱表（表格）。由质谱图可直观地观察到整个分子的质谱全貌，而质谱表可准确给出质荷比及相对强度值，有利于进一步分析。

4.5.2.1 主要离子峰的类型

解析质谱图，必须研究峰的形成过程、变化规律及其与分子结构的关系。当气体或蒸气分子（原子）进入离子源时，受到电子轰击而形成各种类型的离子，从而在质谱图中对应不同的质谱峰。以 A、B、C、D 四种原子组成的有机化合物分子为例，说明在离子源中可能发生下列反应过程，而产生分子离子、碎片离子、重排离子等离子类型。具体反应过程如下：

分子离子

$$ABCD + e^- \longrightarrow ABCD^+ + 2e^-$$

碎片离子

$$ABCD^+ \longrightarrow BCD^· + A^+$$

$$CD^· + AB^+ \longrightarrow \begin{array}{l} B^· + A^+ \\ A^· + B^+ \end{array}$$

$$AB^· + CD^+ \longrightarrow \begin{array}{l} D^· + C^+ \\ C^· + D^+ \end{array}$$

重排后裂分离子

$$ABCD^+ \longrightarrow \begin{array}{l} ADBC^+ \longrightarrow BC^· + AD^+ \\ AD^· + BC^+ \end{array}$$

分子离子反应产生的离子

$$ABCD^+ + ABCD \longrightarrow \begin{array}{l} (ABCD)_2^+ \\ BCD^· + ABCDA^+ \end{array}$$

因此，质谱图中可出现的质谱峰有分子离子峰、碎片离子峰、重排离子峰和同位素离子峰，以及亚离子峰。

A 分子离子峰

分子离子峰是试样分子在高能电子撞击下产生的正离子，如 ABCD 分子形成的离子 ABCD$^+$ 称为分子离子或母离子。多数分子易于失去一个电子而带一个正电荷，因一个电子的质量很小很小，可以认为分子离子的质量对应于中性分子的质量，所以分子离子的质荷比值就是这个分子的相对分子质量，这对解释未知质谱很重要。

B 碎片离子峰

若提供分子电离的能量超过分子解离所需的能量时，原子之间的一些键会断裂，产生质量数较低的碎片，称为碎片离子。碎片离子形成的峰称之为碎片离子峰。由于分子碎裂过程与分子的结构密切相关，因此通过对各种碎片离子峰峰高的分析，有可能获得整个分子结构的信息，但要准确定性分析，需要与标准图谱进行比较后才能确定。

C 重排离子峰

分子离子在裂解的同时，可能发生某些原子或原子团的重排，生成比较稳定的重排离子，其结构与原来分子的结构单元不同，重排离子出现在质谱图上相对应的峰被称为重排离子峰。

D 同位素离子峰

有些元素具有天然存在的稳定同位素，所以在质谱图上出现 M+1 或 M+2 的峰，由这些同位素形成的离子峰称之为同位素离子峰。组成有机化合物的元素，除 P、F、I 元素外，其他元素大都存在着两种以上的同位素，因而质谱图会出现强度不等的同位素离子峰，各元素的最轻同位素的天然丰度最大，因此与相对分子质量有关的分子离子峰是由最大丰度同位素所产生的。生成的同位素离子峰大多在分子离子峰右边 1 或 2 个质量单位处出现 M+1 或 M+2 峰，构成同位素离子峰簇，其强度比与同位素的丰度比相当。根据分子离子峰与同位素峰的相对丰度，可以测得精确的相对分子质量，以及推测物质的分子式。根据各类分子离子进一步裂解成不同离子碎片的规律，基本上可确定物质的结构。

E 亚稳离子峰

获得的质谱图上还会出现亚稳离子峰，其特点是离子峰宽大、相对强度低、质荷比 m/z 不是整数，很容易从质谱图上观察到。通过亚稳离子峰的观测和测量可以获得有关裂解信息，确定裂解途径。

4.5.2.2 质谱图的表示和解释方法

质谱图的横坐标表示离子的质荷比 m/z，纵坐标表示离子强度（相对离子强度），图中的每个质谱峰表示一种质荷比 m/z 的离子，质谱峰的强度表示该种离子的多少，因此根据质谱峰出现的位置可以进行定性分析，根据质谱峰的强度可以进行定量分析。对于有机化合物的质谱图，可根据质谱峰的质荷比和相对强度可以进行有机化合物的结构分析。

因质荷比 m/z 是与磁场强度有关的量，而分子离子或碎片离子在大多数情况下只带一个正电荷，所以通常称 m/z 为质量数。对于较低分辨率的仪器，离子的质荷比在数值上就等于它的质量数，例如，—CH_3 离子的质量数 m/z 为 15。质谱图中的谱峰高代表了各种不同质荷比的离子流强度（离子丰度）。离子流强度有绝对强度和相对强度两种表示方法，各有不同含义。

A 绝对强度

绝对强度是将所有离子峰的离子流强度相加作为总离子流强度，用各离子峰的离子强度除以总离子流强度，得出各离子峰的离子流强度占总离子流强度的百分比。用文字表示绝对强度的方法有两种，用 20%∑ 表示此离子流强度占总离子强度的 20%；而 20%∑40 虽也表示此离子流强度占总离子流强度的 20%，但总离子流强度是从 $m/z=40$ 以上算起的，$m/z=40$ 以下的各离子流强度未计入总离子流强度之内。

B 相对强度

相对强度是以获得的质谱图中最强峰（称为基峰）的离子流强度作为 100%，再用各种峰的离子流强度除以基峰的离子流强度，所得的百分数就是相对强度。所谓基峰是离子流强度最大的离子峰，这也意味着该离子的丰度最大、最稳定。一般的质谱图都以相对强度表示，并绘制成棒图。图 4-79 为空气的质谱图，表 4-25 为空气的质谱测试结果的表格表示。

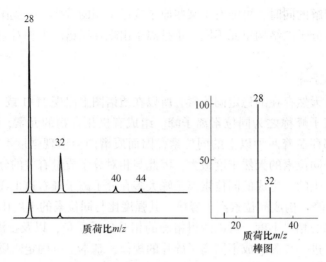

图 4-79　空气的质谱图

表 4-25　空气的质谱测试结果的表格表示

m/z		*m/z*		*m/z*	
14 (4.0)		28 (100)		33 (0.02)	
16 (0.8)		29 (0.76)		34 (0.99)	
20 (0.8)		32 (23)		40 (2.0)	
				44 (0.10)	

  表 4-25 括弧中的数字为峰的相对强度，100%表示是基峰。由空气的质谱图知，N_2 在空气中含量最高而且也最稳定。表中（23）是 O_2，在空气中占 1/5，N_2 占 4/5，N_2 的峰高为 100%，O_2 的峰高就是 N_2 的 23%。

4.5.3　质谱的定性和定量分析

  质谱是纯物质鉴定的重要工具之一，如测定相对分子质量、物质分子式，以及结构鉴定等，此外还可以通过离子流强度的测量进行定量分析。

4.5.3.1　质谱的定性分析

通过解析质谱图中分子离子峰和碎片离子峰可以获得相对分子质量、物质分子式，以及结构鉴定等信息。这些信息是进行物质定性分析的依据。质谱分析的突出特点是强的定性能力。

  A　相对分子质量的测定

  a　质谱分析法测定的优点

从分子离子峰的质荷比数据可以准确地测定物质的相对分子质量。用质谱法测定物质的相对分子质量的特点是所需试样量少（一般 0.1 mg），且准确度高，优于冰点下降法、沸点上升法、渗透压力法等。由于在质谱图中最高质荷比的离子峰不一定是分子离子峰，并且还存在同位素和分子离子反应等情况，因此谱中可能出现 M+1 或 M+2 峰；若分子离子稳定性差，有时甚至不出现分子离子峰。因此，正确判断分子离子峰是测定物质相对分子质量的关键。

b 分子离子峰的判断

(1) 根据分子离子的稳定性与分子结构间存在的规律来判断。对碳数较多、碳链较长和有支链的分子，分裂几率较高，分子离子的稳定性低，分子离子峰就不显著；而具有 π 键的芳香族化合物和共轭烯烃分子，它们的分子离子较稳定，分子离子峰就明显。

(2) 依据分子离子峰质量数遵守的氮规则来判断。根据氮规则由 C、H、O 组成的有机化合物中，分子离子峰的质量一定是偶数；由 C、H、O、N 组成的化合物中，含奇数个 N，分子离子峰的质量是奇数，含偶数个 N，分子离子峰的质量则是偶数。凡不符合氮规则的，便不是分子离子峰。

(3) 根据分子离子峰与邻近峰的质量差合理性来判断。有不合理的碎片峰，这个峰就不是分子离子峰。例如，分子离子不可能裂解出两个以上的氢原子和小于一个甲基的基团，因此分子离子峰的左面，不可能出现比分子离子的质量小 3~14 个质量单位的峰，若出现了，则这个峰就不是分子离子峰；但若出现质量差 15 或 18，则是由于裂解出—CH_3 或一分子水，这样的质量差是合理的，这个峰就属于分子离子峰。

(4) 采取降低电子轰击源的能量，观察质谱峰变化的方法。分析时逐渐降低电子流的能量，使分子离子的裂解减少。此时所有碎片离子峰的强度都会减小，而分子离子峰的相对强度会增加。观察质荷比最大峰的消失，最后消失的峰即为分子离子峰。

(5) 合理选择离子源。可以通过选择合适的离子源获得不同的信息，特别是在分析有机化合物时，如用电子轰击作为离子源对有机化合物进行质谱分析时，虽可获得较多的碎片离子信息，但有的化合物仅出现很弱的或不出现分子离子峰。为了得到较多的分子离子峰信息，可选用场电离源或化学电离源等离子源。

B 化学分子式的确定

高分辨的质谱仪可以非常精确地测定分子离子或碎片离子的质荷比，因此可利用已知质量求出其元素组成。因各元素均具有一定的同位素天然丰度（可从有关数据表查到），不同的分子式其 $(M+1)/M$ 和 $(M+2)/M$ 的百分比均不相同，而质谱分析能测定分子离子峰及其分子离子的同位素峰 $(M+1, M+2)$ 的相对强度，于是根据 $(M+1)/M$ 和 $(M+2)/M$ 的百分比就能确定其分子式。

C 结构的鉴定

利用质谱分析数据鉴定化合物的结构所用方法有比较法及综合离子信息和断裂规律逐步推演法。

a 比较法

比较法是将质谱图与相同条件下获得的已知物质的标准图谱比较来确认样品分子的结构。

b 综合离子信息和断裂规律逐步推演法

通过对质谱图的各碎片离子、亚稳离子、分子离子的化学式，质荷比及相对峰高等信息的分析，并根据各类化合物的断裂规律，找出各碎片离子形成的过程，逐步推演出整个分子结构。然而，对相对分子质量较大的化合物结构，必须依靠几种图谱进行综合分析，并对照其他分析方法来获得分子结构。

4.5.3.2　质谱的定量分析

在质谱检测的离子流强度与离子数目成正比的基础上的，通过待测试样与标准样品的比较，可间接测定待测试样中各组分的含量。用质谱法进行定量分析的必要的条件是：(1) 至少有一个组分与其他组分有显著不同的峰；(2) 各组分的裂解模式都具有重现性；(3) 组分的灵敏度重现性好；(4) 每种组分对峰的贡献具有线性加和性；(5) 有校正仪器用的标准物等。

A　定量分析的依据

质谱仪进行定量分析的依据是：当实验条件一定时，对于一定的 m/z 质谱峰面积 S 与试样中待测元素（组分）离子的浓度 c 存在正比关系

$$S = kc \tag{4-120}$$

式中，k 为常数，它与试样的雾化率、待测元素（组分）在炬焰中的电离率、离子提取系统的萃取率、离子的加速电压等实验条件有关，可通过实验获得。

由式（4-120）知，测定了某个 m/z 质谱峰的面积 S，就可以得知试样中待测元素离子的浓度 c。

B　同位素的测量

现今对稳定同位素的测量不仅是单纯的元素分析，而且还利用质谱分析测定标记同位素的量，以及采用同位素标记方法研究材料科学、有机化学和生命科学中的化学反应机理及动力学过程。

C　混合物定量分析

在混合物组分的分析中，保持质谱的总离子流恒定，记录试样及其所含组分标样的质谱图，选择混合物中每一组分都有的峰进行定量分析。由于多组分试样的分析过程复杂，易引入测量和计算误差，现一般采用色谱-质谱联用分析技术，先用色谱分离试样，然后再引入质谱仪中进行分析。

D　无机物痕量分析

质谱法几乎可分析周期表中所有的元素，可以同时检测低含量组分与高含量组分之比达 10^{-9} 的试样，常用于金属合金、矿物等无机痕量元素的分析。

20 世纪 80 年代质谱仪使用了电感耦合等离子源（ICP）替代原来使用的火花离子源（称电感耦合等离子体离子源-质谱，ICP-MS），从而克服了火花离子源稳定性差、操作复杂等缺点，使质谱仪在无机物痕量分析、环境监测的超痕量分析，以及金属材料、地球化学、生物等方面的微量元素形态分析等方面发挥了重要作用。

用 ICP-MS 分析试样时，先将试样溶液经过雾化，由氩气送入 ICP 炬焰中，因电离温度很高，可使被分析元素电离，约 80% 的试样离子化，试样雾滴经过去溶剂、电离后，行经离子提取系统接口部件与四极滤质器（或磁质量分析器）相连，从而获得质谱图。目前，ICP-MS 分析（见图 4-80）已广泛用于无机物的痕量分析。

使用 ICP-MS 分析的特点是：灵敏度高、检出限低，是一种超痕量分析方法；分析的准确度与精密度好；测量范围宽，既可对超痕量元素进行分析，也可用于高含量元素的分析；谱线简单，容易辨认，可同时进行多元素分析；可进行快速定性、定量和同位素分析。

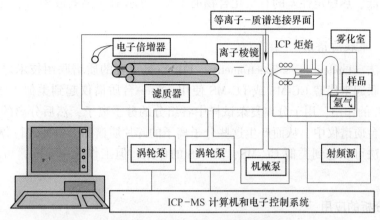

图 4-80　ICP-MS 基本结构和原理

4.5.4　色谱－质谱联用技术

通常把两种或多种分析方法结合发挥各自特点的分析技术称之为联合分析技术。例如，对有机物而言，质谱法长于对纯有机物进行定性分析，而色谱法则是对复杂有机物进行有效分离的手段，把两者结合起来，可有效地对复杂有机化合物进行定性和定量分析。联用技术中关键问题是解决两种仪器的接口，以及信息量加大后的高效获取及数据的存储和分析。质谱和其他分析方法联用主要有气相色谱-质谱（GC-MS）、液相色谱-质谱（LC-MS）、毛细管电泳-质谱（CZE-MS）和串联质谱（MS-MS）等。这里只简单介绍有关气相色谱-质谱和液相色谱-质谱两种最常用的质谱联用技术以及串联质谱法。

4.5.4.1　气相色谱－质谱联用技术

质谱法具有灵敏度高、定性能力强等特点，但定量分析较复杂，试样要纯；而气相色谱法则具有分离效率高、定量分析简便的特点。两种仪器联用后的作用是：气相色谱仪相当于质谱仪的"进样器"，试样经色谱分离后以纯物质形式进入质谱仪；质谱仪相当于气相色谱仪的"检测器"，能检测出几乎全部化合物。具体色谱-质谱联用仪器的工作原理是：试样经色谱柱分离后的组分经过分子分离器进入电离室，并在此受到电子轰击产生相应的正离子，其中部分正离子被引入离子检测器，所得信号称为质谱总离子流。总离子流随时间的变化曲线就是相应的色谱流出曲线，另一部分正离子则引入质量分析器中进行质量分离，并得到与色谱图相对应的各个流出部分的质谱图。

这种联用技术适合于多组分混合物中未知组分的定性鉴定，可以判断化合物的分子结构、准确地测定未知组分的相对分子质量、修正色谱分析的错误判断以及鉴定出部分分离或未分离开的色谱峰等。

4.5.4.2　液相色谱-质谱联用技术

高效液相色谱是在液相状态下分离试样，可对热稳定性差和挥发性低的化合物进行分离，而质谱仪的定性能力强，两者联合各取所长，充分发挥各自特点。液相色谱-质谱联用技术需要解决的问题是，液相色谱流动相对质谱工作条件的影响和质谱离子源区域温度对液相色谱分析试样的影响。解决这两个问题可采取的措施为协调接口或改进液相色谱技术，以及改进质谱的离子化方法。采用液相色谱-质谱联用分析技术克服了质谱分析法分离分析挥发性低、热稳定性差的有机化合物的困难，也弥补了高效液相色谱定性能力差的不足。

4.5.4.3　串联质谱法

串联质谱法（tandem mass spectrometry，TMS）是重要的质谱联用技术之一。它是将两台质谱仪串联起来代替 GC-MS 或 LC-MS 使用。第一台质谱仪起到类似于气相色谱 GC 或液相色谱 LC 的作用，用于分离复杂试样中各组分的分子离子，然后分离的分子离子依次引入到第二台质谱仪中，从而产生这些分子离子的碎片质谱图，由此进行分析。

串联质谱法可以起到类似 GC-MS、LC-MS 的作用，但工作效率更高，可用于反应动力学研究。

4.5.5　质谱分析的应用

质谱分析具有高灵敏度、高准确度、快速、易于自动化等特点，在冶金、材料科学、生物、医学、食品卫生和环境监督等诸多领域得到广泛的应用。

4.5.5.1　固体表面分析

质谱分析探求固体表面的元素组成是近代材料科学、生物化学等领域科学研究中不可缺少的重要手段。在高科技用金属材料、半导体材料应用很多的二次离子质谱法（secondary ion mass sepectroscopy，SIMS）或离子微探针分析（ion microprobe analysis），以及在有机化学、生物化学分析中用的激光微探针质谱法（laser microprobe mass sepectometry，LMMS）都是表面分析的有力工具。

二次离子质谱法是用离子束作为激发源轰击固体表面，使试样表面一定深度内的原子产生溅射生成二次离子，然后将离子以合适的方式引入质谱仪进行分析。通常选用 Ar^+ 等惰性气体离子作入射离子。如果选用电负性的入射离子，如 O^-、F^-、Cl^-、I^-，可以极大地提高电正性的二次离子产额；如果选用电正性的入射离子，如 Cs^+ 等，则可以极大地提高电负性的二次离子产额。在分析中，为使某个成分的灵敏度增加，可以选择不同的入射离子。

激光微探针质谱法是利用钕-YAG 激光器产生的可调高能、小束斑（0.5 μm）辐射，进行表面蒸发和离子化，再将离子引入质谱仪分析。

4.5.5.2　蛋白质和多肽的分析

A　相对分子质量的测定

相对分子质量的测定是识别与鉴定蛋白质、多肽时首先需要测定的参数，也是基因工程的重要数据之一。质谱分析可测定生物大分子的相对分子质量，从而可以确定蛋白质结构或发现新的蛋白质。

B　多肽和肽中氨基酸序列的测定

肽为介于氨基酸和蛋白质之间的物质，是一种链状的氨基酸聚合物，也就是由两个或两个以上的氨基酸通过肽键（氨基酸的氨基与另一个氨基酸的羧基结合）结合成一个肽化合物，多个肽经过多级折叠组成一个蛋白质分子，因此肽为蛋白质分子片段。通常称由两个氨基酸经肽键连接组成的化合物为二肽；由三个氨基酸组成的化合物为三肽；多个氨基酸（50 个或 100 个）组成的化合物为多肽。肽涉及生物体内多种细胞功能的生物活性物质，且肽的分子只有几个纳米大小，容易被肠胃、血液和皮肤吸收，一直以来受到医学研究、保健食品和化妆品界重视。

肽结构是确认基因工程重组蛋白结构的重要指标，也是研究、识别大规模蛋白质和发现新蛋白质的过程，通过与特异性蛋白酶降解相结合，采用质谱仪测量肽质量指纹谱线，并得到全部肽段的准确相对分子质量，再结合与蛋白质数据库数据的对比，可实现对蛋白质的快速鉴别和高通量筛选。

采用串联质谱分析技术可直接测定肽段的氨基酸序列。分析时从一级质谱仪产生的肽段中选择母离子，使之进入二级质谱仪，在经惰性气体碰撞后肽段沿肽链断裂，由此得到的各肽段质量数差值可推定肽段序列，所得肽段序列可存入数据库便于查寻，通常称此项工作为肽序列标签技术。此技术已广泛应用于蛋白质研究中的大规模筛选。

4.5.5.3　多糖结构的测定

测定多糖结构是阐明多糖免疫功能的基础。多糖不像蛋白质和核酸，它可因少数分子连接位点的不同，而形成复杂多变的结构。质谱仪具备了测定多糖结构的功能，配以适当的化学标记或酶降解，可对多糖结构进行研究。与通常分析方法相比，采用质谱分析法测定多糖结构具有操作简便、省时、结果直观等特点。

4.5.5.4　药物代谢产物的鉴定

质谱分析在药物代谢方面的应用主要研究药物在体内发生的变化，探明药物作用的部位、强弱、时效及毒副作用，为药物设计、合理用药提供实验和理论基础。体内药物或代谢物浓度一般很低，大多需要实时检测，质谱分析的高灵敏度和高分辨率以及快速检测则为体内药物或代谢物鉴定提供了有利的手段。

4.5.5.5　微生物的鉴定

基体辅助激光解吸电离（MALDI）和电喷雾电离（ESI）软电离技术与质谱联用，用于微生物的分类、鉴定，大大提高了鉴定速度。例如，对微生物全细胞蛋白成分的鉴定，可用 MALDI-MS 或 ESI-MS 对裂解细胞直接检测，测定其全细胞指纹谱，找出种间和株间特异保守峰作为生物标记，依此来进行微生物识别。

4.5.5.6　食品安全检测

由于质谱分析的高灵敏度，其在各类食品卫生监测中发挥着重要的作用。诸如用气相色谱-质谱法测定水果和蔬菜中数百种农药及相关化学物质的残留量，用气相色谱-质谱和液相色谱-串联质谱法测定粮谷中农药的残留量，用气相色谱-质谱和液相色谱-串联质谱法测定蜂蜜、果汁和果酒中农药的残留量，用气相色谱-质谱和液相色谱-串联质谱法测定动物组织中几百种兽药、农药的残留量。

4.5.5.7　环境监测

环境污染问题主要体现在环境中空气的污染、水体的污染以及土壤的污染。色谱与质谱联用，结合固相萃取（微萃取）、吹扫捕集、二级热解析等前处理方法，已广泛应用于环境监测领域。

4.5.5.8　色谱-质谱分析在科学研究中的应用

A　色谱-质谱分析对再生水中三卤甲烷分析的研究

污水再生不可能去除全部污染物，而经生物处理的再生水还残余较多的生物代谢物，其中卤代活性较高。为了确保再生水的安全，目前采用加氯消毒，因而产生更多的消毒副产物。在回收利用过程中这些副产物会经呼吸、皮肤等途径被人体吸收。研究再生水中消毒副产物三卤甲烷类的分析方法时，采用了顶空进样-毛细管气相色谱-质谱联用技术和选择性离子定量分析，以便建立再生水中消毒副产物三卤甲烷类的快速检测方法。

    a   测试条件与过程

采用气相色谱-质谱联用仪，载气为高纯氦、高纯氮，内涂聚四氟乙烯膜密封良好的顶空瓶，色谱纯的标准物质有三氯甲烷、一溴二氯甲烷等。配置标准溶液，以及一系列的不同质量浓度的甲醇混合液。

水样采集与处理：取 100 mL 水样，加入 0.2 g 抗坏血酸固体去除残氯，而后在顶空瓶内加入 1.5 g 氯化钠强化萃取，获得的样品储存在 4 ℃ 的冰箱内待用。

    b   测试方法

选用 HP-5 毛细管色谱柱，其参数根据分析样品和仪器条件而定，载气氦流速为 25.1 mL/min；质谱仪离子源为 230 ℃ 的 EI 源，四级杆质量检测器温度为 150 ℃，精确控制样品进口温度 160 ℃、气相色谱-质谱接口温度 240 ℃ 和升温程序起始温度设定为 70 ℃，以 10 ℃/min 升温至 120 ℃。根据 4 种三卤甲烷的质谱图分析结果看，如果选择单一的分子离子峰易受碎片干扰离子影响，不利于痕量组分的分析，最终选择了 2 种卤素原子的 3 个同位素离子峰作为定量检测离子。实际检测结果如表 4-26 所示。

表 4-26   再生水中消毒副产物三卤甲烷类的检测结果

样品	$\rho_{CHCl_3}/mg \cdot L^{-1}$	$\rho_{CHClBr_2}/mg \cdot L^{-1}$	$\rho_{CHBr_3}/mg \cdot L^{-1}$	$\rho_{三卤甲烷}/mg \cdot L^{-1}$
自来水	11.69	3.20	—	15.57
学校冲厕水	37.05	42.69	12.97	130.19
家庭冲厕水	35.00	33.47	9.70	104.94
道路绿化水	82.00	67.71	0.23	162.39

检测结果表明，所采用的分析方法在准确度和精确度均满足痕量分析的要求。

    B   色谱-质谱分析在有机地球化学研究中的应用

在有机地球化学研究中，色谱-质谱分析主要用来检测地质体中的生物标志物和分子化合物。生物标志物指存在地壳和大气圈中，分子结构与特定天然产物之间具有明确联系，或与特定生物类别的分子结构之间具有相关性的天然有机化合物。近年来，色谱-质谱-质谱分析方法是现代最先进的色谱和串联质谱的组合，为研究复杂混合物中组分定性、定量最有效的手段。色谱-质谱-质谱由于增加一级质谱，从而增加了选择性。它可以选择感兴趣的化合物进行研究，排除干扰，提高灵敏度，可以检测到痕量生物标志化合物。

4.5.6   原子吸收与等离子光谱联合分析的应用实例

以等离子光谱结合原子吸收光谱进行古代陶瓷釉的化学成分分析为例，说明等离子光谱结合原子吸收光谱如何在古陶瓷研究中应用的。我国宋代有 5 大名窑，即汝、钧、官、哥、定，它们釉的呈色机理至今仍不十分清楚。钧瓷和汝瓷釉汁浑厚，乳光晶莹，多数研究者认为汝瓷为铁元素形成发色团呈色，钧瓷则认为是由铜元素在"窑变"过程中可以呈现玫瑰紫、茄皮紫、海棠红、鸡血红、朱砂红、胭脂红、葱翠青、天青、月白等五光十色钧瓷釉面颜色。以往的研究者仅仅分析釉中 10 余种主要元素，而近年来研究者采用等离子光谱结合原子吸收光谱对古代陶瓷釉的化学组成进行了较详细的分析。现以宋代钧瓷釉的分析为例，得到了 33 种元素的具体含量，见表 4-27。

表 4-27　宋代钧釉的传统化学分析与等离子光谱结合原子吸收光谱
分析结果（质量分数）的比较　　　　　　　　　　（%）

化学组成	钧釉的传统化学分析结果	钧釉的等离子光谱结合原子吸收光谱分析结果	刘家沟钧瓷釉的等离子光谱结合原子吸收光谱分析结果
SiO_2	70.63	69.89	74.25
Al_2O_3	9.94	11.74	8.81
Fe_2O_3	1.90	1.93	1.22
CaO	11.14	10.24	9.85
MgO	1.55	0.34	0.69
K_2O	3.12	3.68	4.25
Na_2O	0.92	0.55	0.32
TiO_2	—	0.29	0.15
MnO	0.07	0.036	0.089
P_2O_5	1.32	0.23	0.17
CuO	0.08	0.19	0.011
BaO	—	0.042	0.0062
SrO	—	0.032	0.039
ZrO_2	—	0.053	0.047
Cr_2O_3	—	0.0051	0.0026
Li_2O	—	0.025	0.043
ZnO	—	0.0072	0.0044
CoO	—	0.0006	0.0004
V_2O_3	—	0.0131	0.0041
MoO_2	—	0.0005	0.0012
PbO	—	0.13	0.0039
Nb_2O_5	—	0.0017	0.0017
NiO	—	0.0016	0.0033
Ta_2O_5	—	0.0012	0.0012
BiO	—	0.0011	0.0011
Ga_2O_3	—	0.0018	0.0026
BeO	—	0.0003	0.0003

化学组成	钧釉的传统化学分析结果	钧釉的等离子光谱结合原子吸收光谱分析结果	刘家沟钧瓷釉的等离子光谱结合原子吸收光谱分析结果
CdO	—	0.0001	0.0001
CeO_2	—	0.0066	0.0031
Y_2O_3	—	0.0019	0.0009
ThO_2	—	0.0003	0.0003
Sc_2O_3	—	0.001	0.0005
La_2O_3	—	0.0037	0.0021
Sm_2O_3	—	0.0003	0.0003
Gd_2O_3	—	0.0005	0.0004
Yb_2O_3	—	0.0002	0.0001
Dy_2O_3	—	0.0002	0.0002
Nd_2O_3	—	0.0024	0.0014

由表 4-27 可以看出，宋代钧釉归属石灰碱釉，由于它由本地的天然原料配制而成，是含 30 余种化合物的复杂硅酸盐玻璃体系。与传统的分析结果相比，等离子光谱结合原子吸收光谱分析发现了釉中含有更多的变价化合物，以及微量的稀有金属化合物。于是研究者们对此结果提出两个值得思考的问题：一是钧釉中除了铜呈色外，其他变价元素化合物是否参与了呈色，即在以往研究的基础上需要考虑辅助呈色的元素作用；二是其他微量元素除了可作为对古陶瓷识别的特征指纹外，在釉中还有哪些作用机制，值得进一步深入研究。

由上述实例可以看出，采用等离子光谱结合原子吸收光谱分析，可以揭示出一些微量元素的存在，从而引发研究向更深方面进行。

4.6　热分析及应用

热分析是测量物质的某一物性参数随温度变化关系的一类方法的统称，即测量获得物质在加热或冷却过程中脱水、脱附、相变、晶格变化、升华、熔融、分解和氧化还原等一系列的物理变化和化学反应的规律，借以判断材料的物理性能、化学组成的变化与温度的关系以及化学反应的机理，揭示化学反应和材料制备过程中物质变化的规律。一般热分析的记录结果称为热分析曲线。

从 1887 年起人们开始研究热分析仪器，法国学者查泰勒（Chatelier H Le）第一次采用热电偶测温的方法研究黏土矿物在升温过程中的热性质的变化，1891 年英国学者罗伯特（Roberts-Austen W C）首次采用示差热电偶和参比物，记录试样与参照物之间存在的温度差，使测量灵敏度有了大幅提高，这是目前广泛使用的差热分析的雏形。1915 年日本的本多光太郎设计制造出第一台手工操作的热重分析天平，虽精确度低，但开创了热重分析技术。1940 年后，随着电子技术的普及，美国研制出自动差热分析仪，实现了温控、测量和记录过程的自动化。1964 年美国瓦特松（Watson）等提出了差示扫描量热的概念，在此基础上珀金-埃尔莫（Perkin-Elmer）公司研制出了差示扫描量热分析仪，使微量测量的普及有了物质基础。目前，微量差热分析仪已商品化，而且有的差热分析仪还带有气氛控制、压力控制以及多样品自动装卸等装置，使差热分析应用面更广、更方便。联合热分析技术的仪器业已出现。这种仪器集差热分析、示差扫描量热、热重、微分热重、热膨胀、微分热膨胀、加热析出气体检测以及析出气体热传导检测和质谱成分分析等多功能于一体的热分析系统，其测量温度范围宽，气氛和压力可控，采用计算机自动化程序控制，精确度高，已得到应用。图 4-81 为一台热分析仪外貌及其结构示意图。

目前热分析技术已广泛用于材料科学研究的各个领域，而且在化学、物理、化工、冶金、材料、地质、建材、燃料、生物以及食品等领域的科学研究中也常使用热分析技术。

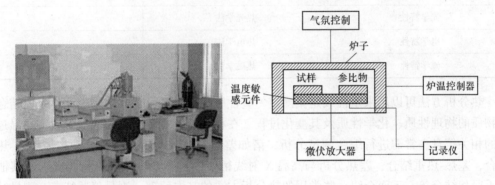

图 4-81　热分析仪外貌及其结构示意图

4.6.1　热分析技术的分类

归纳目前热分析技术所用方法依测量参数大体分为 9 大类 18 种方法，具体见表 4-28。其中差热分析（differential thermal analysis，DTA）、差示扫描量热法（differential scanning calorimetry，DSC）和热重分析（thermogravimetry，TG）应用最为广泛。此外，还有热膨胀法（thermal dilatometry，TD）、热机械分析法（thermomechanic analysis，TMA）和动态热机械分析法（dynamic thermomechanic analysis，DMA）等也是常见的热分析方法。

表 4-28　热分析方法分类

测 量 参 量	热分析方法	常用英文缩写
质量	热重法	TG
	微商热重法	
	等压质量变化测定	
	逸出气检测	
	逸出气体分析	EGD
	反射热分析	EGA
	热微粒分析	

测 量 参 量	热分析方法	常用英文缩写
温度	差热分析法	DTA
热量	差示扫描量热法	DSC
尺寸	热膨胀法	TD
	微商热膨胀法	
力学特性	热机械分析法	TMA
	动态热机械分析法	DMA
声学特性	热发声法	
	热传声法	
光学特性	热光学法	
电学特性	热电学法	
磁学特性	热磁学法	

　　热分析方法可以用来定性或定量测定一些性质参数，还可与其他物理化学手段结合研究物质的物理性质、化学性质及其变化过程。在材料研制过程中，为获得材料在高温过程中的相关信息，常需进行综合测试分析，诸如差热、热重及热膨胀结合，扫描量热-热重联合，差热-热重结合，差热分析与高温 X 射线衍射分析结合，差热分析与红外及其他分析手段相结合等。下面介绍一些常用的热分析方法的基本原理、测量仪器特点、测量结果的分析和影响测量因素以及一些应用实例。

4.6.2　差热分析

　　差热分析（differential thermal analysis，DTA）是在程序控制温度下测定物质和参比物之间的温度差随时间（或温度）变化的测试方法。所谓参比物（也称基准物质或中性体），是指在测量温度范围内不发生任何热效应的物质，如 $\alpha\text{-}Al_2O_3$、MgO 等。

4.6.2.1　差热分析基本原理

　　物质在升温（或降温）过程中，某一特定温度下会发生诸如相变、沸腾、升华、熔化等物理变化，以及氧化还原、分解、脱去结晶水和离解等化学反应，此时常伴有吸热或放热效应，如图 4-82 所示。图 4-82（a）是理想的差热分析曲线，没有考虑试样、仪器和实验条件等的影响；而从图 4-82（b）实际测量日用陶瓷胎的差热分析曲线可以看出，试样中的杂质以及其他因素的影响，使基线和峰位均发生了偏移。众所周知，有些物理变化如玻璃化转变没有热效应发生，但它们的比热容和某些物理性质会发生改变。差热分析就是建立在物质的物理变化和化学反应基础上的一种测试技术。

4.6.2.2　差热分析设备与结果分析

　　A　差热分析仪与差热分析

　　差热分析仪的最基本结构单元是示差热电偶，如图 4-83 所示。示差热电偶是将两个极性相反的热电偶串联，从而可以测量两个热源的温度差。它除了具有测温的作用外，还

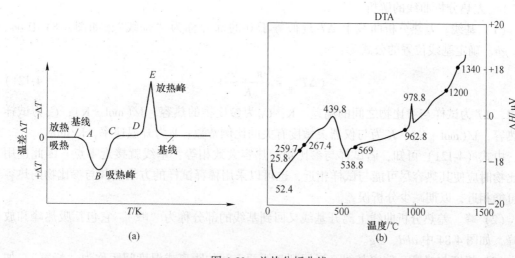

图 4-82　差热分析曲线

（a）理想的差热分析曲线；（b）实际测量日用陶瓷胎的差热分析曲线

有传输温差电动势的功能。差热分析仪的结构框图如图 4-81 中右图所示。

差热分析过程是将试样和参比物分别装入仪器内的两个坩埚中，并置入加热炉内样品台上，程序控制升温，两个串联组成示差热电偶的端部分别放在装试样和参比物坩埚的底部测温。试样和参比物在相同条件下加热（或冷却），由于试样在加热（或冷却）过程中产生的热变化（释放或吸收热量）而导致其和参比物间产生温差（热电动势），这个温差（热电动势）的大小主要取决于试样本身的热特性。产生的温差（热电动势）再由信号放大系统和记录仪记下有放热（或吸热）峰的差热分析曲线，通过对差热分析曲线的分析，便可进行物相鉴定。

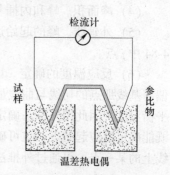

图 4-83　温差热电偶示意图

现代差热分析仪均配备有微型计算机及相应的热分析软件，实现了过程自动控制、实时数据显示、曲线校正、优化及程序化计算和存储等功能，从而提高了分析精度和效率。

B　差热分析曲线

a　差热分析曲线形状

差热分析（DTA）曲线是以温度 T（或时间 t）为横坐标，以试样与参比物的温差 ΔT 为纵坐标的曲线。试样吸热时，样品端温度 T_S 下降，参比物端温度不变，$\Delta T = T_S - T_R < 0$，曲线出现向下的吸热峰；试样放热时，试样端温度 T_S 升高，参比物端温度不变，$\Delta T = T_S - T_R > 0$，曲线出现向上的放热峰，典型的差热分析曲线如图 4-84 所示。

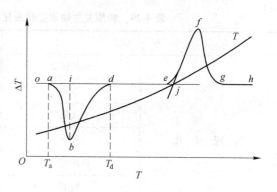

图 4-84　典型差热分析曲线示意图

b　差热分析曲线的解析

（1）基线。差热分析曲线上 ΔT 近似等于 0 的部分称为"基线"，如图 4-84 中 oa、de、gh。确定基线位置的公式为：

$$(\Delta T)_a = \frac{C_R - C_S}{K} V \tag{4-121}$$

式中，ΔT 为试样与参比物之间的温差，K；C_R 为参比物的热容，$J/(mol \cdot K)$；C_S 为试样的热容，$J/(mol \cdot K)$；K 为与仪器灵敏度有关的比例常数；V 为升温速率，K/min。

由式（4-121）可知，若试样与参比物的热容大致相等，基线就接近零点。因此选用参比物时应使其热容尽可能与试样相近，也可以采用稀释试样的方法使其与参比物的热容尽可能相近，以期减少分析误差。

（2）峰。差热分析曲线上离开基线又回到基线的部分称为"峰"，它包括吸热峰和放热峰，如图 4-84 中 abd、efg。

（3）峰宽与峰高。偏离基线又返回到基线两点间的距离或温度间距称为"峰宽"，如图 4-84 中 ad 或 T_d-T_a。而表示试样和参比物之间的最大温度差称之为"峰高"，指峰顶至内插基线间的垂直距离，如图 4-84 中 bi。

（4）峰面积。峰和内插基线之间所包围的面积称为"峰面积"。

（5）外延线。峰的起始边陡峭部分的切线与外延基线的交点，称"外延始点"，如图 4-84 中 j 点。

（6）反应温度的确定。国际热分析协会总结归纳大量试样分析结果认为，曲线开始偏离基线那点的切线与曲线最大斜率切线的交点（如图 4-84 中 j 点）最接近于热力学的平衡温度，因此用外推法确定此点为差热分析曲线上反应温度的起始点或转变点。外推法既能确定反应起始点，也可确定反应终止点。如图 4-84 中 abd 峰的反应终止温度应在 bd 线上的某一点，可通过外推法找出。

C　定性分析

根据差热分析曲线的特性，如放热或吸热峰的个数、位置及形状等，可对物质的物理变化或化学反应过程进行定性分析，也可根据吸热或放热峰的面积半定量地测定反应热。物质发生一些常见物理变化或化学反应时的吸热和放热的情况参见表4-29，了解这些信息有助于分析实验获得的差热分析曲线。

表 4-29　物质发生物理变化或化学反应时的吸热和放热情况

现　象		吸热	放热
物　理　变　化	结晶转变	√	√
	熔融	√	—
	气化	√	—
	升华	√	—
	物理吸附	—	√
	脱附	√	—
	吸收	√	—

续表 4-29

现 象		吸热	放热
化 学 反 应	化学吸附	—	√
	析出	√	—
	脱水	√	—
	分解	√	—
	氧化度降低	—	√
	气体中氧化	—	√
	气体中还原	√	—
	氧化还原反应	√	√

利用差热分析可鉴定一些化合物。具体做法是:首先测定待测试样的差热分析曲线,然后将实测的差热分析曲线与已知的各种化合物的差热分析(DTA)曲线制成的卡片进行对比,实现对化合物的鉴定。

D 定量分析

由于反应峰的面积与试样的相变焓、熔化焓、反应焓及试样量存在一定比例关系。差热定量分析是采用精确测定物质在反应过程中产生的峰面积,然后再用其他方法确定物质在混合物中的含量。根据斯伯勒(Speil)公式,即反应焓 $\Delta_r H$ 与反应峰的面积 A 成正比,

$$\Delta_r H = KA \tag{4-122}$$

式中,K 为与仪器灵敏度有关的比例常数;A 为反应峰的面积;$\Delta_r H$ 为反应焓。

同时,反应焓 $\Delta_r H$ 与试样的质量 m 也存在正比关系

$$\Delta_r H = mq \tag{4-123}$$

式中,q 为单位质量物质的热效应。

因此,测出比例常数 K 和反应峰面积 A 后,代入式(4-122)即可求出反应焓 $\Delta_r H$。若已知单位质量物质的热效应 q,则根据式(4-123)可求出反应物质的质量。

新型热分析仪都配有计算软件,能根据差热分析曲线直接求出反应峰的面积。

4.6.2.3 影响差热分析曲线的因素

基线、峰的位置及形状和峰的数量等因素均对差热分析曲线有影响,而影响差热分析曲线的主要因素有试样、使用的仪器、实验测试条件等。因此,在试样和仪器一定的情况下,进行差热分析实验时,要严格控制实验测试条件。

一般情况下,差热分析中基线的漂移取决于试样与参比物的热容差及升温速率。

A 试样的因素

a 热容量和热导率变化

由于试样反应前后的热容(C_S)通常是不同的,试样的热容量和热导率的变化会引起差热分析曲线的基线变化。例如,反应前差热分析曲线的基线低于反应后的,表明反应后产物的热容小于反应物前的(即试样经反应热容减小);反之,若反应前曲线的基线高于反应后的,表明反应后试样的热容增大。

b   试样的量

试样用量越少，其可靠性就越高。因试样用量多，热效应大，峰顶温度滞后，且易掩盖邻近小峰。特别是对有气体逸出的热分解反应，试样用量直接影响到气体迁移到达试样表面的速度。

c   试样的颗粒尺寸和装填情况

试样颗粒尺寸越大，峰形趋于扁而宽，而试样颗粒尺寸越小，出现热峰的温度偏低，峰形变小，因此应选择适宜的试样颗粒粒度。对试样装填的要求是薄而均匀，力求试样和参比物的装填情况一致，因为试样的装填决定着等量试样体积的大小，此对反应产物的扩散速度和试样的传热速率会产生影响。

d   试样的结晶度和纯度

试样的结晶度好，峰形尖锐；结晶度不好，则峰面积小。含有杂质的试样与不含杂质的纯净试样相比，差热分析曲线的形状和峰的位置等均有差异。

e   参比物

对参比物的要求是整个测温范围内无反应焓变，粒度、热容和导热性能与试样相近，常用的参比物有 α-Al_2O_3、MgO 等。但实际上试样、参比物受比热容、密度、粒度、温度和装填方式等诸多因素影响，因而差热分析曲线的基线会出现一些偏移。

B   仪器方面的因素

仪器方面的影响因素有加热炉的结构和尺寸、坩埚材料和形状、热电偶性能与放置位置等。

a   加热炉的结构

加热炉应具有适宜的恒温带，恒温带长、恒温带内的温度梯度小，差热分析曲线的基线平直，检测性能才能稳定。

b   坩埚材料

坩埚的热导率是影响热分析的关键因素。坩埚分为金属和非金属两类。金属材料坩埚有铝、不锈钢、铂金坩埚等。金属材料坩埚的热导率高，基线偏离小，但灵敏度偏低，差热分析曲线峰较小。非金属材料坩埚有石英、氧化铝、氧化铍坩埚等。非金属材料坩埚的热导率较低，易引起基线偏离，但灵敏度较高，用少量的试样就可获得较大的差热分析曲线峰。

坩埚尺寸宜选择直径小、高度低的，这利于试样反应，且灵敏度高、峰形尖锐。

c   热电偶性能与位置

不同测量温度范围与气氛应该选择不同类型的热电偶（特别要注意还原气氛下热电偶的选择），热电偶热端置于坩埚内试样的中心位置方可获得可靠的反应焓，因为热电偶置于试样中的位置直接影响产生差热分析出现峰的温度和峰面积位置。

C   测量实验条件

测量实验时的升温速率、气氛和压力等因素对测试结果都有影响，应注意选择。

a   升温速率

升温速率快，差热分析曲线峰尖而窄，形状拉长，可能掩盖一些小的吸、放热峰；升温速度慢，差热分析曲线峰形状扁平，峰位向低温方向迁移。

b   气氛

气氛和气体的流量对差热分析曲线的影响很大。如果炉内气氛与试样的热分解气体产物一致时，分解反应所产生的起始、终止和峰顶温度均向高温区移动。若在封闭系统中进行测量，此种影响会更突出。

c 压力

外界压力对反应前后体积变化大的试样影响较大。外界压力增大，试样的分解、分离、扩散速度等均降低，反应温度向高温方向移动；反之当外界压力降低时，试样的分解、分离、扩散速度等均加快，反应温度向低温方向移动。

4.6.2.4 差热分析 (DTA) 应用实例

A 水泥熟料中水化硅酸二钙的热分析

硅酸二钙以往多应用于水泥工业，作为骨料，近年来人们研究用其作为生物陶瓷材料。硅酸二钙水化相对较慢，其水化反应为

$$2(2CaO \cdot SiO_2) + 4H_2O \Longrightarrow 3CaO \cdot 2SiO_2 \cdot 3H_2O + Ca(OH)_2$$

从图 4-85 水泥熟料矿物中水化 28 天后的硅酸二钙 ($2CaO \cdot SiO_2$) 差热分析曲线可以看出，在 373~383 K 时有吸热峰为吸附水的脱出，758~773 K 的吸热峰是水化硅酸钙凝胶 (CSH) 脱水，1013 K 左右为脱除 $Ca(OH)_2$ 结构水的吸热峰。

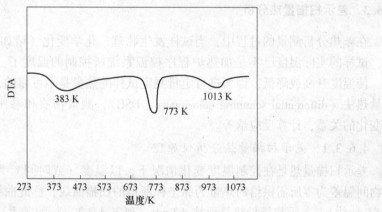

图 4-85 水泥熟料矿物中水化硅酸二钙 ($2CaO \cdot SiO_2$) 的 DTA 曲线

B 研究陶瓷胎体在素烧和烧成过程中化学反应和结晶相的变化

日用陶瓷，以及古陶瓷胎的基本配方总体可归纳为三组分体系，即用石英、黏土和长石为基的配方。采用差热结合热重 (DTA-TG) 分析可以判定陶瓷胎体在素烧和烧成过程中化学反应和结晶相的变化等。现以强化日用瓷胎和仿汝瓷胎的 DTA-TG 分析为例进行分析讨论测量结果，它们的 DTA-TG 分析结果示于图 4-86。

由图可以看出，仿汝瓷和强化日用瓷两者的胎在素烧过程中物理变化和化学反应基本相似。具体到强化日用瓷胎，在 333~473K 间出现吸热峰，并伴有失重，约为 1.4%，此为脱去吸附水过程；573 K 左右脱除结晶水；753~823 K 出现强的吸热峰为高岭石脱水 (在 503~846 K 石英转变为 β-石英)，并生成偏高岭石，伴有约为 9% 的失重；1243 K 左右出现放热峰 (846~1143 K 为 β-石英转变为 α-石英)，偏高岭石分解后，γ-Al_2O_3 开始结晶析出；1423~1523 K 发生反应，生成莫来石 (此外在 1473~1623 K 发生鳞石英的相变)。由于瓷胎是由天然原料制备的，含杂质较多，因此峰位会发生较大的偏移。

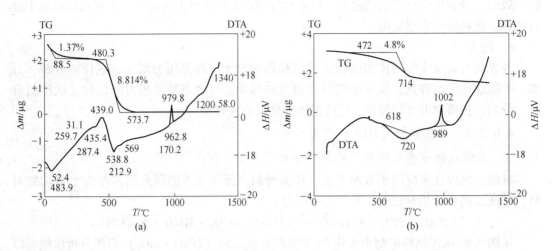

图 4-86　强化日用瓷胎和仿汝瓷胎的 DTA-TG 分析结果

（a）强化日用瓷胎；（b）仿汝瓷胎

4.6.3　差示扫描量热分析

在差热分析测量的过程中，当试样发生物理、化学变化（诸如熔化、分解、相变等）时，试样的实际温度已不是加热炉程序控温系统所控制的温度了。由于试样的吸热或放热，使温度升高或降低，因而进行定量测定试样的热量是不可靠的，于是出现采用差示扫描量热法（differential scanning calorimetry，DSC），测量物质和参比物之间的能量差与温度变化的关系，计算反应焓等。

4.6.3.1　差示扫描量热分析仪原理

差示扫描量热是在控制温度变化情况下，以温度（或时间）为横坐标，以试样与参比物间温差为零所需供给的热量为纵坐标所得的扫描曲线，称此曲线为差示扫描量热曲线（DSC 曲线）。差示扫描量热是保持 $\Delta T = 0$，测定 $\Delta H\text{-}T(t)$ 的关系，可用于定量分析；而差热（DTA）分析是测量 $\Delta T\text{-}T$ 的关系，只能用于定性或半定量分析。

差示扫描量热测量的主要特点是，试样和参比物分别各有独立的加热元件和测温元件，并由两个系统进行监控。其中一个用于控制升温速率，另一个用于补偿试样和惰性参比物之间的温差。图 4-87 为差示扫描量热分析仪加热元件示意图。

根据记录试样和参比物之间温差模式的不同，差示扫描量热又分为功率补偿型模式和热流型模式。

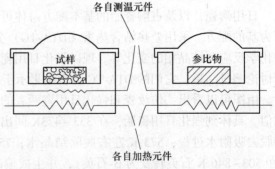

图 4-87　差示扫描量热分析仪加热元件示意图

功率补偿型模式的工作方式是：试样在加热过程中由于热效应与参比物之间出现 ΔT 温差时，通过差动功率补偿器，使两边热量平衡，直至 ΔT 温差消失为止，亦即当试样发生热量变化时，及时输入电功率进行补偿，实际记录的是试样和参比物下面两只电热补偿的热功率之差随时间 t 的变化函数关系，即 $\dfrac{\mathrm{d}H}{\mathrm{d}t} = F(t)$。如果升温速率恒定，此种情况下记录的也就是热功率之差与温度 T 的变化函数关系，即 $\dfrac{\mathrm{d}H}{\mathrm{d}t} = F(T)$。

差示扫描量热曲线的纵坐标表示试样放热或吸热的速率即热流率 $\left(\dfrac{\mathrm{d}H}{\mathrm{d}t}\right)$，单位是 mJ/s，横坐标是温度 T（或时间 t）。曲线离开基线的位移即代表试样吸热或放热的速率，而曲线中峰或谷的面积即代表热量的变化，因而差示扫描量热法可以直接测量试样在发生物理或化学变化时的热效应。

热流率（单位时间试样的焓变化）可以从补偿的功率直接计算，

$$\Delta P = \frac{\mathrm{d}Q_S}{\mathrm{d}t} - \frac{\mathrm{d}Q_R}{\mathrm{d}t} = \frac{\mathrm{d}H}{\mathrm{d}t} \tag{4-124}$$

式中，ΔP 为所补偿的功率；$\dfrac{\mathrm{d}Q_S}{\mathrm{d}t}$ 为单位时间给试样的热量；$\dfrac{\mathrm{d}Q_R}{\mathrm{d}t}$ 为单位时间给参比物的热量；$\dfrac{\mathrm{d}H}{\mathrm{d}t}$ 为单位时间试样的焓变化，即热流率，它是差示扫描量热（DSC）曲线的纵坐标。

差示扫描量热是通过测定试样与参比物吸收的功率差来计算试样的焓变。试样放热或吸热的热量 ΔH 为

$$\Delta H = \int_{t_1}^{t_2} \Delta P \mathrm{d}t \tag{4-125}$$

差示扫描量热曲线中的峰面积 A 就是试样的焓变化量。但试样和参比物与补偿电热丝之间总存在热阻，使补偿的热量产生损耗，故试样的焓变化量与峰面积 A 之间的关系为：

$$\Delta H = KA = m\Delta H_m \tag{4-126}$$

式中，K 为修正系数，通常称为仪器常数，它与温度、操作条件无关；m 为试样质量；ΔH_m 为单位质量试样的焓变。

仪器常数 K 可由标准物质实验来确定。具体做法是，对已知 ΔH 的试样（标准物质）进行差示扫描量热测量，从获得的差示扫描量热曲线中得到与 ΔH 对应的峰面积 A，依此可根据式（4-126）求出 K。

4.6.3.2　差示扫描量热分析仪

根据测量方法的不同，差示扫描量热分析仪分为功率补偿型和热流型。

A　功率补偿型差示扫描量热分析仪

功率补偿型差示扫描量热法是采用零点平衡原理，可分为外加热功率补偿和内加热功率补偿两种差示扫描量热分析仪。

外加热功率补偿差示扫描量热分析仪的主要特点是，试样和参比物放在外加热炉内加热的同时，各附加有独立的小加热器和传感器，即在试样和参比物容器下各装有一组补偿加热丝，其结构如图 4-88 所示。整个仪器由两个控制系统进行监控，其中一个控制温度，使试样和参比物在预定速率下升温或降温，另一个控制系统用于补偿试样和参比物之间产生的温差，即当试样由于热反应而出现温差时，通过补偿控制系统使补偿加热丝的电流发

生变化。

内加热功率补偿差示扫描热分析仪采用两个小加热器分别进行加热，同时进行功率补偿。由于不使用大的外加热炉，故仪器的热惰性小、功率小、升降温度速度快。但这种仪器随着试样温度的升高，试样与周围环境之间的温度梯度越来越大，造成大量热量的流失，降低了仪器的检测灵敏度和精度。因此，此种仪器多在较低的测量温度下使用。

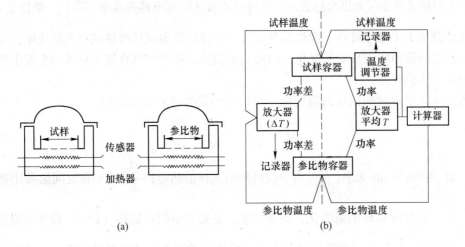

图 4-88　功率补偿型差示扫描量热分析仪的示意图

(a) 结构示意图；(b) 控制线路图

B　热流型差示扫描量热分析仪

热流型差示扫描量热分析仪有热流式和热通量式两种，它们都是依据差热分析的原理来进行量热分析的。

热流式差示扫描量热分析仪的构造与差热分析仪相近，如图 4-89 所示。利用电热片作样品和参比物支架的底盘，电热片（试样和参比物底盘）的下面为热电偶，用于测量差示热流。工作时在程控单元控制下热量通过电热片对试样和参比物加热。使用温度低于 1000 ℃时，可用康铜作加热片，测温热电偶用镍铬-镍铝；而温度高于1000 ℃时，则要选择其他材料的加热片和测温热电偶。由于在高温时试样和周围环境

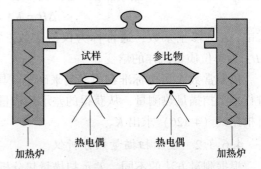

图 4-89　热流式差示扫描量热分析仪的结构示意图

的温差较大，热量的损失也较大，因此在等速升温的同时，仪器会自动改变放大器的放大系数，温度升高时，放大系数增大，以补偿因温度变化对测量试样热效应的影响。

热通量式差示扫描量热分析仪（参见图 4-90）的检测器是由热电偶串联组成热电堆式的热流量计，两个热流量计反向连接，分别安装在试样容器和参比物容器与炉体加热块之间，检测试样和参比物之间的温度差。由于是热电堆，热端均匀分布在试样与参比物容器壁上，检测的试样温度是各点温度的平均值，信号强，因此测量的差示扫描量热曲线重

现性好、灵敏度和精确度高，多用
于热量的精密测定。

任意一种差示扫描量热分析仪
都存在随试样温度的升高，试样与
周围环境温度差就越大的现象，这
必然会造成热量损失，使测量精度
下降。因而差示扫描量热法的测温
范围一般低于 1073 K，但也有特殊
的高温差示扫描量热分析仪的测温
可达 2023 K 以上。

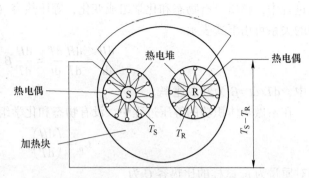

图 4-90　热通量式差示扫描量热分析仪结构示意图

差示扫描量热分析多用于定量分析。两种类型的差示扫描量热分析仪各有优点：功率
补偿型的优点是温度控制和测量精确，响应时间和冷却温度都更快，分辨率高。热流型的
优点是基线稳定，灵敏度高。

4.6.3.3　影响差示扫描量热曲线的因素

试样、升温速率和气氛等都是影响差示扫描量热曲线的主要因素。

A　试样因素

试样量的多少对测量转变温度有影响，因此测量同类试样最好采用相同的量。因为随
着样品量的增加，峰的起始温度虽基本不变，但峰顶温度和峰的结束温度会提高。试样量
少，试样分析的分辨率高，但灵敏度下降。因此，应综合考虑分辨率和灵敏度，根据试样
热效应的大小调节所用试样的量。除了试样量外，试样的粒度和几何形状等都会对差示扫
描量热曲线有影响。为了获得比较准确的峰温值，应采取增大试样与样品盘的接触面积，
并减少试样的厚度和采用较慢的升温速率等措施。

B　升温速率

升温越快，灵敏度越高，但分辨率下降，通常选择较慢的升温速率以保持相对高的分
辨率。值得注意的是，随着升温速率的增加，熔化峰的起始温度变化不大，但峰顶和峰结
束温度会提高，峰形变宽。

C　气氛

一般使用恒定流速的氮气、氩气、氦气等惰性气体作分析气氛，因它们既不会产生氧
化反应峰，又可以减少试样挥发物对监测器的腐蚀。分析时气氛气体的流速必须恒定，因
为流速的变化会引起基线的波动。由于所用分析气氛气体的性质不同会对测定结果有一定
影响，例如，氦气的热导率比氮、氩气的热导率大约 4 倍，虽在低温差示扫描量热分析时
用氦气作保护气氛，使冷却速度加快，测量时间缩短，但因为氦气的热导率高，会使检测
峰的灵敏度降低，因此，在氦气中进行热量测定时，要先用标准物质重新标定。另外，在
空气气氛中测量时，应注意空气的氧化作用影响。

4.6.3.4　差示扫描量热分析的应用

A　比热容的测定

差示扫描量热法测量的是试样的吸热或放热速率。差示扫描量热曲线的纵坐标为 dH/dt，横坐标是时间 t。在比热容测定中直接测定纵坐标的位移。因为在不做非体积功的等

压过程中，物质没有物态和化学组成变化，等压热容（$C_p = \mathrm{d}H/\mathrm{d}T$）与吸热或放热速率之间的关系可用下式表示

$$\frac{\mathrm{d}H}{\mathrm{d}t} = \frac{\mathrm{d}H}{\mathrm{d}T}\frac{\mathrm{d}T}{\mathrm{d}t} = \frac{\mathrm{d}H}{\mathrm{d}T}\beta \qquad (4\text{-}127)$$

式中，$\mathrm{d}T/\mathrm{d}t = \beta$ 为升温速率。

在不做非体积功的等压过程中，没有物态和化学组成变化时，等压热容为

$$C_p = \left(\frac{\mathrm{d}H}{\mathrm{d}T}\right)_p \qquad (4\text{-}128)$$

而对质量为 m 试样的比热容 C 为

$$C = \frac{C_p}{m} = \left(\frac{\mathrm{d}H}{\mathrm{d}T}\right)_p \frac{1}{m} \qquad (4\text{-}129)$$

变换式（4-128）和式（4-129）后，可得

$$\frac{\mathrm{d}H}{\mathrm{d}t} = Cm\frac{\mathrm{d}T}{\mathrm{d}t} = Cm\beta \qquad (4\text{-}130)$$

式中，$\mathrm{d}H/\mathrm{d}t$ 为热焓变化速率（即热流率），也就是差示扫描量热曲线中的纵坐标；$\mathrm{d}T/\mathrm{d}t$ 为升温速率 β；m 为试样质量；C 为试样的比热容，$\mathrm{J}/(\mathrm{g} \cdot \mathrm{K})$。

用差示扫描量热法测定比热容的方法有直接法和间接法（比例法）。

a　直接法

直接法是在差示扫描量热曲线上，直接读取 $\mathrm{d}H/\mathrm{d}t$ 数值和升温速率 β，并与试样质量 m 一起代入式（4-130），即可求出比热容 C。但由于在测定的温度范围内 $\mathrm{d}H/\mathrm{d}t$ 不是绝对的线性关系，仪器校正常数也不是恒定值，基线不平直等原因，误差较大。通常采用间接法测定比热容。

b　间接法

间接法是用试样和标准物质（如蓝宝石、$\alpha\text{-}Al_2O_3$ 等已知比热容的物质）在相同条件下进行扫描量热，然后在获得的差示扫描量热曲线上量出两者的纵坐标进行计算。具体做法是：先用两个空的样品皿以一定的升温速度作一条空白基线，然后放入标准样品，在同样条件作一条示差扫描量热曲线，再测量待测试样的差示扫描量热曲线，获得如图 4-91 所示测量过程中的三条曲线。最后根据式（4-130）计算待测试样的热焓变化率为

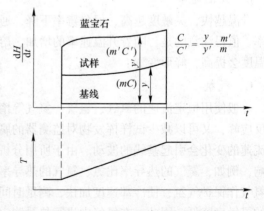

图 4-91　间接法测量比热容示意图

$$\frac{\mathrm{d}H}{\mathrm{d}t} = y = Cm\frac{\mathrm{d}T}{\mathrm{d}t} = Cm\beta$$

标准物的热焓变化率为

$$\frac{\mathrm{d}H}{\mathrm{d}t} = y' = C'm'\frac{\mathrm{d}T}{\mathrm{d}t} = C'm'\beta$$

两式相除得

$$\frac{y}{y'} = \frac{C}{C'} \frac{m}{m'} \tag{4-131}$$

则待测试样的比热容 C 为

$$C = C' \frac{m'y}{my'} \tag{4-132}$$

式中，C 为待测试样比热容，J/（mg·K）；C' 为标准物的比热容，J/（mg·K）；m 为试样质量，mg；m' 为标准物质量，mg；y 为试样在纵坐标上的高度；y' 为标准物在纵坐标上的高度。从图 4-91 中得到 y 和 y'，代入式（4-132），就可计算出试样的比热容。

B 焓变的测定

在测定仪器常数后，再按测定仪器常数 K 时相同的条件测定试样的差示扫描量热曲线，并计算曲线上峰面积 A，根据式（4-126）就可求出试样的焓变 ΔH。

C 物质纯度的测定

以苯甲酸为例讲述差示扫描量热法测定物质纯度的理论依据。图 4-92 为一组不同纯度苯甲酸的差示扫描量热曲线，由图可以看出，纯度越高，熔点越高，峰形越尖锐。因此，利用物质不纯而导致熔点下降的熔点下降法测定物质的纯度。

依据物理化学中范特霍夫方程，试样熔点的降低与试样中杂质含量的关系为

$$T_S = T_{fus}^* - \frac{RT_{fus}^{*2}x}{\Delta_f H} \frac{1}{F} \tag{4-133}$$

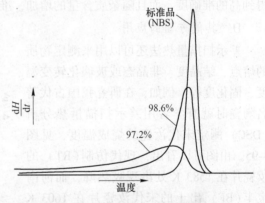

图 4-92 苯甲酸纯度对其熔化焓的影响

式中，T_S 为试样的瞬时温度；T_{fus}^* 为纯试样的熔点；R 为摩尔气体常数；$\Delta_f H$ 为试样的熔化焓；x 为试样中杂质的物质的量；F 为试样在 T_S 时熔化的分数。

T_S 可以从测得的差示扫描量热曲线中获得，$1/F$ 是曲线到达温度 T_S 时的那部分面积除以总面积的倒数。由式（4-133）知 T_S 是 $1/F$ 的线性函数，以 T_S 对 $1/F$ 作图为一直线，斜率为 $\frac{RT_{fus}^{*2}x}{\Delta_f H}$，由斜率可求出杂质含量 x，截距为 T_{fus}^*，由峰面积计算可得到 $\Delta_f H$。

用熔点下降法测定睾丸甾酮纯度的例子见图 4-93。曲线上标出的几个温度值是试样部分熔融百分比在 10%～50% 范围内的几个点所测得。以 A 点为例，自 A 作垂线 AB，AB 线与差示扫描量热曲线下的面积为已熔融面积 A_1，而差示扫描量热曲线下的总面积为 A_T，因此 A 点处试样已熔融的分数为 $F = \frac{A_1}{A_T}$；从 A 点按标准样纯金属铟（99.999%）熔融峰起始边的斜率向基线引 AD，交基线于 D，此点的温度即 T_S，同样求出其他各点的 T_S 和 F，作 T_S 对 $1/F$ 图，得到如图 4-94 所示的直线。由直线的斜率可求出 $x = 0.0042$，即试样纯度为 99.6%。

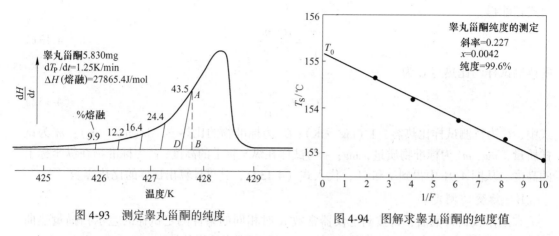

图 4-93　测定睾丸甾酮的纯度

图 4-94　图解求睾丸甾酮的纯度值

因计算纯度的公式是在一定的假设条件下由物理化学中克拉贝龙-克劳修斯方程及拉乌尔定律推导出来的，运用此法测定试样纯度时，只有当样品纯度高于 99% 时，才能够得到高的准确度，而且随杂质含量的增加，准确性会逐步下降。

D　其他方面的应用

差示扫描量热法还可以用来测定物质的熔点、结晶度、非晶态或玻璃化转变温度、固化度等。例如，在研究我国古代著名陶瓷时就有学者用差示扫描量热分析（DSC）测定宋代汝瓷的烧成温度，见图 4-95。由图可以看出，现代仿制（RT）的汝瓷片在 1583 K 处出现吸热峰，而河南宝丰（BF）出土的宋代汝瓷片在 1603 K 才出现吸热峰，这表明宋代的制瓷技术已经很高了，烧成温度相对较高。

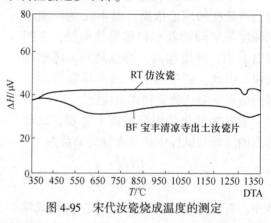

图 4-95　宋代汝瓷烧成温度的测定

4.6.3.5　DSC 结合 TG 应用实例——分析纳米镍颗粒/粘胶复合纤维的热解脱芯工艺

粘胶纤维的低温热解和碳化过程，理论上就是逐步脱除物理和化学结合水的过程，即 $(C_6H_{10}O_5)_n(fiber) \rightarrow 6nC(s) + 5nH_2O(g)$。在研究从粘胶纤维制备碳纤维的报道中，有人认为实际上粘胶纤维在低温热解和碳化过程中，除生成碳和水外，还产生大量的 CO_2、CO、焦油等几十种含碳低分子量的物质。由此可见，纳米镍颗粒/粘胶复合纤维的脱芯，必须在一定的气流中才能将产物携带清除干净。

利用 DSC 结合 TG 实验来选择纳米镍颗粒/粘胶复合纤维的脱芯工艺，首先在热分析仪上不同气氛下作 DSC 和 TG 的实验曲线，图 4-96 所示的是在空气气氛中获得的结果。

由图 4-96 可以看出：纳米金属镍颗粒/粘胶复合纤维在空气气氛中约在 550 K 前试样逐渐脱除物理和部分化学吸附水，550～650 K 左右粘胶纤维的键断裂，产生产物 H_2O、CO、CO_2 和 CH_4 等并被气流带出，此时失重为 35% 左右。纳米镍颗粒/粘胶复合纤维在 630 K 开始氧化，到 700 K 左右粘胶纤维已全部氧化。又由热力学可知，在 720 K 左右金

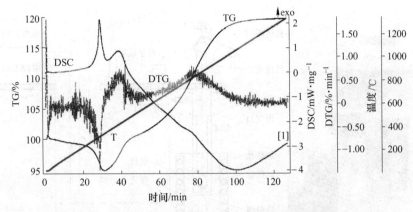

图 4-96　空气气氛中纳米镍颗粒/粘胶复合纤维热解的 DSC 和 TG 曲线

属镍颗粒开始氧化。由于纤维表面为纳米镍颗粒，其比表面大，化学活性大，与氧结合的能力更强，起始氧化的温度可能比热力学计算的更低。

热分析实验结果表明，纳米金属镍颗粒/粘胶复合纤维在空气和氮气气氛中的热分解过程虽有差别，但总体上看基本相似，主要热分解反应均大体发生在 550 ～ 650 K 之间，急剧热解反应大体发生在 580 ～ 630 K 温度范围，而在氩气和氢气气氛下复合纤维的热解反应，虽开始温度也在 550 K 附近，但整个反应行程较长，速率较缓，发生急剧反应的温度范围约在 640~670 K。热分解反应越激烈，粘胶纤维素大分子链的断裂越剧烈，产生的含碳低分子量热解产物就越多。相反，热分解越缓和，含碳低分子量热解产物就越少。根据实验结果知，脱芯后的纳米镍颗粒纤维在空气气氛中约于 700 K 开始氧化，约在 1400 K 全部氧化成氧化镍，这与热力学分析一致。

根据热分析的结果，纳米镍颗粒/粘胶复合纤维的热解脱芯工艺应是，在 700 K 之前在空气中升温热解粘胶纤维，之后改换为惰性气体携带出热解产物，以防止金属镍的氧化。

4.6.4　热重分析

物质在加热过程中常伴随质量的变化，这个过程有助于人们研究物体的熔化、蒸发、升华和吸附等物理变化，以及物质的脱水、解离、氧化、还原等化学变化。热重分析法（thermogravimetry，TG）是测量物质质量变化与温度关系的一种方法，即找到 $\Delta m = f(T)$ 关系式。

4.6.4.1　热重分析仪及热重分析的基本原理

进行热重分析的仪器称为热天平。热天平一般包括天平、加热炉子、程序控温系统、记录系统等部分，还可配置有通入气氛或真空的装置，见图 4-97。

热重分析分为静态法测量和动态法测量。

静态法测量又分为等压质量变化测量和等温质量变化测量。等压质量变化测量是指在恒定压力下测量物质质量变化与温度 T 的关系，一般用于挥发性物质的测量。以质量变化为纵坐标，温度 T 为横坐标作等压质量变化曲线图。而等温质量变化测量是指物质在恒温下，测量物质质量变化与时间 t 的关系，以质量变化为纵坐标，以时间为横坐标，获

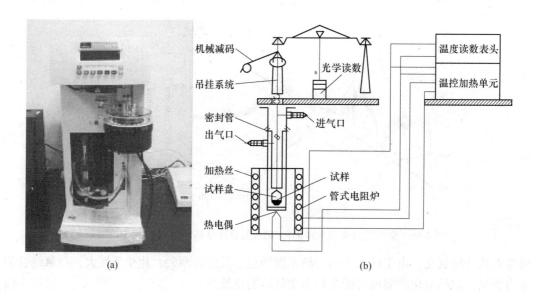

图 4-97　热重分析仪

（a）热重分析仪外貌；（b）热重分析原理图

得等温质量变化曲线图。

动态法测量是在程序升温的条件下，测量物质质量的变化与时间的函数关系。

热天平测量试样质量变化的方法有变位法和零位法。变位法是利用质量变化与天平梁的倾斜成正比的关系，用直接差动变压器控制检测。零位法则靠电磁作用力使因质量变化而倾斜的天平梁恢复到原来的平衡位置，施加的电磁力与质量变化成正比，而电磁力的大小是通过调节转换机构中的线圈电流来实现的，因此检测到电流值即可知道质量的变化量。

热重法实验得到的曲线称为热重曲线，如图 4-98 中曲线 1 所示。热重曲线以质量变化作纵坐标，向下表示质量减少；以温度（或时间）作横坐标，自左至右表示温度（或时间）的增加。

热重曲线的一阶微分曲线（DTG）、二阶微分曲线（DDTG），分别是热重曲线对温度（或时间）的一阶导数、二阶导数。以物质的质量变化速率 dm/dt 对温度 T（或时间 t）作图，即得到一阶微分曲线，如图 4-98 中曲线 2 所示。一阶微分曲线上出现的峰表示 TG 曲线上有斜坡，峰的面积正比于试样质量，它可从微分热重曲线得到，也可以直接测得。一阶微分曲线提高了热重曲线的分辨力。

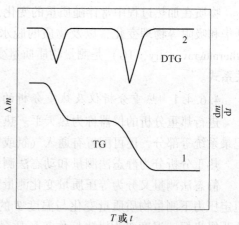

图 4-98　热重曲线图

1—热重曲线；2——阶微分曲线

4.6.4.2　影响热重分析的因素

热重分析的结果受仪器、实验测试条件和试样等因素的影响。

A 仪器的影响

a 浮力

随着温度的上升，试样周围的气体密度发生了变化，造成对试样的浮力变化。空气在室温下密度为 1.18 g/L，升温至 573 K 时，作用到试样上的浮力相当于室温时的 1/2 左右，到 1173 K 时则为室温的 1/4。因温度升高作用到试样的浮力变化造成试样的这种增重称之为表观增重 (ΔW)，其计算公式为

$$\Delta W = V\rho(1 - 273/T) \tag{4-134}$$

式中，ΔW 为试样的表观增重；V 为加热区域中试样、支持器和支撑杆的体积；ρ 为试样周围气体在 273 K 时的密度；T 为加热区域的绝对温度。

由于加热区域中试样、支持器的体积 V 和加热区域的绝对温度 T 的测定误差较大，且不同气氛对试样的表观增重的影响也不同，因此试样的表观增重 ΔW 很难准确计算。

b 对流

当热天平加热时，随着炉温的升高，炉内试样周围的气体因受热不均，从而产生热对流运动。较重气体向下流动，产生的气流将冲击试样支持器组件，产生表观增重现象；而较轻气体向上流动，产生的气流把试样支持器向上托，从而产生表观失重现象。另外，升温速率、炉膛的尺寸和坩埚在炉中的位置等都会使炉内气体的对流和湍流发生变化。总之，当炉内有气体流动时，都会出现附加的表观增重（减重），其大小与该流动气体的分子质量有关。

c 挥发物的冷凝

试样在受热分解或升华时，逸出的挥发组分在热分析仪的低温区冷凝，这不仅污染仪器，还会使实验分析结果产生偏差。继续升温时，这些冷凝物会再次挥发，产生假失重现象。要减少冷凝影响，需在热重分析仪的试样盘周围安装一个耐热的屏蔽套管，或采用水平式的热天平。另一方面，要尽量减少试样量，选择合适的净化气体流量，并在进行热分析前了解试样是否有热分解或挥发组分的情况，防止造成仪器的污染。

d 测量温度误差

造成测量温度误差有几种情况：一是因测试过程中试样不与热电偶直接接触，真实温度与测量温度之间存在一定差异；二是升温和反应所产生的热效应使试样周围的温度分布不均，也会造成测量温度的误差；三是热电偶在使用过程中没能定期进行校正。提请注意，如果热电偶使用过程中被污染或中毒，又未能及时清洗或更换，这种情况下测量的温度值不可信。

由于测试过程中试样不与热电偶直接接触，为消除真实温度与测量温度之间存在一定差异，一定要对仪器进行温度校准。新型热分析仪带有温度校准程序，根据温度校准标样 DTA 的峰进行自动校准。

e 坩埚

热分析用的坩埚也称试样杯或试样皿。热分析用的坩埚材质有金属、非金属两类，无论哪种材质都必须满足对试样、中间产物、最终产物和气氛都是惰性的，既不能发生化学反应，也不能对反应有催化活性作用。此外，坩埚的大小、质量和几何形状等对热重分析均有影响，这点在进行实验分析时也应考虑到。

B　实验测试条件的影响

a　升温速率

升温速率是影响热重分析的最主要因素。升温速率越大，所产生的热滞后现象越严重，导致热重曲线上的起始温度和终止温度偏高，使测量结果产生误差。因此需要选择适当的升温速率，特别是对检测有中间产物的试样，这点尤为重要。由图 4-99（a）可以看出，在 AlON 的非等温氧化过程中，随升温速率增大，反应的起始温度增高。由图 4-99（b）则可以看出，随着升温速率增大聚苯乙烯反应的起始温度和终止温度均增高，热重曲线向高温侧移动，产生热滞后现象。图 4-100 为硫化胶膜在不同升温速率下的微商热重（DTG）曲线，也存在升温速率增大热重曲线向高温侧移动的现象。

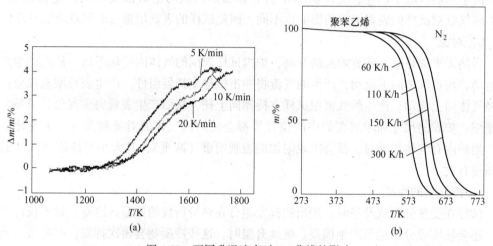

图 4-99　不同升温速率对 TG 曲线的影响

（a）不同升温速率下 AlON 的非等温氧化 TG 曲线（颗粒粒度为 5～50μm）；

（b）不同升温速率下聚苯乙烯的 TG 曲线（N$_2$ 气氛下）

b　气氛

热重可以在静态或动态气氛中进行测试。动态气氛是采用流动的气体气氛，静态气氛是采用不流动的气体气氛。在静态气氛中，虽然随着温度的升高反应速度加快，但由于试样周围的气体浓度增大，会使反应速度减慢。另外，静态气氛中，若试样在加热过程中有挥发性产物时，这些产物不能立即排除，因而会出现减重时间滞后现象。例如，CaCO$_3$ 在真空、空气和 CO$_2$ 中的分解，反应方程式为

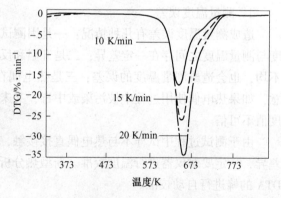

图 4-100　不同升温速率硫化胶膜的 DTG 曲线

$$CaCO_3(s) \longrightarrow CaO(s) + CO_2(g)$$

起始分解温度会随着气氛中 CO$_2$ 分压的升高而增高，CaCO$_3$ 在这三种气氛中的分解温

度会相差数百度。如果气氛中含有与产物相同的气体组分后，分解速率会下降、反应时间将延长。

对测量有气体产物的试样，为了获得重复性较好的实验测试结果，应在动态气氛中进行测试，这样气流可将反应生成的气体及时带走，有利于反应的顺利进行。

C 试样的影响

所用试样量越大，影响就越大。因热传导受试样量影响，试样量大热传导差，影响分析结果的准确性。而对于受热产生气体的试样，试样量越大，气体越不易扩散，试样内温度梯度大，影响热重曲线的位置。总之，分析实验时应根据热天平的灵敏度，尽量减小试样量。图 4-101(a) 为同一种陶瓷粉体在相同条件、试样量不同时的热重、微商热重、扫描量热曲线。

试样粒度的不同，会导致反应速度和热重曲线形状的改变。粒度大，往往得不到较好的热重曲线；粒度越小，反应速度快，不仅使热分解温度降低，而且使分解反应进行得完全。粒度对热重曲线的影响，见图 4-101(b)。因此，为了得到较好的分析实验结果，要求试样的粒度均匀。

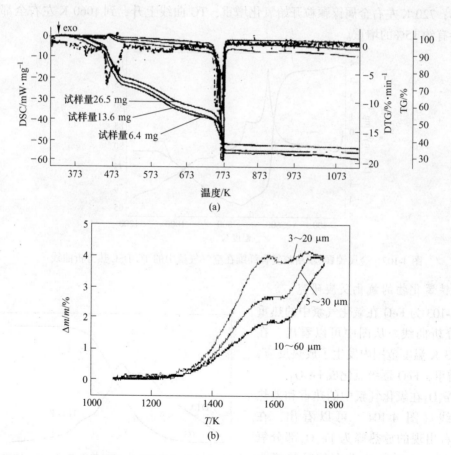

图 4-101 同一种陶瓷粉体在不同用量、不同粒度时的热重、微分热重、差示扫描量热曲线

(a) 不同用量陶瓷粉体的热重、微分热重、差示扫描量热曲线；
(b) 不同颗粒粒度 AlON 的热重曲线（升温速率均为 10 K/min）

4.6.4.3　热重分析的应用

热重分析适用于加热或冷却过程中有质量变化的一切物质，结合差热（或差示扫描量热）可对物质的变化过程进行鉴定，诸如判断无机物及有机物的脱水、吸湿、吸附和解吸，无机物及有机物的聚合与分解，物质的燃烧和提取，金属及其化合物的氧化与还原，物质组成与化合物组分的测定，物质干燥及烧结过程、升华过程，液体的蒸馏和汽化，固态反应，材料制备过程的分析，化学反应机理、反应动力学研究等。

A　金属镍的氧化

由热力学计算可知，在氧化气氛中，720 K 左右发生金属镍的氧化作用，即发生反应

$$2Ni(s) + O_2 = 2NiO(s)$$

$$\Delta_r G^{\ominus} = -476.98 + 0.168T \ kJ/mol$$

在 720 K 时

$$\Delta_r G^{\ominus}_{720 \ K} = -356 \ kJ/mol$$

从图 4-102 金属镍颗粒/粘胶复合纤维在空气气氛中的 TG-DSC 曲线知，在 700 K 前粘胶纤维热解，并有热解产物的氧化，气体产物随气流排出，有 30% 左右的失重，TG 曲线急剧下降；720 K 左右金属镍颗粒开始氧化增重，TG 曲线上升，到 1060 K 左右全都氧化完，并伴有约 15% 的增重。

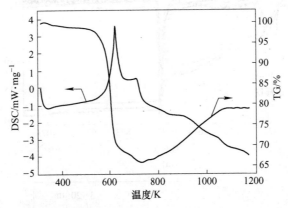

图 4-102　金属镍颗粒/粘胶复合纤维在空气气氛中的 TG-DSC 热分析曲线

B　铁氧化物的氧化反应研究

图 4-103 为 FeO 在氧化气氛中的热重与差热分析曲线。从图中可以看出，在 573～1173 K 温度范围内发生了放热反应，并伴有增重，FeO 逐级氧化成 Fe_2O_3。

由 Fe_3O_4 在氧化气氛中的热重和差热分析曲线（图 4-104）可以看出，在 623 K 左右出现的放热峰为 Fe_3O_4 部分氧化为 Fe_2O_3，在 833 K 左右的吸热峰为 Fe_3O_4 的居里点，此时发生铁磁-顺磁相变，在 873～1273 K 温度范围出现放热且伴随

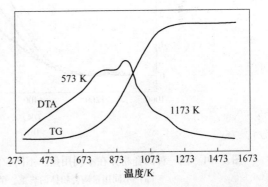

图 4-103　氧化气氛下 FeO 的 TG-DTA 分析曲线

着增重，此时 Fe₃O₄ 完全氧化成 Fe₂O₃。

C 三水铝石的热分析

从图 4-105 三水铝石（Al(OH)₃）的热重和差热分析曲线中可以看出：在 540 K 左右为三水铝石部分脱去 OH 的吸热峰；在 603 K 左右为三水铝石脱去大部分 OH 转化为硬水铝石（即 AlO(OH)）的吸热伴随着失重，在 823 K 左右是硬水铝石脱水转变为 γ-Al₂O₃ 的吸热峰。

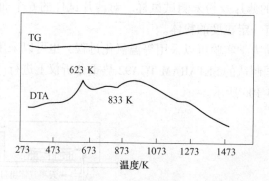

图 4-104 氧化气氛下 Fe₃O₄ 的 TG-DTA 分析曲线

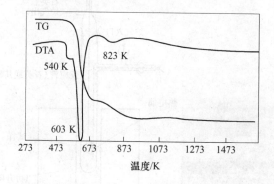

图 4-105 三水铝石(Al(OH)₃) 的 TG-DTA 分析曲线

4.6.4.4 热重分析应用实例——几种氧氮化物结构陶瓷氧化动力学分析

科学技术的迅速发展、热分析技术的日臻成熟和热分析仪的商品化创造了更多的开展实验研究的条件，加之计算机技术的发展使繁复的数据处理成为可能，这些都促进了热分析方法研究物质反应动力学的发展，并成为一种评估高科技所需新型高温材料的热稳定性和使用寿命等有效的方法。人们利用热分析手段研究在温度影响下物质的变化过程和规律，诸如无机物的脱水、分解、氧化、还原和配合物的解离，金属的相变和非晶化，石油和煤的裂解，高聚物的聚合、固化、结晶和降解等过程机理和变化速率，从而确定新材料的热稳定性和使用寿命等。此外，还可以将研究获得的结果作为工业生产中反应器的设计和选择最佳工艺条件的重要参数的依据。

下面从材料科学研究实例中，介绍热分析技术在材料物理化学中的应用。

氮氧化物如 AlON、MeAlON（包括 MgAlON、TiAlON、VAlON 等）、O′-SiAlON-ZrO₂

及 BN-ZCM（即氧化锆-刚玉-莫来石-氮化硼，ZrO_2-Al_2O_3-$3Al_2O_3 \cdot 2SiO_2$-BN）等高温结构陶瓷材料，它们在高温含氧气氛条件下使用会发生氧化，因此分析它们的氧化机理，建立动力学模型，以及推导氧化动力学公式，计算氧化反应的表观活化能对研究这些材料的抗氧化性能，指导材料制备和应用，具有重要的意义。

A　实验设备及实验过程

将 AlON、MgAlON、O′-SiAlON-ZrO_2 及 BN-ZCM 四种陶瓷材料试样经粗磨、细磨分别制成（20×6×1）mm^3 的薄片及粉末测试试样。对薄片试样的 6 个面都经过抛光处理，对粉末试样则研磨成具有一定粒度的粉体。

任何材料的氧化动力学实验可以采用等温氧化过程，也可以采用非等温氧化过程。这里的氧化实验是在法国制造的 SETARAM TGA92 热重分析仪上进行的。热重分析仪的外貌和工作原理图，如图 4-106 所示。

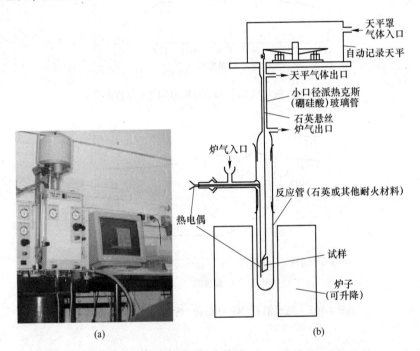

图 4-106　SETARAM 热重分析仪外貌与工作原理示意图

(a) SETARAM 热重分析仪外貌；(b) 工作原理

用于氧化实验的片状（或柱状）试样经称重，测量其几何尺寸后，置于铂丝吊篮中，对粉末状试样称重后可直接置于铂坩埚中。

实验所用的气体分别为空气和经净化处理的高纯氩气。净化处理获得高纯氩气，即是让氩气先经硅胶和 $Mg(ClO_4)_2$ 脱水，再经烧碱石棉剂脱除二氧化碳，而后流经温度控制在 773 K 内装有铜箔和镁箔的管式炉脱除残留的氧。

a　非等温氧化实验

将试样装入铂坩埚置于反应炉内，按一定程序从室温升至 1773 K，在控制空气的流量为 800 mL/min 和升温速率为 10 K/min 的条件下，对 4 种高温结构陶瓷材料进行非等温氧化实验，获得结果如图 4-107 所示。MgAlON（镁阿隆）、O′-SiAlON-ZrO_2 和 BN-ZCM 三种高温结构陶瓷材料的氧化曲线均呈抛物线型，而 AlON（阿隆）陶瓷的氧化曲线分为两段，近似为"S"形曲线。

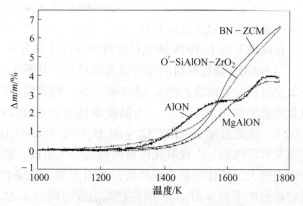

图 4-107 4 种陶瓷材料的非等温氧化曲线

b 等温氧化实验

依次将 4 种高温结构陶瓷材料试样分别装入反应炉内，进行等温氧化实验。实验过程是：将一种试样装入坩埚，抽真空后，通入净化后的氩气。反应炉以 25 K/min 的加热速度从室温升温至预定的实验温度，保温 5 min 后用空气置换氩气，发生氧化反应。实验结束时，在氩气保护下使炉温降至室温。

氧化过程中的热重（TG）曲线由计算机自动记录。实验后，对氧化试样进行组成和结构分析。

B 4 种高温结构陶瓷材料的氧化动力学分析

a AlON（阿隆）陶瓷材料的氧化动力学分析

AlON 为半透明的高温陶瓷材料，既可作为高温陶瓷窗口，又可作为高温结构陶瓷使用。曾有一些科技工作者对 AlON 的抗氧化性进行过研究，例如，考尔滨（Corbin）和麦克考林（McCauley）在空气中测定了 AlON 块状试样的氧化性能，发现在 1473 K 以下为保护性氧化。高尔塞特（Goursat）等研究发现 AlON 的氧化从约 923 K 开始增重，到 1423 K 时出现最大增重，继续升温则出现失重；他们还研究了 AlON 粉在 1173~1373 K 时的氧化动力学，发现 AlON 粉的氧化产物为含有残余氮的氧化铝。列夫尔特（Lefort）和比莱（Billy）研究发现 AlON 在 1373 K 以下基本不氧化，升温至约 1813 K 时出现最大增重。显然，各研究者的结果差别较大，存在明显分歧。为此，王习东等人用热重实验重新研究了 AlON 的氧化动力学，并用 X 射线衍射（XRD）分析了氧化产物的组成和结构。

由相图可知，AlON 在低于约 1873 K 时热力学不稳定，因此 AlON 的氧化反应可能有三种情况：

一是不分解的氧化反应（直接氧化）。

$$\mathrm{Al_{23}O_{27}N_5(s)} + \frac{15}{4}\mathrm{O_2(g)} = \frac{23}{2}\mathrm{Al_2O_3(s)} + \frac{5}{2}\mathrm{N_2(g)}$$

$$\Delta_r G^{\ominus} = -2890955.05 + 407.639T \quad \mathrm{J/mol}$$

二是先分解然后发生氧化反应。

分解反应 $$\mathrm{Al_{23}O_{27}N_5(s)} = 9\mathrm{Al_2O_3(s)} + 5\mathrm{AlN(s)}$$

氧化反应 $$5\mathrm{AlN(s)} + \frac{15}{4}\mathrm{O_2(g)} = \frac{5}{2}\mathrm{Al_2O_3(s)} + \frac{5}{2}\mathrm{N_2(g)}$$

———————————————————————————————————

总反应 $$\mathrm{Al_{23}O_{27}N_5(s)} + \frac{15}{4}\mathrm{O_2(g)} = \frac{23}{2}\mathrm{Al_2O_3(s)} + \frac{5}{2}\mathrm{N_2(g)}$$

$$\Delta_r G^{\ominus} = -2890955.05 + 407.639T \quad J/mol$$

三是分解与氧化反应并存。

在高温下由于 AlON 的氧化速度明显高于其分解速度,可以认为 AlON 属直接氧化。

(1) AlON 陶瓷材料的非等温氧化过程。从图 4-107 可以看出,AlON 陶瓷材料的非等温氧化过程分为两段:约从 1273 K 开始,随着温度的升高,氧化增重增加,到 1550 K 时氧化增重出现第一个平台。当温度继续升高到 1643 K 时,氧化增重率再次增加,直至 1700 K。在此温度范围内产物 γ-Al$_2$O$_3$ 转变为 α-Al$_2$O$_3$,并伴有裂纹或孔隙,故氧化增重速率又有所增加,出现氧化增重曲线的第二阶段。此后由于氧化产物层厚度的增加,使扩散阻力增大,氧化增重速率降低,才出现第二个平台。氧化产物经 XRD 分析表明:在相对较低温度下为 γ-Al$_2$O$_3$,而在较高温度时则为 α-Al$_2$O$_3$,如图 4-108 所示。

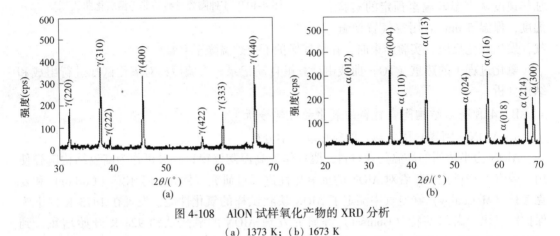

图 4-108　AlON 试样氧化产物的 XRD 分析

(a) 1373 K; (b) 1673 K

(2) AlON 陶瓷材料的等温氧化动力学。AlON 陶瓷材料的等温氧化动力学实验结果如图 4-109 所示。

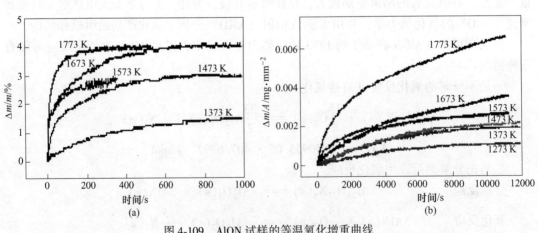

图 4-109　AlON 试样的等温氧化增重曲线

(a) AlON 粉末试样; (b) AlON 片状试样

由图 4-109 可以看出:随着温度的升高,AlON 的氧化速度明显增加;氧化初期,氧化速度较快,随着氧化时间的延长,氧化层增厚,氧化阻力增加,因而氧化速度下降。

b MgAlON（镁阿隆）陶瓷材料的等温氧化动力学分析

MgAlON 的热力学稳定性好，其氧化反应为

$$MgAl_{15}O_{19}N_3(s) + 2.25O_2(g) = 6.5Al_2O_3(s) + MgAl_2O_4(s) + 1.5N_2(g)$$

$$\Delta_r G^\ominus = -530466.2 + 41.78T \quad J/mol$$

获得 MgAlON（镁阿隆）材料的等温氧化动力学实验结果如图 4-110 所示。MgAlON 材料的氧化产物经 XRD（X 射线衍射）分析为镁铝尖晶石和 α-Al_2O_3，如图 4-111 所示。

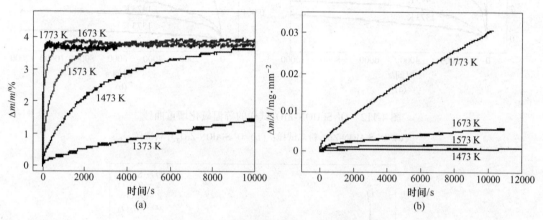

图 4-110　MgAlON 试样的等温氧化增重曲线

（a）MgAlON 粉末试样；（b）MgAlON 片状试样

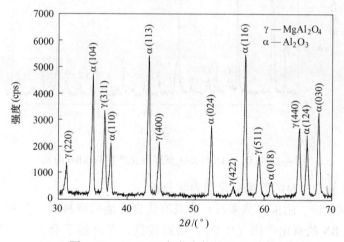

图 4-111　MgAlON 氧化产物的 XRD 分析

c O'-SiAlON- ZrO_2 复合材料的等温氧化动力学分析

O'-SiAlON-ZrO_2 复合材料具有良好的抗氧化性能。O'-SiAlON 的氧化反应为

$$Si_{1.8}Al_{0.2}O_{1.2}N_{1.8}(s) + 1.35O_2(g) = 1.8SiO_2(s) + 0.1Al_2O_3(s) + 0.9N_2(g)$$

$$\Delta_r G^\ominus = -774016.67 - 577.81T \quad J/mol \qquad T = 298 \sim 1685 \text{ K}$$

$$\Delta_r G^\ominus = -703276.67 - 535.69T \quad J/mol \qquad T = 1685 \sim 1696 \text{ K}$$

获得 O'-SiAlON- ZrO_2 试样的等温氧化动力学实验结果如图 4-112 所示。氧化产物经 XRD 分析主要为 SiO_2 和 $ZrSiO_4$，还有少量的 ZrO_2 和 Al_2O_3，如图 4-113 所示。

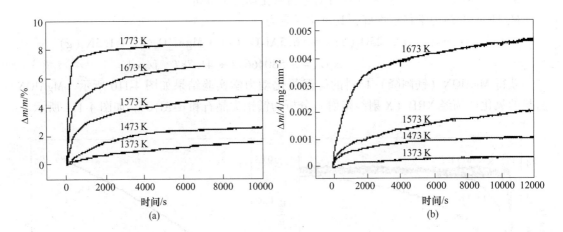

图 4-112 O′-SiAlON-ZrO$_2$试样的等温氧化增重曲线

(a) O′-SiAlON-ZrO$_2$粉末试样；(b) O′-SiAlON-ZrO$_2$片状试样

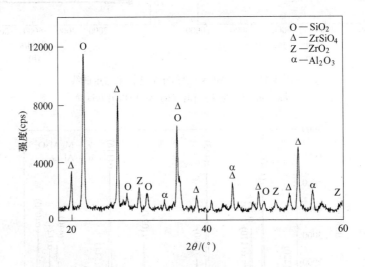

图 4-113　O′-SiAlON-ZrO$_2$试样氧化产物的 XRD 分析

d　BN-ZCM 复合材料的等温氧化动力学分析

BN-ZCM（氧化锆、刚玉、莫来石）为具有优良性能的特种耐火材料，可作为连铸滑板材料等。但是 BN 的氧化产物（B$_2$O$_3$）熔点较低，在高温下会大量挥发。因此，研究 BN-ZCM 复合材料在高温下的氧化机理及其氧化产物的挥发对氧化过程的影响，对这种复合材料的实际应用具有指导意义。

BN-ZCM（氧化锆、刚玉、莫来石）复合材料的氧化反应为

$$2(BN-ZCM)(s) + 1.5O_2(g) = B_2O_3(l) + 2ZCM(s) + N_2(g)$$

$$\Delta_r G^\ominus = -720900 + 27.24T \quad J/mol \quad T = 1685 \sim 1696 \ K$$

获得的不同温度下 BN-ZCM 试样的等温氧化动力学实验结果如图 4-114 所示。

BN-ZCM 试样氧化产物经 XRD 分析，结果表明为 α-Al$_2$O$_3$、ZrO$_2$、A$_9$B$_2$（9Al$_2$O$_3$·2B$_2$O$_3$）和 SiO$_2$，如图 4-115 所示。

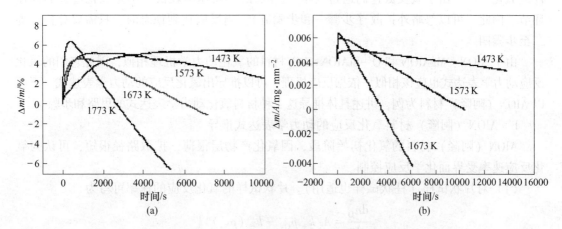

图 4-114　BN-ZCM 试样的等温氧化增重曲线

（a）BN-ZCM 粉末试样；（b）BN-ZCM 片状试样

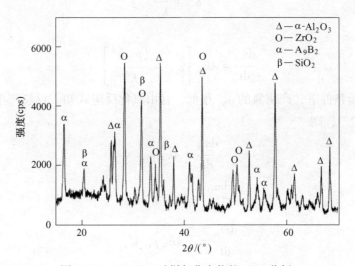

图 4-115　BN-ZCM 试样氧化产物的 XRD 分析

C　氧化动力学机理分析

a　AlON、MgAlON 和 O′-SiAlON-ZrO$_2$ 的氧化动力学机理

由 AlON、MgAlON 和 O′-SiAlON-ZrO$_2$ 的等温氧化增重曲线（图 4-109、图 4-110、图 4-112）知，这 3 种材料它们的氧化动力学机理相似。对片状（或柱状）试样的氧化过程大致可分为 5 步：步骤一，氧气通过气-固边界层向试样表面传质（外扩散）；步骤二，氧从氧化产物层表面向反应界面迁移（内扩散）；步骤三，在界面发生化学反应，生成产物氮（界面化学反应）；步骤四，产物氮则通过固体氧化产物层向其表面扩散（内扩散）；步骤五，氮通过气-固边界层进入气相（外扩散）。

实验过程中发现：氧化气氛空气的流速超过 600 mL/min 时，其流量大小不再影响试样的氧化速度。由于氧及氮它们通过气-固边界层的传质速率较快，不是氧化过程的控速环节。因此，可以忽略外扩散（步骤一和步骤五）。当反应达到稳态时，只需要分析步骤二至步骤四。

由于 AlON、MgAlON 和 O′-SiAlON-ZrO$_2$ 材料的氧化动力学机理相似，因此它们的氧化反应动力学表达式也应该相似。依据反应机理，可以推导出氧化反应的动力学表达式。下面以 AlON（阿隆）材料为例，讲述具体推导这 3 种材料氧化动力学表达式的思路和步骤。

b AlON（阿隆）材料氧化反应的动力学表达式推导

AlON（阿隆）材料的氧化初始阶段，因氧化产物层很薄，扩散路径很短，可认为氧化反应速率受界面化学反应控制。

（1）对片状试样（柱状试样也适用）。片状试样的氧化反应的速率可写为

$$\frac{dn_O}{dt} = A\left[k_+ p_{O_2} - k_- (p_{N_2})^n\right]$$

式中，k_+ 和 k_- 分别为氧化反应的正反应和逆反应的速率常数；A 是反应界面的面积；n_O 是氧迁移的物质的量（摩尔数）；p_{O_2} 和 p_{N_2} 分别为反应界面处氧气和氮气的分压。

因

$$K^{\ominus} = \frac{k_+}{k_-}$$

故

$$\frac{dn_O}{dt} = Ak_+\left[p_{O_2} - \frac{(p_{N_2})^n}{K^{\ominus}}\right]$$

在氧化实验条件下，产物氮的 p_{N_2} 很低，且由氧化反应式知，反应产生的氮与消耗的氧的摩尔比为 2/3，则

$$\frac{dn_O}{dt} = Ak_+ p_{O_2}$$

$$\frac{dm_O}{dt} = Ak_+ p_{O_2} M_{O_2}$$

$$\frac{dm_N}{dt} = \frac{2}{3}Ak_+ p_{O_2} M_{N_2}$$

式中，M_{O_2} 和 M_{N_2} 分别为氧和氮的摩尔质量；m_O 和 m_N 分别为氧化过程中所消耗的氧和所产生的氮的质量。

于是氧化过程的质量变化速率可表示为

$$\frac{dm}{dt} = \frac{dm_O}{dt} - \frac{dm_N}{dt} = Ak_+ p_{O_2}\left(M_{O_2} - \frac{2}{3}M_{N_2}\right)$$

（2）对粉末试样。可假设粉末试样为均匀的球形颗粒，m 为氧化任意时刻试样的质量，m_0 为氧化初始时刻试样的质量，m_∞ 为氧化反应终止时试样的质量，Δm 为任意时刻的氧化增重，Δm_{max} 为最大氧化增重。

令

$$\alpha = \frac{m - m_0}{m_\infty - m_0} = \frac{\Delta m}{\Delta m_{max}}$$

则有

$$\frac{\mathrm{d}\alpha}{\mathrm{d}t} = \frac{A_0 (1-\alpha)^{2/3} k_+ p_{O_2} \left(M_{O_2} - \dfrac{2}{3}M_{N_2}\right)}{m_\infty - m_0}$$

式中，A_0 为试样的初始表面积。

积分得到

$$(1-\alpha)^{1/3} = 1 - k_+ \left(M_{O_2} - \frac{2}{3}M_{N_2}\right) \frac{A_0 p_{O_2}}{3(m_\infty - m_0)} t$$

令

$$k_r = k_+ \left(M_{O_2} - \frac{2}{3}M_{N_2}\right) \frac{A_0 p_{O_2}}{3(m_\infty - m_0)}$$

则上式可写为

$$(1-\alpha)^{1/3} = 1 - k_r t$$

c BN-ZCM 复合材料的氧化动力学表达式的推导

氧化实验结果表明，在高温下 BN 氧化为 B_2O_3，试样增重；又由于 B_2O_3 熔点低、蒸气压高而产生挥发，试样又会失重。这种情况的氧化动力学表达式的推导，不仅要考虑氧化增重，同时也要考虑产物的挥发引起的失重。下面是具体的推导思路和步骤。

假定片状试样在氧化前后的体积不变，则试样由于氧化而产生的增重为

$$\frac{\mathrm{d}(\Delta w_o)}{\mathrm{d}t} = A_0 (\theta' \rho_{B_2O_3} - \theta \rho_{BN}) \frac{\mathrm{d}x}{\mathrm{d}t}$$

式中，Δw_o 为不考虑挥发氧化过程的增重；A_0 是试样的表面积；θ 和 θ' 分别为 BN 和 B_2O_3 的体积分数；x 表示氧化层的厚度；$\rho_{B_2O_3}$ 和 ρ_{BN} 分别表示 B_2O_3 和 BN 的体积密度。

假定 B_2O_3 的挥发速率为一常数，于是试样的失重可表示为

$$\frac{\Delta w_e}{A_0} = \frac{\theta' A_0 x_2 \rho_{B_2O_3}}{A_0} = k_e t$$

式中，Δw_e 为由于 B_2O_3 的挥发而产生的失重；x_2 表示挥发层的厚度；k_e 是 B_2O_3 挥发的速率常数。

在氧化初期界面化学反应是氧化过程的控速环节，因此，氧化速率 r_o 为

$$r_o = \frac{\mathrm{d}(\Delta w_o)}{\mathrm{d}t} = A_0 k_r C^i$$

式中，k_r 为界面化学反应的速率常数；C^i 为界面氧含量。

积分得

$$\frac{\Delta w_o}{A_0} = k_r C^i t = k_o t$$

式中，$k_o = C^i k_r$ 为氧化速率常数。

同时考虑氧化增重和 B_2O_3 挥发失重，则有

$$\frac{\Delta w}{A_0} = \frac{\Delta w_o - \Delta w_e}{A_0} = (k_o - k_e) t$$

式中，Δw 表示试样总质量的变化。

随着氧化过程的进行，氧化产物层增厚，扩散阻力增大，通过产物层的扩散成为控速环节。假定氧化层厚度为 $x = x_1 + x_2$，即内层 x_1 为含 B_2O_3 的氧化产物层，外层 x_2 为 B_2O_3 已挥发的产物层。另外，外层由于 B_2O_3 的挥发产生孔隙率，使扩散阻力减小。于是，氧化增重与时间关系为

$$\frac{dw_o}{dt} = A_0 \Delta C \frac{D}{x_1} = A_0(\theta'\rho_{B_2O_3} - \theta\rho_{BN})\frac{dx}{dt} \tag{1}$$

式中，$\Delta C = C - C^i$，在扩散控速条件下，C^i 的含量较小，于是 $\Delta C = C$；D 为扩散系数。

已知

$$x_1 = x - x_2 = x - \frac{k_e t}{\theta'\rho_{B_2O_3}}$$

$$\frac{dx_1}{dt} = \frac{dx}{dt} - \frac{k_e}{\theta'\rho_{B_2O_3}} \tag{2}$$

由上面的式（1）和式（2）经变换可得

$$(\theta'\rho_{B_2O_3} - \theta\rho_{BN})\left(\frac{dx_1}{dt} + \frac{k_e}{\theta'\rho_{B_2O_3}}\right) = \frac{CD}{x_1}$$

经整理得

$$\frac{x_1 dx_1}{\dfrac{CD}{\theta'\rho_{B_2O_3} - \theta\rho_{BN}} - \dfrac{k_e}{\theta'\rho_{B_2O_3}}x_1} = dt$$

或写成

$$\frac{\theta'\rho_{B_2O_3}}{k_e}\left(\frac{1}{1 - \dfrac{k_e(\theta'\rho_{B_2O_3} - \theta_{BN})}{CD\theta'\rho_{B_2O_3}}x_1} - 1\right)dx_1 = dt$$

此式积分后得

$$-x_1 - \frac{CD\theta'\rho_{B_2O_3}}{k_e(\theta'\rho_{B_2O_3} - \theta\rho_{BN})}\ln\left[1 - \frac{k_e(\theta'\rho_{B_2O_3} - \theta\rho_{BN})}{CD\theta'\rho_{B_2O_3}}x_1\right] = \frac{k_e}{\theta'\rho_{B_2O_3}}t$$

当 $t \to \infty$，则可近似为

$$\frac{k_e(\theta'\rho_{B_2O_3} - \theta\rho_{BN})}{CD\theta'\rho_{B_2O_3}}x_1 = 1$$

由上式可知，当氧化进行相当一段时间后，x_1 近似为常数，故有

$$k_o = \frac{d\dfrac{w_o}{A_0}}{dt} = \frac{CD}{x_1} = \frac{\theta'\rho_{B_2O_3} - \theta\rho_{BN}}{\theta'\rho_{B_2O_3}}k_e = 常数$$

$$\frac{d\dfrac{\Delta w_o}{A_0}}{dt} = k_o - k_e = \frac{-\theta\rho_{BN}}{\theta'\rho_{B_2O_3}}k_e$$

由此可知，经过较长氧化时间后，试样的总质量变化、氧化速率及挥发速率均为常数。由已知氧化实验数据，可分别求出不同温度时的 k_e 和 k_o。由 $\ln(k_o/[k_o])$ 与 $1/T$ 的关系图，可计算出氧化过程的表观活化能。需注意：k_o 是有量纲的，根据我国出版标准只

有无量纲的数才可有对数值，为此此处用 $[k_o]$ 表示为 k_o 的量纲并放置在分母，以便 k_o 能取对数值。

d AlON、MgAlON 及 O′-SiAlON-ZrO$_2$ 氧化过程表观活化能的计算

（1）颗粒试样氧化过程表观活化能的计算。利用 AlON、MgAlON 及 O′-SiAlON-ZrO$_2$ 粉末的氧化数据，利用 $(1-\alpha)^{1/3}$ 对时间 t 作图。在氧化的初期阶段，氧化过程的速率受界面化学反应控制，$(1-\alpha)^{1/3}$ 与 t 的关系为一直线，由斜率可得到不同温度下的 k_r。

根据阿仑尼乌斯（Arrhenius）经验式 $k = A\exp\left(\dfrac{-E_a}{RT}\right)$，以 $\ln(k/[k])$ 对 $1/T$ 作图，直线斜率为 $\dfrac{-E_a}{R}$。因此，利用获得的数据分别作这三种材料粉末试样的 $\ln(k_r/[k_r])$ 对 $1/T$ 图，如图 4-116 所示。由图可以得到 AlON、MgAlON 及 O′-SiAlON-ZrO$_2$ 界面化学反应控速阶段的氧化过程表观活化能分别为 218 kJ/mol、330 kJ/mol 和 260 kJ/mol。

（2）片状试样氧化过程表观活化能的计算。对于片状试样的氧化，初始阶段也为界面化学反应控速。

假设氧化过程中氧化界面面积 A 不变。由前面的推导知，氧化初始阶段氧化过程质量变化速率为

$$\frac{\mathrm{d}m}{\mathrm{d}t} = \frac{\mathrm{d}m_O}{\mathrm{d}t} - \frac{\mathrm{d}m_N}{\mathrm{d}t} = Ak_+ p_{O_2}\left(M_{O_2} - \frac{2}{3}M_{N_2}\right)$$

积分得

$$\Delta m/A = k_1 t$$

$$k_1 = k_+ p_{O_2}\left(M_{O_2} - \frac{2}{3}M_{N_2}\right)$$

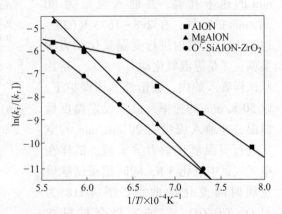

图 4-116 $\ln(k_r/[k_r])$ 对 $1/T$ 的关系图

随着氧化过程的进行，氧化产物层厚度不断增厚，通过产物层的扩散阻力也不断增大，扩散成为氧化过程的控速环节。此时，氧化过程质量变化速率可写为

$$\left(\frac{\Delta m}{A}\right)^2 = k_d t$$

用热重实验获得的数据计算，并作 $\left(\dfrac{\Delta m}{A}\right)^2$ 对 t 图，由图可得到扩散控速阶段氧化过程的表观速率常数 k_d。再根据阿仑尼乌斯关系，利用 $\ln(k_d/[k_d])$ 对 $1/T$ 作图，如图 4-117 所示。由直线的斜率可得

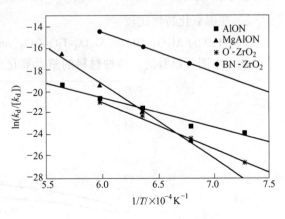

图 4-117 $\ln(k_d/[k_d])$ 对 $1/T$ 的关系图

到 AlON、MgAlON 及 O′-SiAlON-ZrO$_2$ 的氧化过程的表观扩散活化能分别为 227 kJ/mol、573 kJ/mol 和 367 kJ/mol。

4.6.4.5　热重分析应用实例二——Al$_2$O$_3$-TiC-ZrO$_{2(nm)}$ 纳米复合陶瓷的抗氧化性能分析

Al$_2$O$_3$-TiC 基复合材料属高温结构材料，多用于切削刀具、耐磨部件、热交换器等。由于摩擦力的作用，刀具刃口部位与切屑接触面的温度最高可达 1273 K 左右，因而抗氧化性能是衡量刀具材料性能的重要指标之一。为提高其韧性及抗氧化性能，采用添加纳米氧化锆和燃烧合成-热压工艺制备出 Al$_2$O$_3$-TiC-ZrO$_{2(nm)}$ 纳米复合材料，分析其抗氧化性能。

A　抗氧化实验

将制备出的纳米复合材料切成（10×5×1）mm^3 尺寸的片状试样，并经粗磨、细磨、抛光后，测量各试样精确的几何尺寸。然后，在法国 SETARAM 热重分析仪上进行氧化动力学实验，即测量氧化增重随时间变化的关系。

进行的氧化动力学实验，一是变温氧化动力学实验，将片状试样放入炉内，以 20 K/ min 的速率升温，并通入流量为 20 mL/min 的空气，在 298～1673 K（25～ 1400 ℃）范围内进行变温氧化动力学实验；二是等温氧化动力学实验，将片状试样置入炉内，在惰性气体保护下，以 50 K/min 的速率升温至设定温度后恒温，并通入流量为 20 mL/min 的空气进行等温氧化动力学实验，试样在空气气氛中氧化 3 h，同时记录试样质量随时间变化的曲线。图 4-118 为 Al$_2$O$_3$-TiC-ZrO$_{2(nm)}$ 纳米复合材料在 1373 K、1423 K 和 1473 K 的等温氧化动力学实验结果。

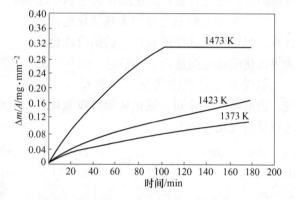

图 4-118　Al$_2$O$_3$-TiC-ZrO$_{2(nm)}$ 纳米复合材料等温氧化动力学曲线

B　Al$_2$O$_3$-TiC 和 Al$_2$O$_3$-TiC-ZrO$_{2(nm)}$ 纳米复合材料变温抗氧化性能比较

a　变温氧化特性比较

图 4-119 为 Al$_2$O$_3$-TiC 和 Al$_2$O$_3$-TiC-ZrO$_2$(nm) 纳米复合材料变温氧化增重与温度的关系曲线。由图可以看出，两种材料的整个氧化动力学曲线形状相似，都可分为两个阶段。

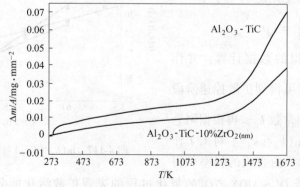

图 4-119　Al$_2$O$_3$-TiC 和 Al$_2$O$_3$-TiC-ZrO$_{2(nm)}$ 纳米复合材料变温氧化增重曲线

在 298~1273 K 这一阶段中，1073 K 前试样虽有微量增重但不明显，在 1073 K 附近 TiC 开始发生缓慢氧化，氧化增重缓慢增加；在第二阶段，当温度超过 1373 K，TiC 剧烈氧化，氧化增重快速增加。另外，由图还可以看出，Al_2O_3-TiC-$ZrO_{2(nm)}$ 纳米复合材料单位面积的氧化增重速率低于 Al_2O_3-TiC 材料的，即 Al_2O_3-TiC-$ZrO_{2(nm)}$ 纳米复合材料的抗氧化性能要优于 Al_2O_3-TiC 材料的。这表明添加的纳米 ZrO_2 粒子改善了 Al_2O_3-TiC 基复合材料的抗氧化性能。

b　氧化产物的热力学分析与试验验证

氧化前 Al_2O_3-TiO_2-$ZrO_{2(nm)}$ 纳米复合材料试样中的物相有 Al_2O_3、TiC 和四方 ZrO_2，其中只有 TiC 相能在空气中氧化，氧化产物可以是 TiO_2。然而从 Al_2O_3-TiO_2-ZrO_2 三元体系的相图（图 4-120）看，还有可能生成 Al_2TiO_5 和 $ZrTiO_4$ 三元氧化产物。下面从热力学角度分析 Al_2O_3-TiO_2-$ZrO_{2(nm)}$ 纳米复合材料与氧作用生成 TiO_2、Al_2TiO_5 和 ZrTiO 氧化产物的可能性，并通过检测分析来验证。

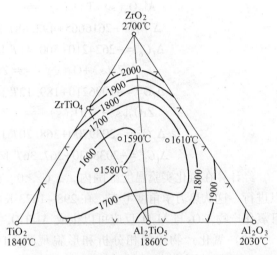

图 4-120　Al_2O_3-TiO_2-ZrO_2 体系三元相图

（1）热力学计算分析。TiC 氧化过程的总反应为

$$TiC(s) + 1.5O_2(g) == TiO_2(s) + CO(g) \tag{1}$$

由热力学数据表可以查得相关物质的标准生成吉布斯自由能分别为

$$Ti(\alpha,s) + C(s) == TiC(s) \tag{2a}$$
$$\Delta_f G_2^\ominus = -183100 + 10.10T \text{ J/mol} \quad T = 298 \sim 1155 \text{ K}$$

$$Ti(\beta,s) + C(s) == TiC(s) \tag{2b}$$
$$\Delta_f G_2^\ominus = -186600 + 13.20T \text{ J/mol} \quad T = 1155 \sim 2000 \text{ K}$$

$$Ti(s) + O_2(g) == TiO_2(s) \tag{3a}$$
$$\Delta_f G_3^\ominus = -943490 + 179.08T \text{ J/mol} \quad T = 298 \sim 1940 \text{ K}$$

$$Ti(l) + O_2(g) == TiO_2(s) \tag{3b}$$
$$\Delta_f G_3^\ominus = -941820 + 178.24T \text{ J/mol} \quad T = 1940 \sim 2128 \text{ K}$$

$$C(石墨) + 0.5O_2(g) == CO(g) \tag{4}$$
$$\Delta_r G_4^\ominus = -116315 - 83.89T \text{ J/mol} \quad T = 298 \sim 3400 \text{ K}$$

计算反应（1）的标准吉布斯自由能

$$\Delta_r G_1^\ominus = \Delta_f G_3^\ominus + \Delta_r G_4^\ominus - \Delta_f G_2^\ominus$$
$$\Delta_r G_1^\ominus = -876705 + 85.09T \text{ J/mol} \quad T = 298 \sim 1155 \text{ K}$$
$$\Delta_r G_1^\ominus = -873205 + 81.99T \text{ J/mol} \quad T = 1155 \sim 2000 \text{ K}$$

在氧化实验温度 298~1673 K 范围内，$\Delta_r G_1^\ominus < 0$，TiC 的氧化反应可以进行，氧化可以生成 TiO_2。

同样方法可以计算生成三元化合物反应的标准吉布斯自由能。

$$2Al(s) + \frac{2}{3}O_2(g) == Al_2O_3(s) \tag{5}$$

$$\Delta_f G_5^\ominus = -1673175+313.80T \text{ J/mol} \quad T=298\sim932 \text{ K}$$

$$2Al(l) + \frac{2}{3}O_2(g) == Al_2O_3(s)$$

$$\Delta_f G_5^\ominus = -1680720+321.33T \text{ J/mol} \quad T=932\sim2345 \text{ K}$$

$$Al_2O_3(s)+TiO_2(s) == Al_2TiO_5(s) \tag{6}$$

$$\Delta_r G_6^\ominus = -2616665+492.88T \text{ J/mol} \quad T=298\sim932 \text{ K}$$

$$\Delta_f G_6^\ominus = -2624210+500.41T \text{ J/mol} \quad T=932\sim2345 \text{ K}$$

$$Zr(s)+O_2(g) == ZrO_2(s) \tag{7}$$

$$\Delta_f G_7^\ominus = -1096210+189.12T \text{ J/mol} \quad T=298\sim2125 \text{ K}$$

$$ZrO_2(s)+ TiO_2(s) == ZrTiO_4(s) \tag{8}$$

$$\Delta_r G_8^\ominus = -2039700+368.20T \text{ J/mol} \quad T=298\sim1940 \text{ K}$$

$$\Delta_f G_8^\ominus = -2038030+367.36T \text{ J/mol} \quad T=1940\sim2128 \text{ K}$$

经计算在氧化实验温度范围内，$\Delta_r G_6^\ominus < 0$、$\Delta_r G_8^\ominus < 0$，表明反应（6）和反应（8）可以进行。这从热力学角度考查，在 298~1673 K 温度范围内 TiC 可以被氧化成为 TiO_2，而且氧化产物 TiO_2 与 Al_2O_3 反应可以生成 Al_2TiO_5，与 ZrO_2 反应可以生成 $ZrTiO_4$。

（2）氧化产物层的相分析和形貌观测。1673 K 氧化后的 Al_2O_3-TiC 和 Al_2O_3-TiC-$ZrO_{2(nm)}$ 纳米复合材料试样经 XRD 检测分析，结果表明：Al_2O_3-TiC 氧化产物相为 TiO_2（金红石）、Al_2TiO_5 和少量 Al_2O_3；而 Al_2O_3-TiC-$ZrO_{2(nm)}$ 纳米复合材料的氧化产物相复杂，主相为 Al_2TiO_5、次相为钛的变价氧化物，诸如 TiO_2、Ti_4O_7、Ti_3O_5、Ti_2O 等，此外还有 Al_2O_3、ZrO_2 和未被氧化的 TiC 相，但没有 $ZrTiO_4$ 相存在。

应该指出，Al_2O_3-TiO_2-ZrO_2 三元相图（图 4-120）表示的是 Al_2O_3、TiO_2 和 ZrO_2 这三种纯物质在平衡时存在的各种相关系，而氧化热重实验的氧化反应不一定达到了平衡；前面的热力学计算不是实际反应条件下的结果，而是纯物质在标准状态下反应的计算结果，只是给出判断反应进行的可能性，具体能否发生还要看实际反应条件，而实际试样中加入的纳米 ZrO_2 量较少，再加 TiC 并没全部氧化成 TiO_2。

通过 SEM 观察 1673 K 变温氧化后 Al_2O_3-TiC 和 Al_2O_3-TiC-$ZrO_{2(nm)}$ 纳米复合材料的表面形貌，见图 4-121。由图 4-121（a）可以看出，Al_2O_3-TiC 的氧化表面分布着大小不规则粒状颗粒，经 EDS 分析主要元素为 Ti 和少量 Al，它们可能是 TiC 与 O_2 发生反应生成 TiO_2 的金红石相，并长大形成粒状颗粒，以及高温下 TiO_2 与周围的 Al_2O_3 发生反应生成的 Al_2TiO_5 相。从图 4-121（b）Al_2O_3-TiC-$ZrO_{2(nm)}$ 纳米复合材料的氧化表面 SEM 形貌可以看到，氧化后出现了柱状的结晶，EDS 分析表明柱状晶体富含 Ti，推测为 TiO_2 和部分钛的变价氧化物。

添加 ZrO_2 纳米粒子后，晶粒内嵌着许多细小的纳米 ZrO_2 粒子，阻碍了氧的扩散进程，使 TiC 氧化不完全，因而出现 Ti_4O_7、Ti_3O_5、Ti_2O 等钛的低价氧化物，还残存一定量未被氧化的 TiC，且纳米粒子在晶粒内分布有利于金红石晶体沿高次对称轴方向生长成为柱状晶体。

从 SEM 观测 1673 K 氧化后 Al_2O_3-TiC 和 Al_2O_3-TiC-$ZrO_{2(nm)}$ 纳米复合材料试样纵断面的形貌，如图 4-122 所示，可以看出在添加纳米 ZrO_2 粒子后试样的氧化层明显变薄。

(a)　　　　　　　　　　　　(b)

图 4-121　两种复合材料经 1673 K 高温氧化表面的 SEM 形貌

(a) Al$_2$O$_3$-TiC，×2000；(b) Al$_2$O$_3$-TiC-ZrO$_{2(nm)}$，×2000

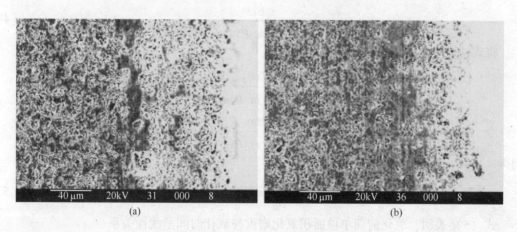

(a)　　　　　　　　　　　　(b)

图 4-122　1673 K 氧化试样纵断面的 SEM 形貌

(a) Al$_2$O$_3$-TiC；(b) Al$_2$O$_3$-TiC-ZrO$_{2(nm)}$

C　Al$_2$O$_3$-TiC-ZrO$_{2(nm)}$ 纳米复合材料等温氧化过程动力学分析

a　动力学模型及公式推导

根据气固相反应动力学理论，推导能够描述 Al$_2$O$_3$-TiC-ZrO$_{2(nm)}$ 纳米复合材料等温氧化动力学曲线（图 4-118 所示）的数学表达式。

设 Al$_2$O$_3$-TiC-ZrO$_{2(nm)}$ 纳米复合材料试样原始厚度为 L，表面积 A_0 为常数，TiC、TiO$_2$ 的密度分别为 ρ_{TiC}、ρ_{TiO_2}，试样的氧化层厚为 x，则氧化速度为

$$v = \frac{\mathrm{d}(A_0 x \varphi_{(TiC)} \rho_{TiC})}{\mathrm{d}t} = A_0 \varphi_{(TiC)} \rho_{TiC} \frac{\mathrm{d}x}{\mathrm{d}t} \qquad (1)$$

式中，$\varphi_{(TiC)}$ 为试样中未氧化的 TiC 体积分数。

氧化过程中单位面积增重 $\Delta w / A_0$ 为

$$\frac{\Delta w}{A_0} = \frac{w - w_0}{A_0} = \frac{x A_0 \varphi_{(TiO_2)} \rho_{TiO_2} - x A_0 \varphi_{(TiC)} \rho_{TiC}}{A_0}$$

所以

$$x = \frac{1}{\varphi_{(TiO_2)}\rho_{TiO_2} - \varphi_{(TiC)}\rho_{TiC}} \cdot \frac{\Delta w}{A_0} \tag{2}$$

式中，$\varphi_{(TiO_2)}$ 为试样被氧化层中 TiO_2 体积分数。

（1）氧化前期。由于试样表面直接与空气中的 O_2 接触，TiC 与试样表面吸附的氧发生化学反应，此时可认为材料的氧化速度与化学反应速度 V_C 相等，即 $V = V_C$，于是有

$$V_C = A_0 k'_C c \tag{3}$$

式中，k'_C 为氧化反应的速度常数；c 为试样表面 O_2 的浓度。

所以

$$A_0 \varphi_{(TiC)}\rho_{TiC} \frac{dx}{dt} = A_0 k'_C c$$

整理上式，并积分

$$\int_0^x dx = \int_0^t \frac{k'_C c}{\varphi_{(TiC)}\rho_{TiC}} dt$$

$$x = \frac{k'_C c}{\varphi_{(TiC)}\rho_{TiC}} t \tag{4}$$

将式（4）代入式（2），并整理得

$$\frac{\Delta w}{A_0} = \frac{k'_C c (\varphi_{(TiO_2)}\rho_{TiO_2} - \varphi_{(TiC)}\rho_{TiC})}{\varphi_{(TiC)}\rho_{TiC}} t$$

令

$$k_C = \frac{k'_C c (\varphi_{(TiO_2)}\rho_{TiO_2} - \varphi_{(TiC)}\rho_{TiC})}{\varphi_{(TiC)}\rho_{TiC}}$$

则得

$$\frac{\Delta w}{A_0} = k_C t \tag{5}$$

式（5）表明，氧化前期单位面积氧化增重与氧化时间呈线性关系。

（2）氧化中期。氧化反应进行了一段时间后，虽试样表面已形成一层很薄的 TiO_2 薄膜，但氧化膜不完整。继续氧化，一方面需氧通过氧化膜扩散到达反应界面；另一方面在没有氧化膜的地方，来自因范德华力作用形成的多分子吸附氧与 TiC 的化学反应也不可忽略。因此，此时材料的氧化速度由化学反应和扩散混合控制，即

$$v = \frac{A_0 c}{\frac{1}{k'_C} + \frac{x}{D}} \tag{6}$$

式中，D 为氧在氧化膜中的扩散系数。

由式（1）和式（6）得

$$A_0 \varphi_{(TiC)}\rho_{TiC} \frac{dx}{dt} = \frac{A_0 c}{\frac{1}{k'_C} + \frac{x}{D}}$$

移项整理，并积分得

$$\int_0^x \left(\frac{1}{k'_C} + \frac{x}{D}\right) dx = \int_0^t \frac{c}{\varphi_{(TiC)}\rho_{TiC}} dt$$

$$k'_C x^2 + 2Dx = \frac{2k'_C Dc}{\varphi_{(TiC)}\rho_{TiC}}t$$

将式（4）代入上式，并整理得

$$\left(\frac{\Delta w}{A_0}\right)^2 + B\left(\frac{\Delta w}{A_0}\right) = k_M t \tag{7}$$

式中，$B = \dfrac{2D(\varphi_{(TiO_2)}\rho_{TiO_2} - \varphi_{(TiC)}\rho_{TiC})}{k'_C}$；$k_M = \dfrac{2Dc(\varphi_{(TiO_2)}\rho_{TiO_2} - \varphi_{(TiC)}\rho_{TiC})^2}{\varphi_{(TiC)}\rho_{TiC}}$，为混合控速的速率常数。

式（7）表明，氧化中期单位面积增重与氧化时间呈现拟抛物线关系。

（3）氧化后期。氧化反应进行稍长一段时间，氧化膜已有相当的厚度，氧的扩散路径较长，扩散阻力大，这时氧的扩散成为氧化反应的控速环节。整个氧化反应的速度 v 由扩散速度 v_D 控制，可表示为

$$v = v_D = A_0 c \frac{D}{x} \tag{8}$$

由式（1）和式（8）得

$$A_0\varphi_{(TiC)}\rho_{TiC}\frac{dx}{dt} = A_0 c\frac{D}{x}$$

整理上式，并分别对 x 和 t 积分，得

$$\frac{1}{2}x^2 = \frac{cD}{\varphi_{(TiC)}\rho_{TiC}}t$$

将式（2）代入上式，并整理得

$$\left(\frac{\Delta w}{A_0}\right)^2 = k_D t \tag{9}$$

式中，$k_D = \dfrac{2(\varphi_{(TiO_2)}\rho_{TiO_2} - \varphi_{(TiC)}\rho_{TiC})^2 cD}{\varphi_{(TiC)}\rho_{TiC}}$，为扩散控速的反应速率常数。

式（9）表明，氧化后期单位面积增重与氧化时间关系符合抛物线规律。

综上所述，根据气/固相反应理论推导得到，Al_2O_3-TiC-$ZrO_{2(nm)}$ 纳米复合材料的氧化过程遵循界面化学反应控速、混合控速和扩散控速三段规律。

b 等温氧化动力学曲线的分析

用前面推导出的三段氧化动力学表达式拟合图 4-118 中 1373 K、1423 K 和 1473 K 三个温度等温氧化动力学曲线，结果见图 4-123，图中不同形状的点为实验点。由图可以看出，用三段控速的氧化动力学表达式，能很好描述 Al_2O_3-TiC-$ZrO_{2(nm)}$ 纳米复合材料等温氧化过程。因此，可以用得到的三段动力学表达式计算氧化各阶段的反应速率常数，再根据阿仑尼乌斯公式 $k = A\exp\left(-\dfrac{E_a}{RT}\right)$，以 $\ln(k/[k])$-$\dfrac{1}{T}$ 作图，如图 4-124 所示，由直线斜率和截距可以计算出表观活化能 E_a 和频率因子 A。

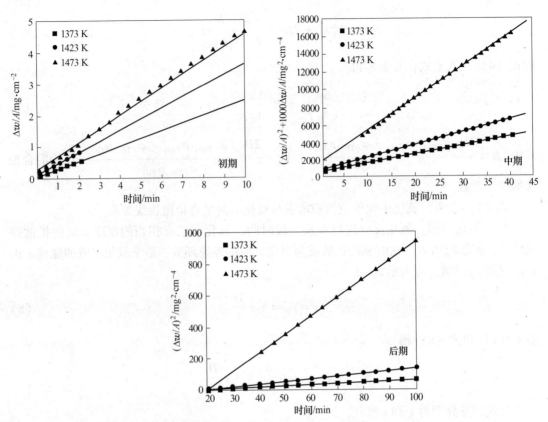

图 4-123　拟合不同阶段的 Al_2O_3-TiC-$ZrO_{2(nm)}$ 纳米复合材料等温氧化动力学曲线

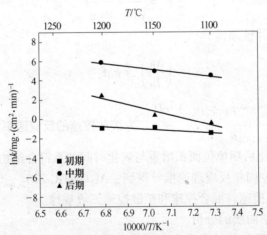

图 4-124　Al_2O_3-TiC-$ZrO_{2(nm)}$ 纳米复合材料不同阶段氧化过程 $\ln(k/[k])$ 对 $1/T$ 的关系图

由 Al_2O_3-TiC-$ZrO_{2(nm)}$ 纳米复合材料试样在各个阶段的表观活化能 E_a 和频率因子 A，得到氧化反应各阶段的速度常数与温度的经验关系式如下。

氧化初期：$k_C = 1357 \times 10^{30} \exp\left(-\dfrac{98400}{8.314T}\right)$　　mg/($cm^2 \cdot$ min)

氧化中期：$k_M = 2.304 \times 10^{10} \exp\left(-\dfrac{221200}{8.314T}\right)$　　mg^2/($cm^4 \cdot$ min)

氧化后期：$k_D = 1.446 \times 10^{18} \exp \left(-\dfrac{484100}{8.314T} \right) \quad \mathrm{mg^2/(cm^4 \cdot min)}$

c　等温氧化产物分析

不同温度下等温氧化 Al_2O_3-TiC-$ZrO_{2(nm)}$ 纳米复合材料 3h，氧化表面产物的 XRD 分析，如图 4-125 所示。结果表明，复合材料氧化后的物相组成为 TiO_2、Al_2O_3 和 Ti_2O。

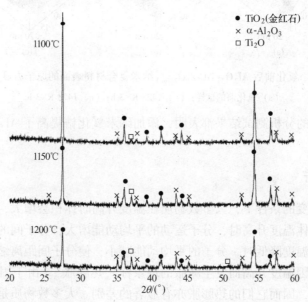

图 4-125　不同温度下等温氧化 3h Al_2O_3-TiC-$ZrO_{2(nm)}$ 纳米复合材料氧化表面的 XRD 分析

通过 SEM 观察三个温度等温氧化 3h Al_2O_3-TiC-$ZrO_{2(nm)}$ 纳米复合材料断面试样，结果如图 4-126 所示。由图可以看出，随着 Al_2O_3-TiC-$ZrO_{2(nm)}$ 纳米复合材料氧化温度的增高，试样氧化层的厚度明显增大。

图 4-126　Al_2O_3-TiC-$ZrO_{2(nm)}$ 纳米复合材料等温氧化断面 SEM 形貌
（a）氧化前；（b）1373 K×3 h；（c）1423 K×3 h；（d）1473 K×3 h

原子力显微镜观察 Al_2O_3-TiC-$ZrO_{2(nm)}$ 纳米复合材料氧化膜表面表明，氧化温度升高材料表面变得粗糙，出现了突起，氧化温度越高，表面上的突起越多，起伏也越大，见图

4-127。这与氧化后试样断面的 SEM 形貌观察结果一致。

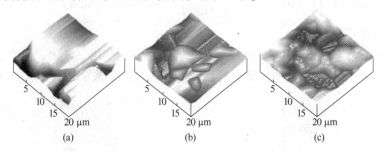

图 4-127　氧化前后 Al_2O_3-TiC-$ZrO_{2(nm)}$ 纳米复合材料表面的原子力显微镜形貌

（a）氧化前的试样；（b）1423 K×3 h；（c）1473 K×3 h

　　总之，多方面的分析测试结果都表明，添加纳米氧化锆提高了 Al_2O_3-TiC 复合材料的抗氧化性能。

4.6.5　热膨胀分析

　　在外界压力不变的条件下，大多数物质在温度升高时体积会增大，温度降低时体积会缩小。这是因为物体温度升高时，分子运动的平均动能增大，分子间的距离也增大，物体的体积随之增大；温度降低时，分子的平均动能减小，使分子间距离缩短，从而物体的体积就会缩小。这种因温度升高而发生膨胀的现象称"热膨胀"。由于固、液和气体分子运动的平均动能不同，因而它们的热膨胀亦有显著的差别。大多数物质是热胀冷缩的，然而也有少数物质在一定的温度范围内具有"冷胀热缩"现象，温度升高时体积反而减小，如低于 0 ℃的冰。

4.6.5.1　热膨胀分析的基本原理和热膨胀仪

A　热膨胀分析的基本原理

　　物质在温度变化过程中，会发生在一定方向上的长度或体积的变化（膨胀或收缩）。这个变化与物质的结构、分子（原子）键的类型及键能的大小，以及热容、熔点等性质密切相关。因此不同的物质（或组成相同而结构不同的物质）具有不同的热膨胀特性。热膨胀法（Thermal Dilatometry，TD）就是测量物质的尺寸随温度变化的一种方法。热膨胀仪主要用于测量物质的线性膨胀系数和体积膨胀系数。

a　线性膨胀系数

　　线性膨胀系数用符号 α 表示，它代表温度升高 1 ℃或 1 K 时，沿试样某一方向的相对伸长（或收缩）量，即

$$\alpha = \frac{\Delta l}{l_0 \Delta T} \tag{4-135}$$

式中，l_0 为试样的原始长度；$\Delta l = l - l_0$ 为试样在 ΔT 温度差时长度的变化量；l 为试样在某一温度时的长度。

　　若试样长度随温度升高而增大，则 α 为正值；反之试样长度随温度升高而减小，则 α 为负值。当物质在某一温度发生相变，相变后它的线性膨胀系数会有变化，测量时应注意相变的影响。

b 体积膨胀系数

体积膨胀系数用符号 γ 表示，它代表温度升高 1 ℃ 或 1 K 时，试样体积的相对膨胀（或收缩）量，即

$$\gamma = \frac{\Delta V}{V_0 \Delta T} \tag{4-136}$$

式中，V_0 为试样原始体积；$\Delta V = V - V_0$ 为试样在 ΔT 温度差时体积的变化量；V 为试样在某一温度时的体积。

若试样体积随温度升高而增大，则 γ 为正值；反之试样体积随温度升高而减小，则 γ 为负值。

B 热膨胀仪

常用的顶杆式热膨胀仪的外形和结构图如图 4-128 所示。测量时，试样在计算机控制温度下发生膨胀或收缩，因顶杆与试样紧密接触，试样长度的变化就通过顶杆传递给加热炉外的与其接触的位移传感器，位移传感器将试样长度变化的信号传送给测量系统，经测量系统给出试样长度的变化数据。顶杆式热膨胀仪测量属于接触式、相对测量的方法，需要用标准样品对系统进行标定，虽测量精度较低，但结构简单、操作方便和适用各种形状的样品，还可用于较高温度下的测量。因此，适用于材料的烧结过程的研究。

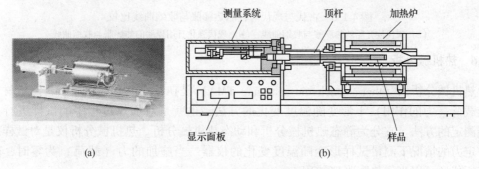

图 4-128 顶杆式热膨胀仪

(a) 外形；(b) 结构剖面图

非接触式热膨胀仪如新型的激光热膨胀仪，采用麦克尔逊（Michelson）干涉计来进行长度测量，测量精度很高，很适合研究超低膨胀材料，且可用于任何形状样品的测量。

C 热膨胀曲线

图 4-129 为不同升温速率下 Al_2O_3 陶瓷烧结过程中的热膨胀曲线。热膨胀曲线的横坐标是温度 T，纵坐标是试样的相对长度（%）。

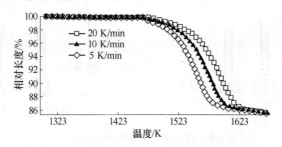

图 4-129 不同升温速率下 Al_2O_3 陶瓷烧结过程中的热膨胀曲线

4.6.5.2 热膨胀仪的应用

热膨胀仪常用于精确测定材料在程序升高（降低）温度过程中膨胀或收缩的情况。热膨胀仪若与其他热分析手段相结合，可用于研究陶瓷、玻璃、金属材料、高分子聚合物、建筑材料、复合材料等的热处理、烧结过程和添加剂的影响等，测定材料的线膨胀与收缩、玻璃化转变、相变等参数，是材料研究的重要测量手段。例如，在研究陶瓷烧结工艺历史和发展时，人们用热膨胀仪测量比较不同时代陶瓷胎的热膨胀和收缩曲线。图4-130 为对宋代古陶瓷胎和现代强化日用瓷胎的热膨胀曲线测量结果比较。由图可以看出，现代强化日用瓷胎的线膨胀系数和线收缩率均优于宋代汝瓷的。这表明，当今日用陶瓷的烧成工艺技术水平远高于宋代古陶瓷的烧成工艺。

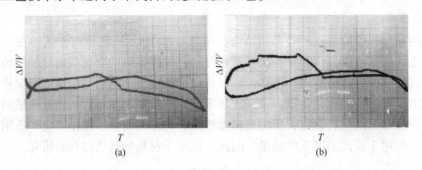

图 4-130 古代与现代陶瓷胎热膨胀与收缩曲线比较

（a）宋代汝瓷胎的热膨胀与收缩曲线；（b）现代强化日用瓷胎的热膨胀与收缩曲线

4.6.6 热机械分析

热机械分析法（thermomechanic analysis，TMA）是在一定的升温程序下，测量材料在恒定载荷（力的作用）下形变随温度变化的方法，也就是对加热过程中的试样进行力学性能测定的方法。它分为静态热机械分析和动态热机械分析。热机械分析仪是对试样施加了一定力的情况下测量试样形变随温度变化的仪器。当施加的力（载荷）为零时，热机械分析仪还可以当作热膨胀仪使用。

4.6.6.1 静态热机械分析

静态热机械分析是指分析试样在程序升温加热过程中，承受拉、压、弯、刺入等力的作用发生的形变与温度关系的方法。热机械分析中常用力的作用（加载）方式，如图4-131 所示。施力的方式不同，测量试样的力学性质也不同。例如，用针入法测量试样的软化温度，即用针状压杆触及试样，并施加一定的力（载荷），随温度上升到某一温度时，针状压杆急剧移动，此刻的温度就是试样的软化温度点；又如，在棒（或膜）状试样的延伸方向施以一力矩使之旋转，可测量出因温度变化而引起的模量变化。

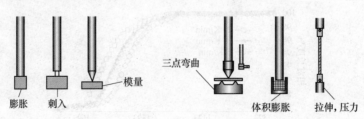

图 4-131 热机械分析中常用力的作用方式

通常测量时，对试样施加某种形式一定量的作用力（加载）后，随着温度升高不断测量试样的形变情况。以形变为纵坐标，温度为横坐标作图即可得到温度-形变曲线。从温度-形变曲线可以测定出试样的玻璃化转变温度（软化温度）和流动温度，用于评价材料的使用温度范围，或选择加工条件，也可得到材料的温度-热膨胀系数曲线，或经标定还可测量模量随温度变化关系，用于金属材料、高分子聚合物和无机非金属材料的结构与性能关系研究。

4.6.6.2 动态热机械分析

动态热机械分析（dynamic thermalmechanic analysis，DMA）是指在程序控制温度下，测量物质在振动载荷下的动态模量或力学损耗与温度关系的方法。通过动态热机械分析，可以测定材料受到周期性应力作用时的机械反应；也可以确定材料的黏弹性及流变性能，有的还可以测定材料的应力松弛及蠕变行为。在施加交变力时，动态热机械分析可同时考察温度、施力状况和频率对材料性能的影响。通过动态热机械分析测试，能对不同工况下材料的力学性能进行评估。

4.6.6.3 热机械分析的应用

由于高分子链运动单元的多重性，在不同的温度范围内，高分子聚合物呈现不同的力学特征及膨胀行为，高分子聚合物的化学结构，分子结晶度、交联，增塑和老化等在形变-温度曲线上都会有相应的反映。因此，热机械分析在高分子材料研究中应用极为广泛，是高分子材料性质的重要分析测试手段。用它可以测定高分子聚合物的玻璃化温度 T_g、纵向尺寸回缩率、抗蠕变性等，以及进行高分子聚合物的松弛运动、固化过程研究，评价材料的耐寒性、耐热性和低温韧性以及材料耐环境能力，表征高聚物材料阻尼特性等。另外，热机械分析方法在其他类型薄膜和纤维材料的研究中也使用。

4.6.7 热分析技术的发展

随着科学技术的发展，对热分析仪器的灵敏度和精度以及新的测量类型等方面的要求也不断提高，促进了热分析仪的发展。近年来热分析仪的发展主要体现在：出现新型热分析仪，原有热分析仪的高性能和小型化，以及几种热分析联用技术或热分析与其他测试的联用技术。

4.6.7.1 新型热分析仪

20 世纪末出现将近代温度控制技术用在 DSC 和 TG 的调制 DSC（MDSC）和调制 TGA 分析仪。它们控制温度的加热程序是在传统线性加热程序控温基础上叠加一个正弦震荡加热方式，使升温速率不再是一个常数，而是有固定周期的小范围的温度震荡。由于叠加了正弦的加热速率，因此可利用傅里叶变换对调幅热流进行计算，方便获得更多信息。例如，调幅 DSC 给出的测量结果是总热流、可逆热流和不可逆热流三条曲线，一次测量实验就能获得材料的总热流和比热容变化信息，这对研究高分子聚合物在相变期间的比热容变化和测量隔热材料在不同温度下的导热系数等提供了便利。为满足高技术用新型介电材料研究的需要，近年仪器开发商根据介电原理研发出介电热分析仪（DEA），通过测量温度的变化使介电材料出现结构上的电荷中心相对移动和自发极化强度的变化，方便研究者预测材料的性能。另外，美国研制出的微介电分析仪可与动态热机械分析仪联用，用同一试样可同时测出试样的介电性能及其动态力学性能，方便压电材料的研究。德国推出的激光导热性能测量仪（LFA），测量温度的范围很宽，为 233～2273 K（-40～2000 ℃），可测定试样的热扩散系数、两层试样的导热性能和合金的烧结温度，以及用于检验航空材料的导热质量等。

4.6.7.2　高性能及小型化

高性能及小型化是原有热分析仪发展的趋势。日本研制出了简便、经济的热流式扫描量热仪，它不仅体积小（为原产品的 1/3），同时升降温和气体切换速度快，并且仪器的灵敏度和精度都有很大提高。而美国研发出的新扫描量热仪，除采取措施大大提高了仪器的稳定性外，还采用了诸多新技术，诸如热保护、空气屏蔽和深冷技术等，使测量基线有很好的再现性，明显改善了仪器的低温性能，提高了量热精度（可达 0.2 μW）。另外，还有新开发的扫描量热仪，采用了金/金钯热电堆传感器，具有强的抗腐蚀性能和时滞校正功能，升温速率的改变不影响结晶的起始温度等特点。目前，新型的差热和热重分析仪的使用温度范围更宽，为 113~3273 K（-160~3000 ℃），测温精度更高，为 0.1 K，热天平感量为 0.1 μg。

4.6.7.3　热分析联用技术

几种热分析技术的联用称作综合热分析技术（热分析联用技术）。热分析联用技术分为同步联用和串接联用两类。

A　同步联用技术

同步联用技术是在程序控温下，对一个试样同时采用两种或两种以上技术进行分析，诸如热重-差热分析（TG-DTA）、热重-差示扫描量热分析（TG-DSC）、差示扫描量热-热重-微商热重分析（DSC-TG-DTG）、差热-热机械分析（DTA-TMA）、差热-热重-热机械分析（DTA-TG-TMA）等热分析联用技术。

B　串接热分析联用技术

串接热分析联用技术是将热分析仪通过接口与其他分析仪串联连接，实现对热分析过程产生的挥发物同步进行分析的目的。使用串接热分析联用技术的有热重与质谱串接、热重与气相色谱串接、热重与傅里叶红外光谱串接以及热重与 X 射线衍射串接等。目前用得最多的是热重与质谱串接。

热重与质谱串接的关键是接口技术。它应满足热分析时产生的挥发物成分能及时引入到质谱仪的离子化器。传输过程中，既不发生冷凝，也不发生使原组分发生改变的二次反应，并且能维持质谱所需的真空度。目前有毛细管式和集气式两种连接接口。

毛细管式接口是采用一根直径极小的内衬石英玻璃的不锈钢毛细管连接热分析仪和质谱仪。毛细管可加热到 170~250 ℃，防止热分析产生的挥发物在输运过程中发生冷凝。

集气式接口由节流孔和集气器组成。热分析产生的挥发物先通过节流孔进入初级真空区，然后通过负压经集气器被输入到质谱系统中。实验证明，采用集气式接口质谱分析的灵敏度比采用毛细管法接口的要高，并且随质量数的提高而提高，如质量数为 91 的峰强是毛细管接口的 2100 倍。这是因集气法接口直接放在热分析仪的炉内，其温度与热分析试样温度接近，而且热分析产生的挥发物输送到质谱离子源距离仅几厘米，完全避免了待分析的挥发物的凝结和二次反应，从而降低了质谱噪声，并提高了分析灵敏度。

C　联用分析技术优点

采用联用分析技术可以获得更多的有关信息，便于相互补充和佐证，有利于深化研究，同时集多种分析技术在一台仪器中，测量时实验条件相同，使用方便，实验误差小，也便于综合分析数据，满足各种研究的需求，已得到广泛的使用。

4.6.8 综合热分析应用实例

热分析数据对分析材料在加热或冷却过程中产生的物理或化学变化提供了依据。综合热分析将多种热分析技术集中在一台仪器上，实验条件相同，实验误差相对较小，且可直接判断材料制备过程的物理过程和化学变化。下面通过实例说明综合热分析在研究制备材料过程中的应用。

中空镍纤维是高科技用新型材料。制备中空镍纤维可通过将水热法制备的纳米镍颗粒/粘胶复合纤维热解脱芯获得。热解脱芯工艺的选择需借助热重与差示扫描量热联合（TG-DSC）分析，从各种可能的纳米金属镍颗粒复合纤维的热解脱芯工艺中，确定适宜的方法和合理的工艺条件。下面是借助热重与差示扫描量热联合（TG-DSC）分析研究热解脱芯工艺的过程。

4.6.8.1 热力学分析

热解实验前，先进行热力学估算粘胶纤维的热解反应情况。热力学估算表明，粘胶纤维的热解反应不管是先分解为左旋葡萄糖，再分解成碳的氧化物、甲烷和水汽或是直接热解为石墨和水汽，或者在氧化气氛下发生热解等，热解过程均可进行。

纳米镍颗粒/粘胶复合纤维的热解脱芯工艺可有多种。粘胶纤维的低温热解和碳化过程，理论上就是逐步脱除物理和化学结合水的过程，即$(C_6H_{10}O_5)_n(fiber) \rightarrow 6nC(s) + 5nH_2O(g)$。热力学计算结果表明反应可在任何温度下发生，但由于动力学原因，一般温度下观察不到反应的进行。

在研究从粘胶纤维制备碳纤维的报道中，有人认为实际上粘胶纤维在低温热解和碳化过程中，除生成碳和水外，还产生大量的CO_2、CO、焦油等几十种含碳低分子量物质。由此可见，纳米镍颗粒/粘胶复合纤维的脱芯，必须在一定的气流中才能将产物携带清除干净。

基于热力学的分析，考虑复合纤维的热解脱芯工艺可以是：（1）在空气气氛中热解脱水和氧化脱碳，与此同时金属镍也被氧化，然后再经还原得到中空镍纤维；（2）在惰性气氛（氩或氮）下热解粘胶纤维，并通过气流携载带出缓慢脱碳；（3）在氢气气氛下热解粘胶纤维，并通过气流携载带出产物，脱除粘胶纤维芯，以期获得中空镍纤维。

4.6.8.2 实验研究

在热分析仪上进行不同气氛下的纳米镍颗粒/粘胶复合纤维的热重（TG）和差示扫描量热（DSC）联合分析，选择合适的复合纤维热解脱芯工艺。纳米金属镍颗粒/粘胶复合纤维在空气中的 TG 和 DSC 结果，如 4.6.4.3 节中图 4-102 所示。从图中 TG 结果可看出，在约550 K 前样品逐渐脱除物理和部分化学吸附水，缓慢失重，550~650 K 左右纤维的键断裂，产生 H_2O、CO、CO_2 和 CH_4 等产物并被携带出，样品急剧失重。与此同时，DSC 的结果表明：纳米镍颗粒/粘胶复合纤维在 630 K 附近有个放热峰，结合 TG 结果可以认为此峰为粘胶纤维的氧化放热峰；到 700 K 左右粘胶纤维全部氧化完，并伴有 30% 左右的失重；此后，在720 K 左右为金属镍的氧化，到 1060 K 左右全都氧化完，并伴有约 15% 的增重。

从 4.6.4.3 小节中镍的氧化反应标准自由能计算结果知，在空气气氛中，720 K 金属镍可以被氧化，这与差示扫描量热的实验结果相吻合。由于纤维表面为纳米镍颗粒，其比表面大，化学活性大，与氧结合的能力更强，起始氧化的温度可能会更低。

根据热分析结果，纳米镍颗粒/粘胶复合纤维的热解脱芯制备中空镍纤维的工艺可以是，在700K之前在空气中升温热解粘胶纤维，之后改换为惰性气体携带热解产物，以防止金属镍的氧化。为了解纳米镍颗粒/粘胶复合纤维在惰性气体气氛下（氩气或氮气）热解脱芯的行为，进行了复合纤维在惰性气体气氛下的TG分析实验。

图4-132为纳米金属镍颗粒/粘胶复合纤维在惰性气氛下（氩气或氮气）的TG分析结果。由图4-132(a)可以看出，在氮气环境下550 K左右粘胶纤维开始热解失重，随后在570 K附近出现急剧失重，约在650 K之后缓慢失重（热解产物的逐渐排除）。由图4-132(b)看出，在氩气气氛下粘胶纤维的热解过程大体与在氮气环境下的相似，550 K左右粘胶纤维开始热解，然后急剧失重，到670 K左右失重开始减缓，即热解产物逐渐排除。惰性气氛下脱芯，不会使金属镍壳层氧化，但从热力学分析结果看，壳层内可能会有残留碳。

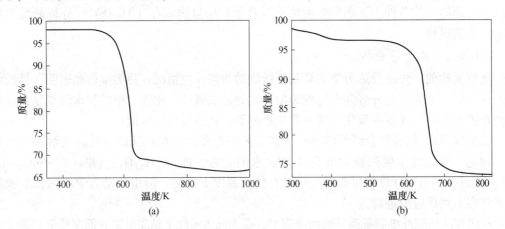

图4-132   纳米金属镍颗粒/粘胶复合纤维在惰性气氛下的TG分析结果
（a）氮气气氛；（b）氩气气氛

由上述热分析实验结果可以看出，复合纤维在空气和氮气气氛中的热分解过程基本相似，主要热分解反应均大体发生在550~650 K之间，此时失重约为35%左右，急剧热解反应大体发生在580~630 K温度范围，而在氩气气氛下复合纤维的热解反应，虽开始温度也在550 K附近，但整个反应行程较长，速率较缓，发生急剧反应的温度范围约在640~670 K。热分解反应越激烈，粘胶纤维素大分子链的断裂越剧烈，产生的含碳低分子量热解产物就越多。相反，热分解越缓和，含碳低分子量热解产物就越少，因而脱芯过程就越长，残留碳的可能性就越大。由此可见，采用纳米镍颗粒/粘胶复合纤维在氮气流中脱芯，残留碳含量会较少；在空气流中脱芯，不会有残碳，但在温度高于700 K时，会发生金属镍的氧化。为防止镍的氧化，需转换成惰性气氛，或脱芯后在氢气中还原。为考察在含氢的气氛中脱除粘胶纤维芯的可行性，进行了纳米镍颗粒/粘胶复合纤维与纯粘胶纤维在含12%氢气的氩气气氛中的热重分析。

由图4-133可知，在含12%氢气的氩气气氛中，纳米镍颗粒/粘胶复合纤维（图4-133(a)）和纯粘胶纤维（图4-133(b)）的热解规律不完全一致。除急剧失重阶段起止温度不同外，复合纤维有一个宽的较快失重阶段。这种现象也出现在其他几种气氛的实验中，这可能是由于金属镍的催化作用缘故。但与空气、氮和氩气气氛相比，在12%H_2+Ar气氛中复合纤维热解发生在 500~750 K 温度之间，主要热解过程发生在约 500~680 K 之间，而急剧反应失重阶段为 630~680 K 左右，与在氩气气氛下相近，但比在空气和氮气气氛下高了许多，原因何在有待今后进一步研究。从图 4-133(a) 看出，复合纤维热解过程在 800 K 左右结束，满足安全使用氢气的条件（低于 873 K）。因此，含氢气氛中实现脱除粘胶纤维芯在技术上是可行的。但要注意，在含氢气氛下脱芯，虽然过程中金属镍壳层不会发生氧化，但可能会有镍颗粒吸收氢的问题。因此，脱芯后还需要有脱氢步骤。

综合上述实验结果，在空气（氧化性气氛）、惰性气氛以及含氢气氛下都可发生粘胶纤维的热分解反应，实现纳米镍颗粒/粘胶复合纤维的脱芯。这与热力学分析一致。纳米镍颗粒/粘胶复合纤维的脱芯，实际上是粘胶纤维热解、脱水、排除气体产物以及残留碳的排除过程。从失重曲线可以看出，纳米镍颗粒/粘胶复合纤维的脱芯大体可分为三个阶段：（1）粘胶纤维脱除吸附水和结合水的阶段；（2）粘胶纤维大分子主链断裂生成 CO、CO_2、烷烃及其他低分子量碎片等，为粘胶纤维主要失重阶段；（3）热解产物和残留碳的继续排除阶段。不同气氛下，各阶段起止温度有差异。

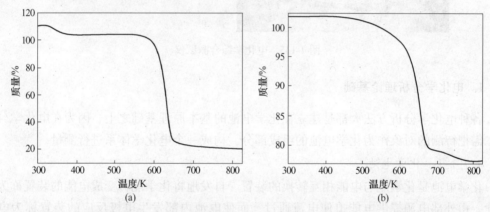

图 4-133　纳米金属镍颗粒/粘胶复合纤维与纯粘胶纤维在 12%H_2+Ar 气流中的 TG 分析
(a) 纳米金属镍颗粒/粘胶复合纤维；(b) 纯粘胶纤维

为从复合纤维获得没有残留碳的中空镍纤维，采用与纯粘胶纤维热解炭化工艺不同的气氛，在流动的氧化性气氛（空气）中，低温（700 K）热处理复合纤维，使粘胶纤维热解、脱除产物，获得中空镍纤维，见图 4-134。

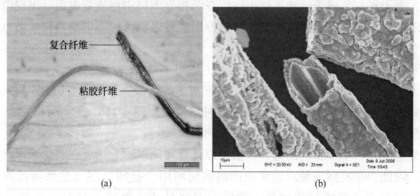

图 4-134　脱芯前后镍/粘胶复合纤维和中空镍纤维形貌
(a) 粘胶纤维和镍/粘胶复合纤维 LOM；(b) 脱芯后纳米颗粒中空镍纤维 SEM

4.7　电化学分析及应用

电化学分析是以测量某一化学体系或试样的电响应为基础建立的一类分析方法，诸如把测量的对象构成一个电化学体系，通过测量系统的某些物理量，获得物质的一些电化学性质或含量等。图 4-135 所示为目前常用的集各种参数测量于一体的电化学综合测试仪。

图 4-135　电化学综合测试仪

4.7.1　电化学分析理论基础

各种电化学分析方法大都是建立在化学电池的基本原理基础之上，因为在电化学分析时，需把待测的对象作为化学电池的组成部分，构成一个电化学体系进行测量。

4.7.1.1　化学电池

化学电池是化学能与电能相互转换的装置。自发地将化学能转变成电能的装置称为原电池。由外部电源提供电能迫使电流通过，而使电池内部发生电极反应的装置称为电解电池。

4.7.1.2　液接界电势

液接界电势在有的书中简称之为"液接电势"或"液界电势"，它是两个不同组成（或同一种组成的不同浓度）的电解质溶液直接接触时，在相界面上由于扩散作用发生离子的迁移，因为正、负离子运动速度不同，在两相界面层中形成双电层，出现电势差，从而产生了液接界电势。按照形成相间电势的原因也可以将液接界电势叫作扩散电势。液接界可分为三种类型。

（1）电解质相同但浓度不同的两种溶液，如图 4-136(a) 所示。

（2）相同浓度的两种不同电解质有一共同离子的溶液，如图 4-136(b) 所示。

（3）电解质完全不同，浓度也不同的两种溶液，如图 4-136(c) 所示。

这种分类方法便于以后处理液接界电势问题。

液接界电势是一个不稳定的量，数值难以计算和测量，它的存在将影响电池电动势的测量结果。因此，在实际测量时通常在两溶液间利用"盐桥"尽可能地降低液接界电势的影响，以致可以忽略液接界电势。盐桥的溶液是正、负离子具有几乎相等的迁移数（淌度）的浓溶液，如用琼脂固定的饱和 KCl 溶液或 NH_4NO_3 溶液。

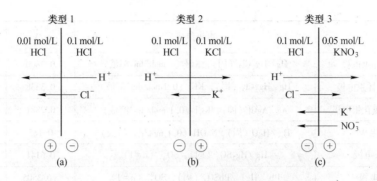

图 4-136 液接界类型

4.7.1.3 电极电势及其测量

A 电极电势

当把金属插入电解质溶液中时，金属将不断溶解到溶液中，溶解的金属以离子形式进入溶液，而把电子留在金属表面，其结果是金属带负电，溶液带正电，两相间形成双电层，从而破坏了原来金属和溶液两相间的电中性，产生了电势差。这种电势差将排斥金属离子继续进入溶液，而金属表面的负电荷对溶液中的金属离子又有吸引力，这两种作用平衡的结果，形成了平衡相间电势，称之为平衡电极电势（即可逆电极电势）。可逆电极（平衡电极）就是在平衡条件下工作的、电荷交换和物质交换都处于平衡的电极。

B 电势测量

原电池是由两个相对独立的电极组成的，每个电极相当于一个"半电池"，分别进行氧化或还原反应。到目前为止，人们还不能从实验上测定或从理论上计算一个独立电极的电极电势，只能测出由两个电极组成的电池的总电动势。因此，在实际应用中只要知道待测电极与一个选定作为标准电极组成的电池的电动势，就可以求出这个待测电极的电势了。1958 年国际理论与应用化学联合会（IUPAC）正式规定，采用标准氢电极作为标准电极。根据这个规定，电极的氢标电势就是这个电极与同温度下的标准氢电极组成的电池的电动势。人们可以从一些数据手册中查到室温下一些电极对氢标电极的电势值。

电极电势的测定实际是原电池电动势的测量。在实际工作中，经常使用的电极电势是相对于某一参比电极的相对电势。在电化学中，规定标准氢电极在任何温度下的相对电势为零。测量电极电势时，测量仪的一个接头与待测电极的金属相连，而另一个接头必须形成固/液界面的第二电极，用它作为在实验条件下具有稳定可重现的电势值的标准电极，称参比电极。通常需根据实验条件要求选择参比电极。例如，在用氢标准电极有困难，实验体系又不允许氯化物存在时，可采用硫酸亚汞参比电极。几种常见的参比电极在 25 ℃时的氢标电势值列于表 4-30。

表 4-30　几种常见参比电极（25 ℃）

电极	电极组成	φ/V	$\dfrac{\mathrm{d}\varphi}{\mathrm{d}t}/V \cdot ℃^{-1}$
标准氢电极	Pt，H_2（$p_{H_2}=101.325Pa$）|H^+（$a_{H^+}=1$）	0.0000	0.0×10^{-4}
饱和甘汞电极	Hg/Hg_2Cl_2（固），KCl（饱和溶液）	0.2415	-7.5×10^{-4}

电极	电极组成	φ/V	$\dfrac{\mathrm{d}\varphi}{\mathrm{d}t}/V \cdot ℃^{-1}$
1 mol/dm³ 甘汞电极	Hg /Hg$_2$Cl$_2$（固），KCl（1 mol/dm³溶液）	0.2800	$-0.7×10^{-4}$
0.1 mol/dm³ 甘汞电极	Hg /Hg$_2$Cl$_2$（固），KCl（0.1mol/dm³溶液）	0.3338	$-2.4×10^{-4}$
0.1 mol/dm³ 氯化银电极	Ag /AgCl（固），KCl（0.1 mol/dm³溶液）	0.2881	$-6.5×10^{-5}$
氧化汞电极	Hg /HgO（固），NaOH（0.1 mol/dm³溶液）	0.165	
硫酸亚汞电极	Hg /Hg$_2$SO$_4$（固），SO$_4^{2-}$（$a=1$）	0.6141	
硫酸铅电极	Pb（Hg）/PbSO$_4$（固），SO$_4^{2-}$（$a=1$）	-0.3505	
饱和硫酸铜电极	Cu /CuSO$_4$（固），SO$_4^{2-}$（饱和溶液）	0.3	

4.7.1.4　电极极化与超电势

A　电极的极化

当电极有电流通过时，电极电势偏离可逆电势值的现象称为电极的极化。电池的正负两个电极均可发生极化，影响极化程度的因素有电极大小和形状、电解质溶液的组成、温度、电流密度、搅拌、电池反应中反应物与生成物的物理状态，以及电极的成分等。根据极化产生的不同原因，大体可将极化分为浓差极化和电化学极化两类。

a　浓差极化

浓差极化是指由于在电解的电极反应过程中电极表面附近的浓度和主体溶液（离电极较远、浓度均匀的溶液）浓度差而引起的极化。

b　电化学极化

电化学极化是指在电解过程中由电极反应中某些动力学因素引起的极化。

B　超电势

为明确地表示出电极极化的状况，把某一电流密度下的实际电势（不可逆电势）与可逆平衡电势间的差值，称为超电势。它的大小是衡量极化程度的标准。影响超电势值的因素很多，如电极材料、电极表面状态、电流密度、温度、电解质的性质、浓度以及溶液中的杂质等。超电势的数值尚无法理论计算，测定时影响因素众多，但依据实验经验可以归纳出一些规律：

（1）超电势随电流密度的增大而增大。

（2）超电势随温度的升高而降低。

（3）产物是气体的电极过程，超电势较大。

（4）电极的化学成分不同，超电势也不同。

4.7.1.5　电化学分析方法的分类与特点

A　电化学分析方法分类

a　按测量的电学参数分类

电化学分析方法按测量的电学参数分类有：测量溶液电导的电导分析法，测量电池电动势或电极电势的电势分析法，使被测物在电极上析出进行称量的电解分析法，根据电解过程消耗的电量计算被测物质含量的库仑分析法，以及依据电解过程中电流随电势变化的曲线进行测定的伏安分析法等。

b　按国际理论化学和应用化学联合会（IUPAC）推荐分类

（1）不涉及双电层和电极反应类。属于这类分析方法的有电导分析和高频滴定等。

（2）涉及双电层，但不涉及电极反应类。属于这类分析方法的有表面张力和非法拉第阻抗测量等。

（3）涉及电极反应类。属于这类分析方法的有电解分析、库仑分析、电势分析和伏安分析等。

c　按测量信号与时间关系分类

（1）稳态法。稳态法中信号的测量是在本体溶液处于平衡条件下进行的，与时间无关，如电势分析、电势滴定、电流滴定等。

（2）暂态法。暂态法是测量过程中在电极上施加随时间变化的电压信号，获得电流-电势曲线，如伏安法和极谱法。

B　电化学分析方法的特点

电化学分析方法的特点是可直接得到信号，易实现自动化和连续分析；分析仪器小型化、多样性；分析范围宽，可做成分、结构、价态和形态分析；还可以研究电极过程动力学、氧化还原、催化和吸附现象等。

4.7.2　电势分析法

电势分析法是由测出的电势得出被测物质浓度（活度）的方法。它可分两类：一类是直接电势法，即选用适当的指示电极浸入被测试溶液，测量其相对于一个参比电极的电势，再根据测出的电势求出被测物质的浓度（活度）；另一类是电势滴定法，即向试液中滴入能够与被测物质发生化学反应的已知浓度的试剂，观察滴定过程中指示电极电势的变化，确定滴定终点，再根据所消耗滴定试剂的量算出被测物质的含量。

4.7.2.1　金属电极分类

电势分析法中采用的金属电极可分为3类。

A　第一类电极

第一类电极（活性金属电极）由金属与该金属离子溶液构成，$M \mid M^+$。要求金属的标准电极电势为正，在溶液中金属离子仅以一种形式存在，如 Cu、Ag、Hg 能满足该条件。此外，有些金属如 Zn、Cd、In、Tl、Sn、Pb 等的标准电极电势虽较负，但因氢在其上有较大的超电势，故也可以作为此类电极。

以 $Ag \mid Ag^+$ 电极为例，这类电极反应为

$$Ag^+ + e \Longrightarrow Ag$$

25 ℃时电极电势计算式为

$$\varphi = \varphi^\ominus (Ag^+, Ag) + 0.059 \lg a(Ag^+)$$

B　第二类电极

第二类电极（金属 | 难溶盐电极）由金属、该金属的难溶盐，以及该金属难溶盐的阴离子溶液构成，所以又称难溶盐电极。这类电极有甘汞电极（$Hg \mid Hg_2Cl_2, Cl^-$）、硫酸亚汞电极（$Hg \mid Hg_2SO_4, SO_4^{2-}$）和银-氯化银电极（$Ag \mid AgCl, Cl^-$）等。当溶液中阴离

子活度一定时，其电极电势是稳定的，电极反应是可逆的。因此，在测量电极的相对电势时，常用它来代替标准氢电极（SHE）作参比电极，从而克服了氢电极使用氢气不便。另外，由于其容易制备，故在电化学分析中将其作为二级标准电极。

以 $Ag \mid AgCl$, Cl^- 电极为例，这类电极反应

$$AgCl + e \Longrightarrow Ag + Cl^-$$

25 ℃时电极电势计算式为

$$\varphi = \varphi^{\ominus}(AgCl, Ag) - 0.059 \lg a(Cl^-)$$

C   第三类电极

第三类电极（惰性金属电极）是由一种惰性金属（铂或金）与含有可溶性的氧化态（或还原态）物质的溶液构成，氧化-还原反应是溶液中不同价态的离子在溶液与金属的界面上进行，惰性金属不参与电极反应，仅提供交换电子的场所。

这类电极有 $Pt \mid Fe^{3+}$, Fe^{2+}、$Pt \mid Sn^{4+}$, Sn^{2+}、$Pt \mid [Fe(CN)_6]^{4-}$, $[Fe(CN)_6]^{3-}$ 和醌-氢醌电极等。

以 $Pt \mid Fe^{3+}$, Fe^{2+} 电极为例，这类电极反应为

$$Fe^{3+} + e \Longrightarrow Fe^{2+}$$

25 ℃时电极电势计算式为

$$\varphi = \varphi^{\ominus}(Fe^{3+}, Fe^{2+}) + 0.059 \lg \frac{a(Fe^{3+})}{a(Fe^{2+})}$$

另外，还有在电势滴定中用作 pH 值的指示电极。这种电极是由金属与两种具有相同阴离子的难溶盐（或难解离的配合物），再与含有第二种难溶盐（或难解离的配合物）的阳离子组成的电极体系。

4.7.2.2   膜电势和离子选择电极

离子选择电极和金属基电极是电势分析法中常用的电极。离子选择电极的主要组成部分是敏感膜（电极膜），也就是对某类物质具有选择性响应的薄膜，它能分开两种电解质溶液，并能形成膜电势。

A   膜电势

通常电极膜（敏感膜）是对某种阳离子（或阴离子）有选择性穿透的薄膜。当电极插入含有该离子的溶液中时，由于溶液中的这种离子和膜上的相同离子进行交换而改变两相界的电荷分布，从而在膜表面上产生膜电势。

膜电势是膜内扩散电势和膜与电解质溶液形成的唐南（Donnan）电势的代数和。膜内扩散电势是因两种不同离子或离子相同而活度不同的液液界面上，由于离子的扩散速率不同而形成的液接界电势（也称扩散电势）。注意，固体膜内也存在扩散电势。唐南电势是在膜与溶液接触时，若膜中可活动的阳离子的活度与溶液中阳离子的活度不同，此时膜只允许阳离子通过，而不允许阴离子通过。这种强制性扩散，造成两相界面电荷分布不均匀，从而形成双电层结构产生电势差，称这电势差为唐南电势。

离子选择电极中膜与溶液接触时，膜与溶液两相界面上的电势具有唐南电势性质。

B   离子选择电极性能和参数

离子选择电极是电势分析中常用的电极，专门用于测量溶液中某种特定离子浓度的一

种指示电极。离子选择电极性能和参数包括检测范围与检测下限、选择系数，以及响应时间等。

a 检测范围与检测下限

用离子选择电极的电势对响应离子活度的对数作图，得到的曲线称校准曲线。曲线中处在离子高活度区的直线部分称其为线性响应范围，直线的斜率称为级差。曲线中处在极低的离子活度区，近似直线部分的延长线与线性响应范围直线的延长线的交点，即为检测下限。

b 选择系数

选择系数是指溶液中共存离子对电极电势的贡献。选择系数值可从有关的手册中查到，也可以在确定的实验条件下，通过分别溶液法和混合溶液法测定。选择系数越小，表明一种离子对抗另一种离子的干扰能力越大。

c 响应时间

响应时间是指离子选择电极和参比电极一起从接触测试液即刻开始到电极电势变化稳定（在 1mV 内波动）所经过的时间。响应时间与溶液搅拌速度、参比电极的稳定性等有关，通常通过改变搅拌速度来缩短响应时间。

C 几种类型离子选择电极

a 玻璃膜电极

应用最早、最广泛的离子选择电极是 pH 玻璃电极。它是对 H^+ 具有选择性的膜电极，专用于电势法测定溶液 pH 的指示电极。pH 玻璃电极的敏感膜是由特殊玻璃制成的球状薄膜，内装一定 pH 值的缓冲液，并插入一根作为参比电极的 Ag-AgCl 电极。图 4-137 为一个典型玻璃电极结构示意图。玻璃电极膜的组成一般是 $70\%SiO_2$、$20\%Na_2O$、$6\%CaO$，这种玻璃电极可用于 pH=1~9 范围内的测量。若改变玻璃电极膜的化学组成和结构，使用范围则可为 pH=1~12，甚至会使玻璃电极的选择性出现很大的差异。现在已有能测定 K^+、Na^+、Li^+ 和 Ag^+ 的玻璃电极。

b 晶体膜电极

晶体膜电极也是一类离子选择性电极。它是由导电性的难溶盐晶体组成，如氟离子选择电极，其电极敏感膜是由 LaF_3 掺杂 EuF_2 和 CaF_2 单晶制成，膜导电由离子半径小、带电荷少的 F^- 担任。掺入的 Eu^{2+}、Ca^{2+} 取代晶格中的 La^{3+}，产生 F^- 空位，降低了晶体膜的电阻，改善晶体的导电性。将晶体膜电极插入待测离子溶液中，待测离子通过吸附、离子交换，扩散进入膜相。由于膜中存在缺陷，产生的离子也经扩散进入溶液相，于是在晶体膜和溶液界

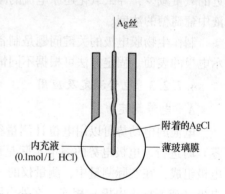

图 4-137 典型玻璃电极结构示意图

面上形成双电层结构，产生相电势。这种电极对 F^- 离子具有良好的选择性，除 OH^- 离子外其他阴离子不影响 F^- 的响应。有些阳离子诸如 Be^{2+}、Fe^{3+}、Al^{3+}、Zr^{4+}、Th^{4+} 等能与 F^- 生成稳定的配合物，因此需要添加配合剂，使其将 F^- 离子释放出来。

可制成晶体电极的难溶盐还有 Ag_2S 和 AgX（X^- 为 Cl^-、Br^-、I^-）以及 Ag_2S 和 MS（M^{2+} 为 Cu^{2+}、Pb^{2+}、Cd^{2+}），这类盐通过沉淀和压制制成致密的薄膜，电极膜内电荷的传递靠 Ag^+。

c 流动载体电极

流动载体电极（液膜电极）是由某种有机液体离子交换剂制成的敏感膜，载体在膜内是可流动的，而离子可以自由穿过膜。流动载体电极由活性物质（载体）、溶剂（增塑剂）、基体（微孔支撑体）和内参比电极（Ag-AgCl）构成。敏感膜将测试液与内充液分开，膜中液体离子交换剂与被测离子结合，并能在膜中迁移。此时，溶液中与该离子伴随的相反电荷的离子被排斥在膜之外，引起界面电荷分布不均匀，因此在界面上形成膜电势。响应离子的迁移数越大，电极的选择性就越好。常遇到的硝酸根离子电极、钙离子电极和钾离子电极就属这类电极。

d 气敏电极

气敏电极是在电极的端部装有透气膜，气体通过透气膜进到管内；管内插有 pH 玻璃复合电极，在其周围为外参比电极（Ag-AgCl）；管内充有电解液（中介液）。试样中的气体通过透气膜进到电解液与之发生反应，从而引起电解液中离子活度（pH 值）的变化，这个变化值可由 pH 玻璃复合电极进行测量。典型的气敏电极有 CO_2 气敏电极，广泛用于 CO_2 气体的检测。另外，还有 H_2S、SO_2、NO_2、NH_3 等气敏电极用于环境有毒气体的监测。

此外，利用掺氧化钇的氧化锆固态电解质在高温（500～1000 ℃）下，氧化物离子的迁移使之有好的导电性，将内外壁涂有 Pt 的管状掺氧化钇的氧化锆制作成固体电解质氧传感器，用于在高温下测量气体中氧的含量。

e 生物膜电极

生物膜电极是由具有分子识别能力的生物活性物质构成，具有很高的选择性。生物活性物质有酶、微生物、核酸等。例如，用生物功能物质——葡萄糖氧化酶制作成葡萄糖膜电极，用于检测葡萄糖浓度。因为待测葡萄糖液含有溶解氧，一旦与载有的葡萄糖氧化酶的膜电极接触，就会发生酶化学反应，消耗氧而生成葡萄糖酸和过氧化氢 H_2O_2。酶膜附近的氧量减少，导致氧化还原电流的减小，减小的量与葡萄糖的浓度呈正比，依此测定溶液中葡萄糖的浓度。

制作生物膜电极的关键问题是制备具有生物活性的水不溶的生物膜，并将其固定在指示电极的表面。固定方法可根据不同情况选择，如吸附、包埋或共价键合等不同形式。

4.7.2.3 电势测定及应用

A 电势测定方法

电池的电动势可以用电位计测量得到，测量必须是在外电路电流极其微小（几乎为零）时进行。电极电势的测定实际是原电池电动势的测量，原电池是由两个相对独立的电极组成，在实际测量中，测量仪的一个接头通常与待测电极的金属相连，另一头与参比电极（或氢标准电极）相连。在外电路电流为零（近于零）时，测得的电势是待测电极相对于参比电极的相对电势。因参比电极的电势值已知，从测量电势就可计算出待测电极电势。

在建立电势与待测物质浓度（活度）关系的电势分析法中常采用直接电势法和电势滴定法。

a 直接电势法

直接电势法有校准曲线法和标准加入法，这里只介绍校准曲线法。

校准曲线法需配制一系列含有不同浓度的被测离子的标准溶液，其离子强度用惰性电解质进行调节。配好标准液以后，分别用选定的指示电极和参比电极插入配制的一系列的标准溶液中，测得它们的电动势，然后绘制电势对浓度的对数曲线，即得到待测离子的校准曲线。待测溶液进行离子浓度调节后，再用同一对电极测量其电动势。

　　b　电势滴定法

　　电势滴定法是在含待测物质的溶液中插入指示电极和参比电极，然后向待测溶液滴入能与待测物质中的离子发生化学反应的滴定剂，由于滴定过程中待测物质中的离子与滴定剂发生化学反应，离子活度的改变导致电势值的改变，在滴定终点前后离子活度会连续发生几个数量级的变化，引起电势突变，用电势的突变来判断滴定终点。根据所消耗滴定剂的量计算出待测离子浓度，依此再换算成被测物质的含量。

　　B　测定电势值的应用

　　电势分析法除从测定的电势值得到待测物质含量外，还可从测定的电势值得到有关化学反应（生化反应）的许多信息，因此在许多领域都有应用。

　　a　在冶金与材料物理化学中的应用

　　1889 年德国科学家能斯特（Nernst）提出了反映电能与化学能的转换关系的电池电动势与参与电极反应的各组分的活度（浓度）性质、温度等的关系式——能斯特方程。因此，人们根据电化学中电势的实验测量值，结合热力学基本公式可以计算出化学反应的热力学函数改变值 $\Delta_r G_m$、$\Delta_r S_m$、$\Delta_r H_m$ 外，还可求出氧化还原反应的平衡常数、电解质溶液的平均活度系数、难溶盐的溶度积（活度积），以及水溶液的 pH 值等。这些参数在研究冶金新工艺与高新材料制备的物理化学设计中必不可少。具体如何由电势测量值计算化学反应的热力学函数变化和参数，可参阅有关电化学热力学书籍。这里仅介绍利用电池电动势计算化合物的标准生成焓具体方法和计算实例，供读者参考。

　　在等压条件下，根据吉布斯-亥姆霍兹公式和标准电动势与电池反应的标准自由能变化的关系式，可得到

$$\Delta_r H_T^{\ominus} = -zE^{\ominus}F + zFT\frac{\partial E^{\ominus}}{\partial T} = zF\left(T\frac{\partial E^{\ominus}}{\partial T} - E^{\ominus}\right)$$

式中，F 为法拉第常数，96.48 kC/mol；z 为参与反应的电子计量数；$E^{\ominus}$ 为电池的标准电动势，V；$\frac{\partial E^{\ominus}}{\partial T}$ 为电池电动势与温度的关系。

　　如果一个化合物的生成反应可以构成电池，测量原电池电动势和其与温度关系 $\left(\frac{\partial E^{\ominus}}{\partial T}\right)_p$，进而可计算一定温度范围内这个化合物的标准生成焓。

　　例题 4-1　已知 AgCl(s) 的生成反应为 Ag(s) + 0.5Cl₂(g) ══ AgCl(s)，试求 AgCl(s) 在 623 K 下的标准生成焓 $\Delta_f H_{623\,K}^{\ominus}$。

　　解　将反应体系构成电池

$$(-)\,Ag(s)\,|\,AgCl(s),\ HCl(l)\,|\,Cl_2(0.1MPa,\ Pt)\,(+)$$

　　电池反应为

$$Ag(s) + 0.5Cl_2(g) \Longrightarrow Ag^+ + Cl^- \Longrightarrow AgCl(s)$$

$$\Delta_f H^{\ominus} = zF\left(T\frac{\partial E^{\ominus}}{\partial T} - E^{\ominus}\right)$$

在 393~723K 温度范围内，实验测得电池电动势与温度的关系为

$$E^{\ominus} = 0.98 + 5.7 \times 10^{-4} \times (723 - T) \quad \text{V}$$

由此算得

$$\frac{\partial E^{\ominus}}{\partial T} = - 5.7 \times 10^{-4} \text{V/K}; \quad E^{\ominus} = 0.98 \text{ V}$$

于是

$$\Delta_{f}H^{\ominus}_{623K} = 1 \times 96.48 \times [(-5.7 \times 10^{-4}) \times 623 - 0.98] = - 128.81 \text{ kJ/mol}$$

$AgCl(s)$ 在 623K 下的标准生成焓 $\Delta_{f}H^{\ominus}_{623K}$ 为 -128.81 kJ/mol。

另外，利用电极电势的数值反映组成电极物质的氧化还原能力，把一些有 H^+（或 OH^-）参与反应的电极电势与 pH 的关系绘制成图，即电势–pH 图。从图可直接判断，在一定的 pH 范围内何种反应将优先进行，也可知反应中各组分的生成条件以及某组分稳定存在的范围。人们在研究元素分离、湿法冶金、金属腐蚀与防护以及湿化学法制备高新材料时，为解决遇到的水溶液发生的一系列化学反应的平衡问题，常会绘制研究体系的电势–pH 图，确定研究路径和条件。

b　环境监测、生物分析以及生产过程中的在线分析应用

人们利用将敏感材料与被测物质中的分子、离子（或生物物质）相互接触时所引起的电极电势、表面化学势的变化或所发生的表面化学反应（或生化反应）等信息，直接或间接地转换为电信号的原理，设计出各种不同用途的专用电极——化学传感器。这种专用电极使用操作简单、携带方便、灵敏度高、检测速度快，还可检测浓度极低的物质（质量分数 10^{-6}），在石油化工、煤矿开采、环境监测与治理以及在医学研究和监护中用作易燃、易爆、有害、有毒气体的监测和预报，以及测定各种水溶液（包括人体血液和体液）中含量极低的物质和细胞中的离子浓度等。

4.7.3　伏安法

伏安法和极谱法是一类特殊的电解方法，伏安法是这类方法的总称。它可以使用面积固定的悬汞、玻璃碳、铂等电极作为工作电极，也可以使用表面做周期性连续更新的滴汞电极作为工作电极；参比电极常用面积大、不易极化的电极。通常由实验测量电流与电势关系，然后对电流与电势的关系曲线进行分析。

应用滴汞电极进行电化学测量习惯上称为极谱方法，而测出的极化曲线就称为极谱曲线，简称为极谱。极谱方法曾经是电化学研究的一种重要研究手段，得到过广泛应用。近来由于循环伏安法的广泛使用，以及人们对使用滴汞电极导致汞中毒的担心，这种方法的应用受到了一定的影响。

4.7.3.1　测量装置与电极系统

伏安仪是用于伏安法测量的装置，大多采用三电极系统（见图 4-138），即工作电极 W、参比电极 R 和辅助电极 C（一般为铂丝电极，又称对电极）。进行还原测定时工作电极常用滴汞电极或悬汞电极，而进行氧化测定时工作电极则采用静止或旋转固体电极。现在，电化学工作站（electrochenmical workstation）中包括了伏安法功能，而且现代恒电势（位）仪（potentiostat）也具有此功能。

当回路的电阻或电解电流较大时，电解池的 iR 降将会相当大，此时工作电极的电势就不能简单地用外加电压表示。引入辅助电极后，在电解池系统中外加电压 U_0 到工作电

图 4-138　三电极伏安扫描测试设备及电路示意图
（a）伏安测量设备；（b）电路图

极 W 和对电极 C 之间，于是有

$$U_0 = \varphi_C - \varphi_W + iR$$

绘制的伏安图是 i 与 φ_W 的关系曲线。绘制伏安图时，i 可由 W 和 C 电路中求得，关键是在不受 φ_C 和 iR 的影响，准确地求出 φ_W。为此，在电解池中放置参比电极，使其与工作电极构成一个高阻抗的电势监测回路，从而没有电流通过，回路的电压降可以忽略。因此，监测回路显示的是电解过程中工作电极对参比电极的电势 φ_W。

实际的恒电势（位）三电极线性扫描的电路常由运算放大器构成，见图 4-139。A_1 的输出接对电极 C，当工作电极与参比电极之间的电势与需要外加的电势有差别时，A_1 就有输出，它起着调解校正作用。A_2 也称电流跟随器，其输出接电脑记录存储的 i 测量。A_3 又称电势跟随器，可进行阻抗转换，输出接记录仪电势 φ 的测量。

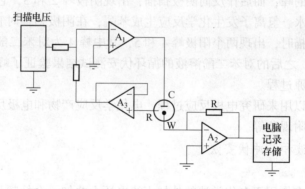

图 4-139　恒电势（位）三电极线性扫描示意图
A_1—扫描放大器；A_2—电流放大器；A_3—反馈放大器

4.7.3.2　伏安分析技术的发展

伏安分析技术的发展方向主要是提高灵敏度和分辨率，以及建立新的分析方法，诸如循环伏安法、交流伏安法、方波伏安法、脉冲伏安法和溶出伏安法等。

A　循环伏安法

循环伏安法是在一次三角形脉冲电压扫描过程中，完成一个还原和氧化过程的循环。例如，以等腰三角形脉冲电压施加于电化学池的两个电极上，得到极化曲线，如图 4-140 所示。图中曲线上部为物质的氧化态还原产生的 i-φ 曲线，下部则为还原产物在电压回扫过程中重新被氧化产生的 $i\text{-}\varphi$ 曲线。若曲线上下两部分是对称的，则为可逆反应，称可逆循环伏安曲线（参见图 4-140(a)）；对于不可逆反应，曲线上下两部分是不对称的（参见图 4-140(b)）。

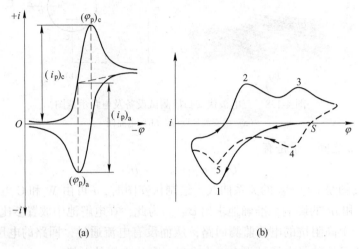

图 4-140　循环伏安曲线

(a) 可逆反应；(b) 不可逆反应

　　图 4-140（b）为对氨基苯酚的循环伏安曲线，它是上下不对称的曲线，说明电极反应是不可逆的。依此曲线解析对氨基苯酚电化学反应产物及反应过程中伴有的其他化学反应。从图中电势 S 开始沿箭头方向作阳极扫描，得到阳极峰 1，它是对氨基苯酚氧化生成对亚氨基苯醌形成的峰；而后作反向阴极扫描，出现阴极峰 2 和 3，它们是一部分产物在电极附近溶液中与水、氢离子发生化学反应生成苯醌，在阴极扫描时它们被还原形成的 2 个峰；再作阳极扫描时，出现两个阳极峰 4 和 5，其中峰 4 为对苯二酚被氧化成苯醌，峰 5 与峰 1 过程相同。之后的对苯二酚溶液的循环伏安测试结果验证了峰 3 和峰 4 是苯醌和对苯二酚的氧化还原过程。

　　循环伏安法可以用来研究电极反应过程、电化学反应产物和电极反应过程中伴随的其他反应以及电极吸附现象等。

　　B　交流、方波和脉冲伏安法

　　a　交流伏安法

　　交流伏安法是在作用于电化学池的外加直流电压上叠加一个低频几到几十毫伏的小振幅正弦电压，通过测量电化学池的直流电压与交流电流之间的关系，来确定被测物质的浓度或相关电化学特性的一种方法。在直流电压未达到分解电压之前，叠加的交流电压不会使被测物质在电极上还原。当叠加电压的电流达到极限电流区域时，电解电流由被测物质扩散率所控制，电流值恒定。当叠加电流在直流伏安曲线陡峭区时，正弦电压位于正半周，此时在极化电极上的电压比未加时更正，反之位于负半周则更负一些。将电流变化通过放大、整流、滤波后，记录下来，得到呈现峰形的交流伏安曲线。交流伏安法的特点是分辨率高，对可逆波灵敏。

　　b　方波伏安法

　　方波伏安法是把一个低频、小振幅（不大于 50 mV）的方形电压叠加到电化学池工作电极的外加直流电压上，并在方形电压改变方向前的瞬间记录电解池的特定交变电流成分与相应直流电压关系的方法。方波伏安法的可逆波波形是对称峰形曲线，这点与交流伏安法的波形在形式上十分相似。工作电极为滴汞电极的方波伏安法则称为方波极谱法。

方波伏安法的优点是，它是在电容电流充分衰减的条件下记录电解电流，即在方波电压改变方向前的某一时刻记录电流（主要是法拉第电流），能消除或减少电容电流（双电层充电电流）的影响，提高测定的信噪比。

方波伏安法测试结果一般可以通过计算机控制的恒电位仪来实现。计算机负责与用户交互、波形合成、采样定时、数据记录、示差电流计算、用图或其他方式处理结果，打出报告。在使用静态滴汞电极及其他一些系统中，计算机也负责控制电极。

方波伏安法特点是分辨率和灵敏度均比交流伏安法高，是目前电化学分析方法中测定灵敏度较高的方法之一，但受毛细管噪声的影响，很难再进一步提高其灵敏度。

c 脉冲伏安法

脉冲伏安法是在工作电极的缓慢扫描直流电压（线性扫描或阶梯扫描电压）上，叠加一个小振幅、低频率的方波脉冲电压（脉冲宽度约为 $40 \sim 80$ ms），测量脉冲电压后期电极上由脉冲电压所产生的法拉第脉冲电流与直流电压关系的方法。若工作电极为滴汞电极，则称为脉冲极谱法。

d 脉冲伏安法与方波伏安法比较

脉冲伏安法与方波伏安法在记录电流、灵敏度和对支持电解质的要求不同。下面以脉冲极谱法与方波极谱法为例说明两者不同之处的缘由。

（1）记录电流不同。方波极谱测定的是交流电流。方波极谱测定是在一个汞滴上加上很多脉冲，每一脉冲的上跳和下跳都测量电流，每一个下跳过程测得的是还原电流，而上跳过程记录的是氧化电流。脉冲极谱测定的是直流电流。脉冲极谱测定是在一个汞滴上只加一个脉冲，只测一次还原电流。

（2）灵敏度不同。脉冲极谱法的灵敏度高于方波极谱法的。因为脉冲极谱法中施加的脉冲持续时间（$40 \sim 80$ ms）比方波极谱法的（几毫秒）要长，从而使电容电流等干扰能充分衰减。因此脉冲极谱比方波极谱更为灵敏。

（3）对支持电解质的要求不同。脉冲极谱测量中由于叠加的脉冲电压脉宽较大，因此允许电容电流的衰减时间常数大些，使用的支持电解质浓度也比较低（可小到 0.02 mol/L）。而方波极谱测量中叠加的方波脉电压的持续时间很短（脉宽很小），为克服电容电流的干扰，必须限制电容电流的衰减常数在一定数值内，为此要求使用的支持电解质的浓度要大于 0.1 mol/L。

C 溶出伏安法

溶出伏安法是把电化学富集与测定结合起来的灵敏度很高的电化学分析方法。具体过程是：先预电解，在恒电势下把搅拌溶液中的痕量组分富集到电极上；而后再用伏安法在极短时间内将浓集在电极上的被测物质再溶出，依据溶出伏安曲线中峰电流在一定范围内与被测物质的浓度呈正比，来测定被测物质的浓度。对溶出时工作电极发生氧化反应的称为阳极溶出伏安法，发生还原反应的则称为阴极溶出法。这种方法可以测定金属离子，以及氯、溴、碘、硫等阴离子。

4.7.4 其他电化学分析方法

除前面介绍的电化学分析方法外，还有一些其他电化学分析方法。本节仅简单介绍常用的电导分析法、计时分析法、化学修饰电极和超微电极。

4.7.4.1 电导分析法

电解质溶液的电导是通过溶液中的离子来实现的，因此根据溶液的电导与被测离子浓度的关系进行分析的方法称之为电导分析法。电导分析方法可分为电导法和电导滴定法两种。

A 电导法

电解质溶液的导电能力用电导 G（单位为西[门子]，S）表示，而人们常用电导率 σ（单位为 S/cm 或 S/m）来比较各种导电体的导电能力。对一均匀导体，电导与电导率关系为

$$G = \sigma \frac{A}{l}$$

式中，σ 为电导率；l 为导体的长度；A 为导体的截面积。

为比较各种电解质溶液的导电能力，引入了摩尔电导率 Λ_m（$S \cdot cm^2/mol$）概念。它是指含 1 mol 电解质的溶液，在距离为 1 cm 的两片平板电极间所具有的电导。Λ_m 与电导率 σ 的关系为

$$\Lambda_m = \sigma V$$

式中，V 为含有 1 mol 电解质溶液的体积，cm^3，若溶液浓度为 $c(mol/L)$，则 $V = 1000/c$。

对无限稀溶液，溶液电解质的摩尔电导率是溶液中所有离子摩尔电导率的总和，

$$\Lambda_0 = \sum \Lambda_{n+} + \sum \Lambda_{n-}$$

式中，Λ_0 为无限稀溶液电解质的摩尔电导率；Λ_{n+}、Λ_{n-} 分别为无限稀溶液中正离子和负离子的摩尔电导率。在无限稀溶液中，各种离子的摩尔电导率是一定值（可从数据手册中查到），与溶液中共存离子无关。

依据电导是电阻的倒数 $G = 1/R$，故可通过测量溶液的电阻获得溶液的电导。通常采用惠斯顿（Wheatstone）电桥法测量电阻。为防止测量过程中发生电解对溶液组分浓度的影响，一般采用 6~10 V 交流电源。而对电导率较高的溶液，为防止极化使用 1000~2500 Hz 的高频电源。有时为增加比表面以减少极化，还采用铂黑电极。

若将表面积为 A、相距为 l 的一对电极插入盛有溶液的电导池中进行测量，此时溶液的电导为

$$G = \sigma \frac{A}{l} = \sigma \frac{1}{l/A} = \frac{\sigma}{\theta}$$

$$\theta = \sigma \frac{1}{G} = \sigma R \qquad \theta = \frac{l}{A}$$

式中，σ 为电导率，S/m；θ 为电导池常数，m^{-1}。对一个确定的电极 l/A 是一常数。

由于直接测定电导池常数比较困难，常用特定浓度的氯化钾溶液测定电导池常数。需要某溶液电导率数据时，可用实验分别测量出这溶液以及与之浓度相近的 KCl 溶液的电阻，再由表 4-31 列出的不同浓度 KCl 溶液在不同温度下的电导率查到测量温度下相应浓

度 KCl 溶液的电导率，计算出电导池常数。再由电导池常数和测得的溶液电阻，计算得到溶液的电导率。

表 4-31　不同浓度 KCl 溶液在不同温度下的电导率 σ

$c/mol \cdot L^{-1}$	$\sigma/ S \cdot cm^{-1}$		
	18 ℃	20 ℃	25 ℃
1	0.09780	0.10170	0.11131
0.1	0.011163	0.011644	0.012852
0.01	0.0012200	0.0012737	0.0014083
0.001	0.0001267	0.0001322	0.0001466

例题 4-2　已知 25 ℃测量浓度为 0.01 mol/L HCl 溶液的电阻为 51.40 Ω，测量 0.01 mol/L KCl 溶液的电阻为 150.00 Ω，求 25 ℃ 0.01 mol/L HCl 溶液的电导率。

解　由表 4-31 知 25 ℃ 0.01 mol/L KCl 溶液的电导率为 0.0014083 S/cm，又知实验测得其电阻为 150.00 Ω，由此计算电导池常数

$$\theta = \sigma R = 0.0014083 \text{ S/cm} \times 100 \times 150.00 \Omega = 21.125 \text{ m}^{-1}$$

已知 25 ℃测量浓度为 0.01 mol/L HCl 溶液的电阻为 51.40 Ω，HCl 溶液的电导率为

$$\sigma = \frac{\theta}{R} = \frac{21.125 \text{ m}^{-1}}{51.40 \ \Omega} = 0.41099 = 0.0041099 \text{ S/cm}$$

电导分析法的灵敏度高，方法又简单，常用于实验室水的纯度检测和环境水质的评价、难溶盐的溶解度的测定、大气中二氧化硫的检测、钢中碳含量的测定，以及合成氨过程中催化剂 CO 中毒的监控等。此外，在色谱（特别是离子色谱）分析中，微型电导检测器还被用作色谱检测器使用。

B　电导滴定法

电导滴定法是把溶液的电导变化用于滴定终点的指示，即利用一些体系中溶液的电导在滴定终点前后发生变化，在滴定曲线上出现转折点，依此来指示滴定终点。此方法适用于滴定剂与溶液中被测离子生成水、沉淀物（或难解离的化合物）以及难鉴别指示剂颜色改变的有颜色或浑浊溶液等这样体系的分析。

4.7.4.2　计时分析法

计时分析法主要应用于电化学反应过程及电极反应动力学的研究。在研究电极过程动力学及测量一些参数时，需要采用能记录电势与时间、电流与时间，以及电量与时间关系的分析方法。电化学分析方法中常称能记录电化学讯号（电势、电流、电量）与时间关系的方法为计时分析法。计时分析法包括计时电势法、计时电流法和计时电量法。

A　计时电势法

计时电势法是电流为控制对象记录电势与时间关系的分析方法。分析过程采用控制流过工作电极的电流为一恒定值，记录电极电势 φ 随电解时间 t 变化的曲线。图 4-141 为某一电极反应的电极电势 φ 随电解时间 t 变化的曲线，图中 AB 段代表的时间称为过渡时间 τ。

对任意电极反应，电流 i 与电解池溶液的浓度 c_0 以及过渡时间 τ 之间的关系为

$$\tau^{0.5} = \frac{zFA(\pi D_{ox})^{0.5}c_0}{2i} \qquad (4\text{-}137)$$

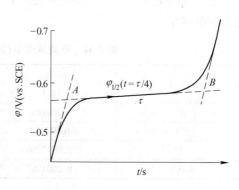

图 4-141　计时电势法的 $\varphi\text{-}t$ 曲线

式中，z 为反应电子数；A 为电极表面积；D_{ox} 为物质的扩散系数。

由式（4-137）可知，$\tau^{0.5} \propto c_0$，这是计时电势法定量分析的基础。

对可逆电极过程，电极电势 φ 随时间 t 变化的曲线可表示为

$$\varphi = \varphi_{1/2} + \frac{RT}{zF}\ln\frac{\tau^{0.5} - t^{0.5}}{t^{0.5}} \qquad (4\text{-}138)$$

式中，$\varphi_{1/2}$ 是 $\varphi\text{-}t$ 曲线的半波电势；τ 为过渡时间。

若将 $\lg\dfrac{\tau^{0.5} - t^{0.5}}{t^{0.5}}$ 对 φ 作图，得到一直线，直线的斜率为 $\dfrac{zF}{2.303RT}$，可用它来检验电极反应的可逆性。当 $t = \dfrac{\tau}{4}$ 时，$\varphi_{\tau/4} = \varphi_{1/2}$，故式（4-138）为计时电势定性分析的基础。

B　计时电流法

计时电流法是以电势为控制对象，记录电流与时间关系的分析方法。它是指在静止平面电极线性扩散条件下，给工作电极一个电势阶跃所产生的 $i\text{-}t$ 曲线。如果电势阶跃已达到产生极限扩散电流时，电流可用下式表示

$$i_t = \frac{zFAD_0^{0.5}c_0}{(\pi t)^{0.5}} \qquad (4\text{-}139)$$

C　计时电量法

计时电量法又称计时库仑法。它是电势为控制对象记录电量与时间关系的分析方法。测量时控制电势，只记录电量与时间的关系。$Q\text{-}t$ 关系式可由对极限扩散电流积分得到

$$Q = \int_0^t i_t dt = \frac{2zFAD_0^{0.5}c_0 t^{0.5}}{\pi^{0.5}} \qquad (4\text{-}140)$$

计时电量法可用于电极过程动力学研究，诸如测定反应电子数 z、电极的有效表面积 A 和物质的扩散系数 D_0。此外，还可用于电活性物质的吸附作用的研究等。

4.7.4.3　化学修饰电极

化学修饰电极是利用物理和化学的方法把具有良好化学性质的分子、离子、聚合物固定在电极表面，以便改变或改善电极的性质，使某些预定的、有选择性的反应在电极可以进行，或使电子迁越的速率更快，从而实现电极的功能设计。

1973 年兰尼（Lane）和胡伯得（Hubbard）使烯烃类物质吸附在 Pt 电极表面上，用以结合多种氧化还原体的研究，从而开拓了化学修饰电极的研究和应用领域。

A　基底

化学修饰电极的基底是装饰电活性层的平台，其本身也用作电极。现用于修饰电极基底材料的有石墨、热解石墨、玻碳、贵金属（Pt、Au）和半导体（SnO_2）等。用作基底

的材料一般要求力学和化学稳定性好，修饰前必须经过表面清洁处理（通常要进行抛光或电化学处理），得到一个平整、光洁、新鲜的电极表面，以利于进行表面修饰。

B 分类

修饰电极的种类很多，按在电极表面上组装电活性层的情况分类，有单层电活性膜、多层电活性膜和复合及多层组装修饰膜；按组装在电极表面上的修饰材质分类，有无机物、聚合物和生物衍生物等；按修饰方法分类，有共价键合型、吸附型和聚合物型。

a 单层电活性膜

可采用共价键合法、吸附法、有序组装法等方法在电极表面获得单层电活性膜，各种方法各有特点，下面给予简单介绍。

（1）共价键合法。共价键合法是将修饰的电活性官能团分子通过共价键的连接方式结合到电极表面。修饰的电活性官能团分子与基体表面固有的或生成的基团之间通过共价键合反应键合。用这种方法获得的修饰电极较稳定，且寿命长，只是修饰步骤多、耗时长。

（2）吸附法。吸附法是利用基底电极的吸附作用把特定的官能团分子修饰到电极表面，吸附方式可以是强吸附物质的平衡吸附，或离子的静电引力，或单分子膜吸附等。因被吸附修饰的试剂大多是配合物，对溶液中的组分可进行选择性的富集，从而大大提高测定的灵敏度。

（3）有序组装法。有序组装法中有 LB（Langmuir–Blodgett）膜法和自组装法等。

LB 膜法是利用膜天平将单层的电活性化合物由液/气界面转移到基底表面。

自组装法是利用化合物组分分子相互作用自发形成一定程度的有序结构。例如，长链烷基有机硫化合物在 Au 表面形成单层，含硫基与基底表面 Au 键合，相邻烷基链间因相互作用产生规则结构，其中烷基链与基底表面的法线成一定角度平行展开。

b 聚合物膜

聚合物膜是通过聚合修饰方法（电化学聚合、有机硅烷缩合，以及等离子体聚合等）将聚合物连接到基底表面，而形成的电极聚合物膜。聚合物膜有相当的厚度，比单层电活性膜含有更多的电活性点。此外，还可以通过把聚合物稀溶液浸涂在电极表面，或者滴加在电极表面待溶剂挥发后得到聚合物膜。现已有几种不同类型的聚合物用于电极表面修饰。例如，电活性聚合物聚乙烯二茂铁，配位（带配位的）聚合物聚 4-乙烯基吡啶，离子交换聚合物（聚电解质）高氟化树脂（Nafion）及聚苯乙烯磺酸盐，电子导电聚合物聚吡咯及聚苯胺，以及在传感器应用的生物大分子酶和蛋白质等

c 无机物膜

在电极表面沉积金属氧化物、过渡金属氰化物及黏土或沸石等不同类型的无机物形成电极修饰膜，这类膜因价格便宜且具有（电）催化性能、特殊结构（均匀孔径、夹层结构等），以及热和化学稳定性，已吸引了越来越多的研究者从事这方面的工作。

d 复合和多层组装膜

修饰电极除由一种导电基底和单一材料修饰膜构成外，还有复合和多层组装膜修饰电极。例如，双层结构的不同聚合物多层膜，三明治结构的聚合物层上叠加金属膜，由离子和电子导体共混形成的双重导电层膜，以及多孔（或微网）金属支撑的聚合物膜等。这些复合和多层组装修饰电极通常具有与简单修饰电极不同的电化学性质，在燃料电池、电

子器件和传感器等方面极有应用价值。

C　应用实例

a　碳纳米管修饰电极

碳纳米管中有大量离域电子沿管壁游动，对电化学反应中的电子传递具有很好的促进作用。因此用碳纳米管修饰电极可提高对反应物的选择性，可制成电化学传感器，如利用碳纳米管对气体吸附的选择性和良好的导电性，可做成气体传感器。碳纳米管修饰电极用到扫描隧道电子显微镜的针尖上，制成新型电子探针，用它可观察原子缝隙底部的情况，获得高分辨率的生物大分子图像等。若在多壁碳纳米管的一端修饰不同的基团，用以识别一些特种原子，从而使扫描隧道显微镜可以表征真实分子微区形貌。

b　利用修饰电极制备化学传感器

艾米洛（Iamiello）和亚苏努奇（Yacynych）用 L-氨基氧化酶共价键合在玻碳电极表面形成酶修饰电极，作为 L-氨基酸的电势传感器。赫尼曼（Heineman）用电化学聚合 1,2-二氨基苯修饰铂电极，制成 pH 传感器。

c　修饰电极的催化作用

用聚乙烯二茂铁修饰电极，拓宽了催化范围，提高了测定抗坏血酸的灵敏度。

d　提高分析的灵敏度

在玻碳电极上共价键合亚胺二乙酸（IDA）、乙二胺四乙酸（EDTA）、3,6-二氧环辛基-1,8-乙氨基-N,N′-四乙酸（GEDTA）等，将这种修饰电极用于循环伏安测定一价银 Ag(Ⅰ) 时，大大提高了分析的灵敏度。

4.7.4.4　超微电极

为研究像微生物作用机理等微观电化学反应机制，需要高灵敏度、高选择性和快速测试的工具，于是出现了超微电极。超微电极又称微电极，其应用的材料有铂、金、汞，以及碳纤维等，电极的形状可以是微盘、微环、微球电极，以及组合式微电极等。

A　微电极的特征

微电极的特征是电极的尺寸极小（小于 50 μm）、表面积小和表面呈球形扩散。电极尺寸极小（小于 50 μm），可用它研究微循环、微传导、生物体循环等。电极表面积小（电解池的 iR 降可忽略不计）、双电层电容极低、充电电流很小，从而大大提高了响应速率和信噪比。电极表面呈球形扩散，具有强的边缘效应，在短时间内就可建立稳态扩散，因此适于寿命短的物质的监测和快速电荷转移及化学反应的研究。

B　应用

超微电极可用于微小区域的化学分析、有机试剂或高阻抗的电化学体系的测量，以及快速电极反应、反应速率常数和电沉积机理等的研究。在生物电化学测量和研究方面，由于微电极不会损害组织，不会破坏测定体系的电解质平衡，现已在许多方面得到应用，如测定脑神经组织中一些物质浓度的变化、血清中抗坏血酸情况，以及微电极植入动物体内对活体组织的连续测定等。

4.7.4.5　旋转圆盘电极及旋转圆环-圆盘电极

在电化学研究中为消除对流作用对电极电流密度的影响，常用的搅拌方式电极中，具有良好的流体动力学性质的电极有旋转圆盘电极、旋转圆环电极和旋转圆环-圆盘电极等。

A　旋转圆盘电极

旋转圆盘电极是把金属电极做成圆盘状垂直嵌入到一个高速旋转的绝缘材料圆棒中，由金属圆盘引出导线与外界电源连接，参见图 4-142。由旋转电极产生的液体对流中，对流的冲击点就是圆盘的中心点，电极表面因各处受到均匀的搅拌作用，电极各点的扩散层厚度均匀，使电流密度均匀分布，从而克服了平板电极表面受对流作用影响电流分布不均的缺点。因此，旋转圆盘电极在电化学研究中得到越来越广泛的应用。

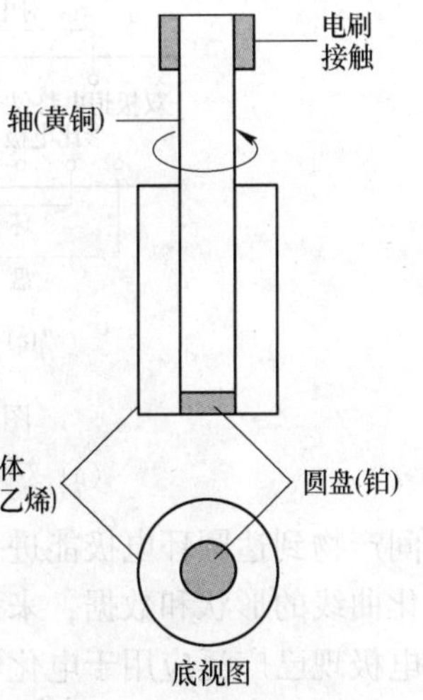

为确保电极电流密度分布均匀，使用旋转圆盘电极应注意：（1）旋转速率控制在 100~10000 r/min 范围内，防止电极周围出现湍流、漩涡或飞溅现象，以确保电解质传递为稳态；（2）圆盘表面平整、无偏心，旋转轴无变形和弯曲；（3）电极表面与电解池壁保持一定距离。

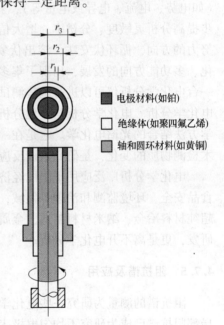

图 4-142　旋转圆盘电极示意图

B　旋转圆环-圆盘电极与旋转圆环电极

另一种常用到的使被测溶液强制对流（搅拌）且具有良好流体动力学性质的电极是带圆环的旋转圆盘电极，称之为旋转圆环-圆盘电极。它是由圆盘电极和分布在圆盘周围的圆环电极组成，参见图 4-143。两电极之间相隔一定距离、相互绝缘，且分别有导线与外电源连接。因此，圆盘电极的电流-电势特性不会因圆环的存在而受到影响，实验测定获得的是两个电势（圆盘电势 E_D 和圆环电势 E_R）和两个电流（圆盘电流 i_D 和圆环电流 i_R）。

当旋转圆环-圆盘电极的圆盘不接通电源时，还可作为旋转圆环电极使用。旋转圆环电极工作时，新鲜的溶液由环的内表面的径向及由本体溶液的法向流到环上。在相同的测试、反应条件（电极面积、溶液浓度和旋转速率）下，向圆环传递的物质大于向圆盘电极传递的，旋转圆环电极给出的电流大于同面积的

图 4-143　旋转圆环-圆盘电极示意图

圆盘电极给出的。因此，旋转圆环电极分析的灵敏度比旋转圆盘电极的要高，但制备圆环电极的难度要比制备圆盘电极的难度大很多。

通常用双极恒电势（位）仪来进行旋转圆环-圆盘电极的实验，因它可以单独地调节圆盘电势 E_D 和圆环电势 E_R。对在稳定条件下的测定，则可使用普通（三电极）恒电势（位）仪来控制环电极电路，而圆盘电极电路则使用简单的电源，如图 4-144 所示。

利用旋转圆环-圆盘电极可以研究电极反应过程动力学和电极反应过程产生的中间产物。在研究中，可以通过控制圆环电极与圆盘电极间有一个恒定电势差，使圆盘电极上的

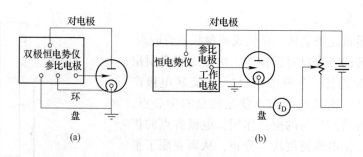

图 4-144　旋转圆环–圆盘电极的电路方框图
（a）双极恒电势仪；（b）普通（三电极）恒电势仪和分压器

中间产物到达圆环电极能进一步发生氧化或还原反应，并达到极限电流密度，根据所得的极化曲线的形状和数据，来研究中间产物的组成及其电极过程动力学规律。旋转圆环-圆盘电极现已广泛应用于电化学研究和分析工作中。

4.7.4.6　电化学分析的发展和应用

电化学分析是把测定的对象构成一个电化学体系，以测量这个体系的某些物理量（如电势、电流、电导或电量等），获得物质的含量或测定某些电化学性质。因此，进一步提高分析灵敏度、分辨率，增大信噪比，建立新的分析方法，一直是电化学分析工作者努力的方向，循环伏安法、溶出伏安法的出现就是其中的例子。而电化学分析仪向小型化、多功能方向的发展，出现了集多种测试功能于一体的综合测试仪，如电化学工作站，一台电化学分析仪可以进行电势测试、电解和库仑分析、伏安分析，阻抗分析，以及其他电化学分析。电化学分析与其他分析手段结合，出现新的分析技术，如将光谱技术与电化学方法结合的光谱电化学。它是在一个电化学池内用电化学方法产生激发信号，以光谱技术检测物质的变化，是研究电极反应机理的有力手段。

电化学分析广泛应用于国民经济和国防工业各生产部门，以及科研教育、医药卫生、食品安全、环境监测和治理等领域，参与产品质量的监管和新产品的开发研究，特别是在超纯材料冶金、纳米材料制造、金属腐蚀与防护、新能源电池材料和生物电化学传感器的研发，更是离不开电化学分析。

4.7.5　阻抗谱及应用

阻抗谱的测量为研究一些电化学反应过程、金属腐蚀和薄膜沉积提供了有用工具，而局部阻抗谱已成为研究不均匀电极表面的一个方法。

4.7.5.1　交流阻抗法及其原理和测量系统

A　交流阻抗法

交流阻抗法是用对称的交变电信号来极化电极，采用交流电方法来研究界面电化学反应对界面阻抗的影响，也就是对达到平稳状态的被测量体系（电化学池）施加一个小振幅（几到十几毫伏）正弦电压进行微扰，测量电化学池由此引起的极化电极的交流阻抗，改变微扰电压频率，获得电化学池的阻抗与微扰频率的关系，从而确定电化学池中被测定物质的浓度或与其相关的电化学特性的方法。

交流阻抗法与交流伏安法虽都是将一个小振幅（几到十几毫伏）正弦电压叠加在外

部直流电压上，作用于电化学池，通过测量一些参数来研究物质的浓度及其相关的电化学特性，但两者测量的参数不同。交流阻抗法主要测量法拉第阻抗及其与被测物质的电化学特性之间的关系，而交流伏安法测量直流电压与交流电流之间的变化来研究物质的浓度及其相关的电化学特性。

B 原理

交流阻抗法中，把极化电极上的电化学过程等效于一个由电容和电阻等组成的等效电路，也就是把一个外加在电极上的正弦交变电压 $E_0\sin\omega t$ 引起电极发生电化学反应产生的交流电流 $I_0\sin(\omega t +\theta)$，与同样大小的交流电压加到一个由电容和电阻等组成的电路上，产生的交流电流相同。因此，对一个平衡的系统外加一干扰交流电压，这时电极上的电化学行为相当于一个阻抗产生的影响。称这个来源于电极上的化学反应的阻抗为法拉第（复）阻抗（Faradic impedance），用 Z 表示，它是一个矢量，其数值由电极反应的动力学参数及测量信号的频率来决定。法拉第（复）阻抗 Z 可用一个等效电路来代表，这个电路由一个极化电阻 R 和一个赝电容 C 串联（用下标 s 表示）或并联（用下标 p 表示）（串联的计算比并联的简单）组成。

法拉第（复）阻抗 Z 用复数来表示为

$$Z = \frac{E_0\sin\omega t}{I_0\sin(\omega t + \theta)} = Z' - jZ''$$

式中，Z' 为实数部分，$Z'=R$ 称为阻抗；Z'' 为虚数部分，$Z''=\dfrac{1}{\omega C}$ 称为容抗；$E_0\sin\omega t$ 为微扰正弦交流电压；$I_0\sin(\omega t+\theta)$ 为产生的交流电流；θ 为电流对电压的相位移；ω 为角频率（$\omega=2\pi f$，f 为交流频率）；t 为时间；$j=\sqrt{-1}$。

C 测量系统

交流阻抗法主要测量法拉第（复）阻抗 Z 及其与测量物质的电化学特性间的关系。交流电桥可以用来测定与法拉第阻抗 Z 相当的极化电阻 R_s 和赝电容 C_s，如图 4-145 所示。图中电化学池 CE 连接电桥线路作为电桥的第四臂，振荡器 O 提供振幅为 5 mV 的交流电

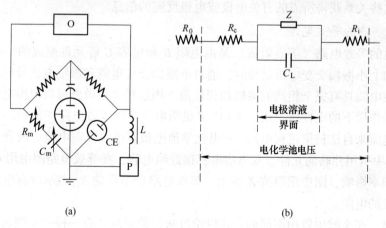

(a)   (b)

图 4-145 交流电桥测阻抗与其等效电路示意图

（a）交流电桥；（b）等效电路（R_0 为外线路电阻）

压，直流电压 P 加到电化学池的两个电极上。交流电桥的可调元件是互相串联的可变电阻 R_m 和电容 C_m，调节它们使电桥平衡（由示波器指示平衡点），从而得知 R_m 和 C_m 值，再由其他方法得到电极表面双电层的电容 C_L，然后求出 R_s 和 C_s 值。通常电化学池的内阻 R_i 和极化电极自身的电阻 R_c 较小，可忽略不计。

为更快捷和方便地测量，现已采用锁相放大器或频率分析仪来代替电桥测量阻抗。现实验室普遍采用的阻抗分析仪的主要结构包括有频率分析仪和恒电势（位）仪，以及计算机和温度控制部件等，如图 4-146 所示。另外，现市场出售的电化学工作站都有阻抗谱测量功能。

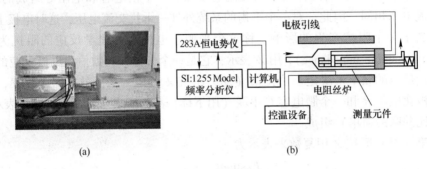

(a)　　　　　　　　　(b)

图 4-146　阻抗分析仪

（a）外观；（b）变温阻抗分析仪的内部构成示意图

4.7.5.2　阻抗谱和电化学池的等效电路

A　阻抗谱

通过交流阻抗法可以测出电化学池在测定频率下电极化学反应的阻抗值（串联、并联电阻和电容值），改变交流频率，阻抗值随之变化，阻抗值是交流频率的函数。测量获得的阻抗与频率的关系图称之为交流阻抗谱或电化学阻抗谱（electrochemicai impedance spectroscopy，EIS），简称阻抗谱。

测量交流阻抗谱的主要目的是揭示阻抗（电阻 R 和电容 C）和频率的关系，然后用理论解析由这些关系获得所需的有关电极或电极反应的信息。

B　电化学池的等效电路

电化学池的等效电路（等效阻抗）是由电阻 R 和电容 C 等元件组成的一种电路。当在这种电路加上小振幅交变电压信号时，通过电路的交变电流和激励电信号与通过实际电化学池的交变电流具有完全相同的振幅和相位角。用这种等效电路可以模拟电化学池在小振幅交变信号作用下的电性质。用图 4-147 来说明电化学池等效电路图的表示。因流过工作界面的总电流来自法拉第过程电流 i_f 和电化学池电极双电层充电电流 i_c 两者之和，因此图 4-147（a）中引用并联的元件。双电层电容很像纯电容，在等效电路图中用 C_d 表示。法拉第过程受频率影响，图中用阻抗 Z_f 表示。等效电路中串联的 R_Ω 表示所有电流必须通过电化学池溶液的电阻。

应该指出，在文献中曾用不同的方式讨论过法拉第阻抗。有一种简单的表示方式是由串联的电阻 R_s 和赝电容 C_s 组成阻抗 Z_f，另一种方式是把纯电阻 R_{ct}（即电荷转移电阻）和另一个表示物质传递电阻的一般阻抗 Z_w（即 Warburg 阻抗）分开。两种方式是等效的，参见图 4-147(b)。本节在讨论有关固体电解质的阻抗时，也会采用后一种表示方法（因有关的文献采用了这种表示方法）。

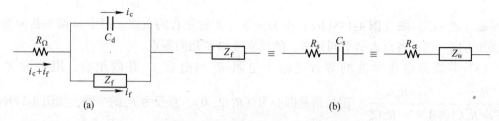

图 4-147 电化学池等效电路的表示

(a) 电化学池的等效电路；(b) 把 Z_f 分成 R_s 和 C_s 或 R_{ct} 和 Z_w

一般把不同频率下测得的阻抗作复数平面（$Z'' \sim Z'$）图，然后利用被测量电化学池的等效电路分析所得图形，求出电极界面反应的相应参数。

典型的待测系统的阻抗谱图及其等效电路如图 4-148 所示。图中几种等效电路的阻抗谱情况如下：

（1）若被测电化学池的等效电路为一纯电阻时，$Z = Z' = R$，$\theta = 0$，此种情况在复平面

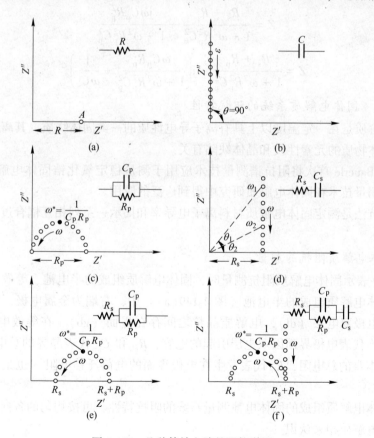

图 4-148 几种等效电路的阻抗谱图

(a) 纯电阻 R；(b) 纯电容 C；(c) 电阻 R_p 与电容 C_p 并联；(d) 电阻 R_s 与电容 C_s 串联；

(e), (f) 电阻与电容串、并联组合

$(Z'' \sim Z')$ 图（图 4-148（a））中为点 A，表明 Z 为恒值，与频率无关。

（2）若被测电化学池的等效电路为一纯电容 C 时，$Z = Z'' = \dfrac{1}{\omega C}$，$\theta = \dfrac{\pi}{2}$，此种情况在复平面 $(Z'' \sim Z')$ 图（图 4-148（b））中为一条与 Z'' 轴重合的直线。图中 ω 箭头指向为频率增加方向。图中各点表示不同频率，随频率增加 Z'' 趋向零点。

（3）若被测电化学池的等效电路为电阻 R_p 与电容 C_p 并联组合，阻抗为 $Z = \dfrac{R_p}{1 + \omega^2 R_p^2 C_p^2} - \dfrac{j\omega R_p^2 C_p}{1 + \omega^2 R_p^2 C_p^2}$。阻抗谱是圆心为 $(R_p/2, 0)$，直径为 R_p 的半圆，如图 4-149（c）所示。半圆顶点的频率为 $\omega^* = \dfrac{1}{R_p C_p}$。

（4）若被测电化学池的等效电路为电阻 R_s 与电容 C_s 串联组合，$Z = R_s - \dfrac{j}{\omega C_s}$，此种情况的阻抗谱图如图 4-148（d）所示。

（5）若被测电化学池的等效电路为电阻和电容的串并联组合，它们的等效电路和阻抗谱图如图 4-148(e)、(f) 所示，而法拉第（复）阻抗 Z 分别为

$$Z = \frac{R_s + R_p}{1 + \omega^2 R_p^2 C_p^2} - \frac{j\omega C_p R_p^2}{1 + \omega^2 R_p^2 C_p^2}$$

$$Z = \frac{R_s + R_p}{1 + \omega^2 R_p^2 C_p^2} - j\left(\frac{\omega C_p R_p^2}{1 + \omega^2 R_p^2 C_p^2} + \frac{1}{\omega C_s} \right)$$

4.7.5.3 固体电解质系统的阻抗特性

固体电解质是在一定温度以上具有离子导电性质的一类固体物质，其离子导电性的产生与组成固体物质的元素性质和晶体缺陷有关。

1969 年 Bauerle 首次将阻抗谱测量技术应用于测量稳定氧化锆固体电解质的电导率，此后阻抗谱测量技术在固体电解质研究中得到广泛的应用。

交流阻抗法是测定固体电解质材料离子电导率和揭示一系列相互耦合过程影响因素的最有效手段。

A 固体电解质阻抗的测量

图 4-149 表示固体电解质阻抗测量时，固体电解质组成的半电池、等效电路及模拟阻抗谱。在固体电解质组成的半电池（图 4-149（a））中，右端为金属电极，它与固体电解质之间存在电极双层（dl），电解质晶粒之间存在界面（gb）。在等效电路（图 4-149（b））中，C_{dl} 代表电极界面因双层引起的电容，R_{gb} 和 C_{gb} 代表晶界的总电阻和总电容，R_b 代表晶粒本身的总电阻，R_{ct} 代表发生在电极界面的电荷迁移电阻（也是法拉第阻抗的组成部分）。

对由固体电解质组成的固体电池测量系统的阻抗特性，可按均匀的各向同性的电解质相和非均匀电解质相来认识。

a 均匀的各向同性的电解质相

对由粉末压制的致密固体电解质可以看作是均匀的各向同性的相，对这种固体电解质电池测量系统常见可能的阻抗类型如图 4-150 所示。对图中这 4 种情况的固体电解质的体

电阻，都可通过将阻抗数据外推到无限大的频率处来获得，$Z_{\omega\to\infty} = R$。

（1）近似阻塞电极过程。在电极与电解质界面很难发生电荷迁移过程，界面阻抗主要由双层电容决定。但由于固体电解质可能存在过剩电子或电子空位导电，电极过程就可能有小的漏电迁移电荷，称这种电极为近似阻塞电极。在等效电路中用阻值很大的电阻与电容并联来表示阻抗特性。等效电路和阻抗图如图4-150（a）所示。

（2）活化电极过程。图4-150（b）所示的是电极过程由电荷通过电极与固体电解质界面的迁移所控制的阻抗特性和等效电路，这种情况下，电极过程的激活能（电导激活能）可由电荷迁移电阻随温度的变化来求出。

（3）扩散控制电极过程。电极过程由朝向或离开电极与固态电解质界面的离子或分子的扩散所控制，常用 Warbury 阻抗来表示，$Z_w = k(j\omega)^{-\frac{1}{2}}$，式中 k 是控制电极反应的离子或分子的扩散系数。图4-150（c）表示这种情况的阻抗特性和等效电路。

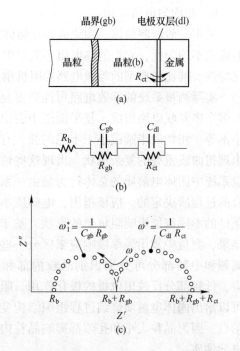

图 4-149　固体电解质半电池（a），等效电路（b）及模拟阻抗谱（c）示意图

（4）恒相角阻抗。与固体电解质测量系统相关的电流不均匀时，可观察到图4-150（d）所示的阻抗特性，$Z_P = k_P (j\omega)^{-p}$，式中 k_P 和 p 与 ω 无关，$|p| < 1$。

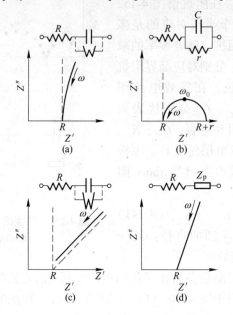

图 4-150　常见的均相固体电解质电池测量系统的阻抗特性及其等效电路

（a）近似阻塞电极过程；（b）活化电极过程；（c）扩散控制电极过程；（d）恒相角阻抗

　　b　非均匀电解质相

　　采用一般压制粉体、陶瓷或固化熔体制备的固体电解质大多为非均匀电解质相，由于电流的不均匀性，它们的体电阻不能简单的相应于一个电阻，而是显示出与频率相关的阻抗特性。其比较典型的等效电路和阻抗谱如图 4-151 所示。

　　实际测量系统的等效电路可能要更复杂些，可由多个串并联电路组成，复平面图中会出现多个大小不等、相切的半圆或小于半圆的弧，有的弧末端出现扭曲或重叠的复杂形状。出现这些情况是因测量系统中固体电解质的总体行为是由一系列相互耦合的过程所决定的。应该指出，电解质本身和外界条件的不同都能影响阻抗谱的形状。基于一些研究结果，测量中常用频率段响应来区分一些效应，如高频和中频部分可分别识别晶粒内部和晶粒间效应，低频部分反映出电极的极化作用。阻抗谱方法可以给出固体电解质烧结过程组织结构变化的电导信息，因为晶粒大小和孔隙都影响晶粒内和晶界的电导性质。

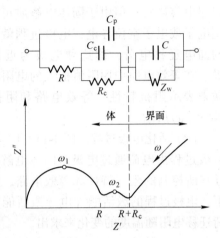

图 4-151　非均匀固体电解质相的等效电路和阻抗谱示意图

　　c　多晶固体电解质阻抗测量

　　多晶固体电解质不是一个简单的电阻器，测量它的阻抗包括晶粒电阻、晶界电阻和晶粒电容（一般可以略去）、晶界电容，因此多晶固体电解质具有与测量频率有关的阻抗特性。应用不可逆电极测量多晶固体电解质阻抗时，也可用等效电路表示。

　　图 4-152 展示一个最简单、最完整的理想阻抗谱及相应的等效电路。在阻抗谱图 4-152（a）中，在高频率端第一个半圆对应的是多晶固体电解质的晶粒内部阻抗，随着频率的减小出现第二、第三个半圆，分别对应晶界阻抗和电极反应过程界面阻抗。在等效电路图 4-152(b)中，R_{gi}、R_{gb}、C_{gi}、C_{gb} 分别代表固体电解质晶粒、晶界的电阻和电容，C_{dl}、R_{ct}、Z_w 是 Pt/固体电解质电极双电层的电容、电极界面电荷迁移电阻和扩散电阻（Warbury 阻抗）。各电容可由下式计算

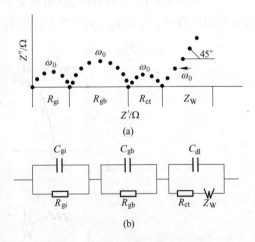

图 4-152　典型的多晶固体电解质阻抗谱和相应的等效电路图

$$C\omega_0^* R = 1 \qquad (4\text{-}141)$$

式中，R 为相应的电阻即半圆的直径；$\omega_0^* = 2\pi f_0$，f_0 为半圆顶点的测量频率。

　　例如，使用不可逆电极测量多晶 β 氧化铝固体电解质的阻抗时，R_{gb}、C_{gb} 为晶界电阻和电容，其理论阻抗谱相当于图 4-148（f）。由式（4-141）知在半圆顶点处

$$\omega^* = \frac{1}{R_p C_p}$$

或写为

$$\omega^* C_p R_p = 1$$

Z' 轴截距 R_s 即为相应的晶粒电阻 R_b。因此，可以由阻抗谱的截距、半圆直径和顶点处的频率 ω^* 计算得到多晶固体电解质晶粒、晶界电阻和晶界电容的数据。

总之，阻抗谱方法是一种可以提供电化学池电荷转移电阻、电容和电极的法拉第（复）阻抗等相关信息的重要测试方法。运用该方法时，需对达到稳定状态后的被测量体系施加一个小振幅的交流电压（一般为正弦波）信号，对电极的平衡电势进行微扰，通过测量其响应电流信号的振幅和相位，计算出电极的法拉第（复）阻抗，把不同频率下测得的阻抗 Z' 和容抗 Z'' 作复平面图。最后通过拟合等效电路，求出电极界面的相应参数或电极反应的动力学参数。由于小振幅的交流信号基本上不会使被测体系的状态发生变化，大多以这种方法能够准确地研究各种电极过程的动力学参数和电极状态的关系。

B 固体电解质的应用

固体电解质的特点在于具有一定的形状和强度，通常传导离子比较单一，离子传导具有很强的选择性。人们利用这些特点，将固体电解质应用于许多方面。

(1) 各种化学电源，如高温燃料电池，高能量密度电池，微功率电池等。

(2) 制成离子选择电极，用于冶金与材料物理化学研究，如化合物标准生成自由能的测定，合金与金属间化合物中组元的活度测定，冶金熔体中氧的活度以及第三组元对氧活度相互作用系数的测定，以及气相平衡分压、扩散系数的测定等。

(3) 各种电化学传感器制造，如控制燃烧的氧传感器，用于环境保护的气体传感器，用于金属冶炼的定氧测头等。

(4) 制作各种电化学器件，如微库仑计、计时元件、积分元件、记忆元件等。

(5) 物质分离和提纯，如金属钠的提纯，氧的分离等。

(6) 电化学催化，如碳氮化合物的加氢反应催化等。

(7) 制作发热元件。

4.7.5.4 材料研究中应用阻抗谱实例——纳米 CeO_2 与纳米 TiO_2 包覆材料的阻抗谱及显微结构研究

已有研究表明多晶 TiO_2 材料具有较强的气敏特性，非常适合用于氧传感器，但存在稳定性和可靠性问题，而 CeO_2 有很好的催化性能和良好的稳定性。将两者结合，优势互补，以期提高现有 TiO_2 型传感器的性能。利用阻抗分析仪可以测量材料的晶粒、晶界电阻和电容，有助于分析材料性能与结构的关系。为此测量纳米 TiO_2 以及纳米 CeO_2 包覆纳米 TiO_2 材料的阻抗，探究它们的导电性能和界面行为，研究纳米 CeO_2 包覆纳米 TiO_2 前后电导率与温度、晶界、晶粒电阻的关系，并且结合材料的显微结构分析纳米 CeO_2 包覆纳米 TiO_2 材料的 CeO_2 包覆层对纳米 TiO_2 材料所起的作用。

A 纳米材料阻抗测量装置和条件

实验测量纳米 TiO_2 以及不同含量纳米 CeO_2 包覆纳米 TiO_2 材料的阻抗谱，采用如图 4-146 所示的阻抗分析仪。测量电压为 5 mV，频率为 10 Hz ~ 100 kHz，在空气气氛中测量 573 ~ 973 K 范围内不同温度下各种试样的阻抗。

B 测量结果分析

a 纳米 TiO_2 的阻抗谱分析

在空气中不同温度条件下测量纯纳米 TiO_2 试样的阻抗结果以及它们的等效电路如图 4-153 所示。

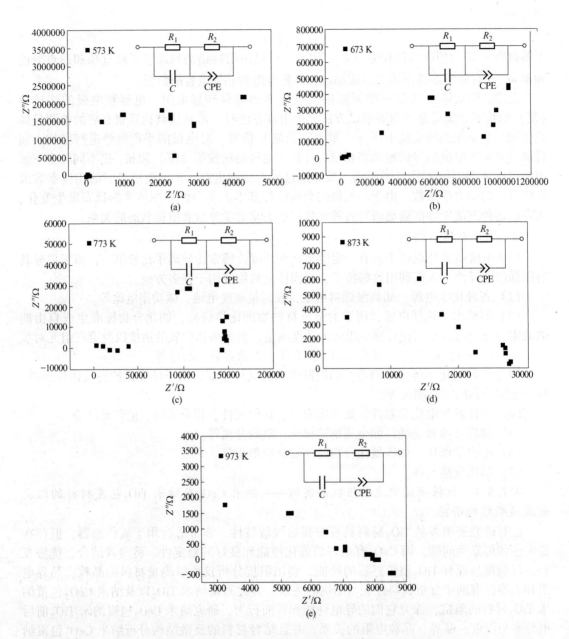

图 4-153   不同温度下纳米 TiO_2 阻抗谱及其等效电路

（a）$T=573$ K；（b）$T=673$ K；（c）$T=773$ K；（d）$T=873$ K；（e）$T=973$ K

由图可以看出，随着测量温度的升高，纳米 TiO_2 的阻抗谱变化很明显。在低温区图中出现不完整的半圆晶粒阻抗；随着温度的升高，半圆的晶粒阻抗逐渐减小直至消失，而半圆的晶界阻抗则逐渐长大；当温度升高至 873 K 时，出现半圆的界面阻抗；当温度达到 973 K 时，半圆晶界阻抗消失，而半圆界面阻抗变大。

对纳米 TiO_2 阻抗谱的分析可知，其电阻随温度升高而减小，根据电导率与温度的关系服从阿仑尼乌斯（Arrhenius）公式

$$\sigma = A\exp^{-\frac{E_a}{kT}} \tag{4-142}$$

因 $\rho = 1/\sigma$，即有

$$\rho = B\exp^{\frac{E_a}{kT}} \tag{4-143}$$

式中，σ 为电导率，S/cm；ρ 为电阻率，$\Omega \cdot cm$；E_a 为电导激活能，eV；k 为玻耳兹曼常数；T 为热力学温度，K；A 和 B 为指前常数。

以 $\ln(\rho/\rho^{\ominus})$ 对 $1/T$ 作图，如图 4-154 所示（$\rho^{\ominus}$ 为 ρ 的量纲）。由直线的斜率求出纳米 TiO_2 的电导激活能 E_a 为 0.98 eV，一般 TiO_2 材料的 $E_a = 1.526$ eV，表明纳米 TiO_2 粉末的活性高于常规 TiO_2 粉末，显然 R_s 与 TiO_2 的结构有关。

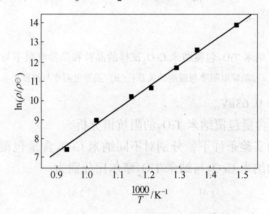

图 4-154 纳米 TiO_2 电阻率与温度关系图

b 纳米 CeO_2 包覆纳米 TiO_2 的阻抗谱分析

采用与纳米 TiO_2 试样同样的测量方法和条件，对纳米 CeO_2 包覆纳米 TiO_2 试样进行阻抗谱分析。测量试样的 CeO_2 摩尔分数为 50%，其中 837 K 测量得到的阻抗谱和它的等效电路示于图 4-155。

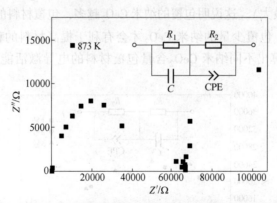

图 4-155 纳米 CeO_2 包覆纳米 TiO_2 试样在 873 K 时阻抗谱及等效电路

将各温度下测得的晶粒、晶界电阻率数据分别以 $\ln(\rho/\rho^{\ominus})$ 对 $1/T$ 作图，结果示于图 4-156。

图 4-156 显示，当纳米 TiO_2 材料表面包覆纳米 CeO_2 后，试样的晶粒和晶界的 $\ln(\rho/\rho^{\ominus})$ 与 $1/T$ 仍然是线性关系。依阿仑尼乌斯公式由它们的直线斜率计算得到晶粒、晶界的电导

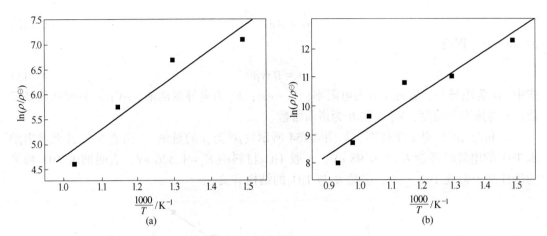

图 4-156　纳米 TiO_2 包覆纳米 CeO_2 试样的晶粒和晶界电阻率与温度关系

（a）晶粒电阻率与温度的关系；（b）晶界电阻率与温度关系

激活能分别为 0. 46eV、0. 63eV。

　　c　不同纳米 CeO_2 含量包覆纳米 TiO_2 的阻抗谱分析

　　为对比，在相同的实验条件下，分别对不同纳米 CeO_2 含量包覆纳米 TiO_2 的试样进行阻抗谱测量，试样中的纳米 CeO_2 与纳米 TiO_2 摩尔比分别为

试样编号	1号	2号	3号
$n(Ce):n(Ti)$	1:1	1:2	1:3

　　这三种试样的 773K 阻抗分析结果和等效电路一并示于图 4-157 中。三种试样的晶粒、晶界电阻与温度的关系曲线见图 4-158。由图可以看出，包覆不同比例的纳米 CeO_2 后，纳米包覆材料的阻抗变化不同。晶粒电阻率随着纳米 CeO_2 加入量减少而增大。试样的晶粒与晶界的 $\ln(\rho/\rho^{\ominus})$ 与 $1/T$ 均是线性关系，并且随着纳米 CeO_2 加入量增大，曲线斜率增大（1 号试样的斜率最大）。这说明包覆的纳米 CeO_2 越多，包覆材料的电阻对温度变化越敏感，稳定性差。因此，包覆少量的纳米 CeO_2 才会有利于提高材料的稳定性。由 $\ln(\rho/\rho^{\ominus})$ 对 $1/T$ 的直线斜率计算出不同纳米 CeO_2 含量包覆材料的电导激活能，考察它们的变化趋势，参见表 4-32。

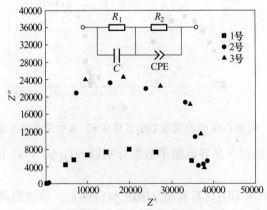

图 4-157　不同纳米 CeO_2 含量包覆纳米 TiO_2 材料在 773 K 阻抗谱及等效电路对比

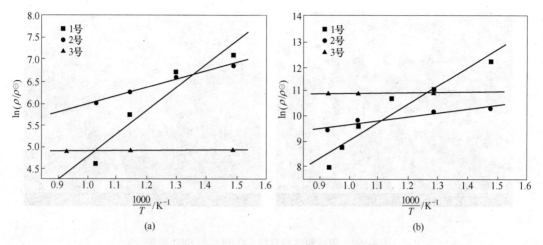

图 4-158　包覆材料的晶粒和晶界电阻率随温度的变化规律

（a）晶粒电阻率变化；（b）晶界电阻率变化

表 4-32　不同含量的纳米 CeO_2 包覆纳米 TiO_2 材料的电导激活能

	编　号	1 号	2 号	3 号
电导激活能/eV	晶粒	0.46	0.161	0.006
	晶界	0.63	0.132	0.0175

由表可看出，加入纳米 CeO_2 的量对其包覆纳米 TiO_2 材料的电导激活能的影响较大。随着纳米 CeO_2 加入量的减少，晶粒、晶界的电导激活能逐渐降低。纳米包覆材料中离子的移动主要通过晶粒和晶界进行，加入少量 CeO_2 也会增加材料中的缺陷，这些都有利于提高包覆纳米 TiO_2 材料的导电性。但如果加入大量的纳米 CeO_2，包覆材料中的缺陷会重新缔合，减少了导电离子，导致其导电激活能升高。这说明加入纳米 CeO_2 的含量也应有一个最佳值，在之后研究包覆材料的氧敏性能时，发现加入 4.9%（摩尔分数）CeO_2 的包覆纳米 TiO_2 材料性能最好，此时材料的电导激活能处于最低值。

C　材料的阻抗谱与显微结构的关系

多晶阻抗谱有助于研究材料的晶粒和晶界电阻、电容情况，由此可以看出材料的显微结构与阻抗应该有直接关系。为此采用扫描电子显微镜（SEM）观察阻抗测试前后试样的显微形貌，考察阻抗测试前后试样显微结构和晶粒的变化。

阻抗测试前后 TiO_2 试样 SEM 显微形貌结果如图 4-159 所示。由图可以看出阻抗测试后 TiO_2 颗粒发生细微变化。原始试样 TiO_2 为均匀球形颗粒，测试后，球形颗粒转变成不规则形状，并出现团聚和晶粒长大现象。阻抗测试前后 TiO_2 试样的 XRD 分析结果表明，在测量过程中，随温度的升高 TiO_2 晶体结构发生了锐钛矿型转变成金红石型的相变。

纳米 CeO_2 包覆纳米 TiO_2 的 2 号试样阻抗测试前后 SEM 微观形貌观察结果如图 4-160 所示。由图可以看出，阻抗测试前后包覆材料的颗粒形貌与纯纳米 TiO_2 的不同。综合 SEM 显微形貌观察和材料阻抗谱的分析结果并与纯纳米 TiO_2 的比较，可以认为，由于纳米 TiO_2 材料表面包覆了纳米 CeO_2 粒子，就不像纯 TiO_2 样品表面具有规则的圆颗粒，而是球状颗粒团聚成不规则块状的颗粒，并出现了许多空隙，形成吸附反应的活性中心，增大

图 4-159　阻抗测试前后纯 TiO_2 试样的 SEM 形貌

（a）测试前；（b）测试后

表面上小粒子的分散性，有利于提高包覆材料的活性。但是纳米 CeO_2 含量过高（如 1 号试样），出现内部孔隙连通，吸附反应的活性中心减少，导电性变差的情况。这从另一个侧面验证了纳米 CeO_2 应有一个最佳加入量。另外，从图 4-160 也可以看出，CeO_2 包覆纳米 TiO_2 材料中的空隙经过阻抗高温测试后，未发生死烧结。这表明包覆的纳米 CeO_2 对纳米 TiO_2 颗粒起到了分散、隔离和稳定作用。

图 4-160　阻抗测试前后纳米 CeO_2 包覆纳米 TiO_2 的 2 号试样表面的 SEM 形貌

（a）测试前；（b）测试后

对阻抗测试前后试样的 X 射线衍射（XRD）分析结果表明，在阻抗测试过程中，高温使纳米 TiO_2 发生了晶体结构的转变，由锐钛矿型变为金红石型。由于两种晶型晶胞参数相差较大（参见表 4-33），TiO_2 相变时发生的体积变化会对表面包覆纳米 CeO_2 层产生应

表 4-33　锐钛矿型和金红石型 TiO_2 的晶胞参数

$a_0 = b_0$/nm		c_0/nm	
锐钛矿型 TiO_2	金红石型 TiO_2	锐钛矿型 TiO_2	金红石型 TiO_2
0.3785	0.4593	0.9514	0.2959

力。受到应力作用使外包覆层产生微裂纹，甚至破裂。虽高温测试过程中会使得个别颗粒长大，但由于大团粒受应力作用破裂，分解成了较小的颗粒，从而使包覆材料的粒度没有明显变化。

综上所述，从纯 TiO_2 阻抗谱的分析可知，材料的电阻率随温度升高而减小，遵从阿仑尼乌斯公式 $\ln(\rho/\rho^{\ominus})$ 与 $1/T$ 呈直线关系，电导激活能 E_a 为 0.98 eV。当纳米 TiO_2 表面包覆 50%（摩尔分数）纳米 CeO_2 后，试样的 $\ln(\rho/\rho^{\ominus})$ 与 $1/T$ 仍然遵从阿仑尼乌斯公式，呈直线关系，计算得到晶粒、晶界的电导激活化能分别为 0.46 eV 和 0.63 eV。随着包覆纳米 CeO_2 量的增大，包覆材料的电阻对温度变化敏感，稳定性差，因此，只有包覆少量的纳米 CeO_2 才有利于包覆材料的稳定性。随着纳米 CeO_2 加入量的减少，电导激活能逐渐降低。包覆层纳米 CeO_2 对纳米 TiO_2 材料起到了良好的分散、隔离和稳定作用，由于包覆材料有微孔隙的存在，有利于提高其活性。

4.7.6 电化学分析方法应用实例——质子膜燃料电池电极材料性能表征

目前质子交换膜燃料电池（PEMFC）普遍使用的 Pt/C 和 PtM/C 等催化剂，由于催化剂与载体炭黑之间的结合力差，燃料电池经长时间的运行之后，催化剂纳米粒子的溶解、再沉积会使其颗粒变大；同时碳载体的电化学腐蚀伴随着催化剂纳米粒子的团聚、烧结、流失，最终导致催化剂性能的衰减，严重影响了催化剂的稳定性。因此，质子交换膜燃料电池中催化剂的稳定性问题，严重制约了其发展，开发能在高湿度、强酸性、高电势等条件下运行的质子交换膜燃料电池，并具有抗氧化、抗腐蚀性能和催化剂结合力好的非碳载体材料，已成为燃料电池领域中重要的研究方向之一。现以导电氧化物 Ti_4O_7 作为载体，合成了电催化剂 Pt/Ti_4O_7，并对该负载型催化剂的电催化氧还原性能进行比较系统的评价。

4.7.6.1 催化剂的电化学活性与稳定性的评价方法

A 循环伏安（CV）法测定金属催化剂的电化学比表面积

催化剂的电化学活性与催化剂的电化学比表面积相对应，高的电化学比表面积对应高的电极催化剂活性。因此，测量计算催化剂的电化学比表面积来评价电极催化剂的电化学活性。

循环伏安法是将三角波信号通过恒电势仪加在研究电极上，使之在一定的电势范围内重复扫描，通过计算机记录扫描时的电流-电势曲线。通过循环伏安测试可以实现电化学表面积测定，研究电化学催化氧化或还原过电势，以及催化剂表面化学组成及所暴露的晶面。

a 测量条件

采用三电极测试体系，利用法国 VMP3 多通道恒电势仪/恒电流仪和 M636 旋转圆盘电极进行电催化剂的电化学性能测试。

b 测定方法

对于纯铂催化剂，可以通过循环伏安曲线中的氢吸附、脱附区间的电量来计算金属 Pt 比表面。对于铂合金也可使用此类方法获得金属 Pt 比表面积。图 4-161 为在 0.5 mol/L 的硫酸溶液中 Pt/C 电极的循环伏安曲线。

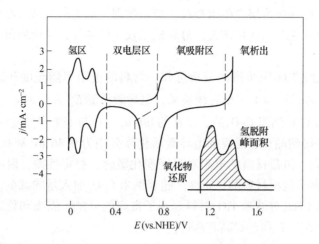

图 4-161 Pt/C 催化剂在酸性电解质中的典型循环伏安曲线

根据循环伏安曲线中的峰面积，可得到氢吸附所对应的电量 Q_H，并采用下式可计算出 Pt 催化剂的电化学表面积，即

$$比电化学活性面积 = \frac{Q_H}{m \times q_H}$$

式中，q_H 为单位表面积的 Pt 吸附的电荷量，根据每平方厘米的 Pt 可吸附 1.3×10^{15} 个氢原子计算得 $q_H = 210 \ \mu C/cm^2$；Q_H 为氢原子单层吸附到催化剂表面的电荷；m 为负载到电极表面催化剂的质量，g。

B 旋转圆盘电极（RDE）上的氧还原活性（ORR）测试方法

测试不同催化剂电极对氧还原活性的催化性能，通常在 O_2 饱和的 0.1 mol/L $HClO_4$ 的电解液中进行。测试过程中始终通入 O_2，以保证电解液中溶解的 O_2 浓度。但是由于 O_2 的溶解浓度有限，在测试过程中可以观察到扩散的影响。图 4-162 是在 Pt/C 电极上不同扫描速率下的线性伏安扫描（LSV）曲线，属典型的半无限边界条件下的扩散过程。氧还原反应的峰电流 i 随着扫描速度的增加而增加，可表示为

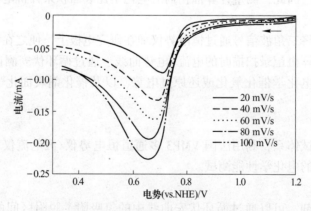

图 4-162 不同扫描速率下 Pt/C 催化剂电极在 O_2 饱和的 0.1 mol/L $HClO_4$
溶液中的线性扫描（LSV）曲线

$$i = 3.0 \times 10^5 n \left(\beta n_a\right)^{1/2} c D^{1/2} v^{1/2}$$

式中，n 为反应涉及的电子转移数；$\left(\beta n_a\right)^{1/2}$ 为常数；c 为本体溶液中 O_2 的浓度；D 为氧在溶液中的扩散系数；v 为扫描速率。

为了去除 O_2 在溶液中的扩散造成的影响，氧还原活性（ORR）催化性能采用旋转圆盘电极为工作电极进行测试。当电极旋转时，旋转圆盘电极表面的液体由垂直流向电极的液流补充，而在旋转圆盘电极表面部分的液流是稳定的。在一般的电化学处理中，可以把旋转圆盘电极表面稳定的液流简化成固定厚度的扩散层，扩散层外 O_2 的浓度是均匀的，即为 O_2 在溶液中的本体浓度；而扩散层内为 O_2 向旋转圆盘电极表面的扩散。扩散层的厚度主要由电极的转速决定，转速越大扩散层越薄，由扩散引起的极限电流密度越大。

图 4-163 显示了在不同转速下 Pt/C 催化剂在旋转圆盘电极上对氧还原活性（ORR）的极化曲线。由图可以看出，随着电势的下降，逐渐出现还原电流。这时由于电流值并不是很大，过电势对电流的影响起主要作用。随着电流增加，扩散的阻力逐渐变大，成为控速步骤。于是，在图上表现为电流变化非常慢。当电流随电势不发生变化时，即达到了极限电流。

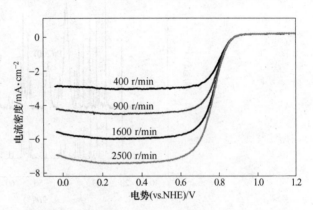

图 4-163 不同转速下 Pt/C 催化剂电极上的 ORR 曲线

不同转速下旋转圆盘电极上的电流密度可以表示为

$$\frac{1}{i} = \frac{1}{i_k} + \frac{1}{B\omega^{1/2}}$$

式中，i_k 为没有扩散时的理论电流密度；$B\omega^{1/2}$ 为氧通过电极-溶液界面层的极限扩散电流密度；B 为一常数；ω 为旋转圆盘电极的转速。

随着 ω 的增大，氧通过界面层的扩散量增大，因而电流密度随之增大，且与 $\omega^{1/2}$ 呈线性关系，称考蒂基-列维奇（Koutecky-Levich）曲线。

研究中试样的氧还原活性（ORR）催化活性采用旋转圆盘电极（RDE）技术测试，在 VMP3 恒电势仪和 M636 旋转圆盘电极控制仪上进行。在三电极体系中，Pt 箔做对电极，饱和甘汞电极（Hg/Hg_2Cl_2）做参比电极，将电势转换成相对氢标电极的电势。5 mm 玻碳电极为工作电极，在 0.5 mol/L H_2SO_4 溶液中通入饱和氧，在室温和 65 ℃下进行氧还原的线性扫描，测试过程连续通氧保护，扫速为 10 mV/s。旋转圆盘电极技术去除传质的影响，反应催化剂氧还原活性（ORR）为本征活性。

4.7.6.2 催化剂 $Pt/NS\text{-}Ti_4O_7$ 的表征

A $Pt/NS\text{-}Ti_4O_7$ 催化剂的制备及表征

a $Pt/NS\text{-}Ti_4O_7$ 催化剂的制备

采用修饰的乙二醇还原法制备 $Pt/NS\text{-}Ti_4O_7$ 催化剂。在超声作用下，先将 $NS\text{-}Ti_4O_7$ 分散到乙二醇中，再加入适量的乙酰丙酮铂，超声 30 min。然后，将此混合液在 190 ℃下回流 2 h，所得黑色悬浊液自然冷却至室温，经过滤、去离子水洗涤、真空干燥 6 h，即制得 Pt/NS-Ti$_4$O$_7$催化剂。用等离子体原子发射光谱测试结果表明，Pt/NS-Ti$_4$O$_7$催化剂的 Pt 负载量为 $w(Pt) = 13\%$。

b   Pt/NS-Ti$_4$O$_7$催化剂的表征

用 XRD 对载体 NS-Ti$_4$O$_7$和催化剂 Pt/NS-Ti$_4$O$_7$分别进行了相分析，结果如图 4-164 所示。由图可以看出，Pt 峰的展宽表明负载在 NS-Ti$_4$O$_7$上的 Pt 颗粒粒径较小，根据谢勒（Scherrer）公式计算，Pt 粒径约为 5 nm。

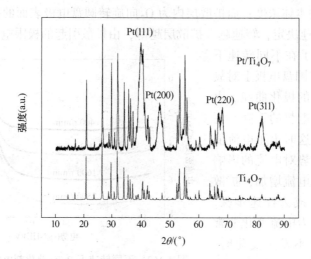

图 4-164   NS-Ti$_4$O$_7$与 Pt/NS-Ti$_4$O$_7$的 XRD 谱

用透射电子显微镜（TEM）分别对 Pt/NS-Ti$_4$O$_7$与商业 Pt/C 催化剂的形貌及 Pt 粒子分布进行了观察，结果示于图 4-165。由图可知，Pt 纳米粒子很好地负载在纤维状纳米结构 NS-Ti$_4$O$_7$上，粒径尺寸统计结果主要为 4.8 nm，这与由谢勒公式计算的结果一致，较商业 Pt/C 中 Pt 的粒径 3.0 nm 略大。

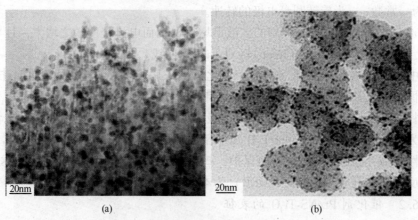

图 4-165   Pt/NS-Ti$_4$O$_7$与商业 Pt/C 催化剂的 TEM 形貌

（a）Pt/NS-Ti$_4$O$_7$；（b）商业 Pt/C

B   催化剂 Pt/NS-Ti$_4$O$_7$的电催化性能评价

采用标准三电极体系进行循环伏安分析，测定样品对氧还原催化性能。使用饱和甘汞电极为参比电极，铂箔电极为对电极，工作电极为涂有催化剂层的玻碳电极。

　　a　电极催化剂层的制备及测试条件

　　将 6 mg 的 Pt/NS-Ti$_4$O$_7$(w(Pt)=13%) 和 4 mg 的商业 Pt/C 催化剂 (w(Pt)=20%) 分别加入称量瓶中，然后加入 0.02 mL 质量浓度为 5% 的 Nafion 溶液，混合后，超声 20~30 min。分散均匀后，用微量进样器取混合液 20 μL，滴加到玻碳电极表面，干燥后进行循环伏安测试 (CV)，测试所用电解液为 0.5 mol/L H$_2$SO$_4$ 溶液，扫描范围为 0~1.4V(vs. NHE)，扫描速率为 50 mV/s，工作温度为室温。线性扫描 (LSV) 测试氧还原时，电解液为 0.5 mol/L H$_2$SO$_4$ 含饱和 O$_2$ 溶液，转速 1600 r/min。加速老化实验 (ADT) 测试，测试所用电解液为 0.5 mol/L H$_2$SO$_4$ 溶液，扫描范围为 0.6~1.4V (vs. NHE)，扫描速率为 50 mV/s，工作温度为 60 ℃。Pt/C 催化剂和 Pt/NS-Ti$_4$O$_7$ 在电极表面的铂载量均为 0.0800 mg Pt/cm^2。

　　b　评价 Pt/NS-Ti$_4$O$_7$ 作阴极催化剂的耐久性与活性

　　评价 Pt/NS-Ti$_4$O$_7$ 作阴极催化剂的耐久性与活性，并将其与商业 Pt/C 进行了对比。图 4-166(a) 为 Pt/NS-Ti$_4$O$_7$ 首次及经历 1000 次、2000 次、3000 次加速老化 (ADT) 后在 0.5 mol/L H$_2$SO$_4$ 中氮气下循环伏安曲线，为多晶 Pt 在酸性环境下典型的 CV 曲线，未见杂峰的出现，从而间接地证明了 NS-Ti$_4$O$_7$ 在 PEMFC 酸性环境中具有良好的稳定性。对于催化剂而言，高的电化学活性面积 (ECSA) 对应于高的电催化活性。而电化学活性面积的数值可以通过 CV 曲线中氢的脱附/吸附峰面积进行计算。所以伴随加速老化实验的进行，电化学活性面积的改变可以通过氢脱附峰面积的改变进行定量计算。对比图 4-166 (a) 与(b) 可知，在高电势循环条件下的加速老化实验实验中，两种催化剂的电化学活性面积均有所减小，但 Pt/C 的电化学活性面积变化的速率更快，尤其在前 1000 次循环，而 Pt/NS-Ti$_4$O$_7$ 的电化学活性面积的变化趋势就缓和得多。

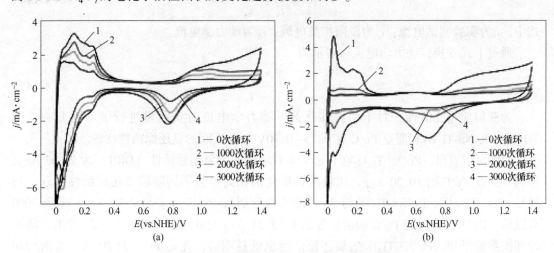

图 4-166　加速老化不同阶段后的循环伏安曲线

(a) Pt/NS-Ti$_4$O$_7$；(b) 商业 Pt/C

　　将图 4-166(a) 与(b) 中催化剂不同阶段电化学活性面积值进行计算并用各自起始的电化学活性面积进行归一，结果如图 4-167 所示。由图可知，经过 500 次高电势循环后，Pt/NS-Ti$_4$O$_7$ 的电化学活性面积约为起始的 90%，而 Pt/C 的电化学活性面积只有起始的

30%；3000 次循环后，Pt/NS-Ti$_4$O$_7$的电化学活性面积仍保持在45%，而 Pt/C 的电化学活性面积只有2%。Pt/C 催化剂电化学活性面积变化很快，主要是由于碳载体的稳定性较差。当催化剂在0.6~1.4 V 的高电势下循环时，碳载体发生严重的电化学腐蚀，碳载体结构发生坍塌，这使得负载其上的 Pt 纳米粒子发生团聚、烧结、溶解、流失，最终丧失催化性能。由图 4-167 可知，相对商业 Pt/C 而言，Pt/NS-Ti$_4$O$_7$具有更高的电化学稳定性。

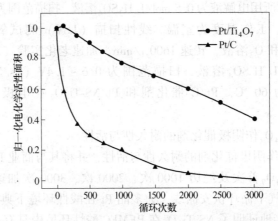

图 4-167   Pt/NS-Ti$_4$O$_7$ 和商业 Pt/C 的电化学活性面积随 ADT 的变化

c   评价氧还原活性（ORR）随加速老化实验（ADT）的变化

为评价氧还原活性（ORR）随加速老化实验（ADT）的变化，分别对两种催化剂在高电势循环之前、1500 次、3000 次后进行线性扫描。氧还原活性通过考蒂基-列维奇（Koutecky-Levich）方程进行计算：

$$\frac{1}{i} = \frac{1}{i_k} + \frac{1}{i_d}$$ (4-144)

式中，i 为实验测试电流；i_d 为极限扩散电流；i_k 为动力学电流。

通过上式变换，动力学电流可表示为

$$i_k = \frac{i \times i_d}{i_d - i}$$ (4-145)

为获得质量比活性，对于两种催化剂，动力学电流对负载量进行了质量归一。图 4-168 为 Pt/NS-Ti$_4$O$_7$ 和商业 Pt/C 在 0.75~0.90V 电势区间的氧还原活性比较。

由图可以看出，Pt/NS-Ti$_4$O$_7$在0.85V 下对应的起始氧还原活性（ORR）为 22.33 A/g，远高于商业 Pt/C 的 10.30 A/g。比较两种催化剂在高电势不同阶段氧还原活性发现，当循环 1500 次以后，Pt/NS-Ti$_4$O$_7$与 Pt/C 的活性分别为 16.27 A/g 与 2.54 A/g；循环 3000 次以后，Pt/NS-Ti$_4$O$_7$与 Pt/C 的活性分别为 13.31 A/g 与 0.45 A/g。由此可以看出，随着循环次数的增加，Pt/NS-Ti$_4$O$_7$的氧还原活性也就越明显，先是 Pt/C 的 10 倍，进而增加到 Pt/C 的 30 倍。这与两种催化剂的电化学活性面积（ECSA）的变化趋势相吻合。

d   在电催化过程中 Pt/NS-Ti$_4$O$_7$耐久性及活性分析

对经加速老化后的两种催化剂进行了透射电镜（TEM）观测发现，加速老化实验（ADT）后，负载于 Pt/C 上的 Pt 粒子发生了团聚，粒径长大从起始的 3 nm 增加到 10.2 nm。这可能是一方面源于碳载体的腐蚀，另一方面在电势循环时 Pt 发生奥斯特瓦尔德（Ostwald）熟化，小颗粒 Pt 先解溶解，然后在较大的 Pt 表面再沉集、长大。而 Pt/NS-Ti$_4$O$_7$ 表面 Pt 粒径变化相对较小，仅从 4.8 nm 增大到 6.1 nm。这一变化趋势也与以上讨论的电化学性能实验结果相一致。

由 Pt/NS-Ti$_4$O$_7$ 经加速老化前后的高分辨电子显微镜（HRTEM）观察（图 4-169）可知，加速老化以后除了可见 Ti$_4$O$_7$ 的（022）晶面间距 0.310 nm 和面心立方 Pt 的（111）晶面间距 0.226 nm 外，未发现其他变化，这进一步证实 NS-Ti$_4$O$_7$ 在酸性及氧化性环境中具有良好的稳定性。

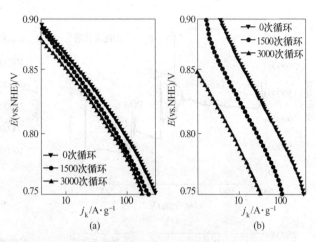

图 4-168　不同循环次数后的 ORR 质量比活性

（a）Pt/NS-Ti$_4$O$_7$；（b）商业 Pt/C

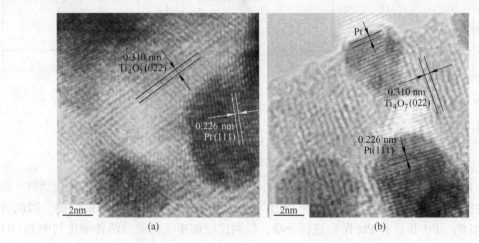

图 4-169　加速老化前后 Pt/NS-Ti$_4$O$_7$ 的 HRTEM

（a）加速老化前；（b）加速老化后

综合上述实验结果可以认为，Pt/NS-Ti$_4$O$_7$ 高活性、高稳定性的性能主要缘于两方面原因：一是 NS-Ti$_4$O$_7$ 导电氧化物本身优良的抗氧化、抗腐蚀性；二是 Pt 纳米粒子与 NS-Ti$_4$O$_7$ 载体间强的相互作用。

e　XPS 测试分析 Pt/NS-Ti$_4$O$_7$ 与商业 Pt/C 加速老化前后电子结构和化合价的变化

对加速老化实验（ADT）前后的 Pt/NS-Ti$_4$O$_7$ 与商业 Pt/C 两种催化剂进行了 XPS 测试，两种催化剂加速老化后的 XPS 全谱见图 4-170。在图 4-170（b）和（d）中均发现了来源于 Nafion 溶液的 F1s 峰和 F 元素的 KLL 俄歇峰。加速老化前后 Pt/NS-Ti$_4$O$_7$ 与商业 Pt/C 催化剂 Pt4f 的分峰拟合后的结果如图 4-171 所示。

对比图 4-171（a）和（c），很容易看到 Pt/NS-Ti$_4$O$_7$ 中 Pt4f 结合能在 71.17 eV，低于商业 Pt/C 中 Pt4f（71.80 eV）的结合能。这说明在 Pt/NS-Ti$_4$O$_7$ 中 Pt 具有较大的电子密度，

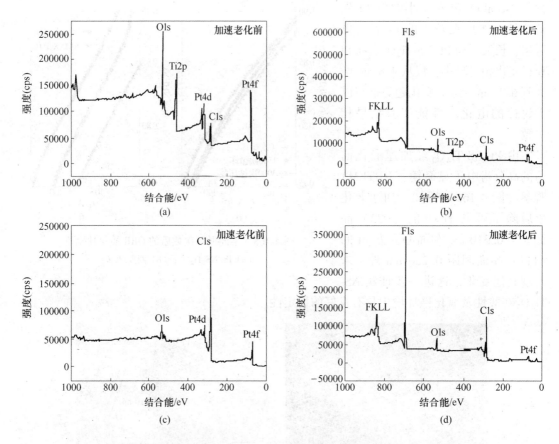

图 4-170　加速老化前后 Pt/NS-Ti$_4$O$_7$ 与商业 Pt/C 催化剂的 XPS 全图

(a), (b) Pt/NS-Ti$_4$O$_7$; (c), (d) 商业 Pt/C

从而产生催化剂与载体间强相互作用（SMSI），这在一定程度上提高了 Pt 的催化活性。Pt 的催化性能取决于 Pt 单质，Pt(Ⅱ) 和 Pt(Ⅳ) 一般不具有催化剂氧还原的性能。因此将 Pt4f 按 Pt(0)、Pt(Ⅱ) 和 Pt(Ⅳ) 进行分峰，以期比较加速老化前后两种催化剂中 Pt(0) 含量的变化对催化剂的活性及稳定性变化的影响。对于商业 Pt/C，Pt(0)、Pt(Ⅱ) 和 Pt(Ⅳ) 对应的结合能分别为 71.8 eV、72.9 eV 和 74.4 eV；而对于 Pt/NS-Ti$_4$O$_7$ 由于 SMSI 的作用使得结合能相对商业 Pt/C 整体向低能侧移动，所以其 Pt(0)、Pt(Ⅱ) 和 Pt(Ⅳ) 对应的结合能分别为 71.0 eV、71.8 eV 和 73.6 eV。在加速老化前，Pt/NS-Ti$_4$O$_7$ 中 Pt(0) 含量占 52.69%，而商业 Pt/C 中 Pt(0) 占 46.40%；加速老化以后，Pt/NS-Ti$_4$O$_7$ 中 Pt(0) 含量占 46.31%，而 Pt/C 中 Pt(0) 占 36.31%。这正与 Pt/NS-Ti$_4$O$_7$ 起始氧还原活性（ORR）及最终活性均高于商业 Pt/C 的实验结果相吻合。

综上所述，Pt/NS-Ti$_4$O$_7$ 催化剂对催化氧还原具有远高于商业 Pt/C 的活性及稳定性。在加速老化过程中商业 Pt/C 活性发生了大幅度的衰减，而 Pt/NS-Ti$_4$O$_7$ 仍保持了较高的催化活性。这一结果主要归因于 NS-Ti$_4$O$_7$ 本身高稳定性及其与 Pt 之间强相互作用，从而表明纳米结构的 Ti$_4$O$_7$（NS-Ti$_4$O$_7$）是具有应用前景的非碳质载体材料。

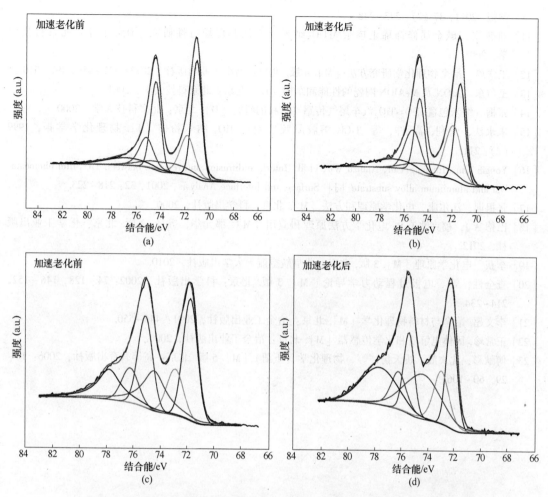

图 4-171　加速老化前后 Pt/NS-Ti$_4$O$_7$ 与商业 Pt/C 催化剂 Pt4f 的 XPS 谱图

(a)，(b) Pt/NS-Ti$_4$O$_7$；(c)，(d) Pt/C

参 考 文 献

[1] 北京矿冶研究总院分析室. 矿石及有色金属分析手册 [M]. 北京：冶金工业出版社，2007.

[2] 郭景坤. 1995 年古陶瓷技术国际讨论会文集 (ISAC′95) [M]. 上海：上海科学技术出版社，1997.

[3] 叶宪曾，张新祥，等. 仪器分析教程 [M]. 北京：北京大学出版社，2011.

[4] 廖晓玲. 材料现代测试技术 [M]. 北京：冶金工业出版社，2010.

[5] 杜希文，原续波. 材料分析方法 [M]. 天津：天津大学出版社，2006：163~212.

[6] 李钒，王习东，夏定国. 化学镀的物理化学基础与实验设计 [M]. 北京：冶金工业出版社，2011.

[7] 姚传好. 燃料电池用 Ti$_4$O$_7$ 的合成及其载 Pt 催化剂的性能研究 [D]. 北京：北京工业大学，2012.

[8] 方方，翟福东，崔金锐. 用气相色谱精确测定大气中 CO$_2$ [J]. 北京工业大学学报，1994，20 (4)：119~121.

[9] 林兴桃，王小逸，夏定国，等. 固液萃取-高效液相色谱法测定人体尿液中邻苯二甲酸酯及其代谢物 [J]. 北京工业大学学报，2011，39 (6)：877~881.

[10] 郝瑞霞，万宏文，张庆康，等. 顶空进样-GC-MS-ΣSIM 分析再生水中三卤甲烷 [J]. 北京工业大学

学报, 2011, 37 (2): 243~248.

[11] 刘静波. 碱金属修饰稀土掺杂 MTiO$_3$ 纳米材料及其湿敏特性研究 [D]. 北京: 北京科技大学, 2001.

[12] 王常珍. 冶金物理化学研究方法 [M]. 4 版. 北京: 冶金工业出版社, 2013: 437~459, 492~510.

[13] 王习东. AlON 及 MeAlON 陶瓷的性能和结构 [D]. 北京: 北京科技大学, 2001.

[14] 张梅. 纳米包覆 CeO$_2$-TiO$_2$ 汽车尾气传感器材料的研究 [D]. 北京: 北京科技大学, 2000.

[15] 朱永法, 张利, 高羽中, 等. TiCl$_4$ 溶胶凝胶法制备 TiO$_2$ 纳米粉体 [J]. 物理化学学报, 1999 (2): 211.

[16] Yongfa Zhu, Jingfeng Yan, Nianzu Wu, et al. Interface diffusion and reaction between TiO$_2$ film photocatalyst and aluminium alloy substrate [J]. Surface and Interface Analysis, 2001, 32: 218~223.

[17] 张祖训, 汪尔康. 电化学原理和方法 [M]. 北京: 科学出版社, 2000.

[18] 巴德 A J, 福克纳 L R. 电化学方法原理和应用 [M]. 邵元华, 等译. 2 版. 北京: 化学工业出版社, 2012.

[19] 李荻. 电化学原理 [M]. 3 版. 北京: 北京航空航天大学出版社, 2010.

[20] 查全性, 等. 电极过程动力学导论 [M]. 3 版. 北京: 科学出版社, 2002: 74~128, 146~152, 214~234.

[21] 李文超. 冶金与材料物理化学 [M]. 北京: 冶金工业出版社, 2001: 446~550.

[22] 王常珍. 固体电解质和化学传感器 [M]. 北京: 冶金工业出版社, 2000.

[23] 傅献彩, 沈文霞, 姚天扬, 等. 物理化学 (下册) [M]. 5 版. 北京: 高等教育出版社, 2006: 14~29, 60~106.

附　　录

附录1　一些常用分析测试英文缩写词的中英文全称

英文缩写词	中文名称	英文全称
AAS	原子吸收光谱分析法	atomic absorption spectrometry
	原子吸收光谱仪	atomic absorption spectrometer
HCL-AAS	空心阴极灯原子吸收光谱仪	hollow cathode lamp-AAS
AES	原子发射光谱分析法	atomic emission spectrometry
	原子发射光谱仪	atomic emission spectrometer
ICP-AES	电感耦合等离子发射光谱仪	inductive coupled plasma-AES
AES	俄歇电子能谱法	Auger electron spectroscopy
	俄歇电子能谱仪	Auger electron spectrometer
AFM	原子力显微镜	atomic force microscope
AFS	原子荧光光谱法	atomic fluorescence spectrometry (spectroscopy)
	原子荧光光谱仪	atomic fluorescence spectro (photo) meter
AEM	分析电子显微术	analytical electron microscopy
	分析电子显微镜	analytical electron microscope
CA	计时电流法	chronoamperometry
CGC	毛细管气相色谱法	Capillary gas chromatography
CV	循环伏安法	cyclic voltammetry
DMA	动态热机械分析法	dynamic thermomechanic analysis
DSC	差示扫描量热法	differential scanning calorimetry
DTA	差热分析	differential thermal analysis
EDS	能量色散X射线谱（能谱） X射线能谱分析	X-ray energy dispersive spectrum
ED	电子衍射	electron diffraction
EELS	电子能量损失谱	electron energy loss spectrum
EPMA	电子探针显微分析	electron probe microanalysis
EPR	电子顺磁共振	electron paramagnetic resonance
	电子顺磁共振光谱法	electron paramagnetic resonance spectroscopy
ESCA	化学分析电子谱(X射线光电子能谱)	electron spectroscopy for chemical analysis
FEM	场发射电子显微镜	field emission electron microscope
FIM	场离子显微术	field ion microscopy
	场离子显微镜	field ion microscope

FT	傅里叶变换	Fourier transform
FTIR	傅里叶变换红外光谱仪	Fourier transform infrared spectrometer
FTMS	傅里叶变换质谱仪	Fourier transform mass spectrometer
FTNMR	傅里叶变换核磁共振（波谱）仪	Fourier transform nuclear magnetic resonance spectrometer
FT-Raman	傅里叶变换拉曼光谱仪	Fourier transform Raman spectrometer
GC-MS	气相色谱-质谱法	gas chromatograph-mass spectrometry
	气相色谱-质谱联用仪	gas chromatograph-mass spectrometer
GC-AES	气相色谱-原子发射光谱联用仪	gas chromatograph-atomic emission spectrometer
HREM	高分辨电子显微术	high resolution electron microscopy
(HRTEM)	高分辨电子显微镜	high resolution electron microscope
HEED	高能电子衍射	high energy electron diffraction
HVEM	高压电子显微术	high-voltage electron microscopy
	高压电子显微镜	high-voltage electron microscope
IR	红外光谱法	infrared spectroscopy
	红外（吸收）光谱法	infrared (absorption) spectrometry
	红外光谱仪	infrared spectrometer
FT-IR	傅里叶变换红外光谱仪	Fourier transform infrared spectrometer
ISA	离子散射分析	ion scattering analysis
LSV	线性扫描伏安法	liner scan voltammetry
LC	液相色谱法	liquid chromatography
LEED	低能电子衍射	low energy electron diffraction
MS (AMS)	（原子）质谱分析法	(atom) mass spectrometry
	质谱仪	mass spectrometer (mass spectroscope)
MSTA (MTA)	质谱热分析	mass spectrometric thermal analysis
MS	穆斯堡尔谱法	Mössbauer spectroscopy
	穆斯堡尔谱仪	Mössbauer spectrometer
NMR	核磁共振	nuclear magnetic resonance
	核磁共振波谱法	NMR spectroscopy
	核磁共振波谱仪	NMR spectrometer
PS	光电子能谱法	photoelectron spectroscopy
	光电子能谱	photoelectron spectrum
Raman	拉曼光谱	Raman spectrum
	拉曼光谱法	Raman spectrometry
	激光拉曼光谱仪	laser Raman spectrometer
RBS	卢瑟福离子背散射谱法	Rutherford ion backscattering spectrometry
RHEED	反射式高能电子衍射	reflection high energy electron diffraction
SFC	临界流体色谱法	supercritical fluid chromatography
SPM	扫描探针显微术	scanning probe microscopy
	扫描探针显微镜	scanning probe microscope

SEM	扫描电子显微镜	scanning electron microscope
SIM	扫描离子显微镜	scanning ion microscope
STM	扫描隧道显微术	scanning tunneling microscopy
	扫描隧道显微镜	scanning tunneling microscope
STEM	扫描透射电子显微镜	Scanning transmission electron microscope
SIMS	二次离子质谱法	secondary ion mass spectroscopy
TEM	透射电子显微术	transmission electron microscopy
	透射电子显微镜	transmission electron microscope
TG	热重法	thermogravimetry
		thermogravimetric analysis
TD	热膨胀法	thermal dilatometry
	热膨胀分析法	thermodilatometric analysis
TMA	热机械分析法	thermomechanic analysis
TOF-SIMS	飞行时间二次离子质谱仪（飞行时间质谱仪）	time-of-flight（secondary ion）mass spectrometer
UPS	紫外光电子能谱法	ultraviolet photo-electron spectroscopy
UV-Vis	紫外-可见分光光度法	ultraviolet-visible spectrophotometry
	紫外-可见分光光度计	ultraviolet-visible spectrophotometer
	紫外-可见吸收光谱	ultraviolet-visible absorption spectrum
WDS	波长色散 X 射线谱（波谱）	X-ray wavelength dispersive spectrum
	X 射线波谱分析	
XPS	X 射线光电子能谱法	X-ray photoelectron spectroscopy
XFS	X 射线荧光谱法	X-ray fluorescence spectrometry
	X 射线荧光谱仪	X-ray fluorescence spectrometer

附录 2　常用的正交实验设计表

附表 2-1　$L_4(2^3)$　正交表

实验号	列　号		
	1	2	3
1	1	1	1
2	1	2	2
3	2	1	2
4	2	2	1

附表 2-2　$L_8(2^7)$ 正交表

实验号	列　号						
	1	2	3	4	5	6	7
1	1	1	1	1	1	1	1
2	1	1	1	2	2	2	2
3	1	2	2	1	1	2	2
4	1	2	2	2	2	1	1
5	2	1	2	1	2	1	2
6	2	1	2	2	1	2	1
7	2	2	1	1	2	2	1
8	2	2	1	2	1	1	2

附表 2-3　$L_{12}(2^{11})$ 正交表

实验号	列　号										
	1	2	3	4	5	6	7	8	9	10	11
1	1	1	1	1	1	1	1	1	1	1	1
2	1	1	1	1	1	2	2	2	2	2	2
3	1	1	2	2	2	1	1	1	2	2	2
4	1	2	1	2	2	1	2	2	1	1	2
5	1	2	2	1	2	2	1	2	1	2	1
6	1	2	2	2	1	2	2	1	2	1	1
7	2	1	2	2	1	2	2	1	1	2	1
8	2	1	2	1	2	2	2	1	1	1	2
9	2	1	1	2	2	2	1	2	2	1	1
10	2	2	2	1	1	1	1	2	2	1	2
11	2	2	1	2	1	2	1	1	1	2	2
12	2	2	1	1	2	1	2	1	2	2	1

附表 2-4　$L_9(3^4)$ 正交表

实验号	列　号			
	1	2	3	4
1	1	1	1	1
2	1	2	2	2
3	1	3	3	3
4	2	1	2	3
5	2	2	3	1
6	2	3	1	2
7	3	1	3	2
8	3	2	1	3
9	3	3	2	1

附表 2-5 $L_{16}(4^5)$ 正交表

实验号	列 号				
	1	2	3	4	5
1	1	1	1	1	1
2	1	2	2	2	2
3	1	3	3	3	3
4	1	4	4	4	4
5	2	1	2	3	4
6	2	2	1	4	3
7	2	3	4	1	2
8	2	4	3	2	1
9	3	1	3	4	2
10	3	2	4	3	1
11	3	3	1	2	4
12	3	4	2	1	3
13	4	1	4	2	3
14	4	2	3	1	4
15	4	3	2	4	1
16	4	4	1	3	2

附表 2-6 $L_{25}(5^6)$ 正交表

实验号	列 号					
	1	2	3	4	5	6
1	1	1	1	1	1	1
2	1	2	2	2	2	2
3	1	3	3	3	3	3
4	1	4	4	4	4	4
5	1	5	5	5	5	5
6	2	1	2	3	4	5
7	2	2	3	4	5	1
8	2	3	4	5	1	2
9	2	4	5	1	2	3
10	2	5	1	2	3	4
11	3	1	3	5	2	4
12	3	2	4	1	3	5
13	3	3	5	2	4	1

续附表 2-6

实验号	列　号					
	1	2	3	4	5	6
14	3	4	1	3	5	2
15	3	5	2	4	1	3
16	4	1	4	2	5	3
17	4	2	5	3	1	4
18	4	3	1	4	2	5
19	4	4	2	5	3	1
20	4	5	3	1	4	2
21	5	1	5	4	3	2
22	5	2	1	5	4	3
23	5	3	2	1	5	4
24	5	4	3	2	1	5
25	5	5	4	3	2	1

附表 2-7　$L_8(4 \times 2^4)$ 正交表

实验号	列　号				
	1	2	3	4	5
1	1	1	1	1	1
2	1	2	2	2	2
3	2	1	1	2	2
4	2	2	2	1	1
5	3	1	2	1	2
6	3	2	1	2	1
7	4	1	2	2	1
8	4	2	1	1	2

附表 2-8　$L_{12}(3 \times 2^4)$ 正交表

实验号	列　号				
	1	2	3	4	5
1	1	1	1	1	1
2	1	1	1	2	2
3	1	2	2	1	2
4	1	2	2	2	1
5	2	1	2	1	1
6	2	1	2	2	2

实验号	列 号				
	1	2	3	4	5
7	2	2	1	1	1
8	2	2	1	2	2
9	3	1	2	1	2
10	3	1	1	2	1
11	3	2	2	1	2
12	3	2	2	2	1

附表 2-9 $L_{16}(4^4 \times 2^3)$ 正交表

实验号	列 号						
	1	2	3	4	5	6	7
1	1	1	1	1	1	1	1
2	1	2	2	2	1	2	2
3	1	3	3	3	2	1	2
4	1	4	4	4	2	2	1
5	2	1	2	3	2	2	1
6	2	2	1	4	2	1	2
7	2	3	4	1	1	2	2
8	2	4	3	2	1	1	1
9	3	1	3	4	1	2	2
10	3	2	4	3	1	1	1
11	3	3	1	2	2	2	1
12	3	4	2	1	2	1	2
13	4	1	4	2	2	1	2
14	4	2	3	1	2	2	1
15	4	3	2	4	1	1	1
16	4	4	1	3	1	2	2

附录 3 F 分布表

附表 3-1 当 $\alpha = 0.01$ 时，$P\{F(f_1, f_2) > F_\alpha(f_1, f_2)\} = \alpha$ 的 F_α 值

f_2	f_1							
	1	2	3	4	5	6	7	8
1	4050	5000	5400	5620	5760	5860	5930	5980
2	98.5	99.0	99.2	99.2	99.3	99.3	99.4	99.4

f_2	f_1							
	1	2	3	4	5	6	7	8
3	34.1	30.8	29.5	28.7	28.2	27.9	27.7	27.5
4	21.2	18.0	16.7	16.0	15.5	15.2	15.0	14.8
5	16.3	13.3	12.1	11.4	11.0	10.7	10.5	10.3
6	13.7	10.9	9.78	9.15	8.75	8.47	8.26	8.10
7	12.2	9.55	8.45	7.85	7.46	7.19	6.99	6.84
8	11.3	8.65	7.59	7.01	6.63	6.37	6.18	6.03
9	10.6	8.02	6.99	6.42	6.06	5.80	5.61	5.47
10	10.0	7.56	6.55	5.99	5.64	5.39	5.20	5.06
11	9.65	7.21	6.22	5.67	5.32	5.07	4.89	4.74
12	9.33	6.93	5.95	5.41	5.06	4.82	4.64	4.50
13	9.07	6.70	5.74	5.21	4.86	4.62	4.44	4.30
14	8.86	6.51	5.56	5.04	4.69	4.46	4.28	4.14
15	8.68	6.36	5.42	4.89	4.56	4.32	4.14	4.00
16	8.53	6.23	5.29	4.77	4.44	4.20	4.03	3.89
17	8.40	6.11	5.18	4.67	4.34	4.10	3.93	3.79
18	8.29	6.01	5.09	4.58	4.25	4.01	3.84	3.71
19	8.18	5.93	5.01	4.50	4.17	3.94	3.77	3.63
20	8.10	5.85	4.94	4.43	4.10	3.87	3.70	3.56
30	7.56	5.39	4.51	4.02	3.70	3.47	3.30	3.17
40	7.31	5.18	4.31	3.83	3.51	3.29	3.12	2.99
60	7.08	4.98	4.13	3.65	3.34	3.12	2.95	2.82
∞	6.63	4.61	3.78	3.32	3.02	2.80	2.64	2.51

f_2	f_1						
	9	10	20	30	40	60	∞
1	6020	6060	6210	6260	6290	6310	6370
2	99.4	99.4	99.4	99.5	99.5	99.5	99.5
3	27.3	27.2	26.7	26.5	26.4	26.3	26.1
4	14.7	14.5	14.0	13.8	13.7	13.7	13.5
5	10.2	10.1	9.55	9.38	9.29	9.20	9.02
6	7.98	7.87	7.40	7.23	7.14	7.06	6.88
7	6.72	6.62	6.16	5.99	5.91	5.82	5.65
8	5.91	5.81	5.36	5.20	5.12	5.03	4.86

f_2	f_1						
	9	10	20	30	40	60	∞
9	5.35	5.26	4.81	4.65	4.57	4.48	4.31
10	4.94	4.85	4.41	4.25	4.17	4.08	3.91
11	4.63	4.54	4.10	3.94	3.86	3.78	3.60
12	4.39	4.30	3.86	3.70	3.62	3.54	3.36
13	4.19	4.10	3.66	3.51	3.43	3.34	3.17
14	4.03	3.94	3.51	3.35	3.27	3.18	3.00
15	3.89	3.80	3.37	3.21	3.13	3.05	2.87
16	3.78	3.69	3.26	3.10	3.02	2.93	2.75
17	3.68	3.59	3.16	3.00	2.92	2.83	2.65
18	3.60	3.51	3.08	2.92	2.84	2.75	2.57
19	3.52	3.43	3.00	2.84	2.76	2.67	2.49
20	3.46	3.37	2.94	2.78	2.69	2.61	2.42
30	3.07	2.98	2.55	2.39	2.30	221	2.01
40	2.89	2.80	2.37	2.20	2.11	2.02	1.80
60	2.72	2.63	2.20	2.03	1.94	1.84	1.60
∞	2.41	2.32	1.88	1.70	1.59	1.47	1.00

附表 3-2 当 $\alpha = 0.05$ 时, $P\{F(f_1, f_2) > F_\alpha(f_1, f_2)\} = \alpha$ 的 F_α 值

f_2	f_1							
	1	2	3	4	5	6	7	8
1	161	200	216	225	230	234	237	239
2	18.5	19.0	19.2	19.2	19.3	19.3	19.4	19.4
3	10.1	9.55	9.28	9.12	9.01	8.94	8.89	8.85
4	7.71	6.94	6.59	6.39	6.26	6.16	6.09	6.04
5	6.61	5.79	5.41	5.19	5.05	4.95	4.88	4.82
6	5.99	5.14	4.76	4.53	4.39	4.28	4.21	4.15
7	5.59	4.74	4.35	4.12	3.97	3.87	3.79	3.73
8	5.32	4.46	4.07	3.84	3.69	3.58	3.50	3.44
9	5.12	4.26	3.86	3.63	3.48	3.37	3.29	3.23
10	4.96	4.10	3.71	3.48	3.33	3.22	3.14	3.07
11	4.84	3.98	3.59	3.36	3.20	3.09	3.01	2.95
12	4.75	3.89	3.49	3.26	3.11	3.00	2.91	2.85
13	4.67	3.81	3.41	3.18	3.03	2.92	2.83	2.77

续附表 3-2

f_2	f_1							
	1	2	3	4	5	6	7	8
14	4.60	3.74	3.34	3.11	2.96	2.85	2.76	2.70
15	4.54	3.68	3.29	3.06	2.90	2.79	2.71	2.64
16	4.49	3.63	3.24	3.01	2.85	2.74	2.66	2.59
17	4.45	3.59	3.20	2.96	2.81	2.70	2.61	2.55
18	4.41	3.55	3.16	2.93	2.77	2.66	2.58	2.51
19	4.38	3.52	3.13	2.90	2.74	2.63	2.54	2.48
20	4.35	3.49	3.10	2.87	2.71	2.60	2.51	2.45
30	4.17	3.32	2.92	2.69	2.53	2.42	2.33	2.27
40	4.08	3.23	2.84	2.61	2.45	2.34	2.25	2.18
60	4.00	3.15	2.76	2.53	2.37	2.25	2.17	2.10
∞	3.84	3.00	2.60	2.37	2.21	2.10	2.01	1.94

f_2	f_1						
	9	10	20	30	40	60	∞
1	241	242	248	250	251	252	254
2	19.4	19.4	19.4	19.5	19.5	19.5	19.5
3	8.81	8.79	8.66	8.62	8.59	8.57	8.53
4	6.00	5.96	5.80	5.75	5.72	5.69	5.63
5	4.77	4.74	4.56	4.50	4.46	4.43	4.36
6	4.10	4.06	3.87	3.81	3.77	3.74	3.67
7	3.68	3.64	3.44	3.38	3.34	3.30	3.23
8	3.39	3.35	3.15	3.08	3.04	3.01	2.93
9	3.18	3.14	2.94	2.86	2.83	2.79	2.71
10	3.02	2.98	2.77	2.70	2.66	2.62	2.54
11	2.90	2.85	2.65	2.57	2.53	2.49	2.40
12	2.80	2.75	2.54	2.47	2.43	2.38	2.30
13	2.71	2.67	2.46	2.38	2.34	2.30	2.21
14	2.65	2.60	2.39	2.31	2.27	2.22	2.13
15	2.59	2.54	2.33	2.25	2.20	2.16	2.07
16	2.54	2.49	2.28	2.19	2.15	2.11	2.01
17	2.49	2.45	2.23	2.15	2.10	2.06	1.96
18	2.46	2.41	2.19	2.11	2.06	2.02	1.92
19	2.42	2.38	2.16	2.07	2.03	1.98	1.88

f_2	f_1						
	9	10	20	30	40	60	∞
20	2.39	2.35	2.12	2.04	1.99	1.95	1.84
30	2.21	2.16	1.93	1.84	1.79	1.74	1.62
40	2.12	2.08	1.84	1.74	1.69	1.64	1.51
60	2.04	1.99	1.75	1.65	1.59	1.53	1.39
∞	1.88	1.83	1.57	1.46	1.39	1.32	1.00

附表 3-3　当 $\alpha = 0.10$ 时，$P\{F(f_1, f_2) > F_\alpha(f_1, f_2)\} = \alpha$ 的 F_α 值

f_2	f_1							
	1	2	3	4	5	6	7	8
1	39.86	49.50	53.59	55.83	57.24	58.20	58.91	59.44
2	8.53	9.00	9.16	9.24	9.29	9.33	9.35	9.37
3	5.54	5.46	5.39	5.34	5.31	5.28	5.27	5.25
4	4.54	4.32	4.19	4.11	4.05	4.01	3.98	3.95
5	4.06	3.78	3.62	3.52	3.45	3.40	3.37	3.34
6	3.78	3.46	3.29	3.18	3.11	3.05	3.01	2.98
7	3.59	3.26	3.07	2.96	2.88	2.83	2.78	2.75
8	3.46	3.11	2.92	2.81	2.73	2.67	2.62	2.59
9	3.36	3.01	2.81	2.69	2.61	2.55	2.51	2.47
10	3.29	2.92	2.73	2.61	2.52	2.46	2.41	2.38
11	3.23	2.86	2.66	2.54	2.45	2.39	2.34	2.30
12	3.18	2.81	2.61	2.48	2.39	2.33	2.28	2.24
13	3.14	2.76	2.56	2.43	2.35	2.28	2.23	2.20
14	3.10	2.73	2.52	2.39	2.31	2.24	2.19	2.15
15	3.07	2.70	2.49	2.36	2.27	2.21	2.16	2.12
16	3.05	2.67	2.46	2.33	2.24	2.18	2.13	2.09
17	3.03	2.64	2.44	2.31	2.22	2.15	2.10	2.06
18	3.01	2.62	2.42	2.29	2.20	2.13	2.08	2.04
19	2.99	2.61	2.40	2.27	2.18	2.11	2.06	2.02
20	2.97	2.59	2.38	2.25	2.16	2.09	2.04	2.00
30	2.88	2.49	2.28	2.14	2.05	1.98	1.93	1.88
40	2.84	2.44	2.23	2.09	2.00	1.93	1.87	1.83
60	2.79	2.39	2.18	2.04	1.95	1.87	1.82	1.77
∞	2.71	2.30	2.08	1.94	1.85	1.77	1.72	1.67

f_2	f_1						
	9	10	20	30	40	60	∞
1	59.86	60.19	61.74	62.26	62.53	62.79	63.33
2	9.38	9.39	9.44	9.46	9.47	9.47	9.49
3	5.24	5.23	5.18	5.17	5.16	5.15	5.13
4	3.94	3.92	3.84	3.82	3.80	3.79	3.76
5	3.32	3.30	3.21	3.17	3.16	3.14	3.10
6	2.96	2.94	2.84	2.80	2.78	2.76	2.72
7	2.72	2.70	2.59	2.56	2.54	2.51	2.47
8	2.56	2.54	2.42	2.38	2.36	2.34	2.29
9	2.44	2.42	2.30	2.25	2.23	2.21	2.16
10	2.35	2.32	2.20	2.16	2.13	2.11	2.06
11	2.27	2.25	2.12	2.08	2.05	2.03	1.97
12	2.21	2.19	2.06	2.01	1.99	1.96	1.90
13	2.16	2.14	2.01	1.96	1.93	1.90	1.85
14	2.12	2.10	1.96	1.91	1.89	1.86	1.80
15	2.09	2.06	1.92	1.87	1.85	1.82	1.76
16	2.06	2.03	1.89	1.84	1.81	1.78	1.72
17	2.03	2.00	1.86	1.81	1.78	1.75	1.69
18	2.00	1.98	1.84	1.78	1.75	1.72	1.66
19	1.98	1.96	1.81	1.76	1.73	1.70	1.63
20	1.96	1.94	1.79	1.74	1.71	1.68	1.61
30	1.85	1.82	1.67	1.61	1.57	1.54	1.46
40	1.79	1.76	1.61	1.54	1.51	1.47	1.38
60	1.74	1.71	1.54	1.48	1.44	1.40	1.29
∞	1.63	1.60	1.42	1.34	1.30	1.24	1.00

附录 4　常用基本物理常数

元电荷 e	1.6022×10^{-19} C
电子静止质量 m_e	9.1095×10^{-31} kg
中子静止质量 m_n	1.6750×10^{-27} kg
质子静止质量 m_p	1.6726×10^{-27} kg
引力常数 G	6.6720×10^{-11} N·m²/kg²
标准重力加速度 g	9.8066 m/s
标准大气压 p_0	1.0133×10^5 N/m²

原子质量单位 u	1.6605×10^{-27} kg
电子的荷质比 e/m_e	1.7588×10^{11} C/kg
真空中光速 c, c_0	2.9979×10^8 m/s
精细结构常数 α	7.29735×10^{-3}
普朗克常数 h	6.6261×10^{-34} J·s
玻耳兹曼常数 k, k_B	1.3806×10^{-23} J/K
阿伏伽德罗常数 N_A, L	6.0221×10^{23} mol^{-1}
摩尔气体常数 R	8.3145 J/(mol·K)
法拉第常数 F	96485.309 C/mol
真空介电常数（真空电容率）ε_0	8.8542×10^{-12} F/m
真空磁导率 μ_0	1.2566×10^{-6} H/m

冶金工业出版社部分图书推荐

书 名	作 者	定价（元）
冶金与材料热力学（本科教材）	李文超	65.00
物理化学（第4版）（本科国规教材）	王淑兰	45.00
冶金物理化学研究方法（第4版）（本科教材）	王常珍	69.00
冶金热力学（本科教材）	翟玉春	55.00
冶金动力学（本科教材）	翟玉春	36.00
钢铁冶金原理（第4版）（本科教材）	黄希祜	82.00
钢铁冶金原理习及复习思考题解答（本科教材）	黄希祜	45.00
耐火材料（第2版）（本科教材）	薛群虎	35.00
钢铁冶金原燃料及辅助材料（本科教材）	储满生	59.00
能源与环境（本科国规教材）	冯俊小	35.00
现代冶金工艺学——钢铁冶金卷（第2版）（本科国规教材）	朱苗勇	75.00
炉外精炼教程（本科教材）	高泽平	39.00
连续铸钢（第2版）（本科教材）	贺道中	30.00
电磁冶金学（本科教材）	亢淑梅	28.00
钢铁冶金过程环保新技术（本科教材）	何志军	35.00
有色冶金概论（第3版）（本科国规教材）	华一新	49.00
冶金设备（第2版）（本科教材）	朱 云	56.00
冶金设备课程设计（本科教材）	朱 云	19.00
有色金属真空冶金（第2版）（本科国规教材）	戴永年　主编	36.00
有色冶金炉（本科国规教材）	周子民	35.00
有色冶金化工过程原理及设备（第2版）	郭年祥	49.00
重金属冶金学（本科教材）	翟秀静	49.00
轻金属冶金学（本科教材）	杨重愚	39.80
稀有金属冶金学（本科教材）	李洪桂	34.80
复合矿与二次资源综合利用（本科教材）	孟繁明	36.00
冶金工厂设计基础（本科教材）	姜 澜	45.00
冶金科技英语口译教程（本科教材）	吴小力	45.00
冶金专业英语（第2版）（高职高专国规教材）	侯向东	36.00
冶金原理（第2版）（高职高专国规教材）	卢宇飞	45.00
物理化学（第2版）（高职高专国规教材）	邓基芹	36.00